カリスマYouTuberが教える Excel関数 最速メソッド

Office HARU 著

日経BP

本書の前提

- 本書は2023年7月現在の情報をもとに、「Windows 11」に「Microsoft 365」がインストールされているパソコンで、インターネットに接続されている環境を前提に紙面を制作しています。

- 本書の発行後に「Excel for Microsoft 365」の操作や画面が変更された場合、本書の掲載内容通りに操作できなくなる可能性があります。

- 本書についての最新情報、訂正、重要なお知らせについては下記Webページを開き、書名もしくはISBNで検索してください。ISBNで検索する際は-（ハイフン）を抜いて入力してください。
  https://bookplus.nikkei.com/catalog/

- 本書の運用によって生じる直接的または間接的な損害について、著者ならびに弊社では一切の責任を負いかねます。

- 本書に記載されている会社名、製品名、サービス名などは、一般に各開発メーカーおよびサービス提供元の登録商標または商標です。なお、本文中では™、®などのマークを省略しています。

● サンプルファイルのダウンロード

本書で使用するサンプルファイルを、弊社ダウンロードページからダウンロードできます。ダウンロードしたファイルは、デスクトップに展開してご利用ください。

- サンプルファイルのダウンロードページ
  https://nkbp.jp/070671

まえがき

数あるパソコンスキルの解説書から本書を手にとっていただき、誠にありがとうございます。

この1ページをめくられたあなたは、おそらくビジネスの現場や所属するコミュニティでExcelを使われている方、もしくは大学に進学したり、会社に就職したり転職したりして、否が応でもこれから“えくせる”を使わざるを得ない環境にいる方だと思います。

そして、特にExcelの数式・関数に対して苦手意識があり、タスクが思うように進まないという方がほとんどでしょう。Excelには現在500種類以上のワークシート関数が実装されており、一つ一つの構成要素(引数)や関数同士の組み合わせも多岐に渡るため、四則演算や基礎的な関数の領域から1歩踏み出した瞬間、挫折してしまう方も一定数いらっしゃいます。

とはいえ、Excelは実に9割以上の企業や自治体が導入しているソフトであり、実務における使用頻度も、メールやチャットなどのコミュニケーションツールに次いで高くなっています。表計算ソフトであるExcelを使いこなすには、「関数」の習得が必要不可欠です。

そのため、本書のような解説書をきっかけに、Excelの知識や効率アップの手法を学ばれることは、あなたにとっても、所属する組織にとっても非常に価値があるアクションです。

本書は、Excelでデータの集計・抽出・分析を効率化する「関数」という至高のアイテムをカラダに染み込ませることにより、生産性を劇的に変えることの価値を広く伝え、日本の働き方改革に貢献することを目的としています。

ビジネスの現場で出くわす多くのシーンをサンプルにその課題解決の手段として様々な関数に触れ、気づいたら実務で頻出の関数活用術をマスターできている、自身を持って「関数は得意です」と言えるようになる一冊に仕上げています。

本書の狙い

本書の価値と読み方をご説明する前に、少しだけ自己紹介をします。

私は現在、これまでに培ったExcelスキルをインターネット上で配信しています。運営するYouTubeチャンネルは19万人以上の視聴者様にご登録いただき、Excel専門の動画コンテンツを提供するメディアとしては国内最大級の規模となっています。(2023年8月現在)

さらに、視聴者様の約8割が35歳以上、約半数が45歳以上の年齢層であり、300本を超える投稿動画の平均高評価率は98%を超えています。私よりも社会人生活が長い百戦錬磨の諸先輩方から、「これは実用的！」「とても有益！」「目から鱗！」とのメッセージが日々、寄せられています。

ちなみに、オンライン配信の世界おいて投稿者は顔も名前も一切公表しておりません。視聴者様の間では、「“HARU” と名乗る、だれか」ということになっています。私自身が企業勤めの一介のサラリーマンであり、愛する家族がいる一人の人間であるため、たとえパソコンスキル解説のような比較的健全といわれるジャンルであっても、危機管理に万全を期し、インターネット上では素性を明かさないと決めているのです。

では、顔と名前を出さずになぜこれだけたくさんの方々にご支援ならびにご評価いただけたのでしょうか？それは、Excelを使ったことがある人なら誰もが「あ〜、あるある！」と唸りながら共感できるユースケースと、そのお悩みを解決する真に役立つ手段と選択肢を提示し、それらをシンプルに解説した講座を数多く提供しているからであると自負しています。

拙著に、圧倒的な効率改善に直結する操作テクニック(ショートカットキー活用術)をまとめた『Excel 超時短メソッド』(2022年6月発行 / 日経BP)があります。大変多くの視聴者様・読者様にお求めいただき、相場を超える初版発行部数を構えていたにも関わらず、発売2日で重版となりました。そして今回、第二弾の書籍のテーマに「関数」を掲げた理由を次にお示しします。

Excel 仕事を効率化するスキルセットは大きく４つの段階に分かれます。

1. **ショートカットキー** ｜ デバイス操作の高速化
2. **関数・機能** ｜ 演算や検索、条件分岐によるデータ整理の効率化
3. **モダン Excel** ｜ PowerQuery 等を活用したデータ整形・分析と可視化
4. **VBA** ｜ 業務自動化

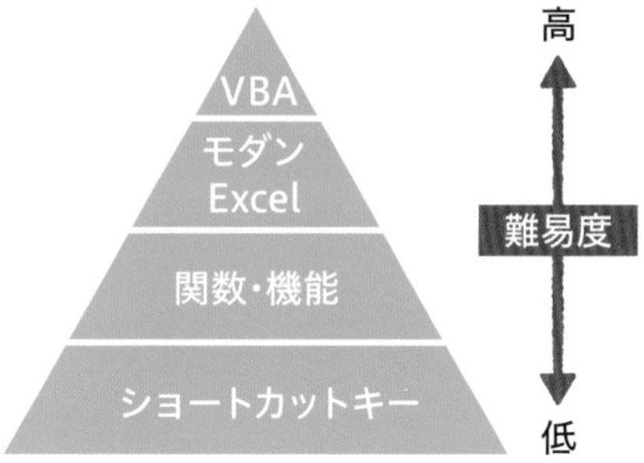

これらのスキルカテゴリーは右図のように、実務における汎用性が高い順に徐々にレベルアップしていく構造になっています。

体系的に習得することで業務効率は劇的に改善しますが、Excel を使う人全員がすべてをマスターする必要がある訳ではありません。求められるスキルレベルは個々人の業務によって異なるため、**仕事で活かせないスキルの学習に時間を費やすのはかえって非効率**だからです。

1st ステップのショートカットキーによる“デバイス操作の高速化”については、書籍『Excel 超時短メソッド』にすべてのエッセンスを詰め込みました。今回は、2nd ステップとして「関数」に焦点を当て、本書『**Excel 関数最速メソッド**』をご用意したというわけです。

これまで触れてきたようにスキルセットが異なるため、前作『Excel 超時短メソッド』がお手元になくても本書の内容は十分に理解できる構成としています。

ただし、パソコンの操作自体を高速化するという考え方は Excel 以外のアプリケーションを操る上でも幅広く応用できるため、ぜひ一冊お求めいただけると嬉しいです。

〈本書を読んでいただきたい方〉

この本は、日頃から Excel を使用される、もしくはこれから“えくせる”を使うことになるすべての方が対象です。就業時間の多くを Excel 作業に費やしている方はもとより、Excel に触れる頻度が少ない方にも、Excel で扱うデータってこんな簡単に集計・分析できるんだ！という気づきのきっかけとしていただきたいのです。

〈本書の価値〉

- ビジネスの現場で**実際に使われる関数の約 95% を網羅的に習得**できる。
- **「スピル」の効力を最大化する新関数群の活用事例**まで学習できる。
- 初学者の方でも理解しやすいよう、**関数の役割と入力要領を順を追って解説**している。
- 演習の過程で、**条件付き書式やテーブルなどの周辺知識をセットで学べる**。
- 各レッスンで**ダウンロード教材を用いた実習**ができる。

本書の概要をご説明したところで、これより本編に入ります。実際の数学の世界とは異なり、Excel で扱う数式の計算対象となるデータはセルに入力されているものを参照するだけで済みます。

そして、必要最低限の関数の役割と“使いどころ”さえ理解してしまえば、あとは Excel が勝手に答えを導き出してくれるのです。少しずつ日々の業務で試しながら本書を読破する頃には、きっと「なんだ、意外とかんたん！」と思えていることでしょう。

読めば読むほど、おのずと Excel 効率化へのモチベーションが高まり、明日にでも仕事で試してみたくなる活用術ばかりです。ぜひ、Excel を使うことそのものを楽しみながら、実践していってください。

YouTube チャンネルはこちらをチェック！
https://www.youtube.com/c/ExcelOfficeHARU

本書の読み方

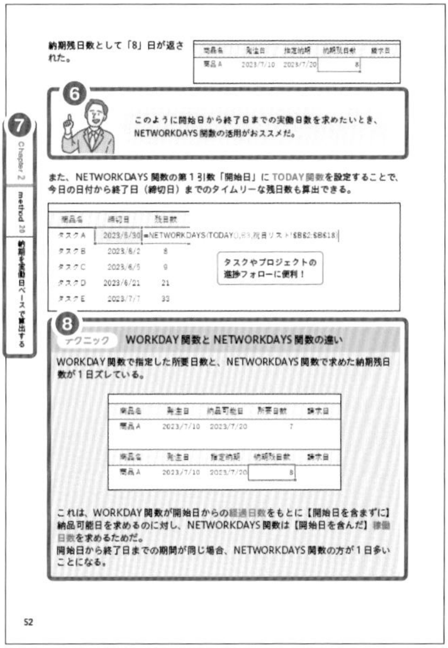

❶メソッドタイトル
このメソッドで扱うテーマを表しています。

❷サンプルファイル
このメソッドで使用するサンプルファイルのシート番号が記載されています。

❸リード
導入の解説です。

❹初出の関数
このメソッドで初めて登場した関数の役割と引数をまとめています。

❺解説
操作手順の解説です。

❻ワンポイント
ワンポイントアドバイスです。

❼ツメ
章番号、メソッド番号、メソッドタイトルが記載されています。

❽テクニック
補足説明や、発展的な知識を解説しています。

Excel 操作画面　各部の名称

Excel の操作画面の構成と各部の名称をご紹介します。本編の解説でわからない言葉がでてきたら、このページを見返してみましょう。

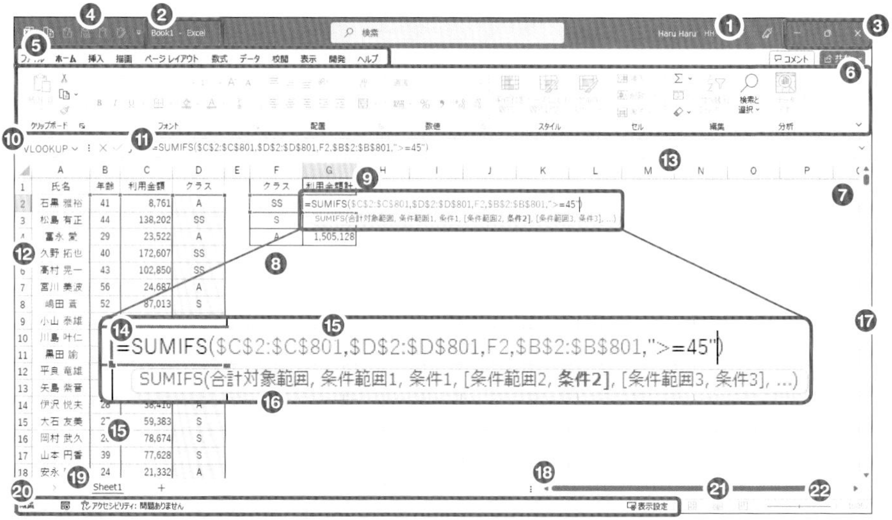

❶ アカウント名
サインインしている使用者名が表示されます。

❷ タイトルバー
ブック名が表示されます。

❸ ウィンドウ操作バー
画面サイズの変更やブックの終了ができます。

❹ クイックアクセスツールバー
機能を登録して呼び出せます。

❺ タブ
機能の種類ごとにわけられたコマンドの見出しです。

❻ リボン
各タブに割り当てられたコマンドが表示されます。

❼ ワークシート
セルの集合体で構成された作業領域です。

❽ セル
ワークシートを構成するマス目です。

❾ アクティブセル
現在選択しているセルです。

❿ 名前ボックス
列番号と行番号からなるセル番地が表示されます。

⓫ 数式バー
セルの内容が表示されます。

⓬ 行見出し
行番号が数字で表示されます（最大 1,048,576 行）。

⓭ 列見出し
列番号がアルファベットで表示されます（最大 16,384 列）。

⓮ 数式
演算子や関数を用いて値の集計や抽出を行う計算式です。

⓯ カラーリファレンス
数式の参照元ごとに色が分かれて表示されます。

⓰ 引数
ワークシート関数を機能させるために渡す材料です。

⓱ 上下スクロールバー
画面を上下に動かします。

⓲ 左右スクロールバー
画面を左右に動かします。

⓳ シート見出し
ブック内に存在する各ワークシートの見出しです。

⓴ ステータスバー
セルのモードや選択範囲の情報が確認できます。

㉑ ブック表示設定
画面の表示方法を切り替えられます。

㉒ ズームスライダー
画面の表示倍率を変更できます（10 ～ 400%）。

Contents

本書の前提 …… 2

まえがき …… 3

本書の狙い …… 4

本書の読み方 …… 7

Excel の操作画面と名称 …… 8

Chapter 1

まずは基本から！ **最初におさえるべき基礎知識編** …… 13

method • 01 数式のしくみと入力方法 …… 14

method • 02 関数の記述と参照形式 …… 19

method • 03 データベース構造とテーブル化 …… 26

method • 04 対象期間の業績を合算する …… 32

テクニック SUM 関数は文字列を無視する …… 38

method • 05 数量と単価から金額を求める …… 40

テクニック SUMPRODUCT 関数の真の実力 …… 45

method • 06 個数や人数、金額を「まるめる」 …… 46

method • 07 契約件数実績の平均値や最大値を求める …… 52

method • 08 支店別業績の順位を求める …… 56

method • 09 売上の報告状況を確認する …… 61

テクニック ステータスバーを活用する …… 64

method • 10 表示されているデータだけを集計する …… 65

method • 11 数式のエラー対策 …… 72

Chapter 2

データ整形の第一歩！ **パターンに応じて表記を変える編** ……79

method • 12 支店別の業績を評価する ……80

method • 13 指定した月時点の累計実績を求める ……85

method • 14 来場時間に応じた手配物をチェックする ……91

method • 15 会員ランクごとの利用額合計を求める ……99

method • 16 会員ランクごとの会員数を求める …… 104

method • 17 暦年における指定月の平均売上金額を求める …… 108

テクニック おさえるべき関数を見極めよう …… 112

method • 18 値の表記をアレンジする …… 113

method • 19 日付を整形しやすい形式に変換する …… 119

テクニック シリアル値に上限はある？ …… 122

method • 20 納期を実働日ベースで算出する …… 127

テクニック WORKDAY 関数と NETWORKDAYS 関数の違い …… 130

method • 21 月間スケジュール表の自動更新 …… 132

Chapter 3

文字列を自在に操れ！ **入力値を「使える」データに変換する編** … 145

method • 22 名簿の入力データを整える …… 146

method • 23 氏名や住所の構成要素を分けて表示する …… 152

テクニック フラッシュフィルとの使い分け …… 163

テクニック 次世代の文字列分割 …… 164

method • 24 製品型名や管理コードを生成する …… 165

method • 25 新しい採番体系で管理番号を生成する …… 170

method • 26 支店別評価に業績ランクを併記する …… 180

テクニック 指定期間の累計実績を CHOOSE 関数で求める …… 184

method • 27 行を削除・移動・非表示にしても連番を成立させる …… 185

method • 28 シート名をセルに表示させる …… 192

method • 29 選択セル・行・列をハイライトする …… 198

Chapter 4

VLOOKUP から INDIRECT まで！

データの「検索」と「参照」を極める編 …… 203

method • 30 管理番号をもとに製品情報を取得する …… 204

テクニック 検索は「別シート」から …… 221

method • 31 製品情報をもとに管理番号を取得する …… 230

method • 32 商品別・向け先別・ロット別に輸送単価を調べる …… 243

method • 33 指定期間の出荷量合計を求める …… 259

method • 34 ２段階／３段階ドロップダウンリストの構築 …… 267

テクニック テーブルと構造化参照 …… 285

Chapter 5

数式がセルから飛び出す！ **動的配列数式の極意と活用術編** ……… 287

method • 35 Excel の新常識「スピル」を徹底理解する …… 288

テクニック スピルに関わる 5 つの基礎知識 …… 291

テクニック スピルのメリット …… 303

method • 36 連続データのかんたん作成 …… 304

method • 37 メールの目的にあわせて TO・CC をすみ分ける …… 313

テクニック 突然だがここで、算数の問題だ！ …… 323

テクニック オートフィルターと FILTER 関数の違いを理解しておこう！ …… 329

テクニック なぜ「*」と「+」を使うのか …… 330

method • 38 リピーターと新規顧客を分けて表示する …… 333

method • 39 全店舗の会員名簿を集結させる …… 345

method • 40 2 段構造の表を 1 行 1 件のデータベース形式に整形する …… 352

索引 …… 359

あとがき …… 365

Chapter 1

まずは基本から！

最初におさえるべき基礎知識編

数式のしくみと基本操作
データベースの概念と初級関数

Chapter.1では、数式の基礎知識と初級関数を演習します。本章の内容をおさえることで、数式の原理原則や関数の効力を最大限に発揮させる「下準備」の重要性を理解できます。ここから少しずつ、関数に触れること自体に慣れていきましょう。

サンプルファイル
シート No.01

数式のしくみと入力方法

関数の具体的な活用法を学ぶ前に、そもそも「数式」とは何か、どんな要素で構成されているか、どのように入力するかをおさえます。実務ではシンプルな計算式だけでなく、複数の関数やセル参照を組み合わせた呪文のような数式に出くわすことがあります。こんなとき、数式の構成要素はたった4つしかないことをあらかじめ知っておけば、その数式を修正したり、参照元のマスターデータを整形するハードルを引き下げることができます。まずは数式のしくみを理解し、関数に対するアレルギーを先に取り払っておきましょう。

数式のしくみと構成

「数式」とは、数や量を表す値や文字列を計算記号で結び数学的な意味を持たせた式のこと。

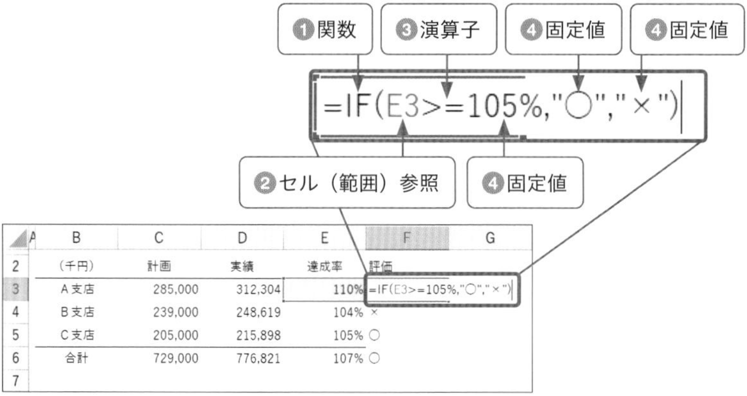

	A	B	C	D	E	F	G
2		（千円）	計画	実績	達成率	評価	
3		A支店	285,000	312,304	110%	=IF(E3>=105%,"○","×")	
4		B支店	239,000	248,619	104%	×	
5		C支店	205,000	215,898	105%	○	
6		合計	729,000	776,821	107%	○	
7							

Excelでワークシート上に数式を入力する際に考慮すべき要素は大きく4つある。

❶**関数**：指定の値や文字列に対し、あらかじめ定められた処理を行う機能のこと。Excelには数百種類の関数が実装されている。簡易的な計算式であれば関数を用いなくても数式は成り立つが、IF関数に代表される論理関数や、VLOOKUP関数のような検索関数は、蓄積された情報の評価や検索が効率的に行える優れものだ（サンプルではIF関数を使って、達成率が105％以上の支店は○、105％未満の支店は×を返す条件を設定している）。

❷**セル参照**：数学の世界では計算する値を数式に直接記述するが、Excel の場合、対象の値は各セルに入力されていることがほとんどだ。このセル参照を数式にうまく活用すれば、たとえ参照元の値が変わったとしても、参照先の計算結果も自動で更新できる（サンプルでは E3 セルを参照することで、E3 セルにある 110%という値が計算対象となっている）。

❸**演算子**：数式の値をどのように計算するかを示す記号のこと。数学の世界で使用される×や÷、≠などの代わりに、Excel では他の記号を用いる場合もある。以下にまとめた Excel における演算子の種類と意味を理解して使っていこう（サンプルでは>=（大なりイコール）記号を用いて参照したセルの値が達成率 105%以上かどうかの計算／判定をしている）。

❹**固定値**：数式には固定の値を直接入力することも可能だ。セル参照と固定値は計算対象の更新頻度に応じて使い分けていこう（サンプルでは評価基準となる 105% や判定結果を直接入力している）。

Excel において他のセルにある数式によって参照されているセルを「参照元」、数式が入力されているセルを「参照先」と呼ぶぞ！　たとえばセル B2 に「=A1」と入力されている場合、参照元は A1 セル、参照先は B2 セルとなるんだ。

演算子の種類

記号	名称	役割	使用例	意味	
+	プラス	たし算(加算)	A+B	A に B を足す	算術演算子
-	マイナス	ひき算(減算)	A-B	A から B を引く	
*	アスタリスク	かけ算(乗算)	A*B	A に B をかける	
/	スラッシュ	わり算(除算)	A/B	A を B で割る	
^	キャレット	べき乗	A^B	A の B 乗	
%	パーセント	百分率	A%	A の百分率	
=	等号(イコール)	等しい	A=B	A は B に等しい	比較演算子
<>	不等号	等しくない	A<>B	A は B に等しくない	
>	大なり	～より大きい	A>B	A は B より大きい	
<	小なり	～より小さい	A<B	A は B より小さい	
>=	大なりイコール	～以上	A>=B	A は B に等しいか大きい	
<=	小なりイコール	～以下	A<=B	A は B に等しいか小さい	

記号	名称	役割	使用例	意味
:	コロン	セル範囲の参照	A1:E5	A1 セルから E5 セルまでの範囲
,	カンマ	複数セル（範囲）の参照	A1,E5	A1 セルと E5 セル
	スペース	共通部分の参照	A1:E5 B2:F6	A1:E5 と B2:F6 の共通範囲
&	アンパサンド	文字列の結合	AB&CD	ABCD

参照演算子

文字列演算子

数式を入力するときは =（イコール）から始めることが多いが、+（プラス）や -（マイナス）でも計算式の作成が始まるんだと Excel に認識されるぞ！　キーボード上の = は Shift キーを押さないと入力されないから、テンキーが使える環境なら代わりにテンキーの + でスタートするのもおすすめだ！

数式の入力方法

販売実績の計画達成率を求めるために、「A 支店の実績値を A 支店の計画値で割る」という計算をする。

❶ E3 セルに「=(イコール)」を入力する。

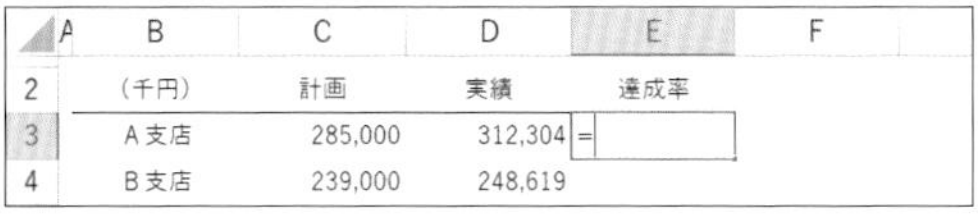

❷方向キーを動かすと、セルのモードが［参照］モードになり、計算対象のセルを指定できる。まずは D3 セルにカーソルを合わせる。

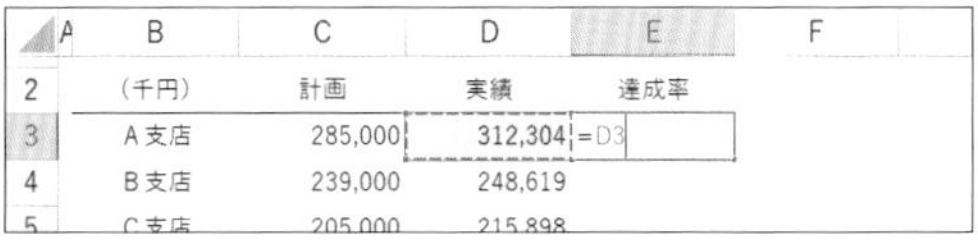

❸わり算を示す「/（スラッシュ）」を入力する。

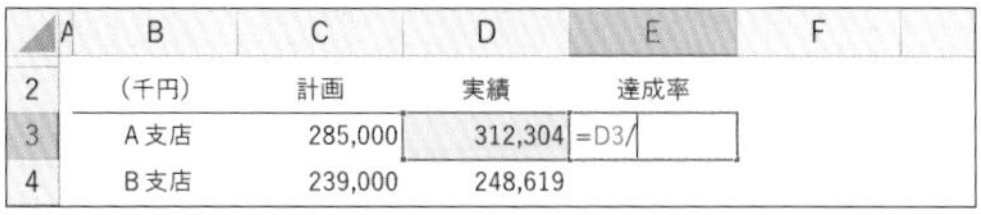

❹方向キー操作で、今度はC3セルを指定する（参照セルごとに色分けされるので参照元がどこにあるかわかりやすい）。

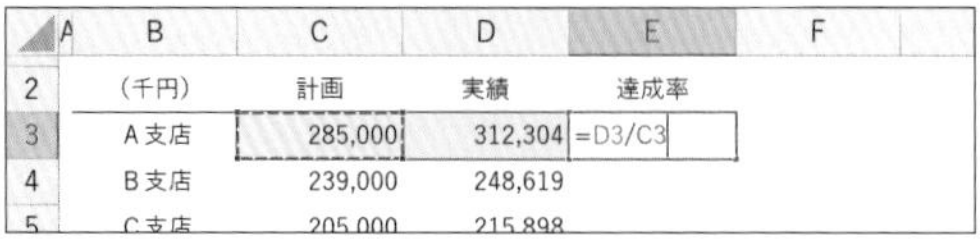

❺最後に Enter で実行すると、計算結果が返される。

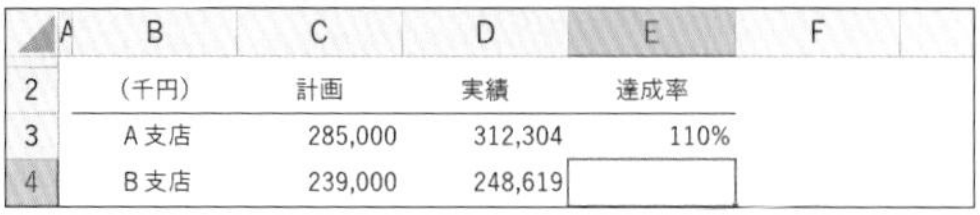

数式の記述は半角入力モードで！

数式の修正方法

誤った数式を入力してしまうと、異なる計算結果が返ったり、エラーが表示されたりする。

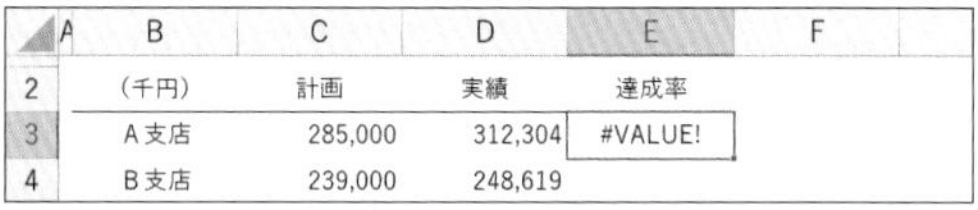

F2 キーで数式を確認すると、C3セルの計画値で割るべきところを、B3セルの文字列で割ってしまっているためエラーになった。

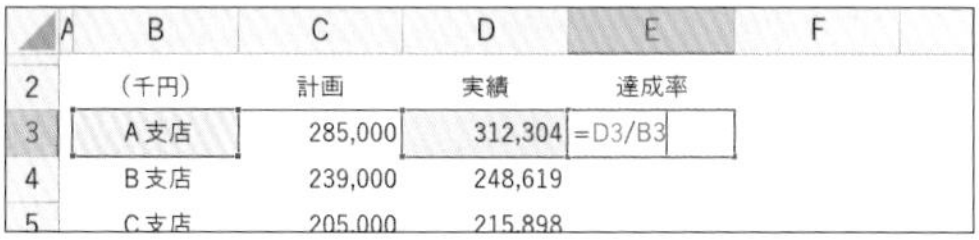

一度確定した数式の修正方法には大きく3つある。

①最初から入力し直す

前ページの入力方法からやり直す。

②直接修正する

❶ F2 キーを押して数式の修正を試みると［編集］モードになる。この状態で方向キー操作をすると、カーソルはセル内（数式内）を移動する。

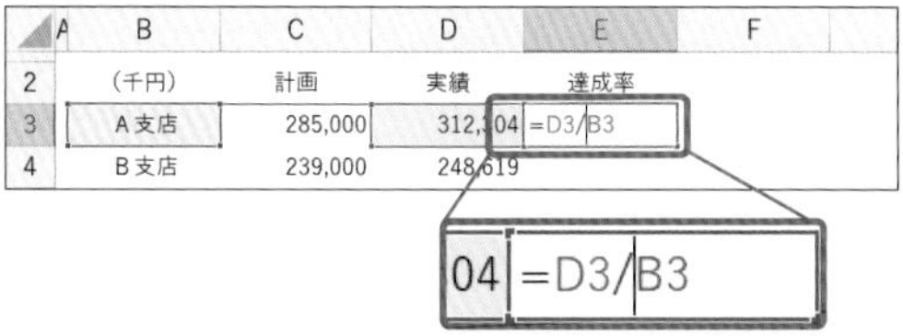

［編集］モードではカーソルがセル内を移動する

❷今回の場合は「B」を「C」に修正すれば、C3 セルが参照される。

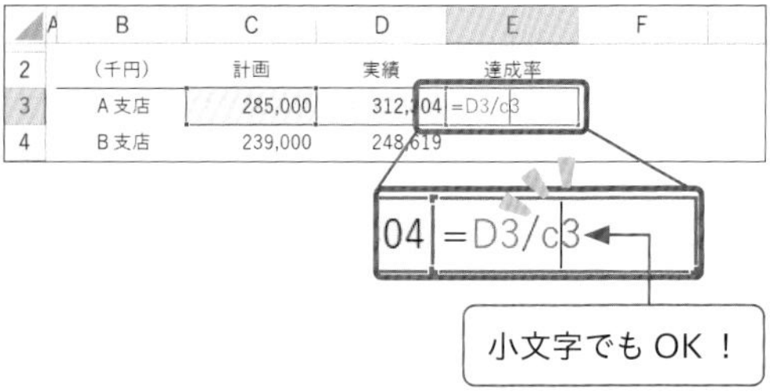

数式内の参照セルや関数は、大文字でも小文字でもしっかり認識してくれるぞ！

③参照し直す

❶［編集］モードの状態で、修正したい部分を選択するか、削除しておく。

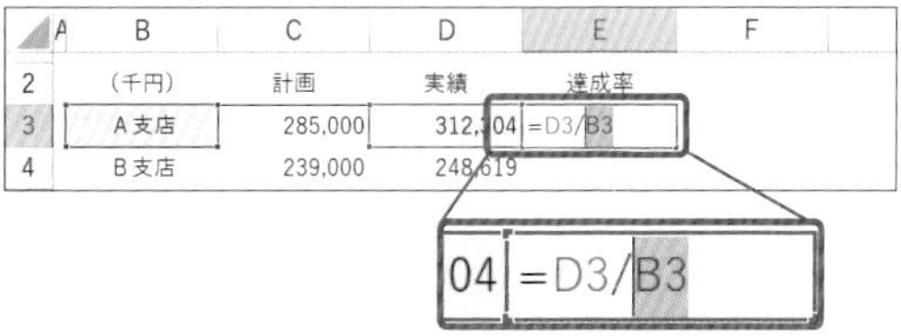

❷ここで F2 キーを押すと、セルのモードが［参照］モードに切り替わり、方向キー操作でセル参照が可能になる。

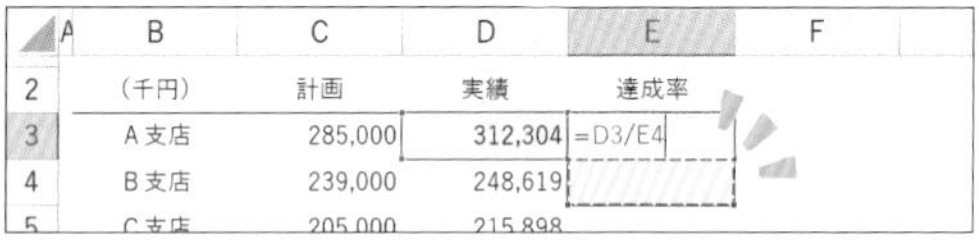

❸ C3 セルを指定して Enter で実行する。

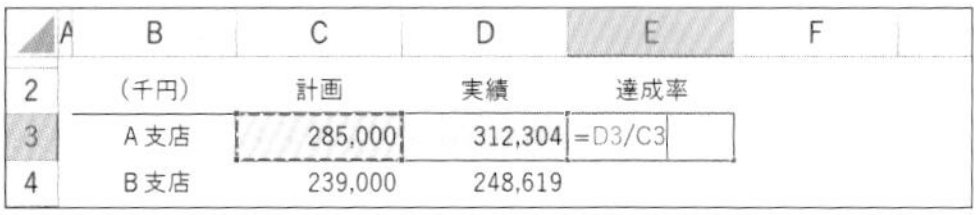

method 02

サンプルファイル
シート No.02

関数の記述と参照形式

ここでは、関数の記述を効率的に行うテクニックと入力した関数を他の範囲にコピーするときにおさえておくべき参照形式について演習します。関数はあくまでデータの抽出や集計を行うための手段であり、その入力や複製作業自体に時間をとられていてはいけません。IF 関数と VLOOKUP 関数を例に、「関数の挿入」機能を使わない速記術を身に付けておきましょう。前頁で扱った簡易的な計算式と同じく、関数も直接書き上げることが鉄則です。

関数の入力

代表的な関数

関数	読み方	役割	構成（引数）※関数挿入時は赤字部分まで入力する
SUM	サム	合計	=**SUM**(数値 1, [数値 2] ,…)
AVERAGE	アベレージ	平均	=**AVERAGE**(数値 1, [数値 2] ,…)
IF	イフ	条件分岐	=**IF**(論理式 ,[値が真の場合],[値が偽の場合])
IFERROR	イフエラー	エラーの場合に返す値を指定	=**IFERROR**(値 , エラーの場合の値)
SUMIF(S)	サムイフ(エス)	(複数)条件を満たすデータを合計	=**SUMIF**(範囲 , 検索条件 , [合計範囲])
COUNTIF(S)	カウントイフ(エス)	(複数)条件を満たすデータを数える	=**COUNTIF**(範囲 , 検索条件)
VLOOKUP	ブイルックアップ	範囲を縦方向に検索	=**VLOOKUP**(検索値 , 範囲 , 列番号 ,[検索方法])
XLOOKUP	エックスルックアップ	範囲または配列を検索	=**XLOOKUP**(検索値 , 検索範囲 , 戻り範囲 ,[見つからない場合],[一致モード],[検索モード])
ROUND	ラウンド	四捨五入	=**ROUND**(数値 , 桁数)
SUMPRODUCT	サムプロダクト	配列要素の積を合計	=**SUMPRODUCT**(配列 1, [配列 2] ,…)

引数とはそれぞれの関数を機能させるために必要な判断材料のこと。関数名の後のカッコ内に正しい順序で当てはめていくんだ！

関数の速記術① IF 関数

メソッド 1 にサンプルとして掲載した IF 関数を入力（達成率 105％を基準に各支店の実績を評価）していく。

❶「=（イコール）」に続けて、アルファベットの「I」を入力。I で始まる関数の候補がヒットし、リストの 1 番上にある IF 関数が選択される。
※前ページの一覧表の赤字部分まで入力すれば、該当の関数が選択できる。

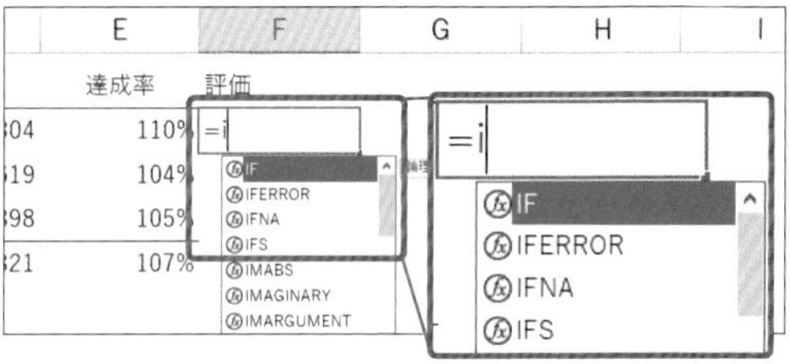

❷この状態で Tab キーを押すと、関数が挿入され、引数のガイダンスが展開される。

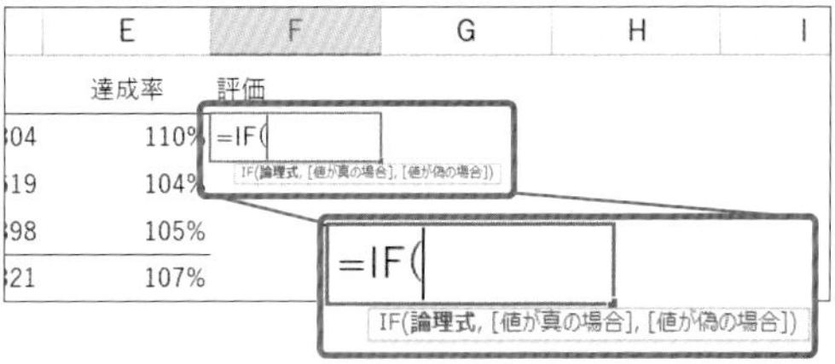

❸ ← キーで E3 セルを参照する。

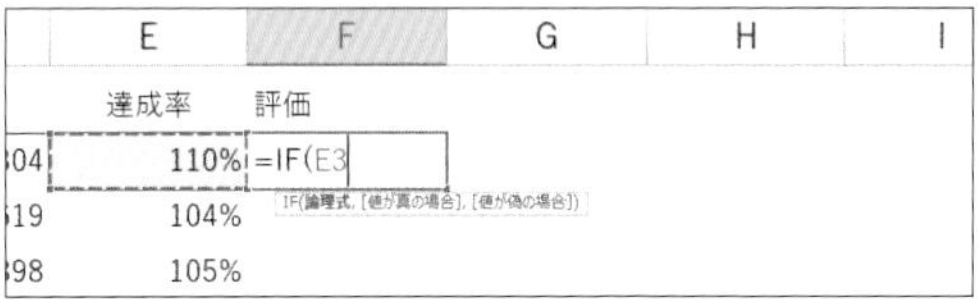

❹「>（大なり）」、「=（イコール）」記号に続けて「105%」と入力する。ここまでで、第 1 引数の論理式が完成するので、「,（カンマ）」を入れて、第 2 引数の入力に移る。

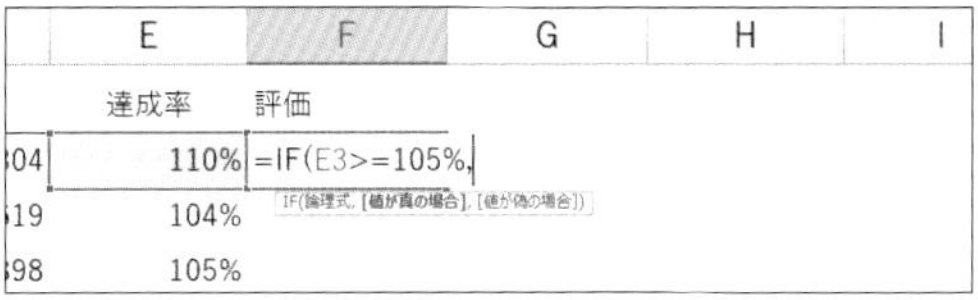

❺「"○"」と入力し、再度「,（カンマ）」で区切る。
※数式に文字列を直接入力する場合は必ず「""」（ダブルクォーテーションマーク）で囲む。

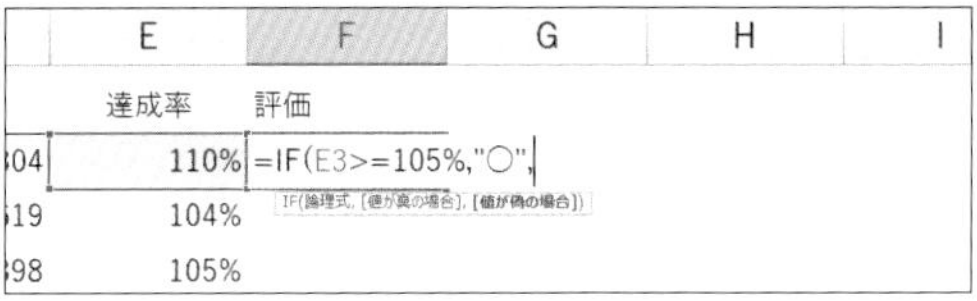

❻「"×"」と入力し、Enter で実行する。
※関数内に二重、三重とカッコを使用している場合は、その数だけカッコを閉じてから決定する。

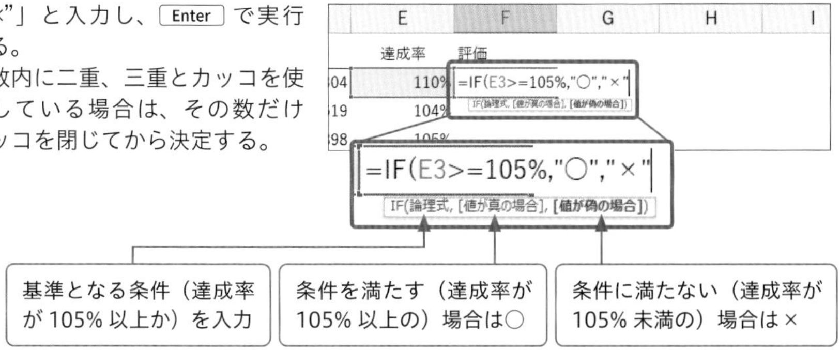

❼下へコピーする。

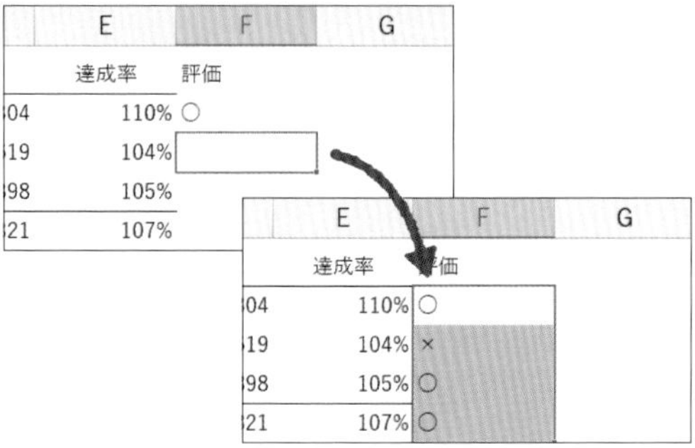

関数の速記術② VLOOKUP 関数

左側の表から管理番号を検索し、VLOOKUP 関数で必要な情報（価格 / 生産国）を取り出していく。その後、F3 セルに入力した数式を、他の範囲にもコピーする。

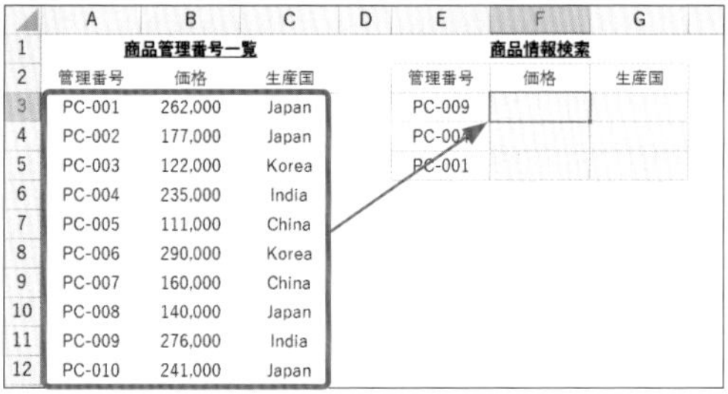

❶「=（イコール）」に続けて、アルファベットの「V」「L」を入力すると、VLOOKUP 関数が候補として選択される。

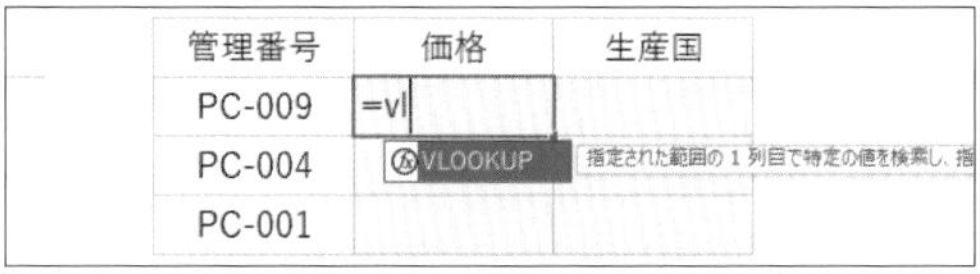

❷ Tab キーを押して関数を挿入する。

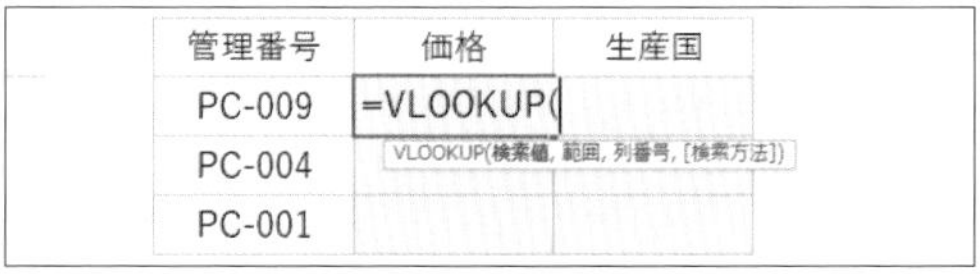

❸検索値としてE3セルを参照し、カンマで区切る。

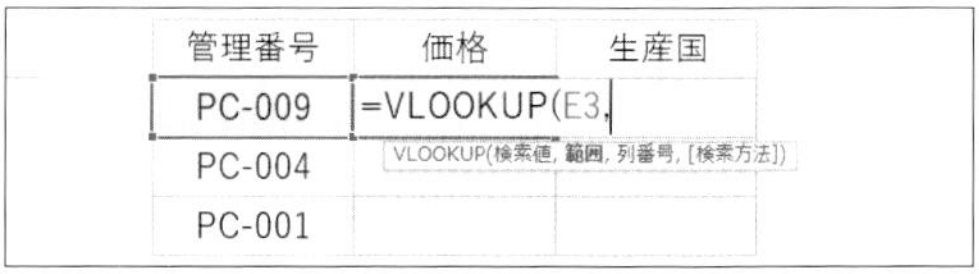

❹検索対象範囲としてA3～C12セルを指定し、カンマで区切る。

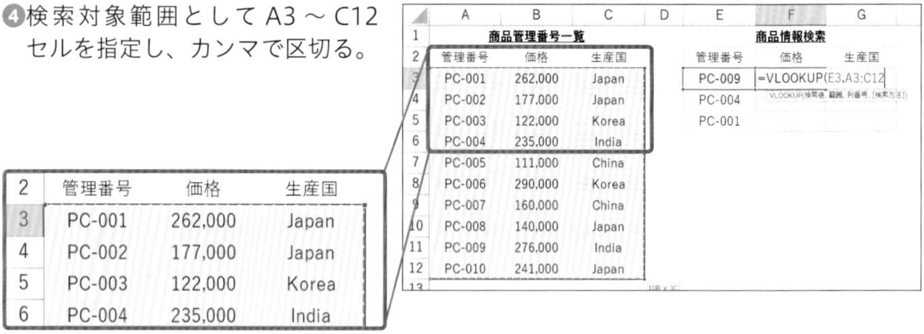

❺現在数式を入力しているセルには価格情報を返したいので、範囲における検索値の列から数えて2つ目の列からデータを抽出することになる。「2」を入力して、カンマで区切る。

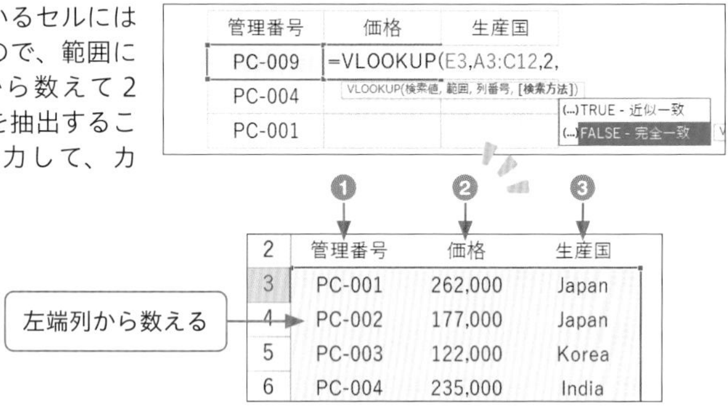

❻検索方法はFALSE（完全一致）を指定する。表示されるリストから↓キーで選択してTabキーで確定することもできるが、「FALSE」は数字の「0」で代用できる。

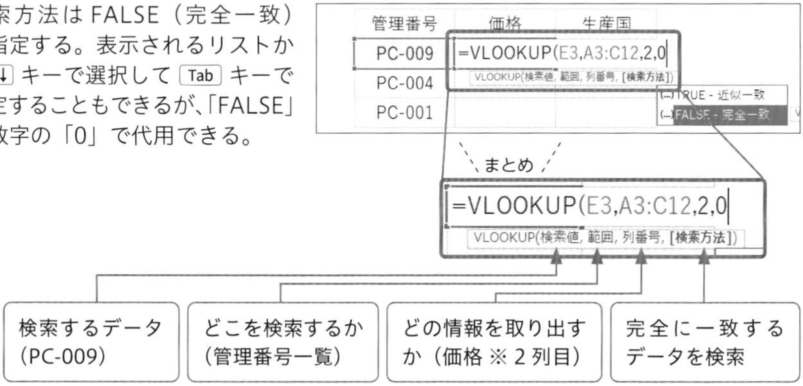

VLOOKUP 関数の第 4 引数は「0」を入力すると覚えておこう！

❼ Enter で決定すると、「PC-009」の価格が返される。
※前述の IF 関数と同様に、数式内のカッコが 1 件のみであれば「)」で式を閉じなくても計算結果が返される。

	A	B	C	D	E	F
1	商品管理番号一覧					商品情報検索
2	管理番号	価格	生産国		管理番号	価格
3	PC-001	262,000	Japan		PC-009	276,000
4	PC-002	177,000	Japan		PC-004	
5	PC-003	122,000	Korea		PC-001	
6	PC-004	235,000	India			
7	PC-005	111,000	China			
8	PC-006	290,000	Korea			
9	PC-007	160,000	China			
10	PC-008	140,000	Japan			
11	PC-009	276,000	India			
12	PC-010	241,000	Japan			

関数の編集（絶対参照と複合参照）

完成した数式をすべての欄にコピーしてみると、一部の検索結果にエラーが返っている。

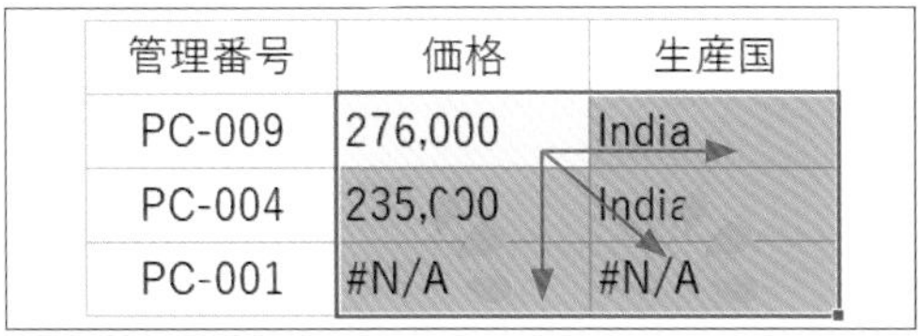

管理番号	価格	生産国
PC-009	276,000	India
PC-004	235,000	India
PC-001	#N/A	#N/A

この原因は大きく 2 点だ。

❶数式を下方向にコピーしたことで参照元の検索対象範囲もスライドし、「PC-001」が範囲から外れてしまった。

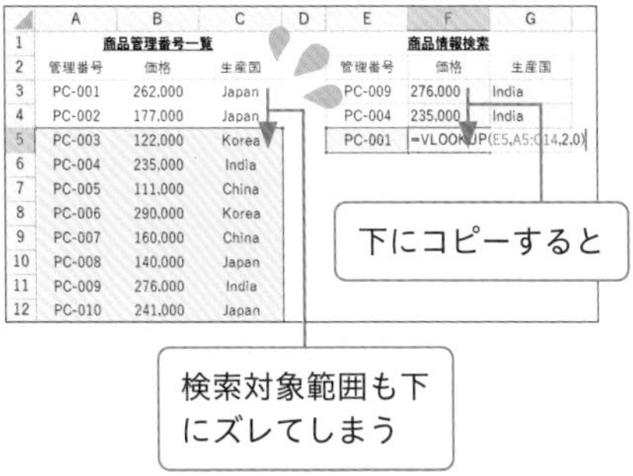

❷数式を右方向にコピーしたことで管理番号の欄で固定しておきたい検索値もスライドし、意図しない検索値を参照してしまった。

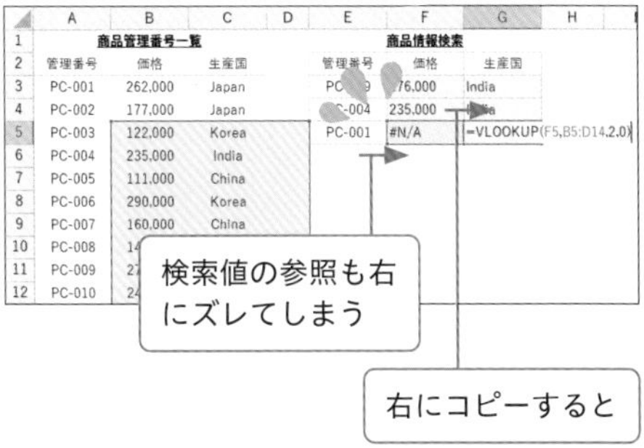

このように**参照元を固定しない参照方法を「相対参照」**といい、**参照元を固定する参照方法を「絶対参照」または「複合参照」**という。入力した数式を他の範囲にコピーする場合は、共通の参照セルや参照範囲がズレないように、参照方法を工夫する必要がある。

参照方法は、数式内に指定したセルまたは範囲の列番号・行番号の前に「$」マークをつけることで変更できる。この切り替えは F4 キーで行う。

F4 キーを押す回数	表記	参照方法	役割
0	=A1	相対参照	列も行も固定しない
1	=$A$1	絶対参照	列と行を固定する
2	=A$1	複合参照	行を固定する
3	=$A1	複合参照	列を固定する

4 回押すと最初の相対参照に戻る

絶対参照

最初に入力した VLOOKUP 関数の参照方法を修正する。F2 キーで［編集］モードにして第 2 引数の範囲を更新しよう。

検索対象範囲は、数式を下方向、右方向いずれにコピーした場合でも一切ズレてほしくないため、**列番号も行番号も固定する「絶対参照」**にする。

ちなみに、数式の入力時に初めてセル範囲を参照したタイミングで F4 キーを使えば参照方法をまとめて切り替えることができるが……、

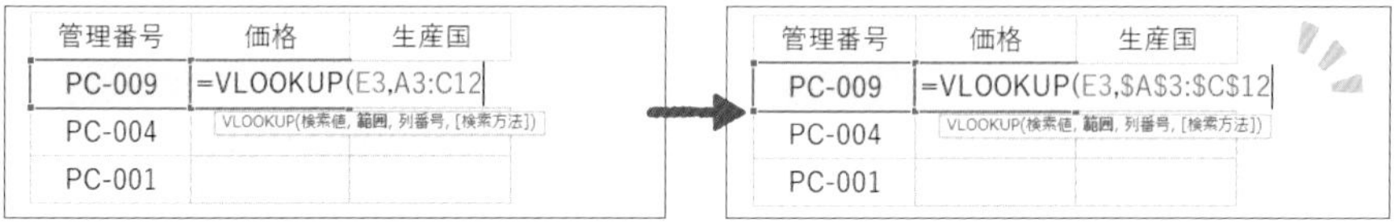

今回のように事後的に編集している場合は、始点と終点のセル番地にそれぞれカーソルをおいて参照方法を 1 つずつ切り替える必要がある。

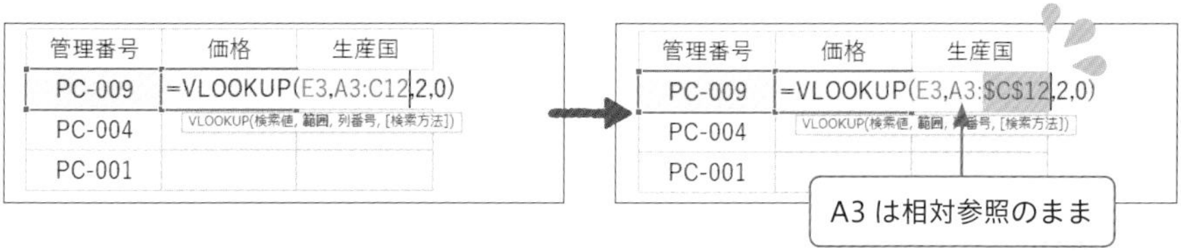

こんなときは、**中心の「:（コロン）」を選択した状態で** F4 キーを1回押そう。

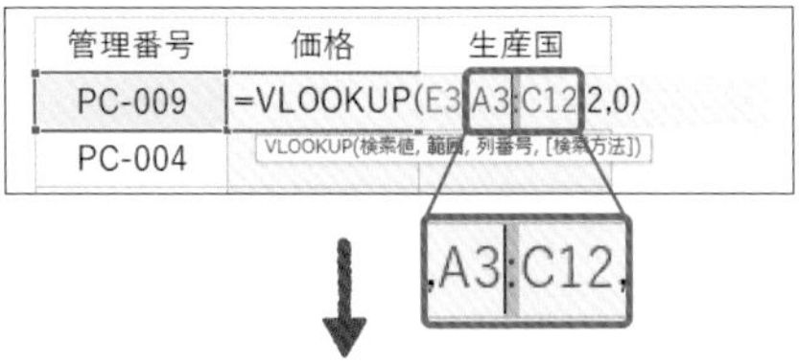

第2引数の参照方法をまとめて絶対参照に変更できる。

複合参照

続けて、第1引数（検索値）の参照方法を修正しよう。検索値は、数式を下方向にコピーするにしたがって参照元をスライドさせたいが、右方向にはズレてほしくない。そのため、**列番号のみを固定する「複合参照」**にする。

第1引数（検索値）にカーソルを合わせて、F4 キーを3回押そう。列番号の前だけに「$」マークがついた複合参照に変更できる。修正が終わったらF4～F5セルにコピーしよう。

第3引数の列番号が「2」の数式を全範囲にコピーすると、すべての検索結果が価格情報になってしまう。G列にコピーする分は、価格情報ではなく生産国情報を取り出したいので、F3セルからG3セルに1つだけコピーし、列番号を「3」に変更してからG4～G5セルにコピーしよう。

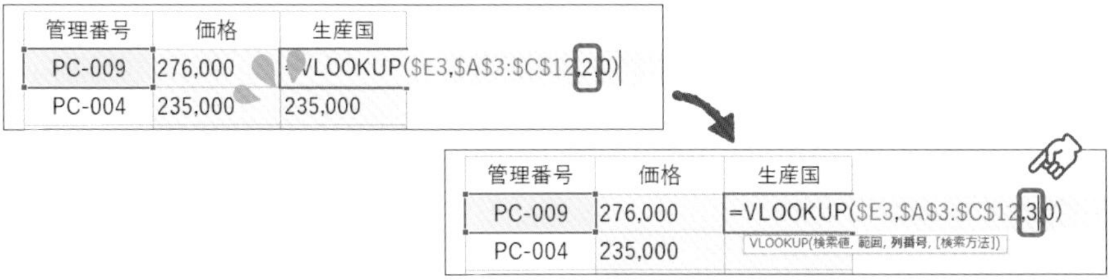

各管理番号の情報を正しく取り出すことができた。

	A	B	C	D	E	F	G	H
1	商品管理番号一覧				商品情報検索			
2	管理番号	価格	生産国		管理番号	価格	生産国	
3	PC-001	262,000	Japan		PC-009	276,000	India	
4	PC-002	177,000	Japan		PC-004	235,000	India	
5	PC-003	122,000	Korea		PC-001	262,000	Japan	
6	PC-004	235,000	India					
7	PC-005	111,000	China					
8	PC-006	290,000	Korea					
9	PC-007	160,000	China					
10	PC-008	140,000	Japan					
11	PC-009	276,000	India					
12	PC-010	241,000	Japan					

データベース構造とテーブル化

関数によるデータ抽出や集計を効率的に行うためには、野球やサッカーのグラウンド整備と同じく「フィールドの下準備」が必要です。

ある特定の条件に当てはまる複数のデータを集約して、検索や加工といった管理がしやすいように整理されたデータの集合体を、「データベース（Database）」と呼びます。少し難しそうな印象を受けますが、情報の検索や編集が容易にできる形であれば、住所録や●●ランキングのような表も立派なデータベースです。Excelは行と列により実現する特有のマトリックス構造から、縦横の軸で情報を並べることができ、データベースの概念にマッチしています。さらに、拠点別の販売実績や顧客の属性情報といったデータが正しく整理されていると、それらが持っている値を計算したり取り出したりするシーンで大いに役立ちます。

ここでは、Excelでデータベース形式の表を構築する際に気を付けるべきことと、情報の蓄積・整形作業に絶大な効力を発揮してくれる「テーブル」について解説します。

データベースの要件

Excelのデータベース化に求められる要件は以下の7点だ。

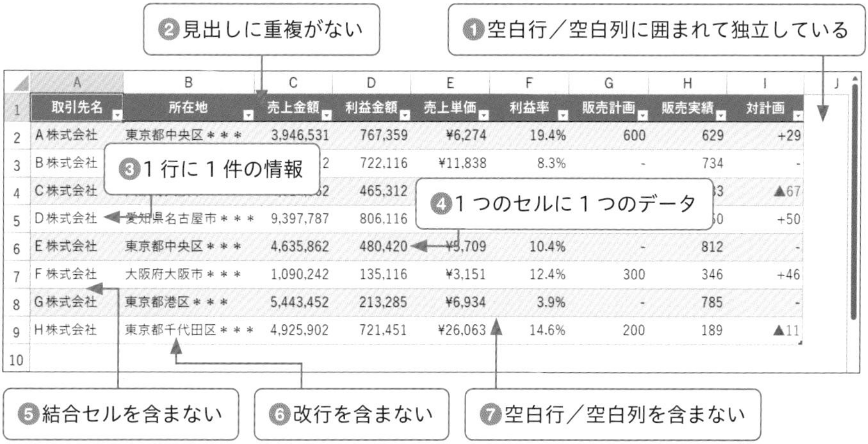

❶空白行／空白列に囲まれて独立している

データベースの対象とする範囲は該当のワークシートに独立して存在していることが理想だ。**無関係のデータが対象範囲に接触していると、後に設定するテーブルの領域にも含まれてしまう**。もし近傍に日付やメモデータを残す必要がある場合は、隣接させずに離れた箇所に入力しよう。

❷見出しに重複がない

検索関数などで特定のデータを抽出する際、見出しをキーにしてアプローチすることがある。**同じ見出しが複数存在すると、求めている情報を正しく取り出せない可能性が生じる**のだ。たとえば同じ「氏名」でも、「氏名①」／「氏名②」／「氏名③」だったり「氏名」／「カナ氏名」／「英字氏名」などと、それぞれがユニークな文字列になるように設定しよう。

❸１行に１件の情報

サンプルの場合、**A 株式会社の一部の情報が離れた箇所に入力されていたり、B 株式会社の行に C 株式会社の情報が混在したりしていると、上記❷と同じく正しい情報を取り出せなくなる**。❷で設定した見出しに該当する要素を各列ごとに入力し、１件の情報を１行に集約させるようにしよう。

❹１つのセルに１つのデータ

サンプルの場合、一部の取引先名のセルに関係会社の情報が併記されていたり、所在地に続けて電話番号が入力されていたり、売上金額の欄に文字列が含まれていたりすると、見出しに合致しない情報が入り混じることになる。**他のデータとの統一性が担保されなくなり、同じ条件でデータを取り出せない、値を正しく演算または参照できない**といった問題が発生するのだ。こんなときは補足情報を入力する備考欄の列を別に用意したり、所在地に加えて新たに電話番号の列を追加したりすることで、１つのセルには１つのデータのみを配置するようにしよう。

❺結合セルを含まない

セルが結合されていると、数式によるデータの参照やフィルターによる絞り込みの他、範囲選択やコピー＆ペーストといった基本操作も正しく機能しなくなる。データベース化する範囲には結合されたセルを含まないようにしよう。

❻改行を含まない

値や文字列をセル内で改行すると、目には見えない「改行コード」がデータに加わる。こちらも**検索や参照、文字列操作による整形作業に支障を来す**ため、セルに入力したデータは改行しないようにしよう。

❼空白行／空白列を含まない

対象範囲をまとめて選択したり、テーブル化したりする際、**空白列や空白行が存在していると、アクティブセル領域がその手前までと認識され正しく操作できなくなる**。一括範囲選択や数式の参照元指定を効率的に行うために、対象範囲のデータは途切れることなく連続的に入力されていることが理想だ。

※アクティブセル領域：選択中のセルまたはセル範囲から空白行と空白列の手前までの領域のこと。

テーブル

テーブルを設定しておくと、見やすいしま模様のデザインに変換されフィルターが適用されるだけでなく、新しいデータが追加されても**自動で数式や書式が複製**される構造になる。

	A	B	C	D
1	取引先名	所在地	売上金額	利益金額
2	A株式会社	東京都中央区＊＊＊	3,946,531	767,359
3	B株式会社	東京都千代田区＊＊＊	8,689,012	722,116
4	C株式会社	大阪府大阪市＊＊＊	4,614,862	465,312
5	D株式会社	愛知県名古屋市＊＊＊	9,397,787	806,116
6	E株式会社	東京都中央区＊＊＊	4,635,862	480,420
7	F株式会社	大阪府大阪市＊＊＊	1,090,242	135,116

❶表の中にカーソルを置いて、Ctrl ＋ T を押す。

❷テーブルに変換するデータ範囲が正しく指定されていることと、［先頭行をテーブルの見出しとして使用する］にチェックが入っていることを確認したら、Enter で実行する。

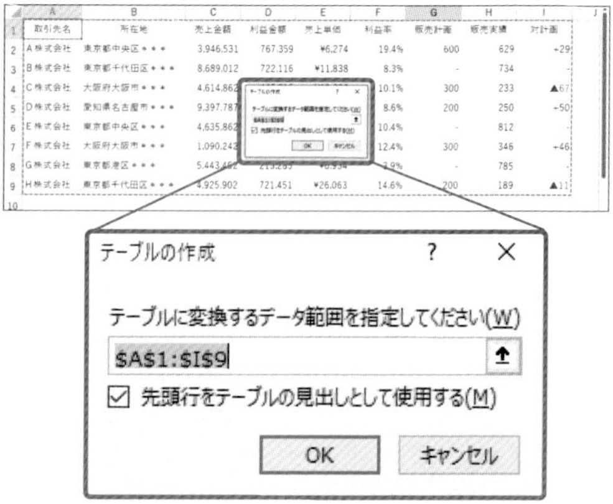

表がテーブルに変換された。

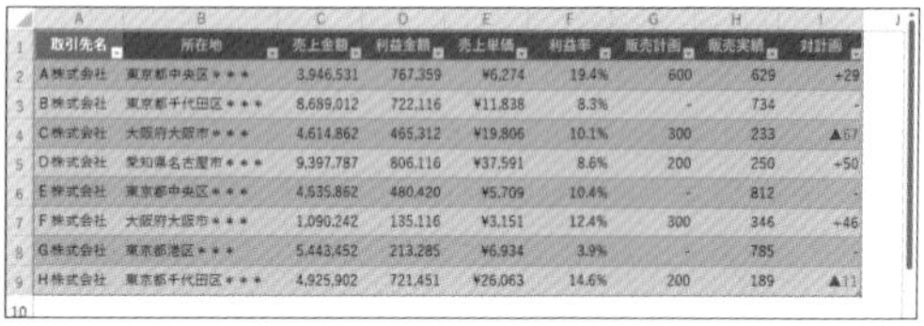

テーブルデザインの変更

❶テーブルが設定された表の中にカーソルを置いて、Alt → J → T → S と順に押す。

❷方向キーでお好みのデザインを選択して、Enter で決定する。

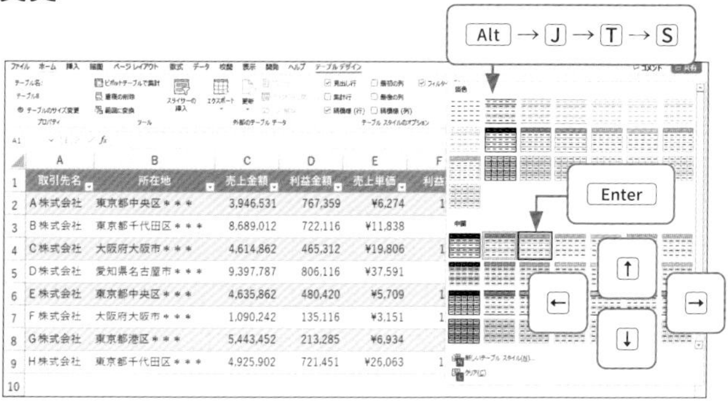

テーブルの解除（範囲に変換）

❶テーブルが設定された表の中にカーソルを置いて、Alt → J → T → G と順に押す。

❷テーブルを標準の範囲に変換するかを確認するポップアップが出てくるので、Enter で決定する。

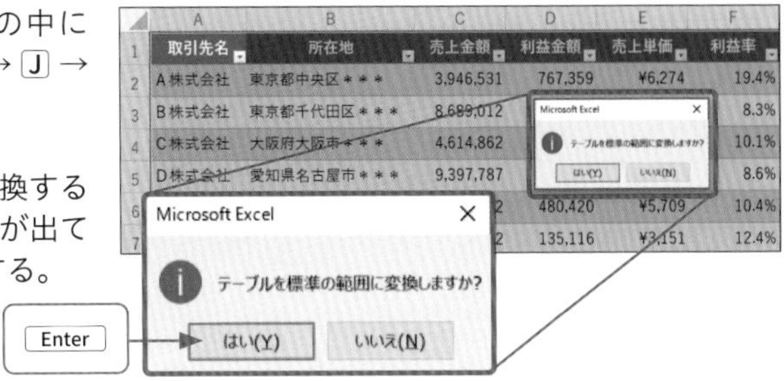

これによりテーブルが解除される。
※フィルターがなくなっていることが目印（書式は残ったままとなる）。

	A	B	C	D	E	F
1	取引先名	所在地	売上金額	利益金額	売上単価	利益率
2	A株式会社	東京都中央区＊＊＊	3,946,531	767,359	¥6,274	19.4%
3	B株式会社	東京都千代田区＊＊＊	8,689,012	722,116	¥11,838	8.3%
4	C株式会社	大阪府大阪市＊＊＊	4,614,862	465,312	¥19,806	10.1%
5	D株式会社	愛知県名古屋市＊＊＊	9,397,787	806,116	¥37,591	8.6%
6	E株式会社	東京都中央区＊＊＊	4,635,862	480,420	¥5,709	10.4%
7	F株式会社	大阪府大阪市＊＊＊	1,090,242	135,116	¥3,151	12.4%

テーブル化のメリット

表をテーブルにすることで様々なメリットがある。

数式や書式が自動で適用される

テーブルを設定していない表に、新たに「I 株式会社」の情報を追記する。

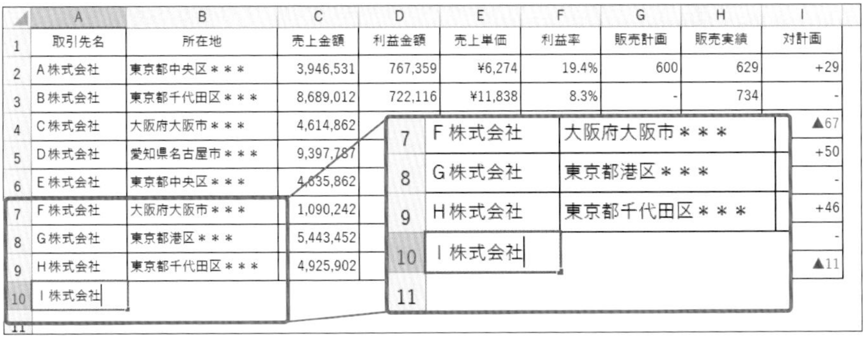

入力した数値から売上単価や利益率を求める数式、値の表示形式や罫線といった書式を、1から設定し直す必要がある。

これに対し、テーブルを設定していれば数式や書式が自動で反映される。

	A	B	C	D	E	F	G	H	I
1	取引先名	所在地	売上金額	利益金額	売上単価	利益率	販売計画	販売実績	対計画
2	A株式会社	東京都中央区＊＊＊	3,946,531	767,359	¥6,274	19.4%	600	629	+29
3	B株式会社	東京都千代田区＊＊＊	8,689,012	722,116	¥11,838	8.3%	-	734	-
4	C株式会社	大阪府大阪市＊＊＊	4,614,862	465,312	¥19,806	10.1%	300	233	▲67
5	D株式会社	愛知県名古屋市＊＊＊	9,397,787	806,116	¥37,591	8.6%	200	250	+50
6	E株式会社	東京都中央区＊＊＊	4,635,862	480,420	¥5,709	10.4%	-	812	-
7	F株式会社	大阪府大阪市＊＊＊	1,090,242	135,116	¥3,151	12.4%	300	346	+46
8	G株式会社	東京都港区＊＊＊	5,443,452	213,285	¥6,934	3.9%	-	785	-
9	H株式会社	東京都千代田区＊＊＊	4,925,902	721,451	¥26,063	14.6%	200	189	▲11
10	I株式会社				#DIV/0!	0.0%			-
11									

「I 株式会社」と入力すると書式と数式が自動追加される♪

必要なデータを打ち込むだけで作業が素早く完了するぞ！

8	G株式会社	東京都港区＊＊＊	5,443,452	213,285	¥6,934	3.9%	-	785	-
9	H株式会社	東京都千代田区＊＊＊	4,925,902	721,451	¥26,063	14.6%	200	189	▲11
10	I株式会社	大阪府大阪市＊＊＊	1,190,564	155,437	¥12,941	13.1%	50	92	+42
11									

数式の参照元が自動拡張される

❶表の欄外で販売実績の合計を求めたとする。

❷テーブルを設定していない場合、新たに追加した「I 株式会社」のデータは計算対象範囲から外れる。

G	H	I	J	K	L
販売計画	販売実績	対計画		販売実績	=SUM(H2:H9)
600	629	+29			
-	734	-			
300	233	▲67			
200	250	+50			
-	812	-			
300	346	+46			
-	785	-			
200	189	▲11			
50	92	+42			

追加

❸テーブルを設定している場合、数式の参照範囲が自動拡張される。

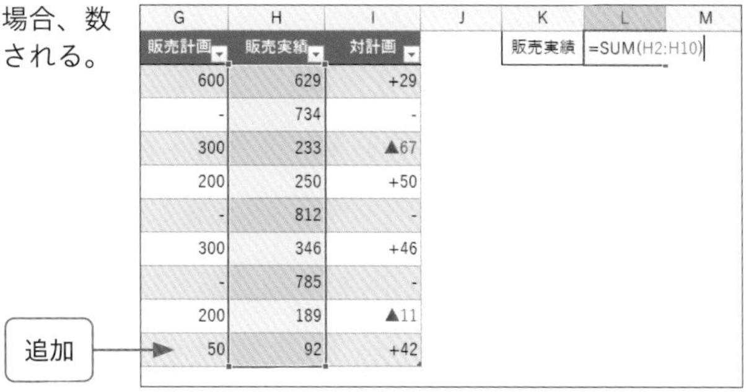

集計方法をアレンジできる

テーブル範囲にあるセルをアクティブして、[テーブルデザイン] タブ→[テーブルスタイルのオプション] グループにある [集計行] にチェックすると、最下段に [集計行] が追加される

※この操作はテーブル内にアクティブセルがある状態で Ctrl + Shift + T を同時に押すことでも実行できる。

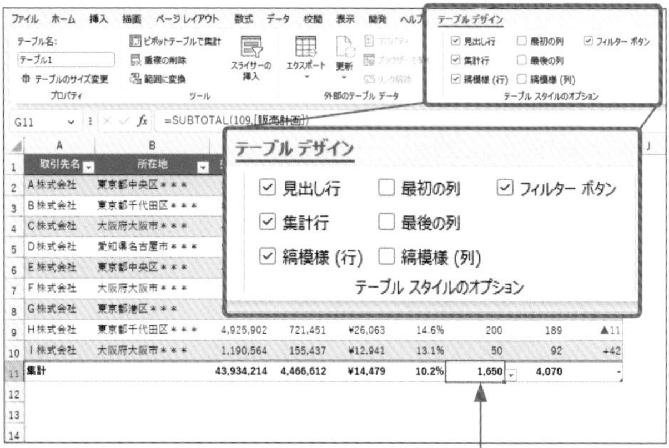

集計行では、合計だけでなくデータの平均や個数、最大値といった分析が行える。

※[その他の関数] を選択すると、[関数の挿入] ダイアログボックスが表示される。

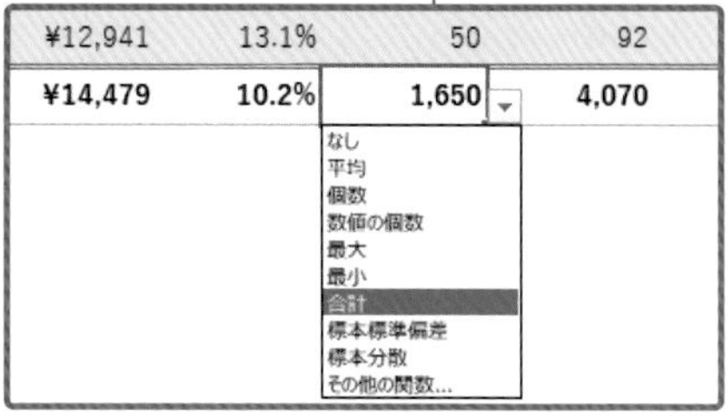

社内の基幹システムから入手したCSVファイルなどは、ここまで解説してきたデータベースファーストの構造になっていることがほとんどだ。テーブル化して集計行を追加することで、簡易的な分析作業ができるぞ！

サンプルファイル
シート No.04

対象期間の業績を合算する

数式のしくみと入力・編集の手順をおさえたら、実際に関数を使っていきましょう。Excel で最もよく行う演算は加算（たし算）であり、複数のデータを合算（合計）する「SUM 関数」は最頻出のアイテムです。ここでは、とある商品の各月販売実績を合算し上半期合計を求めていきます。SUM 関数を効率的に挿入するキー操作と合わせておさえておきましょう。

初出の関数

01 SUM 関数 =SUM(数値 1,[数値 2],…)

数値の合計を求める

対象期間の業績を合算する

4 月（B 列）から 9 月（G 列）のデータを SUM 関数で合算して上半期計（H 列）を求める。複数のセルを参照する方法は大きく 3 つある。

❶連続したデータ範囲を 1つの参照元として指定する。

	A	B	C	D	E	F	G	H	I	J
1		4月	5月	6月	7月	8月	9月	上半期計		
2	A 支店	90	78	35	63	57	26	=SUM(B2:G2)		
3	B 支店	82	13	86	38	10	51			
4	C 支店	60	96	59	76	25	15			
5	D 支店	26	39	14	22	39	22			
6	E 支店	65	99	76	68	47	57			
7	合計	323	325	270	267	178	171			
8										
9										

❷各セルを 1つずつ選択し、複数の参照元として指定する。
※それぞれの参照元は「,(カンマ)」で区切る。

	A	B	C	D	E	F	G	H	I	J
1		4月	5月	6月	7月	8月	9月	上半期計		
2	A 支店	90	78	35	63	57	26	=SUM(B2,C2,D2,E2,F2,G2)		
3	B 支店	82	13	86	38	10	51			
4	C 支店	60	96	59	76	25	15			
5	D 支店	26	39	14	22	39	22			
6	E 支店	65	99	76	68	47	57			
7	合計	323	325	270	267	178	171			
8										
9										

❸複数のセル(範囲) を参照元として指定する。

❶と❷のあわせ技！

	A	B	C	D	E	F	G	H	I	J
1		4月	5月	6月	7月	8月	9月	上半期計		
2	A支店	90	78	35	63	57	26	=SUM(B2:D2,E2:G2)		
3	B支店	82	13	86	38	10	51			
4	C支店	60	96	59	76	25	15			
5	D支店	26	39	14	22	39	22			
6	E支店	65	99	76	68	47	57			
7	合計	323	325	270	267	178	171			
8										
9										

参照元の指定方法によって、表を加工した際の影響範囲が異なる。
たとえば上半期の合計に加えて、第1四半期と第2四半期の小計列を事後的に追加したとする。

追加　追加

VLOO... =SUM(B2:H2)

	A	B	C	D	E	F	G	H	I	J	K	L
1		4月	5月	6月	1Q計	7月	8月	9月	2Q計	上半期計		
2	A支店	90	78	35	203	63	57	26	146	=SUM(B2:H2)		
3	B支店	82	13	86	181	38	10	51	99			
4	C支店	60	96	59	215	76	25	15	116			
5	D支店	26	39	14	79	22	39	22	83			
6	E支店	65	99	76	240	68	47	57	172			
7	合計	323	325	270	918	267	178	171	616			
8												

✕

上半期計の参照元に1Qの各月実績と1Q小計が重複して含まれてしまう。

VLOO... =SUM(B2,C2,D2,F2,G2,H2)

	A	B	C	D	E	F	G	H	I	J	K	L
1		4月	5月	6月	1Q計	7月	8月	9月	2Q計	上半期計		
2	A支店	90	78	35	203	63	57	26	146	=SUM(B2,C2,D2,F2,G2,H2)		
3	B支店	82	13	86	181	38	10	51	99			
4	C支店	60	96	59	215	76	25	15	116			
5	D支店	26	39	14	79	22	39	22	83			
6	E支店	65	99	76	240	68	47	57	172			
7	合計	323	325	270	918	267	178	171	616			
8												

○

参照元が重複しておらず、正しい合計が求められる。

VLOO... =SUM(B2:D2,F2:H2)

	A	B	C	D	E	F	G	H	I	J	K	L
1		4月	5月	6月	1Q計	7月	8月	9月	2Q計	上半期計		
2	A支店	90	78	35	203	63	57	26	146	=SUM(B2:D2,F2:H2)		
3	B支店	82	13	86	181	38	10	51	99			
4	C支店	60	96	59	215	76	25	15	116			
5	D支店	26	39	14	79	22	39	22	83			
6	E支店	65	99	76	240	68	47	57	172			
7	合計	323	325	270	918	267	178	171	616			
8												

○

参照元が重複しておらず、正しい合計が求められる。

参照元の指定方法は、参照するセル（範囲）の位置関係や表の加工のしやすさに考慮してアレンジしよう！

SUM関数を挿入するショートカットキー

実務においては、入力したSUM関数を同じ列や行の他の範囲にコピーしたり、算出した小計から総合計を求めたりする作業が発生する。
こうした一連の作業を、ショートカットキーを使って素早く行うテクニックをおさえておこう。シンプルな構造の表であれば絶大な効力を発揮してくれるキー操作だ。

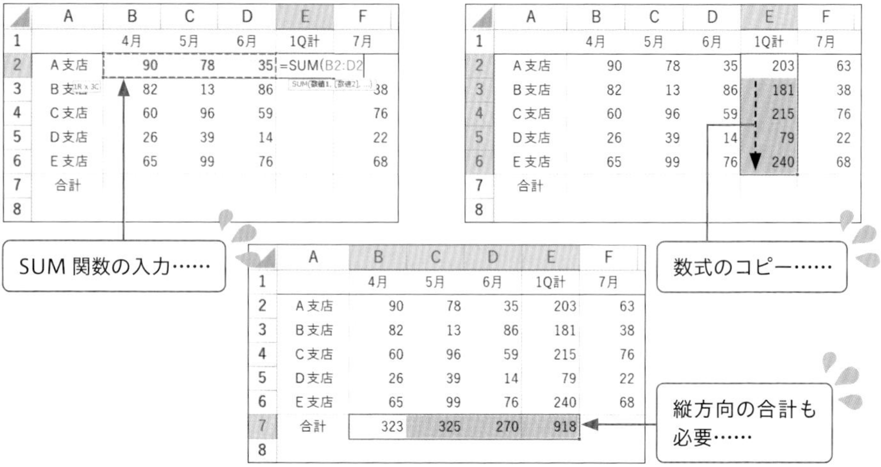

SUM関数の挿入

B列からD列のデータの合計をE列に求める。

SUM関数の挿入

❶合計値を返すセルをアクティブにする。

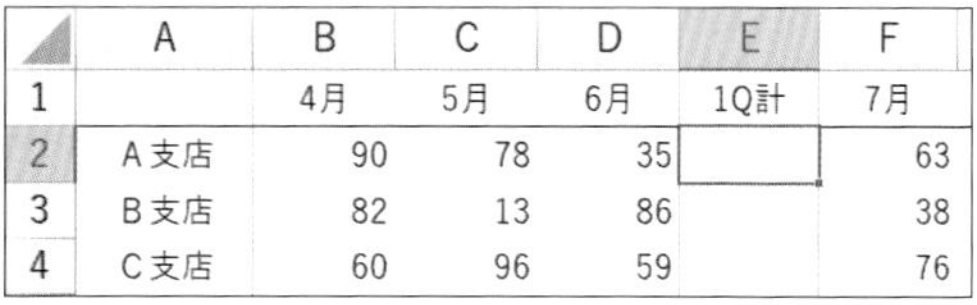

❷ Alt + Shift + = を押す。隣接する値の集合体を参照するSUM関数が挿入される。
※対象範囲が正しく選択されていない場合は、方向キーや Shift キーを組み合わせて修正する。

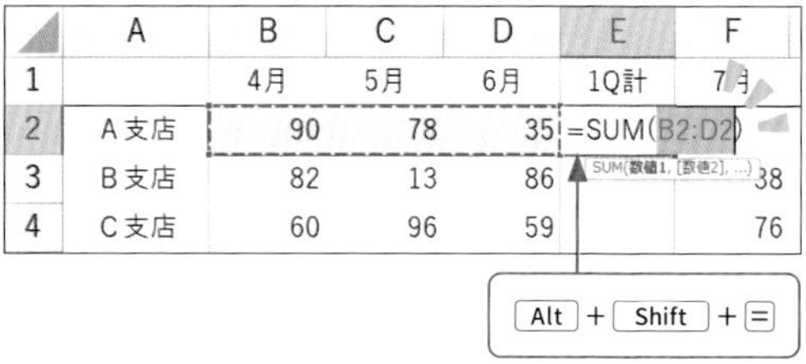

❸参照元が正しく選択されていれば、Enter で実行する。SUM関数を一から入力することなく、値の合計を求めることができた。

	A	B	C	D	E	F
1		4月	5月	6月	1Q計	7月
2	A支店	90	78	35	203	63
3	B支店	82	13	86		38
4	C支店	60	96	59		76

単一方向に連続して入力されたデータが、合計値を返すセルに隣接していることが前提だ！

SUM関数の一括挿入

特定のセル範囲にまとめてSUM関数を挿入することも可能だ。

❶あらかじめ対象の範囲をすべて選択しておく。

❷ Alt ＋ Shift ＋ = を押す。

Alt ＋ Shift ＋ =

	A	B	C	D	E	F
1		4月	5月	6月	1Q計	7月
2	A支店	90	78	35		63
3	B支店	82	13	86		38
4	C支店	60	96	59		76
5	D支店	26	39	14		22
6	E支店	65	99	76		68
7	合計					

これにより Enter キーを押すステップをも省略して、選択したすべてのセルに合計を求めることができた。

	A	B	C	D	E	F
1		4月	5月	6月	1Q計	7月
2	A支店	90	78	35	203	63
3	B支店	82	13	86	181	38
4	C支店	60	96	59	215	76
5	D支店	26	39	14	79	22
6		65	99	76	240	68

4月	5月	6月	1Q計	7月
90	78	35	203	63
82	13	86	181	38
60	96	59	215	76
26	39	14	=SUM(B5:D5)	
65	99	76	240	68

これは縦方向の合計にも応用できる。

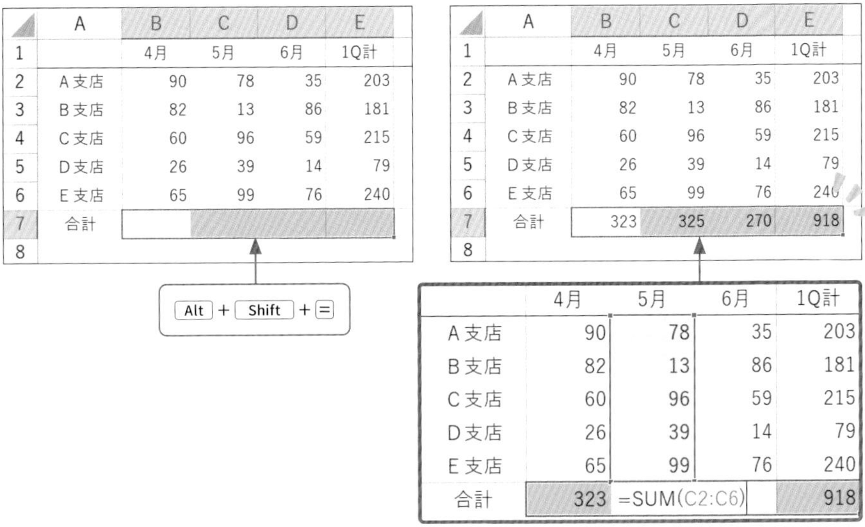

そして、合計値を返す列や行を同時に選択した状態で Alt + Shift + = を押せば、縦方向の合算と横方向の合算を同時に行うことができる。

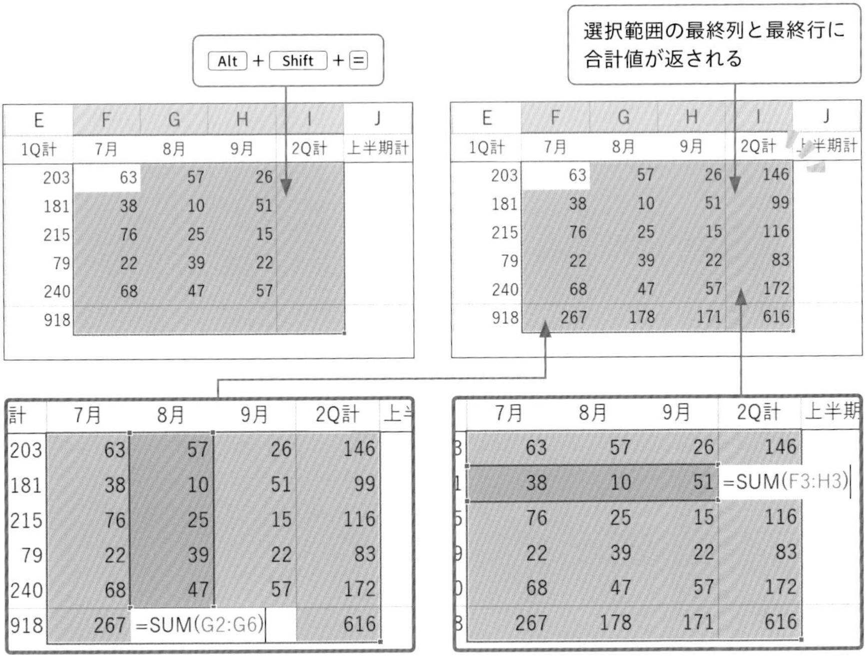

さらに、参照した値の並びと同じ向きに求めた小計を合算する場合は、総合計欄で Alt ＋ Shift ＋ = を押せば、足し合うべきセルを自動で解析してくれる。

E	F	G	H	I	J
1Q計	7月	8月	9月	2Q計	上半期計
203	63	57	26	146	
181	38	10	51	99	
215	76	25	15	116	
79	22	39	22	83	
240	68	47	57	172	
918	267	178	171	616	

Alt ＋ Shift ＋ =

E	F	G	H	I	J
1Q計	7月	8月	9月	2Q計	上半期計
203	63	57	26	146	349
181	38	10	51	99	280
215	76	25	15	116	331
79	22	39	22	83	162
240	68	47	57	172	412
918	267	178	171	616	1,534

	1Q計	7月	8月	9月	2Q計	上半期計
35	203	63	57	26	146	349
86	181	38	10	51	99	280
59	215	76	25	15	116	=SUM(I4,E4)
14	79	22	39	22	83	162
76	240	68	47	57	172	412
270	918	267	178	171	616	1,534

値、小計、総合計の入力欄が同一方向に位置するシンプルな表で有効だ！

SUM関数でひき算をシンプルにする

特定の値を起点に多くの値を減算（ひき算）するときは、むしろSUM関数でシンプルにした方が良い場合がある。

たとえば総予算に対して、費用を引いていくとする。
予算は正の値、出ていくお金を最初から負の値で勘定していれば単純にそれらを合算するだけで済むが、かかった費用をマイナスで表現せず「絶対値（正の値）」で蓄積されるケースも多い。

B7 ｜ fx ｜ =B1-B2-B3-B4-B5-B6

	A	B	C	D
1	総予算	3,000,000		
2	費用①	78,340		
3	費用②	112,730		
4	費用③	69,900		
5	費用④	223,950		
6	費用⑤	83,410		
7	残高	=B1-B2-B3-B4-B5-B6		
8				
9				
10				

こんなとき１つ１つ差し引くのは面倒なので、総予算から「費用のデータを合計した値」を引く構成にすると便利だ。

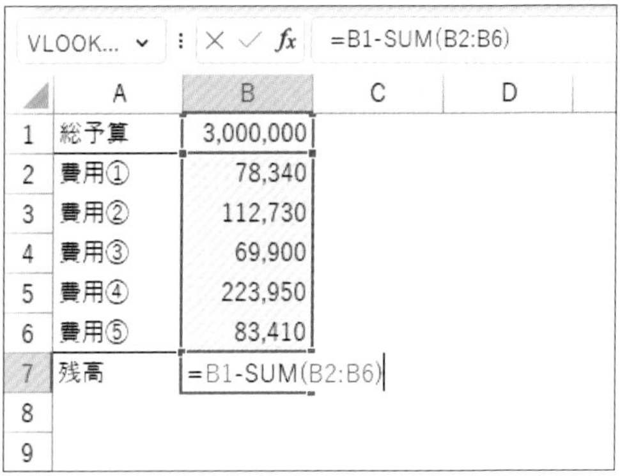
VLOOK... =B1-SUM(B2:B6)

	A	B	C	D
1	総予算	3,000,000		
2	費用①	78,340		
3	費用②	112,730		
4	費用③	69,900		
5	費用④	223,950		
6	費用⑤	83,410		
7	残高	=B1-SUM(B2:B6)		
8				
9				

「なんだそんなことか」と思える基本動作ではあるが、気づかずに１つずつ引いているシーンもよく見かけるぞ。この機会にチェックしておこう！

テクニック　SUM関数は文字列を無視する

関数を使わずに「＝セル１＋セル2…」と入力した場合、参照元に「－」（ハイフン）や「確認中」のような文字列が入力されているとエラーが返る。

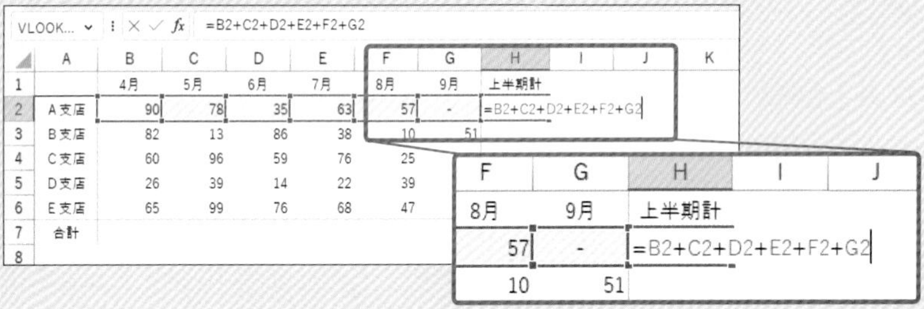
VLOOK... =B2+C2+D2+E2+F2+G2

	A	B	C	D	E	F	G	H	I	J	K
1		4月	5月	6月	7月	8月	9月	上半期計			
2	A支店	90	78	35	63	57	-	=B2+C2+D2+E2+F2+G2			
3	B支店	82	13	86	38	10	51				
4	C支店	60	96	59	76	25					
5	D支店	26	39	14	22	39					
6	E支店	65	99	76	68	47					
7	合計										
8											

F	G	H	I	J
8月	9月	上半期計		
57	-	=B2+C2+D2+E2+F2+G2		
10	51			

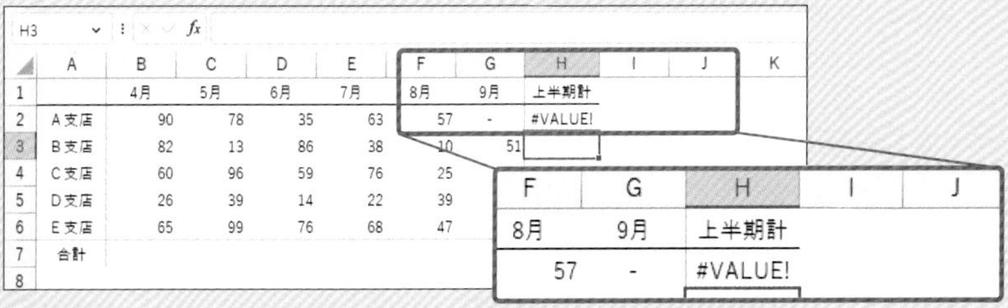
H3

	A	B	C	D	E	F	G	H	I	J	K
1		4月	5月	6月	7月	8月	9月	上半期計			
2	A支店	90	78	35	63	57	-	#VALUE!			
3	B支店	82	13	86	38	10	51				
4	C支店	60	96	59	76	25					
5	D支店	26	39	14	22	39					
6	E支店	65	99	76	68	47					
7	合計										
8											

F	G	H	I	J
8月	9月	上半期計		
57	-	#VALUE!		

ここに「SUM 関数」を用いると、文字列は無視して値のデータまたは数式の結果返された数値だけを計算してくれる。

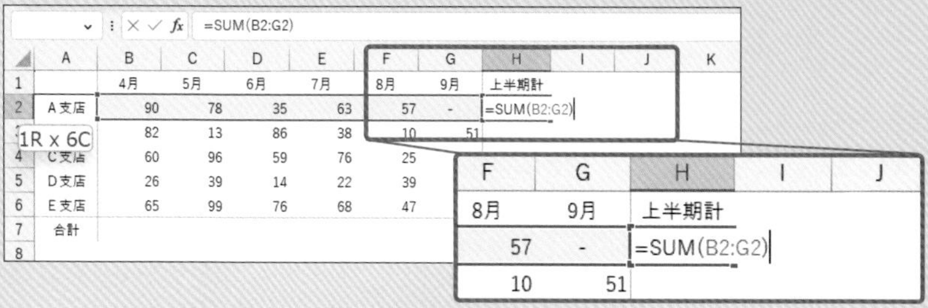

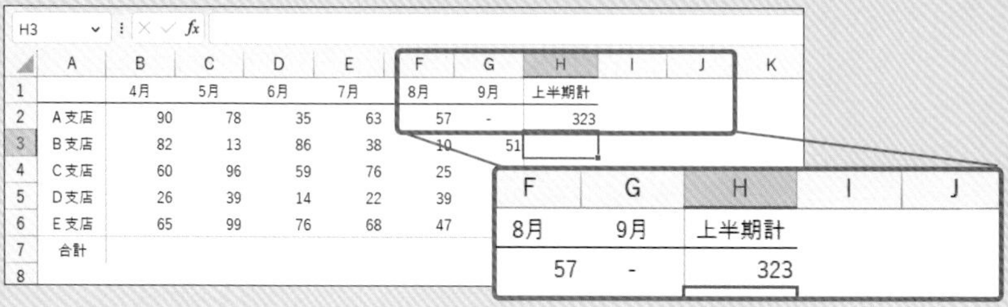

これは指定した値をかけ合わせる PRODUCT 関数や、条件に合致した値を合計する SUMIF 関数など、演算を行う他の関数でも共通の仕様だ。

数量と単価から金額を求める

実務では、サンプルのような単価×注文単位×発注数＝発注金額を求めたり、販売台数×販売単価×利益率＝利益金額を求めたり、税引き前の価格や利益に所定の税率をかけて消費税や法人税を求めたりと、値の「積」を算出するシーンが多くあります。

	A	B	C	D	E
1	(円)	単価	注文単位	発注数	発注金額
2	商品A	300	2	20	12,000
3	商品B	500	3	15	22,500
4	商品C	600	2	20	24,000
5	商品D	200	10	10	20,000
6	商品E	400	5	30	60,000
7					
8			合計(税抜)	95	138,500
9			合計(税込)	95	152,350
10					
11					

値をかけ合わせるときは通常、データとデータを「*」(アスタリスク)でつないで計算していきますが、合計を導くSUM関数のように範囲選択して求められたら非常に効率的です。

	A	B	C	D	E
1	(円)	単価	注文単位	発注数	発注金額
2	商品A	300	2	20	=B2*C2*D2
3	商品B	500	3	15	22,500
4	商品C	600	2	20	24,000
5	商品D	200	10	10	20,000
6	商品E	400	5	30	60,000
7					
8			合計(税抜)	95	138,500
9			合計(税込)	95	152,350
10					
11					

このメソッドでは、SUM関数と同じ構成でかけ算をする方法を解説します。後半には「たし算」と「かけ算」を組み合わせて瞬時に総合計を返す関数にも触れますのでセットでおさえましょう。

初出の関数

01 PRODUCT関数 =PRODUCT(数値1,[数値2],…)

数値を乗じる(かけ算する)

02 SUMPRODUCT関数 =SUMPRODUCT(配列1,[配列2],[配列3],…)

範囲または配列の数値を乗じて合算する

数値と単価から金額を求める

発注金額の欄に PRODUCT 関数を入力する。

「=prod」まで打ったら関数の候補として PRODUCT 関数が選択されるので、Tab を押して関数を挿入する。

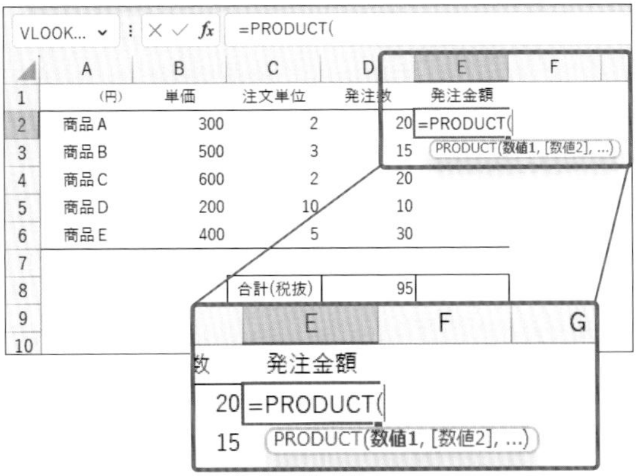

引数の構成と参照方法は SUM 関数と同じだ。
かけ合わせたいセルまたは範囲を以下のいずれかにならって指定する。

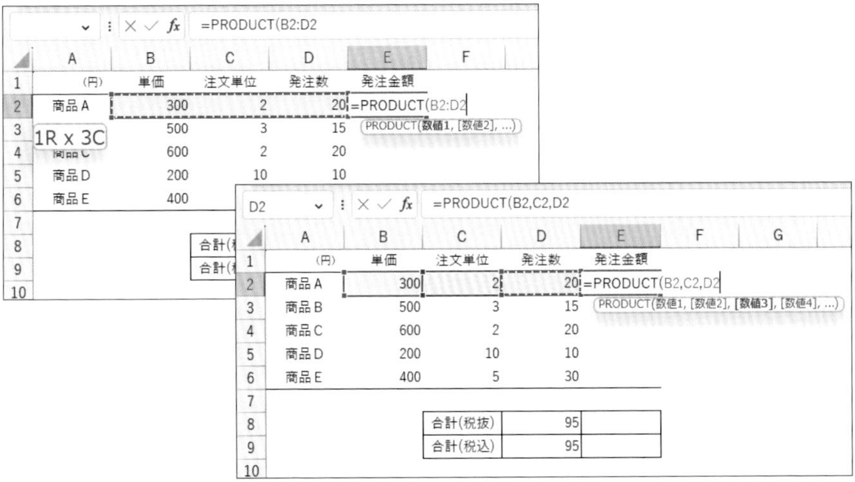

Enter で決定すると、単価 300 円×注文単位 2×発注数 20=12,000 円という結果が返される。

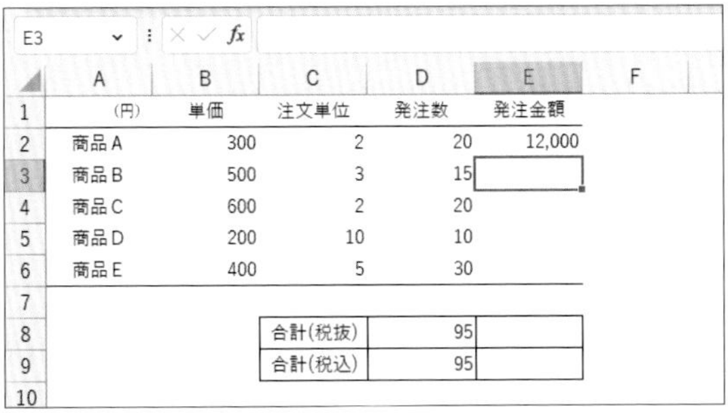

数式を下へコピーすると、各商品の発注金額が返される。

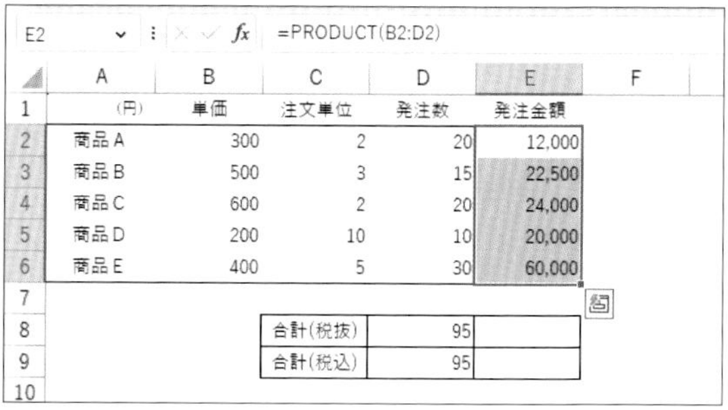

数値と単価から金額の総合計を求める

次に、E8セルで発注金額の合計を求める。最もオーソドックスな方法は、前述で求めた各商品の発注金額をSUM関数で合算するやり方だ。

これでも特に問題はないが、実務では商品ごとの発注金額を求めてからその値を合計するという手順を簡略化したいケースがある。

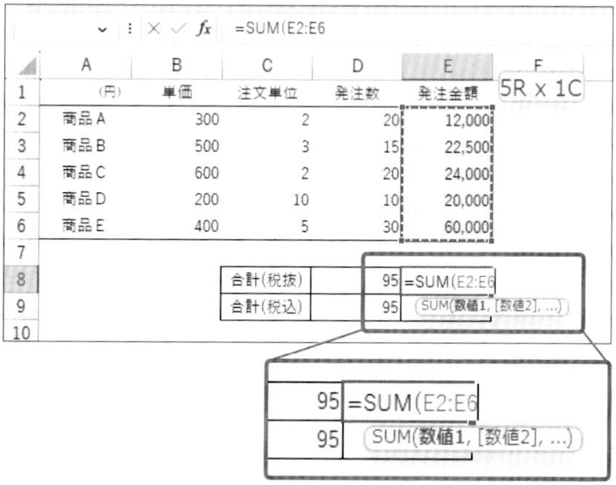

こんなときはSUMPRODUCT関数を使う。
SUMPRODUCT関数は、SUM（たし算の「和」）とPRODUCT（かけ算の「積」）の組み合わせから連想できるように、「たし算」と「かけ算」を同時に行える。

合計（税抜）の欄にSUMPRODUCT関数を入力する。

❶「=sump」まで打ったら関数の候補としてSUMPRODUCT関数が選択されるので、Tab を押して関数を挿入する。

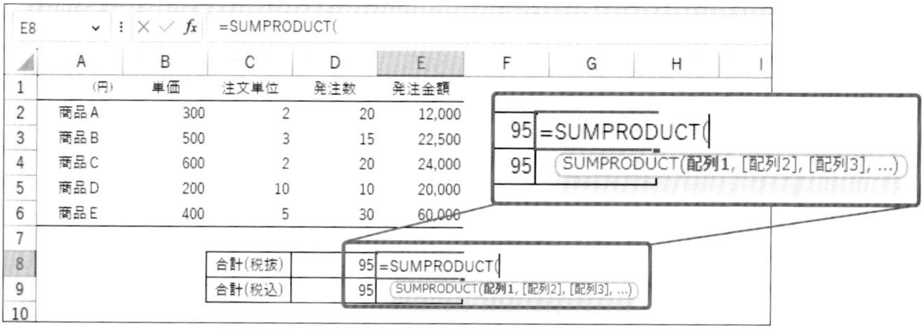

❷かけ合わせる範囲を下図のように参照する。

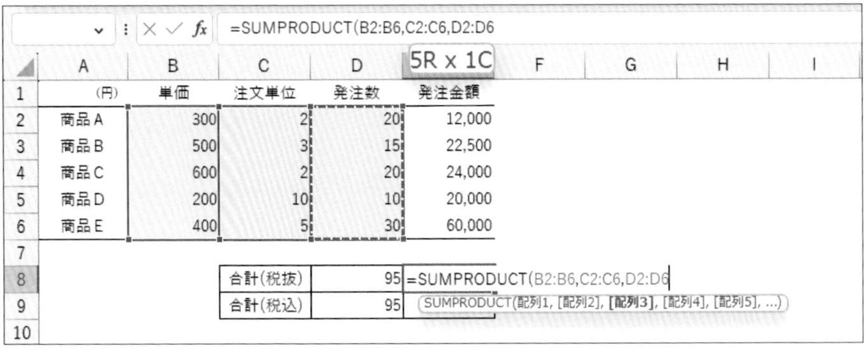

SUMPRODUCT関数は、選択した複数の配列において同じ位置にあるデータを掛け合わせ、その結果を合計してくれる関数だ。その役割を機能させるために、それぞれの配列に含まれるデータ数を必ず揃えよう。

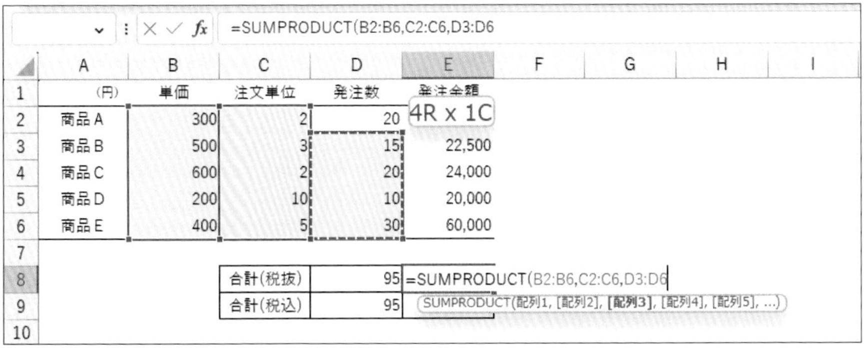

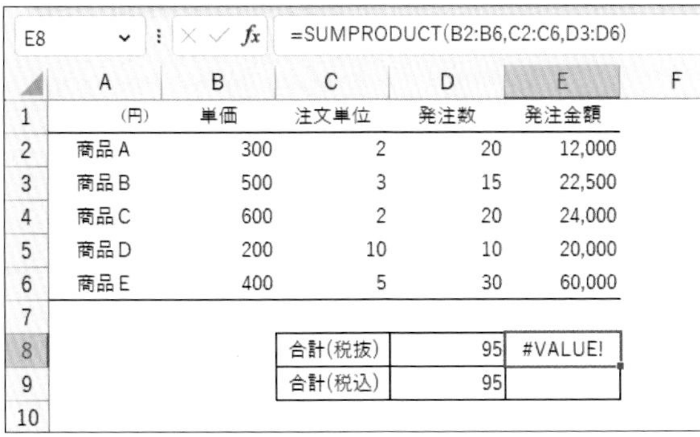

配列ごとのデータ数をズラしてしまうと左図のようにエラーが返るぞ！

正しく参照できていれば「138,500円」という結果が返る。

	A	B	C	D	E	F	G
1	(円)	単価	注文単位	発注数	発注金額		
2	商品A	300	2	20	12,000		
3	商品B	500	3	15	22,500		
4	商品C	600	2	20	24,000		
5	商品D	200	10	10	20,000		
6	商品E	400	5	30	60,000		
7							
8			合計(税抜)	95	138,500		
9			合計(税込)	95			
10							

※必要に応じて税込金額も併記しておこう。

	A	B	C	D	E	F	G
1	(円)	単価	注文単位	発注数	発注金額		
2	商品A	300	2	20	12,000		
3	商品B	500	3	15	22,500		
4	商品C	600	2	20	24,000		
5	商品D	200	10	10	20,000		
6	商品E	400	5	30	60,000		
7							
8			合計(税抜)	95	138,500		
9			合計(税込)	95	=E8*1.1		
10							

	A	B	C	D	E	F	G
1	(円)	単価	注文単位	発注数	発注金額		
2	商品A	300	2	20	12,000		
3	商品B	500	3	15	22,500		
4	商品C	600	2	20	24,000		
5	商品D	200	10	10	20,000		
6	商品E	400	5	30	60,000		
7							
8			合計(税抜)	95	138,500		
9			合計(税込)	95	152,350		
10							

テクニック　SUMPRODUCT関数の真の実力

配列同士の同じ位置にある値をかけ算し、その結果をたし算するというSUMPRODUCT関数の特長をフル活用すると、以下のようなケースに対応できる。

下図はとある商品の実績データにおいて、①型式が「A」または「B」であること、②コードが「X」であること、③モデルが「2022」であること、という3つの条件をすべて満たす数量を合計したものだ。

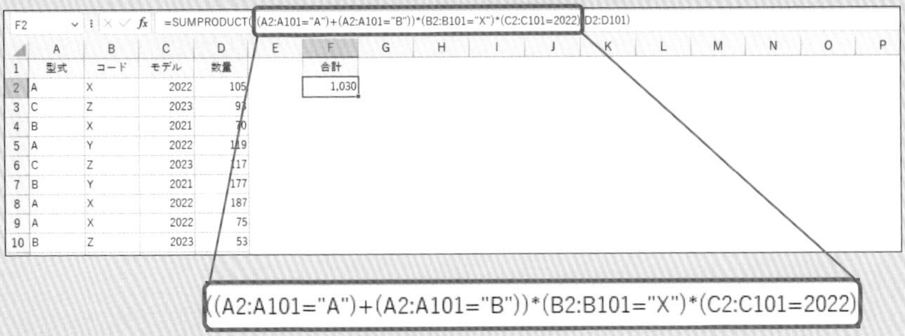

	A	B	C	D	E	F
1	型式	コード	モデル	数量		合計
2	A	X	2022	105		1,030
3	C	Z	2023	93		
4	B	X	2021	70		
5	A	Y	2022	119		
6	C	Z	2023	117		
7	B	Y	2021	177		
8	A	X	2022	187		
9	A	X	2022	75		
10	B	Z	2023	53		

複数の条件にマッチする値を合算する方法はいくつかあるが、なかでもSUMPRODUCT関数は複雑な判定にも対応できる非常に便利なアイテムだ。

この数式の意味は本書を読み進めるうちに理解できるようになるため、今はとりあえずこんな使い方ができるんだということだけ頭の片隅にいれておこう。

詳細はChapter.5で解説するぞ！

サンプルファイル
シート No.06

個数や人数、金額を「まるめる」

かけ算やわり算で特定の値を求めると、小数点以下の数値が発生したり、100台単位でまるめたいのに1台単位で結果が返されたりすることがあります。

D3 | =B3*D3

	A	B	C	D	
1			動員人数		
2		前年実績	当年目標	前年比	前
3	A支社	2,861	=B3*D3	130%	
4	B支社	1,135		130%	
5	C支社	4,947		130%	
6	合計	8,943		130%	
7					

たとえば前年の動員人数が2,861人だったとあるイベントにおけるA支社の当年動員目標を前年比130%に設定したとします。

2,861×130%を計算すると、「3,719.3」という値が返ります。しかしこれはあくまで人数なので、実際には小数点以下の値は存在しません。

C3 | =B3*D3

	A	B	C	D	
1			動員人数		
2		前年実績	当年目標	前年比	前
3	A支社	2,861	3,719.3	130%	
4	B支社	1,135		130%	
5	C支社	4,947		130%	
6	合計	8,943		130%	

製品の販売目標を求めた場合も、実際には切り分けて販売することのない個数に小数点以下の値が生じてしまいます。

D	E	F	G	H
		販売個数		
前年比	前年実績	当年目標	前年比	
130%	234	280.8	120%	
130%	101		120%	
130%	429		120%	
130%	764		120%	

また、金額に所定の税率をかけるなどのケースで、**計算結果を合算した値と、表示される各々の金額を足し合わせた値がズレている！**　なんてこともしばしばです。

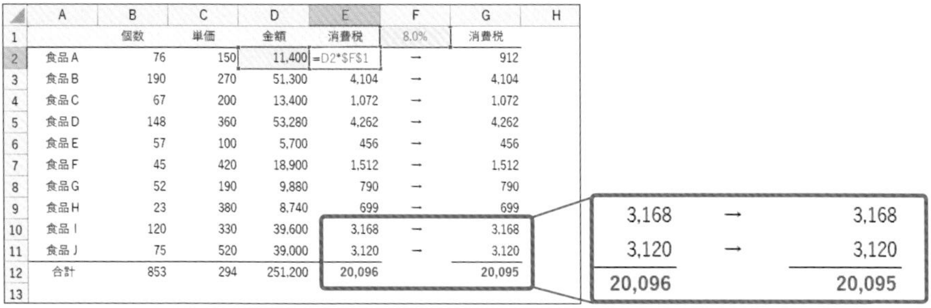

	A	B	C	D	E	F	G	H
1		個数	単価	金額	消費税	8.0%	消費税	
2	食品A	76	150	11,400	=D2*$F$1	→	912	
3	食品B	190	270	51,300	4,104	→	4,104	
4	食品C	67	200	13,400	1,072	→	1,072	
5	食品D	148	360	53,280	4,262	→	4,262	
6	食品E	57	100	5,700	456	→	456	
7	食品F	45	420	18,900	1,512	→	1,512	
8	食品G	52	190	9,880	790	→	790	
9	食品H	23	380	8,740	699	→	699	
10	食品I	120	330	39,600	3,168	→	3,168	
11	食品J	75	520	39,000	3,120	→	3,120	
12	合計	853	294	251,200	20,096		20,095	
13								

上図は食品の消費税（軽減税率8% ※2023年8月現在）を求めたときの合計値と、表示されている値をG列に転記したときの合計値を比べています。

E列で求めた消費税の表示桁数を増やしてみると、ところどころ小数点以下の値が存在し、その結果12行目の合計値が繰り上げられてしまっていることがわかります。

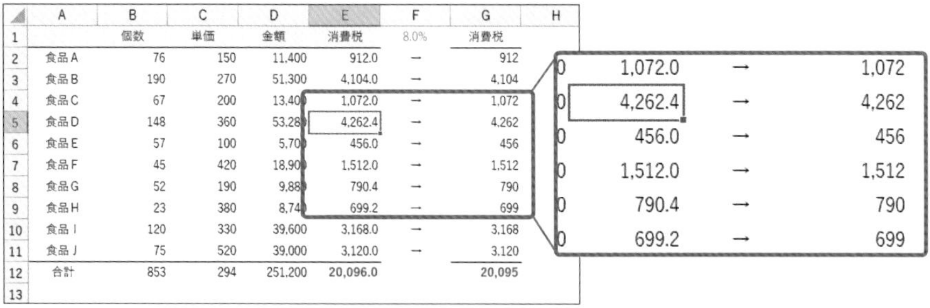

	A	B	C	D	E	F	G	H
1		個数	単価	金額	消費税	8.0%	消費税	
2	食品A	76	150	11,400	912.0	→	912	
3	食品B	190	270	51,300	4,104.0	→	4,104	
4	食品C	67	200	13,400	1,072.0	→	1,072	
5	食品D	148	360	53,280	4,262.4	→	4,262	
6	食品E	57	100	5,700	456.0	→	456	
7	食品F	45	420	18,900	1,512.0	→	1,512	
8	食品G	52	190	9,880	790.4	→	790	
9	食品H	23	380	8,740	699.2	→	699	
10	食品I	120	330	39,600	3,168.0	→	3,168	
11	食品J	75	520	39,000	3,120.0	→	3,120	
12	合計	853	294	251,200	20,096.0		20,095	
13								

このメソッドでは、こうしたシーンで値の端数を処理する関数について解説します。小数点以下の値を消して整数にするだけでなく、10の位、100の位など任意の単位でまるめたいときにも便利なテクニックです。

初出の関数

01 ROUND関数 =ROUND(数値,桁数)

値を指定の桁数で四捨五入する

02 ROUNDUP関数 =ROUNDUP(数値,桁数)

値を指定の桁数で切り上げる

03 ROUNDDOWN関数 =ROUNDDOWN(数値,桁数)

値を指定の桁数で切り捨てる

個数や人数、金額をまるめる（四捨五入）

ROUND 関数

ROUND 関数を挿入し、第 1 引数「数値」に対象の値を指定する。
(round：丸い、端数のない)
今回の場合、「前年実績×前年比」で求める当年目標値が数値に該当するため、右図のように入力する。

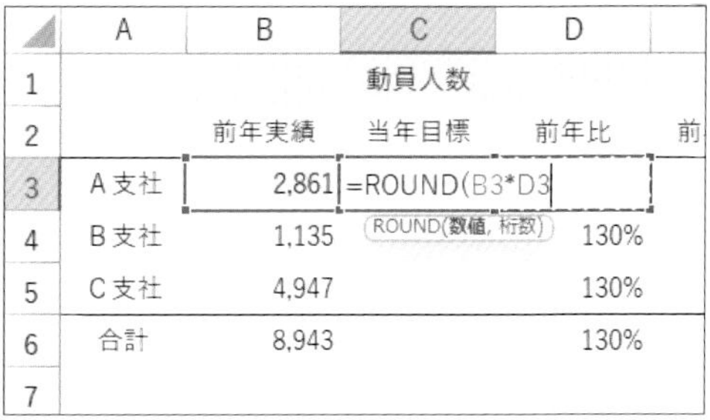

第 2 引数の「桁数」には、第 1 引数で参照した数値をどの桁でまるめるかを指示する。

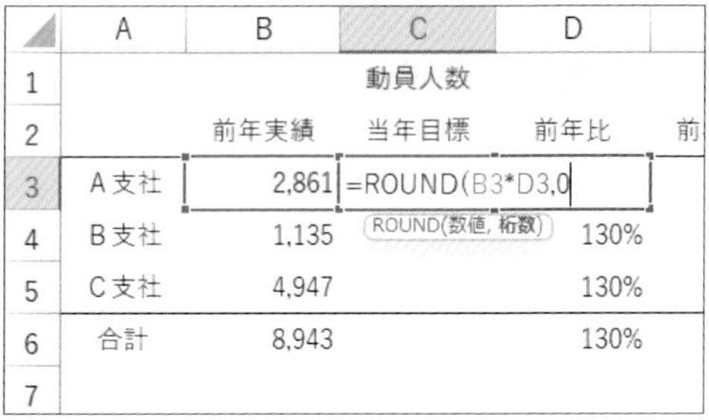

桁数	表示桁数	表示例
4	小数点以下第 4 位	12345.6789
3	小数点以下第 3 位	12345.6790
2	小数点以下第 2 位	12345.6800
1	小数点以下第 1 位	12345.7000
0	一の位	12346.0000
-1	十の位	12350.0000
-2	百の位	12300.0000
-3	千の位	12000.0000
-4	万の位	10000.0000

最もよく使う桁数は「0」で、今回のように値を整数にしたいときに設定する。第 2 引数に「0」を入力して決定する。
これにより、小数点以下の値が端数処理される。

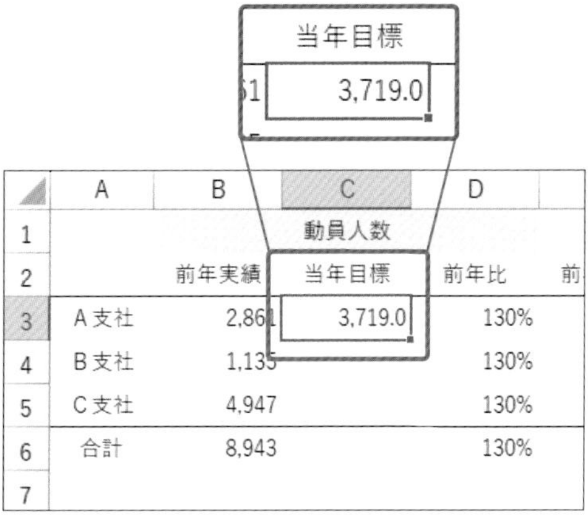

各支社、販売個数までROUND関数で求めた結果だ。
小数点以下の値が表示されている範囲は、［ホーム］タブ→［数値］グループで、［小数点以下の表示桁数を減らす］アイコンをクリックして整数表記にしておこう。

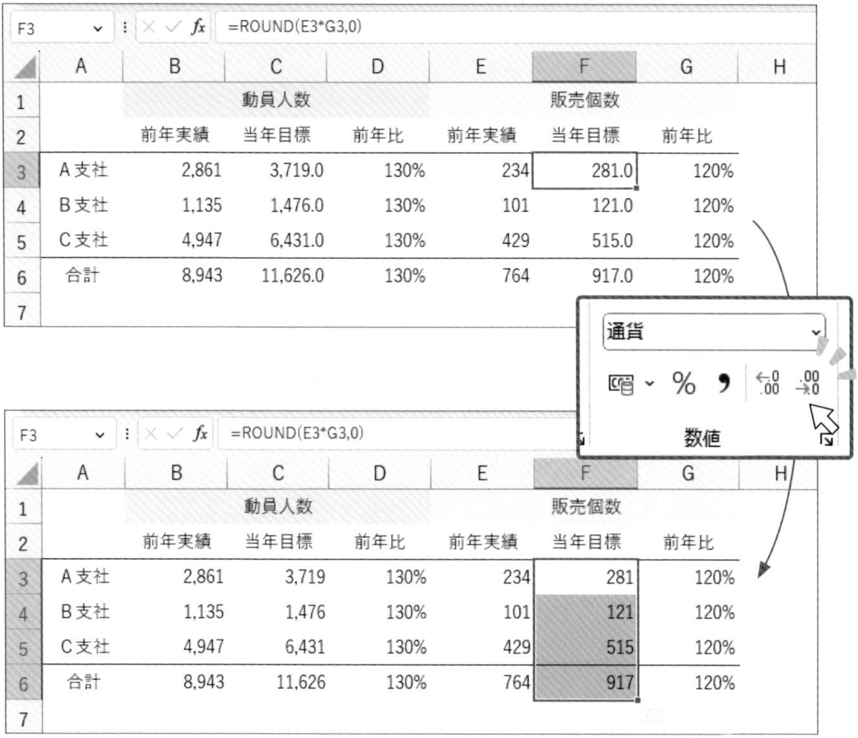

F3 =ROUND(E3*G3,0)

	A	B	C	D	E	F	G	H
1		動員人数			販売個数			
2		前年実績	当年目標	前年比	前年実績	当年目標	前年比	
3	A支社	2,861	3,719.0	130%	234	281.0	120%	
4	B支社	1,135	1,476.0	130%	101	121.0	120%	
5	C支社	4,947	6,431.0	130%	429	515.0	120%	
6	合計	8,943	11,626.0	130%	764	917.0	120%	
7								

F3 =ROUND(E3*G3,0)

	A	B	C	D	E	F	G	H
1		動員人数			販売個数			
2		前年実績	当年目標	前年比	前年実績	当年目標	前年比	
3	A支社	2,861	3,719	130%	234	281	120%	
4	B支社	1,135	1,476	130%	101	121	120%	
5	C支社	4,947	6,431	130%	429	515	120%	
6	合計	8,943	11,626	130%	764	917	120%	
7								

小数点以下の表示桁数を減らす操作は、Alt → H → 9 と順に押すことでも実行できるぞ！

個数や人数、金額をまるめる（切り上げ・切り捨て）

ROUNDUP 関数

値を指定の桁数でまるめる際に、四捨五入ではなく「切り上げ」るときは、ROUNDUP 関数を使おう。関数の構成はROUND 関数と同じだ。

	A	B	C	D	
1			動員人数		
2		前年実績	当年目標	前年比	前
3	A支社	2,861	=ROUNDUP(B3*D3,0)		
4	B支社	1,135	1,476	130%	
5	C支社	4,947	6,432	130%	
6	合計	8,943	11,628	130%	
7					

ROUNDDOWN 関数

値を指定の桁数でまるめる際に「切り捨て」るときは、ROUNDDOWN 関数を使おう。関数の構成はROUND 関数や ROUNDUP 関数と同じだ。

	A	B	C	D	
1			動員人数		
2		前年実績	当年目標	前年比	前
3	A支社	2,861	=ROUNDDOWN(B3*D3,0)		
4	B支社	1,135	1,475	130%	
5	C支社	4,947	6,431	130%	
6	合計	8,943	11,625	130%	
7					

各々の関数で求めた当年の動員目標を比較すると、支社ごとの値や合計が異なることがわかる。

	ROUND	ROUNDUP	ROUNDDOWN
	四捨五入	切り上げ	切り捨て
A 支社	3,719	3,720	3,719
B 支社	1,476	1,476	1,475
C 支社	6,431	6,432	6,431
合計	11,626	11,628	11,625

これらの性質をおさえておけば、表示されている各々の消費税額（整数）と合計値がズレるといった課題も ROUND 関数群で解決できる！

E5 =D5*$F$1

	A	B	C	D	E	F	G	H
1		個数	単価	金額	消費税	8.0%	消費税	
2	食品A	76	150	11,400	912.0	→	912	
3	食品B	190	270	51,300	4,104.0	→	4,104	
4	食品C	67	200	13,400	1,072.0	→	1,072	
5	食品D	148	360	53,280	4,262.4	→	4,262	
6	食品E	57	100	5,700	456.0	→	456	
7	食品F	45	420	18,900	1,512.0	→	1,512	
8	食品G	52	190	9,880	790.4	→	790	
9	食品H	23	380	8,740	699.2	→	699	
10	食品I	120	330	39,600	3,168.0	→	3,168	
11	食品J	75	520	39,000	3,120.0	→	3,120	
12	合計	853	294	251,200	**20,096.0**		**20,095**	

3,120.0	→	3,120
20,096.0		**20,095**

合計値がズレる

VLOOK... =ROUNDDOWN(D2*$F$1,0)

	A	B	C	D	E	F	G	H
1		個数	単価	金額	消費税	8.0%	消費税	
2	食品A	76	150	11,400	=ROUNDDOWN(D2*$F$1,0)			
3	食品B	190	270	51,300	4,104	→	4,104	
4	食品C	67	200	13,400	1,072	→	1,072	
5	食品D	148	360	53,280	4,262	→	4,262	
6	食品E	57	100	5,700	456	→	456	
7	食品F	45	420	18,900	1,512	→	1,512	
8	食品G	52	190	9,880	790	→	790	
9	食品H	23	380	8,740	699	→	699	
10	食品I	120	330	39,600	3,168	→	3,168	
11	食品J	75	520	39,000	3,120	→	3,120	
12	合計	853	294	251,200	**20,095**		**20,095**	

3,120	→	3,120
20,095		**20,095**

合計値がズレない♪

特に利益や税金のような金額を取り扱う際はたった 1 円ズレただけでも総点検の対象となってしまうので、ROUND 関数による小数点以下の端数処理を確実におさえておこう。

method 07

サンプルファイル
シート No.07

契約件数実績の平均値や最大値を求める

担当者ごとの契約件数実績や各種統計データなどの傾向、相場を分析するために、平均値や中央値、最大値、最小値を求めることがあります。サンプル数が10件程度でしたら、各々の値の合計をサンプル数で割って平均を求めたり、目視で最大の値を探したりできますが、対象のデータが数百件、数千件に上ると相当時間がかかってしまいます。これらの指標も、関数を使って素早く求めましょう。

	A	B	C	D	E
1	年間契約件数実績				
2					
3	担当者	実績			
4	佐藤	94		平均値	141.6
5	鈴木	89		中央値	93.5
6	高橋	573		最大値	573
7	田中	61		最小値	56
8	伊藤	110			
9	渡辺	135			
10	山本	78			
11	中村	93			
12	小林	56			
13	加藤	127			
14					

初出の関数

01 AVERAGE 関数 =AVERAGE(数値1,[数値2],…)
平均値を求める

02 MEDIAN 関数 =MEDIAN(数値1,[数値2],…)
中央値を求める

03 MAX 関数 =MAX(数値1,[数値2],…)
最大値を求める

04 MIN 関数 =MIN(数値1,[数値2],…)
最小値を求める

平均値を求める

データの平均値を求めるには、**AVERAGE 関数**を使う。前述のSUM関数やPRODUCT関数と同じく、引数に対象のセルまたは範囲を指定するだけで求められる。

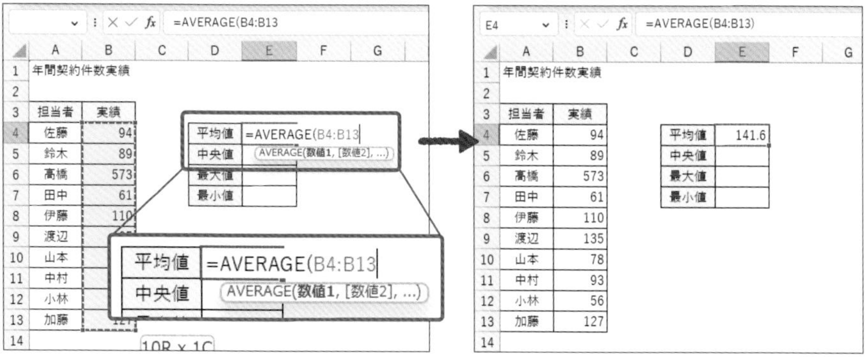

※試しに契約件数実績の合計を求めると「1,416」が返される。これを対象データ数「10」件で割って「141.6」を求める工程を、AVERAGE 関数が担ってくれているということだ。

たとえば当年の販売動向を前年伸長率という単年比較だけでは正しく評価できないなどのケースで、過去 10 カ年平均などを加えて分析すると暦年比での好不調を読み取ることができるぞ！

中央値を求める

データの中央値を求めるには、MEDIAN 関数を使う。

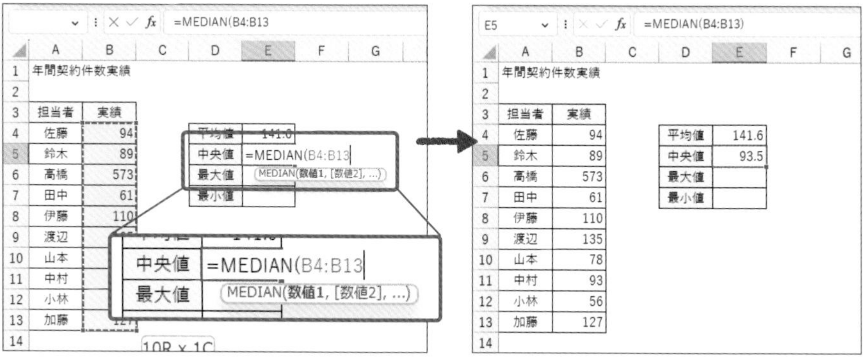

平均値と中央値は一見似たような指標に見えるが、算出ロジックが異なる。
平均値が「データの合計値を対象データ数で割った値」なのに対し、**中央値は「対象データ数を大きい順または小さい順に並べ、ちょうど真ん中にいるデータ」**だ。
平均値が極端に大きな値や小さな値に影響されて変動するのに対し、中央値はあくまで全データのセンター値を抽出するため、より実態を示す値と言われている。

改めてサンプルを確認すると、平均値「141.6」と言いながらその値を超えているのは1人だけである。高橋さんの契約件数実績「573」に全体平均が引き上げられているということだ。

※対象のデータ数が偶数の場合、中央値が2つ存在するためMEDIAN関数はその2つの値の平均を返す。
今回であれば、佐藤さんの「94」と中村さんの「93」が全体のセンターに位置しているため、その平均である「93.5」が表示される。

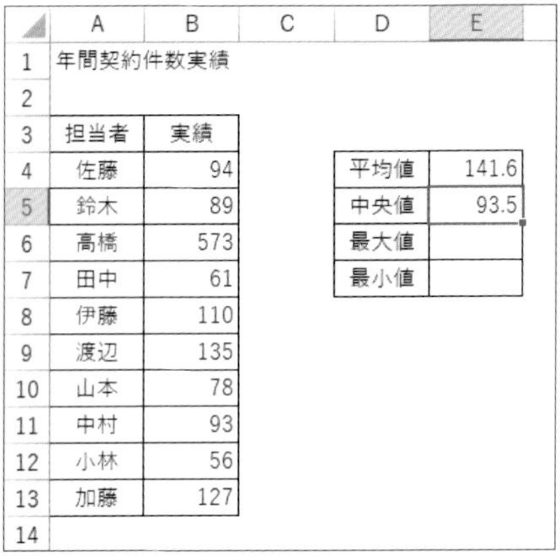

最大値を求める

データの最大値を求めるには、MAX関数を使う。

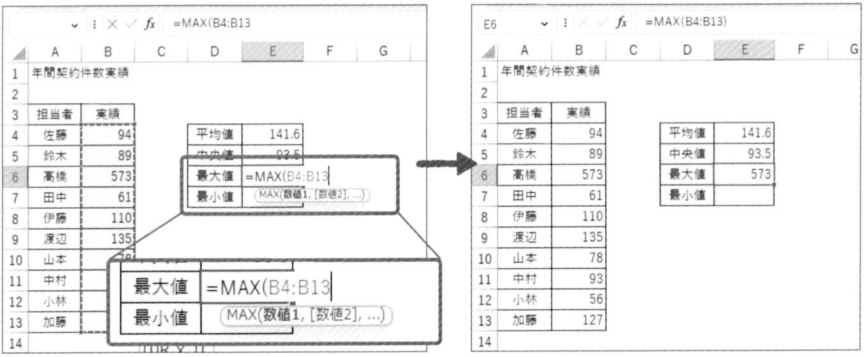

最小値を求める

データの最小値を求めるには、MIN 関数を使う。

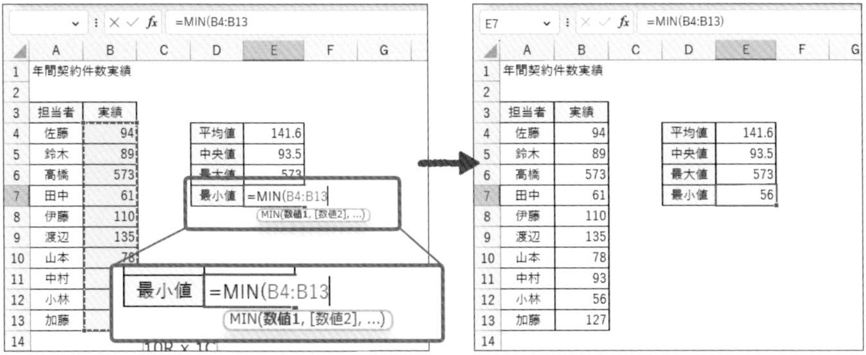

サンプルファイル
シート No.08

支店別業績の順位を求める

営業拠点ごとの業績や担当者別の成約件数実績を順位づけすることがあります。このメソッドでは、各データの順位を求めたり、指定した順位に該当するデータを抽出したりする関数を解説します。

サンプルは支店別販売実績の「対前年伸長率」です。E列に伸長率の順序を表示し、H列に上から数えて1～3番目の値、下から数えて1～3番目の値を取り出します。それぞれの関数の役割をおさえて、シーンに応じて使い分けていきましょう。

	A	B	C	D	E	F	G	H
1	支店別販売実績・伸長率順位							
2								
3		前年	当年	伸長率	順位		上から	
4	A支店	1,424	1,591	112%			1	
5	B支店	1,095	974	89%			2	
6	C支店	1,721	1,785	104%			3	
7	D支店	1,579	1,134	72%				
8	E支店	758	984	130%			下から	
9	F支店	573	662	116%			1	
10	G支店	1,314	1,140	87%			2	
11	H支店	1,369	1,657	121%			3	
12	I支店	1,358	1,078	79%				
13	J支店	1,626	1,825	112%				
14								

初出の関数

01 RANK関数 =RANK(数値,参照,[順序])
値の順位を求める

02 LARGE関数 =LARGE(配列,順位)
n番目に大きな値を求める

03 SMALL関数 =SMALL(配列,順位)
n番目に小さな値を求める

データの順位を求める

RANK関数

参照した値が全体の中で何番目に位置しているかを求めるには、**RANK**関数を使う。

「=RANK」と入力すると、以下の候補が出てくるが、ここではRANK関数を挿入する。

① **RANK**
② **RANK.EQ**
③ **RANK.AVG**

当年	伸長率	順位	上から
1,591	112%	=RANK(	1
974	89%	RANK(数値, 参照, [順序])	2
1,785	104%		3

それぞれの関数の違いはあとで詳しく解説するぞ！

第１引数「数値」は順位を求める値を指している。今回の場合は伸長率が入力されたセルを参照する。

当年	伸長率	順位
1,591	112%	=RANK(D4
974	89%	RANK(数値, 参照, [順序])

第２引数「参照」は順位の母数となるすべてのデータだ。今回の場合は伸長率の範囲を選択する。

当年	伸長率	順位
1,591	112%	=RANK(D4,$D$4:$D$13
974	89%	RANK(数値, 参照, [順序])
1,785	104%	
1,134	72%	
984	130%	
662	116%	
1,140	87%	
1,657	121%	
1,078	79%	
1,825	112%	

このあと数式を下へコピーすることを考慮した参照形式にしておこう。
第１引数「数値」の参照は下にスライドさせていくので相対参照とし、第２引数「参照」は下にコピーしてもズレて欲しくないので絶対参照にしておく。

参照形式の変更は F4 キーだったね！

第３引数「順序」では、「降順（大きい順の順序）」＝「0」か、「昇順（小さい順の順序）」＝「1」かを選択する。

当年	伸長率	順位
1,591	112%	=RANK(D4,$D$4:$D$13,0
974	89%	RANK(数値, 参照, [順序])

当年	伸長率	順位
1,591	112%	4
974	89%	

A支店の伸長率「112%」の順位として「4」番目が返る。

※ RANK関数は降順の順位付けがデフォルトになっており、第３引数を指定しなければ大きい順にランキングされる。
そのため、今回の伸長率のように大きい順に順位を付けする場合は省略してもOK。

この数式を下へコピーする。

前年	当年	伸長率	順位
1,424	1,591	112%	4
1,095	974	89%	7
1,721	1,785	104%	6
1,579	1,134	72%	10
758	984	130%	1
573	662	116%	3
1,314	1,140	87%	8
1,369	1,657	121%	2
1,358	1,078	79%	9
1,626	1,825	112%	4

RANK.EQ と RANK.AVG の違い

RANK 関数を入力したときに候補として出てきた「RANK.EQ」と「RANK.AVG」は、RANK 関数の後継となる関数だ。これら 2 つの関数は、**同率順位の処理（表示）方法**に応じて使い分ける。

● RANK.EQ の場合

同率 4 位の A 支店「112%」と J 支店「112%」には、それぞれ「4」が表示される。これは RANK 関数と同じ結果だ。

	伸長率	順位
91	112%	4 ←
74	89%	7
85	104%	6
34	72%	=RANK.EQ(D7,$D$4:$D$13,0)
84	130%	1
62	116%	3
40	87%	8
57	121%	2
78	79%	9
25	112%	4 ←

● RANK.AVG の場合

同率 4 位の A 支店「112%」と J 支店「112%」には、それぞれ「5」が表示される。

	伸長率	順位
91	112%	5 ←
74	89%	7
85	104%	6
34	72%	=RANK.AVG(D7,$D$4:$D$13,0)
84	130%	1
62	116%	3
40	87%	8
57	121%	2
78	79%	9
25	112%	5 ←

	伸長率	順位
91	112%	4.5 ←
74	89%	7.0
85	104%	6.0
34	72%	10.0
84	130%	1.0
62	116%	3.0
40	87%	8.0
57	121%	2.0
78	79%	9.0
25	112%	4.5 ←

小数点以下の値を見てみると、実際には「4.5」となっている。

RANK.EQ（equal：同等）が同率順位を返すのに対し、RANK.AVG（average：平均）は順位の平均を返す。

今回のように同率 4 位が 2 つある場合、次の順位は 6 位からカウントされるため、この 2 つの値は 4 位と 5 位にあたる。RANK.AVG はこの「4」と「5」の平均値である「4.5」を返したということだ。

基本的には RANK 関数か RANK.EQ 関数を使えば OK だ！

指定の順位に該当するデータを取り出す

LARGE 関数

指定した順位を降順（大きい順）で照合して該当のデータを取り出すときは、**LARGE 関数**を使う。

数式を下へコピーすることに考慮し、第 1 引数「配列」は伸長率の範囲を絶対参照で参照し、第 2 引数「順位」には求めたい順位を指示する。直接数値を入力しても良いし、サンプルのようにセル参照を活用しても OK だ。

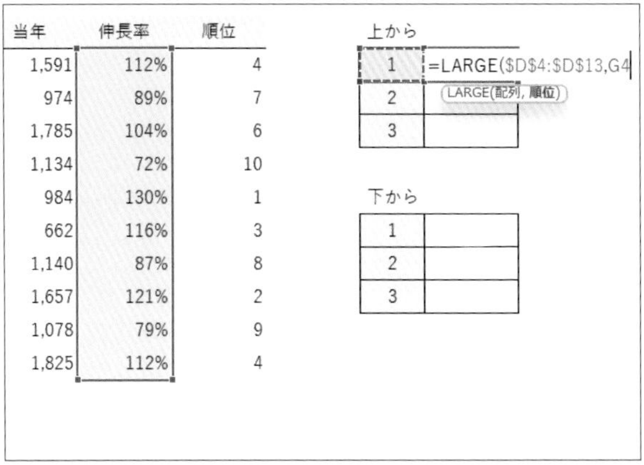

当年	伸長率	順位
1,591	112%	4
974	89%	7
1,785	104%	6
1,134	72%	10
984	130%	1
662	116%	3
1,140	87%	8
1,657	121%	2
1,078	79%	9
1,825	112%	4

上から

1	=LARGE($D$4:$D$13,G4
2	LARGE(配列, 順位)
3	

下から

1	
2	
3	

結果として、対象データの中で 1 番大きい値「130%」が返る。
入力した数式を下へコピーすると、全体における上位 3 つの値が表示される。

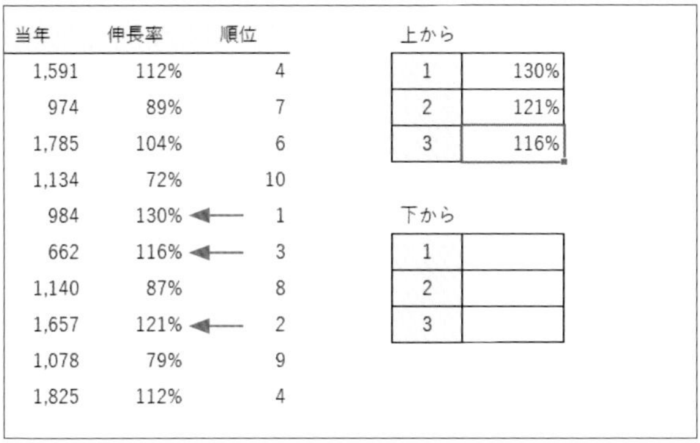

当年	伸長率	順位
1,591	112%	4
974	89%	7
1,785	104%	6
1,134	72%	10
984	130% ←	1
662	116% ←	3
1,140	87%	8
1,657	121% ←	2
1,078	79%	9
1,825	112%	4

上から

1	130%
2	121%
3	116%

下から

1	
2	
3	

SMALL 関数

指定した順位を昇順（小さい順）で照合して該当のデータを取り出すときは、**SMALL 関数**を使う。

関数の構成は LARGE 関数と同じだ。第 1 引数「配列」は伸長率の範囲を絶対参照で参照し、第 2 引数「順位」には求めたい順位を指示する。

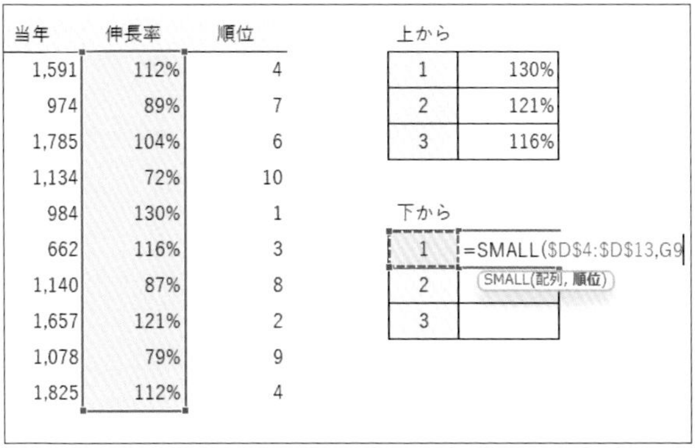

当年	伸長率	順位
1,591	112%	4
974	89%	7
1,785	104%	6
1,134	72%	10
984	130%	1
662	116%	3
1,140	87%	8
1,657	121%	2
1,078	79%	9
1,825	112%	4

上から

1	130%
2	121%
3	116%

下から

1	=SMALL($D$4:$D$13,G9
2	SMALL(配列, 順位)
3	

結果として、対象データの中で１番小さい値「72%」が返る。

入力した数式を下へコピーすると、全体における下位３つの値が表示される。

当年	伸長率	順位
1,591	112%	4
974	89%	7
1,785	104%	6
1,134	72%	10
984	130%	1
662	116%	3
1,140	87%	8
1,657	121%	2
1,078	79%	9
1,825	112%	4

上から

1	130%
2	121%
3	116%

下から

1	72%
2	79%
3	87%

method 09

サンプルファイル
シート No.09

売上の報告状況を確認する

当日売上の報告が完了している人数を数えたり、イベントの出欠席を管理したりすることがあります。このメソッドでは、データの個数を数えたり、空白セルの数を確認したりする関数を解説します。

サンプルは担当者別の売上日報です。売上金額の入力が完了している「完了」、集計中で保留状態のメンバーを含む「回答」、未報告者の数を示す「未回答」の人数をそれぞれ取り出していきます。

	A	B	C
1	売上日報（円）		
2			
3	担当者	当日売上	
4	佐藤	7,967,587	
5	鈴木	697,289	
6	高橋	4,326,121	
7	田中		
8	伊藤	1,547,013	
9	渡辺	集計中	
10	山本	9,618,382	
11	中村		
12	小林	集計中	
13	加藤	2,223,895	
14			
15	完了		
16	回答		
17	未回答		
18			

< > ··· SUM③ PRODUCT

初出の関数

01 COUNT 関数 =COUNT(数値1,[数値2],…)

数値が入力されたセルの数を数える

02 COUNTA 関数 =COUNTA(数値1,[数値2],…)

データが入力されたセルの数を数える

03 COUNTBLANK 関数 =COUNTBLANK(範囲)

データが入力されていない空白セルの数を数える

セルの数を数える

COUNT 関数

サンプルにおいて「完了」のメンバーを数えるには、売上の数値が入力されたセルの数をカウントする必要がある。

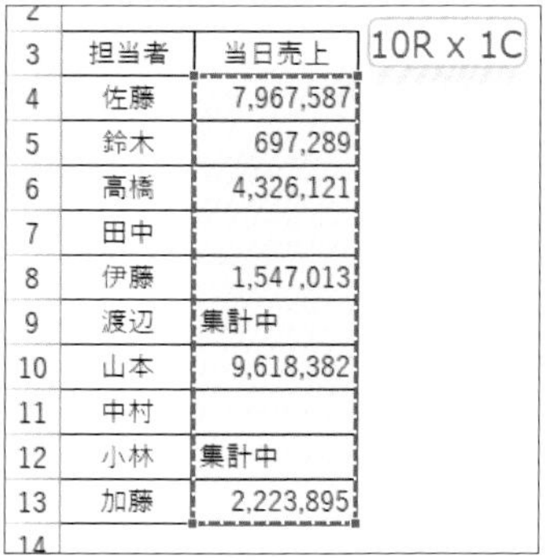

数値データが入ったセル数を数えるには、**COUNT 関数**を使う。
関数の構成はシンプルで、引数に対象のデータ範囲またはセルを指定するだけだ。

売上報告が「完了」している人数として、「6」名が返る。

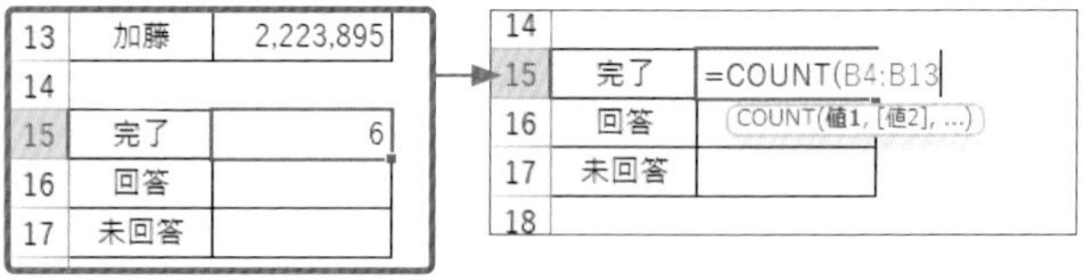

COUNTA 関数

サンプルにおいて「回答」のメンバーを数えるには、数値や文字列に関わらず何らかデータが入力されたセルの数をカウントする必要がある。

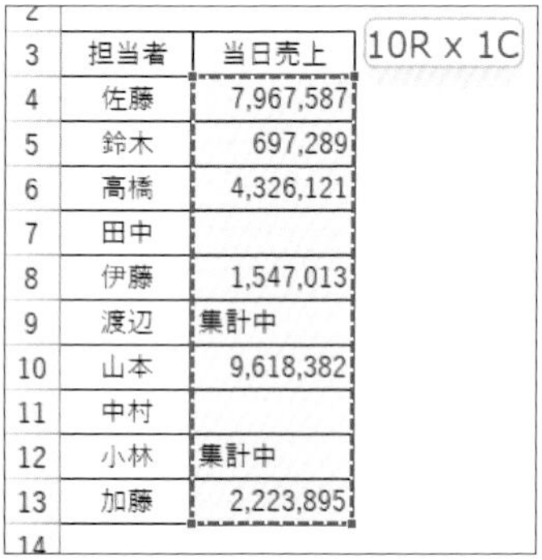

データが入っているセル数を数えるには、**COUNTA 関数**を使う。COUNT 関数と同じく、引数に対象のデータ範囲またはセルを指定するだけで OK だ。

「集計中」を含めひとまず「回答」している人数として、「8」名が返る。

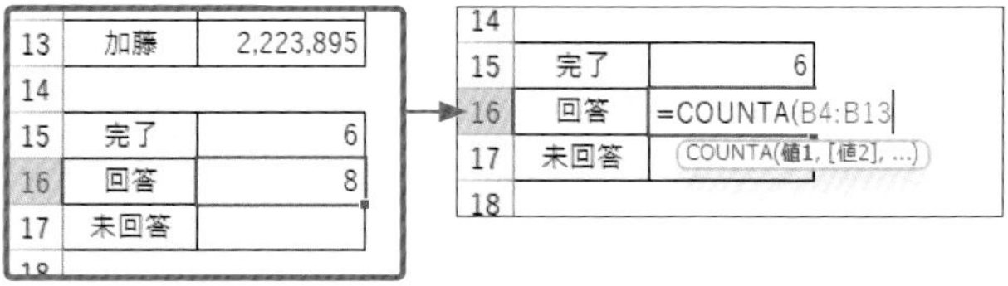

COUNTBLANK 関数

サンプルにおいて「未回答」のメンバーを数えるには、データが入力されていない空白セルの数をカウントする必要がある。

データが入っていないセル数を数えるには、**COUNTBLANK 関数**を使う。こちらも、引数に対象のデータ範囲またはセルを参照する。

売上報告が「未回答」の人数として、「2」名が返る。

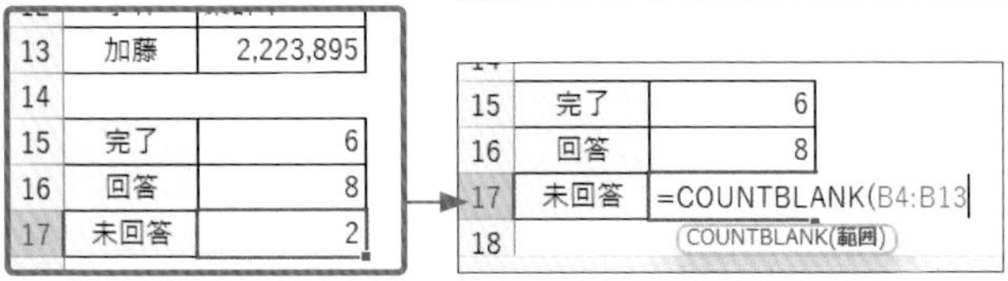

ここでたとえば「未回答」だった中村さんが売上を入力すると、それぞれの人数が自動更新される。

COUNT 関数群には他にも、指定した条件に該当するデータを数える COUNTIF 関数／COUNTIFS 関数があるが、こちらは Chapter.2 で詳しく解説するぞ。まずはこの３つの関数の使い方を確実におさえておこう！

テクニック　ステータスバーを活用する

担当者	当日売上
佐藤	7,967,587
鈴木	697,289
高橋	4,326,121
田中	
伊藤	1,547,013
渡辺	集計中
山本	9,618,382
中村	5,874,416
小林	集計中
加藤	2,223,895

関数を用いなくてもデータの個数を一時的に確認する方法がある。
対象のデータ範囲を選択すると、ワークシートの右下に選択範囲のデータ情報が表示される。
※ワークシート最下部のエリアを「ステータスバー」と言う。

文字列を含む「データの個数」はCOUNTA関数と同じ役割、「数値の個数」はCOUNT関数と同じ役割だ。AVERAGE関数と同等の「平均」値やSUM関数と同等の「合計」値もデフォルトで表示される。

いずれかの項目の上にマウスカーソルをおいて右クリックすると［ステータスバーのユーザー設定］が開く。ここでデフォルトの表示項目を設定できる。

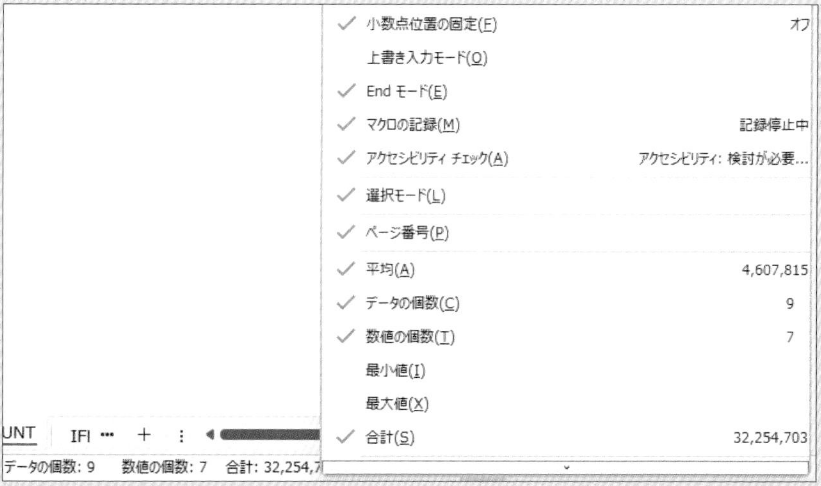

関数を使わずに特定範囲に入力されたデータの数をカウントしたい、値の合計をサッと確認したいシーンなどでとても便利だ。

method 10

サンプルファイル
シート No.10

表示されているデータだけを集計する

Excelで集約したデータをオートフィルターなどで絞り込んだとき、今見えているセルの値だけを合計したりカウントしたりしたいことがあります。

サンプルは会員ごとの利用金額をB13セルのSUM関数で合算している表です。

B13　=SUM(B2:B11)

	A	B	C
1	氏名	利用金額	クラス
2	石黒 雅裕	8,761	A
3	松島 有正	138,202	SS
4	富永 愛	23,522	A
5	久野 拓也	172,607	SS
6	高村 晃一	102,850	SS
7	宮川 美波	24,687	A
8	嶋田 蒼	87,013	S
9	小山 泰雄	125,801	SS
10	川島 叶仁	141,364	SS
11	黒田 諭	68,700	S
12			
13	利用金額合計	893,507	
14			

	A	B	C
1	氏名	利用金額	クラス
3	松島 有正	138,202	SS
5	久野 拓也	172,607	SS
6	高村 晃一	102,850	SS
9	小山 泰雄	125,801	SS
10	川島 叶仁	141,364	SS
12			
13	利用金額合計	893,507	
14			

結果は変わらない

試しにフィルターでSSクラスの会員だけに絞り込んでみても、SUM関数の結果は変わりません。

様々な切り口からデータ分析をしたいのに、情報を絞りこむたびに計算対象のセル（範囲）を変更するのは大変です。

このメソッドでは、非表示となっている行を含まずにデータを集計するテクニックを演習します。SUM関数やAVERAGE関数、COUNTA関数の次のステップとして、確実に身に付けておきましょう。

初出の関数

01 SUBTOTAL関数　=SUBTOTAL(集計方法,参照1,…)

参照元のデータを指定の形式で集計する

非表示行を除いて集計する

非表示行を除いてデータを集計するには、**SUBTOTAL** 関数を使う。SUM 関数との違いがわかるように、並べて入力していく。

❶ SUBTOTAL 関数を挿入する。
❷第 1 引数「集計方法」から「9-SUM」を選択する。

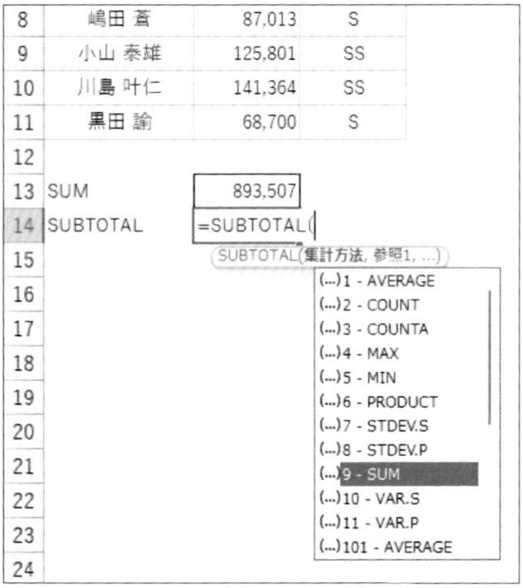

❸第 2 引数「参照 1」に集計対象のデータ範囲を参照する。

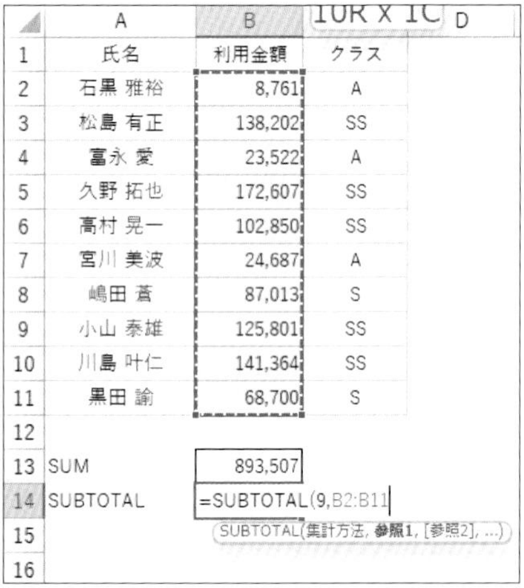

この段階では、SUM 関数と同じ結果が返される。

SUBTOTAL 関数は、第 1 引数「集計方法」で選択できる様々な形式で集計ができる関数だ。
SUM（合計）以外にも、AVERAGE（平均）や COUNTA（データの個数を数える）などの機能もある。

では、それぞれの関数を使う場合と SUBTOTAL 関数を用いた場合の動作の違いを見ていこう！

フィルターによる非表示行の処理

※表の見出しで Ctrl + Shift + L を押すと、各セルの右下に下向き三角マークが表示される。

このボタンをフィルターボタンという。
これを用いた「オートフィルター」機能によって、ワークシート上に表示する情報を絞り込むことができる。

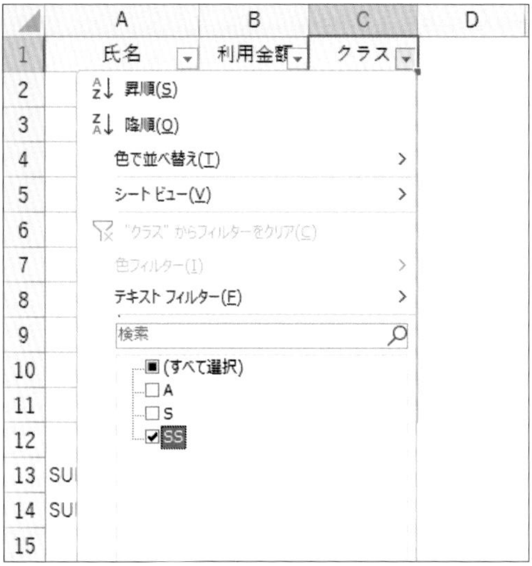

フィルターでSSクラスの会員だけに絞り込むと、SUBTOTAL関数の結果が更新される。

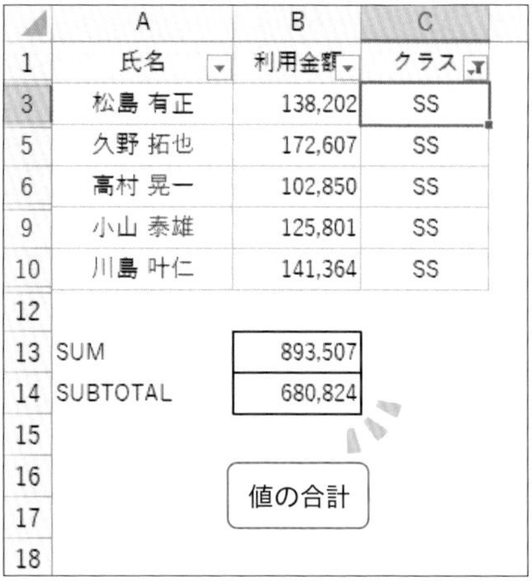

参考までに、データの個数を数えるCOUNTA関数と集計結果を比べると下図のようになる。

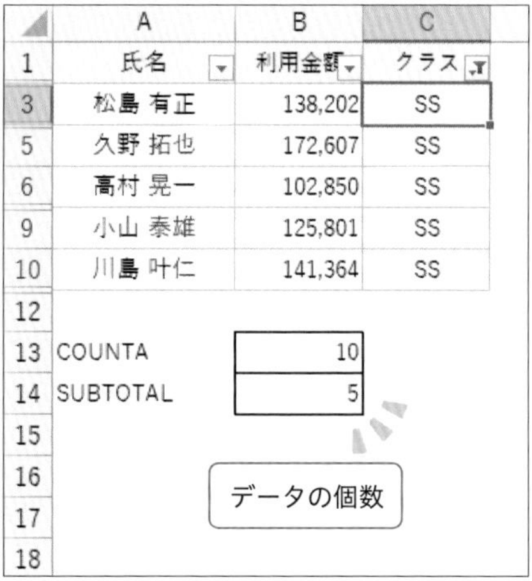

SUBTOTAL関数はこのように、フィルターによる非表示行を除いて集計してくれるのだ。

手動による非表示行の処理

さて、SUBTOTAL 関数の第 1 引数「集計方法」には、1 ～ 11 の種類と 101 ～ 111 の種類がある。

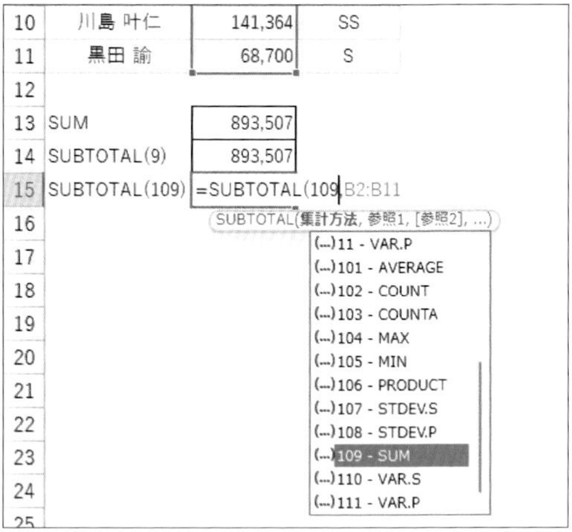

1 ～ 11 と 101 ～ 111 とでそれぞれの集計形式は同じだが、どのような手順で行が非表示となっているかで結果が変わる。

比較しやすいように、① SUM 関数、② SUBTOTAL 関数（**9**-SUM）、③ SUBTOTAL 関数（**109**-SUM）を並べて入力してみる。

この段階では、3 つの数式の結果はどれも同じだ。

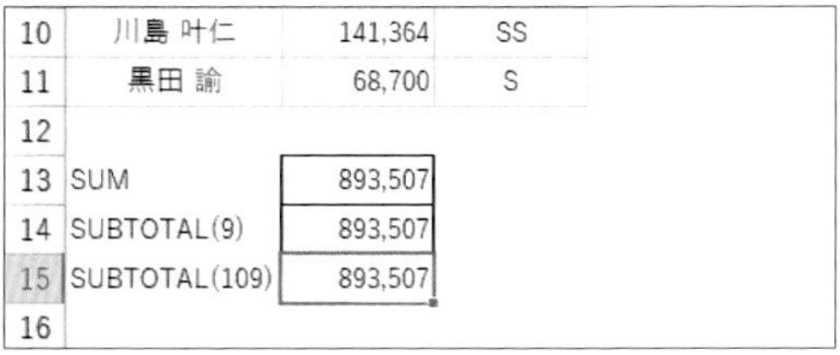

SUBTOTAL 関数で実行できる集計の種類

引数	関数	役割	仕様
1	AVERAGE	平均	フィルターによる非表示行を無視 －
2	COUNT	数値の個数	
3	COUNTA	データの個数	
4	MAX	最大値	
5	MIN	最小値	
6	PRODUCT	積	
7	STDEV.S	不偏標準偏差	
8	STDEV.P	標本標準偏差	
9	SUM	合計	
10	VAR.S	不偏分散	
11	VAR.P	標本分散	

引数	関数	役割	仕様
101	AVERAGE	平均	フィルターによる非表示行を無視 手動による非表示行を無視
102	COUNT	数値の個数	
103	COUNTA	データの個数	
104	MAX	最大値	
105	MIN	最小値	
106	PRODUCT	積	
107	STDEV.S	不偏標準偏差	
108	STDEV.P	標本標準偏差	
109	SUM	合計	
110	VAR.S	不偏分散	
111	VAR.P	標本分散	

フィルターでSSクラスの会員だけに絞り込むと、2つのSUBTOTAL関数の結果が更新される。

	A	B	C
1	氏名	利用金額	クラス
3	松島 有正	138,202	SS
5	久野 拓也	172,607	SS
6	高村 晃一	102,850	SS
9	小山 泰雄	125,801	SS
10	川島 叶仁	141,364	SS
12			
13	SUM	893,507	
14	SUBTOTAL(9)	680,824	
15	SUBTOTAL(109)	680,824	
16			
17			

このように、フィルターで絞り込んだ場合の非表示行はいずれの集計方法を選択しても無視されるが、**手動で非表示にした行を無視できるのは100番台の集計方法だけだ。**

参考までに右図は、データの個数を数えるCOUNTA関数と集計結果を比べたものだ。

SUBTOTAL関数（**103**-COUNTA）だけが、手動で非表示にした行を集計対象から除外しているのがわかる。

フィルターを解除し、SSクラス以外の会員の行をグループ化する。そして、グループ化した行を非表示にする。すると、SUBTOTAL関数（**109**-SUM）の結果だけが更新される。

1 2		A	B	C
	1	氏名	利用金額	クラス
+	3	松島 有正	138,202	SS
+	5	久野 拓也	172,607	SS
	6	高村 晃一	102,850	SS
+	9	小山 泰雄	125,801	SS
	10	川島 叶仁	141,364	SS
+	12			
	13	SUM	893,507	
	14	SUBTOTAL(9)	893,507	
	15	SUBTOTAL(109)	680,824	
	16			
	17			

1 2		A	B	C
	1	氏名	利用金額	クラス
+	3	松島 有正	138,202	SS
+	5	久野 拓也	172,607	SS
	6	高村 晃一	102,850	SS
+	9	小山 泰雄	125,801	SS
	10	川島 叶仁	141,364	SS
+	12			
	13	COUNTA	10	
	14	SUBTOTAL(3)	10	
	15	SUBTOTAL(103)	5	
	16			

小計と総合計を正しく求める

そもそも、SUBTOTAL 関数の subtotal は「小計」を意味する。

たとえば各支店の販売実績をブロックごとに小計し、最終行で総合計を求めた表があったとする。

B 列と C 列の支店別実績は同じだが、小計と総合計をそれぞれ SUM 関数と SUBTOTAL 関数で求めている。

	A	B	C	D
1		SUM	SUBTOTAL	
2		実績	実績	
3	A 支店	402	402	
4	B 支店	422	422	
5	第1ブロック	824	=SUBTOTAL(9,C3:C4)	
6	C 支店	491	491	
7	D 支店	223	223	
8	第2ブロック	714	714	
9	E 支店	733	733	
10	F 支店	205	205	
11	第3ブロック	938	938	
12	総合計	4,952	2476	
13				

総合計を求めるセルでは、支店別の実績とブロックごとの小計を含めて一括でセル範囲参照している。

	A	B	C
1		SUM	SUBTOTAL
2		実績	実績
3	A 支店	402	402
4	B 支店	422	422
5	第1ブロック	824	824
6	C 支店	491	491
7	D 支店	223	223
8	第2ブロック	714	714
9	E 支店	733	733
10	F 支店	205	205
11	第3ブロック	938	938
12	総合計	=SUM(B3:B11)	
13			

	A	B	C	D
1		SUM	SUBTOTAL	
2		実績	実績	
3	A 支店	402	402	
4	B 支店	422	422	
5	第1ブロック	824	824	
6	C 支店	491	491	
7	D 支店	223	223	
8	第2ブロック	714	714	
9	E 支店	733	733	
10	F 支店	205	205	
11	第3ブロック	938	938	
12	総合計	4,952	=SUBTOTAL(9,C3:C11)	
13				

このような参照をしてしまうと支店別実績とブロックごとの小計が重複するため、SUM 関数では誤った数値が返る。

一方でSUBTOTAL関数は、参照元にSUBTOTAL関数で集計（今回は小計）したセルが混ざっている場合、そのセルを集計対象から除外してくれる。

10	F支店	205	205
11	第3ブロック	938	938
12	総合計	4,952	2476
13			

営業拠点が追加されたり各ブロックが管轄する支店の改廃が発生したりした場合でも、SUBTOTAL関数なら総合計の参照元を1つずつ手直しする必要がなく対象範囲を一括選択するだけだからとてもかんたんだ！

ちなみに、表にテーブルを適用したときに集計行を追加すると、自動的にSUBTOTAL関数が挿入される。

=SUBTOTAL(109,[売上金額])

C11　=SUBTOTAL(109,[売上金額])

	A	B	C	D	E	F	G	H
1	取引先名	所在地	売上金額	利益金額	売上単価	利益率	販売計画	販売実
2	A株式会社	東京都中央区＊＊＊	3,946,531	767,359	¥6,274	19.4%	600	
3	B株式会社	東京都千代田区＊＊＊	8,689,012	722,116	¥11,838	8.3%	-	
4	C株式会社	大阪府大阪市＊＊＊	4,614,862	465,312	¥19,806	10.1%	300	
5	D株式会社	愛知県名古屋市＊＊＊	9,397,787	806,116	¥37,591	8.6%	200	
6	E株式会社	東京都中央区＊＊＊	4,635,862	480,420	¥5,709	10.4%	-	
7	F株式会社	大阪府大阪市＊＊＊	1,090,242	135,116	¥3,151	12.4%	300	
8	G株式会社	東京都港区＊＊＊	5,443,452	213,285	¥6,934	3.9%	-	
9	H株式会社	東京都千代田区＊＊＊	4,925,902	721,451	¥26,063	14.6%	200	
10	I株式会社	大阪府大阪市＊＊＊	1,190,564	155,437	¥12,941	13.1%	50	
11	**集計**		**43,934,214**	**4,466,612**	**¥14,479**	**10.2%**	**1,65**	
12								

フィルター機能などによるデータの絞り込みがなされる前提で、非表示行を無視して集計できるSUBTOTAL関数が採用されているということだ。

method 11

サンプルファイル
シート No.11

数式のエラー対策

数式を使ってデータの集計や抽出を行うと、エラーが返ることがあります。数式に入力したデータや参照元に誤りがあることを Excel が知らせてくれるのです。このメソッドでは、Excel でよく見かけるエラーの種類とその対策について解説します。

	A	B	C	D	E
1	支店別販売実績・伸長率順位				
2					
3		前年	当年	伸長率	順位
4	A支店	1,424	1,581	111%	#DIV/0!
5	B支店	1,095	974	89%	#DIV/0!
6	C支店	1,721	1,785	104%	#DIV/0!
7	D支店	1,579	1,134	72%	#DIV/0!
8	E支店	758	984	130%	#DIV/0!
9	F支店	573	662	116%	#DIV/0!
10	G支店	1,314	1,140	87%	#DIV/0!
11	H支店	1,369	1,657	121%	#DIV/0!
12	I支店	1,358	1,078	79%	#DIV/0!
13	J支店	1,626	1,825	112%	#DIV/0!
14	K支店	0	96	#DIV/0!	#DIV/0!
15					

サンプルは RANK 関数の演習で使った、支店別販売実績の「対前年伸長率」の順位です。当年から営業を開始した「K 支店」を加えて再集計したところ、エラーとなっています。こうしたシーンで臆することなく対処する方法を身に付けましょう。

初出の関数

01 IFERROR 関数 =IFERROR(値 , エラーの場合の値)

数式がエラー評価された場合に指定した値を返す

エラーの種類

Excel で出くわす機会の多い代表的なエラーをおさえておこう。

種類	読み方	意味
#DIV/0!	ディバイド・パー・ゼロ	0 でわり算をしている
#REF!	リファレンス	セルが参照できない
#VALUE!	バリュー	引数に問題がある、文字列を計算している
#NAME?	ネーム	関数や範囲の名称が正しくない
#N/A	ノー・アサイン	参照する値がない
#NUM!	ナンバー	数式に問題がある、Excel で扱える数値範囲を超えている

種類	読み方	意味
#NULL!	ヌル	重なっている部分がない、共通項がない
#SPILL!	スピル	スピル対象のセル範囲にデータが存在する
#######	-	列幅が足りない、日付・時刻のシリアル値が負の値となっている

#DIV/0!（ディバイド・パー・ゼロ）

値をゼロで割ったときに表示される。(divide：分ける、分割、割る)
「1」や「2」、「-1」のように、「0」以外の数値で割れば計算結果が返される。なお、「0」を「0」で割った場合も「#DIV/0!」エラーとなるが、「0」を 0 以外の数値で割ると計算結果は「0」となる。

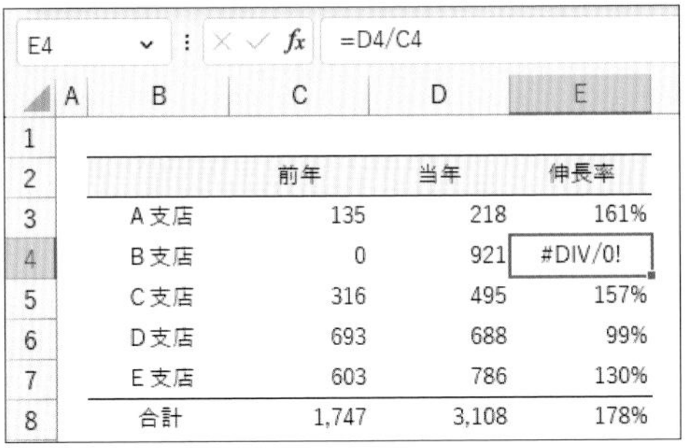
E4 =D4/C4

	A	B	C	D	E
1					
2			前年	当年	伸長率
3		A 支店	135	218	161%
4		B 支店	0	921	#DIV/0!
5		C 支店	316	495	157%
6		D 支店	693	688	99%
7		E 支店	603	786	130%
8		合計	1,747	3,108	178%

#REF!（リファレンス）

数式で指定したセルが参照できないときに表示される。(reference：参照、参考)
もともと数式で参照していたセルを削除してしまった場合などに返されるエラーだ。行列の加工等で参照すべきセルが消えていないか確認しよう。

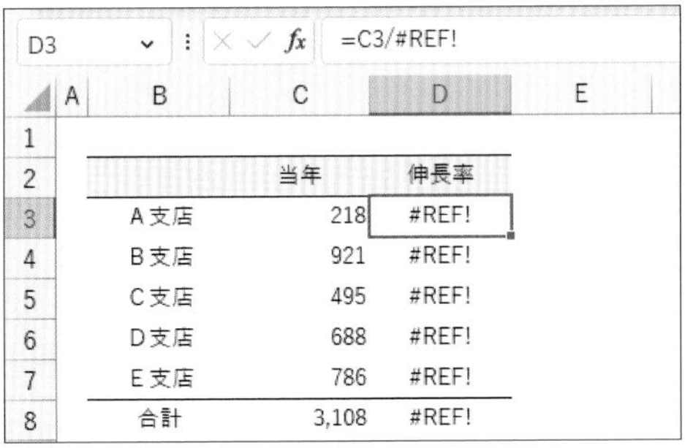
D3 =C3/#REF!

	A	B	C	D	E
1					
2			当年	伸長率	
3		A 支店	218	#REF!	
4		B 支店	921	#REF!	
5		C 支店	495	#REF!	
6		D 支店	688	#REF!	
7		E 支店	786	#REF!	
8		合計	3,108	#REF!	

#VALUE!（バリュー）

誤って文字列を計算しているときなどに表示される。(value：値、価値)
数値が入力されたセルを参照すべきところを文字列が入力された見出しのセルを参照していたり、計算対象範囲ではあるものの、「-」(ハイフン) などを入力している場合に返されるエラーだ。
※ SUM 関数や PRODUCT 関数などで参照したセル範囲に記号などが含まれているケースでは、文字列は無視される。

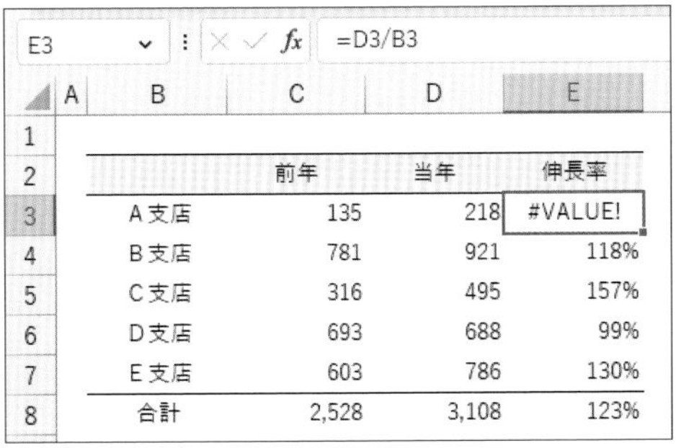
E3 =D3/B3

	A	B	C	D	E
1					
2			前年	当年	伸長率
3		A 支店	135	218	#VALUE!
4		B 支店	781	921	118%
5		C 支店	316	495	157%
6		D 支店	693	688	99%
7		E 支店	603	786	130%
8		合計	2,528	3,108	123%

こうしたエラーの種類をおさえた上で、前述の「伸長率の順位」表でエラーになっている原因を確認し、その対処法を見ていこう。

	前年	当年	伸長率	順位
A支店	1,424	1,581	111%	#DIV/0!
B支店	1,095	974	89%	#DIV/0!
C支店	1,721	1,785	104%	#DIV/0!
D支店	1,579	1,134	72%	#DIV/0!
E支店	758	984	130%	#DIV/0!
F支店	573	662	116%	#DIV/0!
G支店	1,314	1,140	87%	#DIV/0!
H支店	1,369	1,657	121%	#DIV/0!
I支店	1,358	1,078	79%	#DIV/0!
J支店	1,626	1,825	112%	#DIV/0!
K支店	0	96	#DIV/0!	#DIV/0!

エラーの原因を特定する

数式エラーのほとんどは参照元に原因がある。その数式がどのセルを参照しているかを確認することで、エラーの原因を探ることができる。方法は大きく5つだ。

❶数式バーを確認する

対象の数式が入力されたセルをアクティブにすると、ワークシート上部の「数式バー」に情報が表示される。

D14 　fx =C14/B14

	A	B	C	D	E
1	支店別販売実績・伸長率順位				
2					
3					順位
4	A支店	1,424	1,581	111%	#DIV/0!
5	B支店	1,095	974	89%	#DIV/0!
6	C支店	1,721	1,785	104%	#DIV/0!
7	D支店	1,579	1,134	72%	#DIV/0!
8	E支店	758	984	130%	#DIV/0!
9	F支店	573	662	116%	#DIV/0!
10	G支店	1,314	1,140	87%	#DIV/0!
11	H支店	1,369	1,657	121%	#DIV/0!
12	I支店	1,358	1,078	79%	#DIV/0!
13	J支店	1,626	1,825	112%	#DIV/0!
14	K支店	0	96	#DIV/0!	#DIV/0!

fx =C14/B14

❷数式のセルを編集モードにする

対象の数式が入力されたセルをアクティブにして F2 を押すと、参照元を示す「カラーリファレンス」が表示される。

I支店	1,358	1,078	79%	#DIV/0!
J支店	1,626	1,825	112%	#DIV/0!
K支店	0	96	=C14/B14	#DIV/0!

❸数式を表示する

Ctrl + Shift + @ を押すと、アクティブセルの位置に関わらずワークシート上にあるすべての数式とその参照元が表示される。
この状態で再度 Ctrl + Shift + @ を押すと、元の表示に戻る。

	A	B	C	D	E
1	支店別販売実績・伸長率				
2					
3		前年	当年	伸長率	順位
4	A支店	1424	1581	=C4/B4	=RANK(D4,$D$4:$D$1
5	B支店	1095	974	=C5/B5	=RANK(D5,$D$4:$D$1
6	C支店	1721	1785	=C6/B6	=RANK(D6,$D$4:$D$1
7	D支店	1579	1134	=C7/B7	=RANK(D7,$D$4:$D$1
8	E支店	758	984	=C8/B8	=RANK(D8,$D$4:$D$1
9	F支店	573	662	=C9/B9	=RANK(D9,$D$4:$D$1
10	G支店	1314	1140	=C10/B10	=RANK(D10,$D$4:D
11	H支店	1369	1657	=C11/B11	=RANK(D11,$D$4:D
12	I支店	1358	1078	=C12/B12	=RANK(D12,$D$4:D
13	J支店	1626	1825	=C13/B13	=RANK(D13,$D$4:D
14	K支店	0	96	=C14/B14	=RANK(D14,$D$4:D
15					

❹参照元のトレース

数式が入力されたセルをアクティブにして、［数式］タブ→［ワークシート分析］グループにある［参照元のトレース］を選択する。

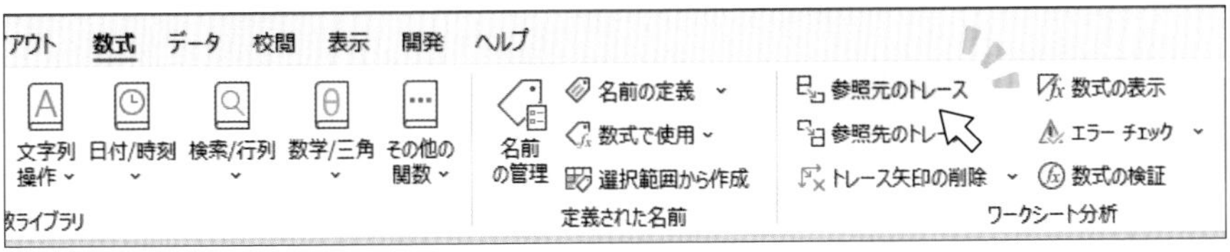

該当の数式がどのセルまたは範囲を参照しているかを「トレース矢印」で示してくれる。

※トレース矢印を消すときは、［参照元のトレース］の２つ下にある［トレース矢印の削除］で実行する。

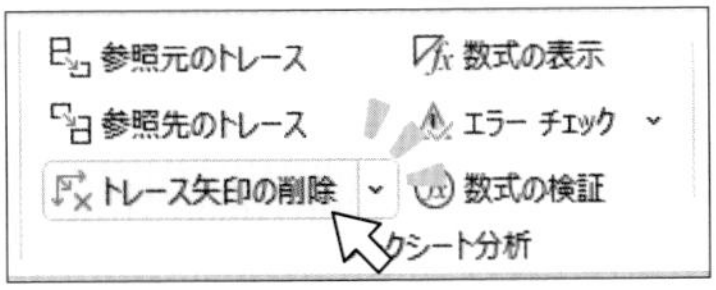

	前年	当年	伸長率	順位
A支店	1,424	1,581	111%	#DIV/0!
B支店	1,095	974	89%	#DIV/0!
C支店	1,721	1,785	104%	#DIV/0!
D支店	1,579	1,134	72%	#DIV/0!
E支店	758	984	130%	#DIV/0!
F支店	573	662	116%	#DIV/0!
G支店	1,314	1,140	87%	#DIV/0!
H支店	1,369	1,657	121%	#DIV/0!
I支店	1,358	1,078	79%	#DIV/0!
J支店	1,626	1,825	112%	#DIV/0!
K支店	0	96	#DIV/0!	#DIV/0!

❺エラーのトレース

エラーとなっている数式が入力されたセルをアクティブにして、[数式] タブ→ [ワークシート分析] グループにある [エラーチェック] をクリックし、[エラーのトレース] を選択する。

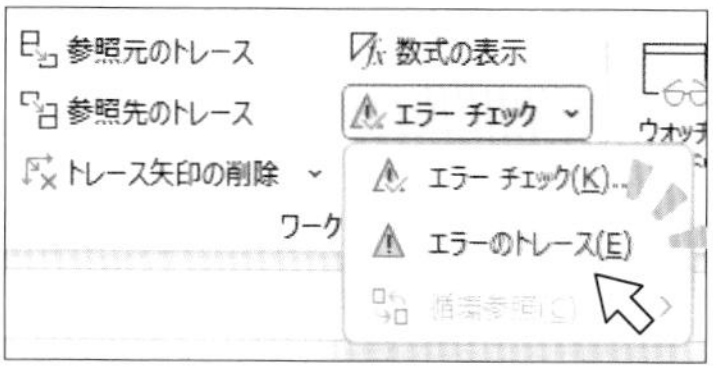

	前年	当年	伸長率	順位
A支店	1,424	1,581	111%	#DIV/0!
B支店	1,095	974	89%	#DIV/0!
C支店	1,721	1,785	104%	#DIV/0!
D支店	1,579	1,134	72%	#DIV/0!
E支店	758	984	130%	#DIV/0!
F支店	573	662	116%	#DIV/0!
G支店	1,314	1,140	87%	#DIV/0!
H支店	1,369	1,657	121%	#DIV/0!
I支店	1,358	1,078	79%	#DIV/0!
J支店	1,626	1,825	112%	#DIV/0!
K支店	0	96	#DIV/0!	#DIV/0!

該当のエラーがどのセルまたは範囲の参照によって発生しているかを「トレース矢印」で示してくれる。

※このエラートレース矢印も前述の [トレース矢印の削除] で削除できる。

今回「順位」の列がすべてエラー表示されているのは、K支店の伸長率がエラーとなっていることが原因だ。当年実績を前年実績「0」で割っていることにより発生した「#DIV/0!」エラーが根幹要因ということだな。最後に、こうしたエラーを未然に防ぐ方法をみていこう。

エラー対策

エラーを表示させず、かつ連動する他の数式に影響を波及させないためには、**IFERROR関数**を使う。このとき、最初からエラーの発生を意識して対策を講じられれば良いが、慣れないうちは数式の入力が完了しエラーが発生してから処理することがほとんどだ。
そこで今回は、**入力済の数式へ事後的にIFERROR関数を加える**手順を解説する。

❶対象のデータ範囲を選択する。
↓
❷ F2 を押して編集モードにする。
↓
❸数式の先頭にカーソルを合わせる。

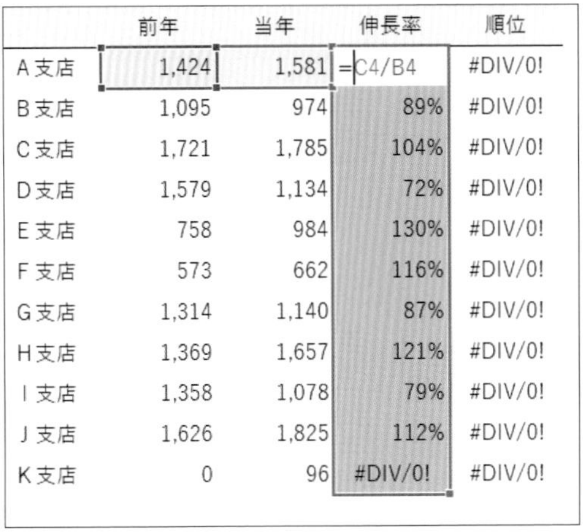

	前年	当年	伸長率	順位
A支店	1,424	1,581	=C4/B4	#DIV/0!
B支店	1,095	974	89%	#DIV/0!
C支店	1,721	1,785	104%	#DIV/0!
D支店	1,579	1,134	72%	#DIV/0!
E支店	758	984	130%	#DIV/0!
F支店	573	662	116%	#DIV/0!
G支店	1,314	1,140	87%	#DIV/0!
H支店	1,369	1,657	121%	#DIV/0!
I支店	1,358	1,078	79%	#DIV/0!
J支店	1,626	1,825	112%	#DIV/0!
K支店	0	96	#DIV/0!	#DIV/0!

❹「IFFEROR」と入力し、 Tab で関数を挿入する。
（第1引数「値」には入力済の数式をそのまま流用する）

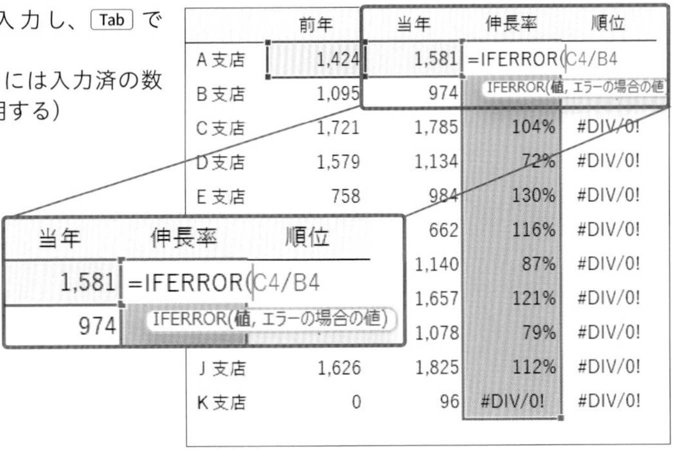

	前年	当年	伸長率	順位
A支店	1,424	1,581	=IFERROR(C4/B4	
B支店	1,095	974		
C支店	1,721	1,785	104%	#DIV/0!
D支店	1,579	1,134	72%	#DIV/0!
E支店	758	984	130%	#DIV/0!
		662	116%	#DIV/0!
		1,140	87%	#DIV/0!
		1,657	121%	#DIV/0!
		1,078	79%	#DIV/0!
J支店	1,626	1,825	112%	#DIV/0!
K支店	0	96	#DIV/0!	#DIV/0!

❺第 2 引数「エラーの場合の値」に、エラーが発生したときに返す値や文字列を入力する。
(サンプルはエラーの場合に「0」を表示させるよう指示した状態)

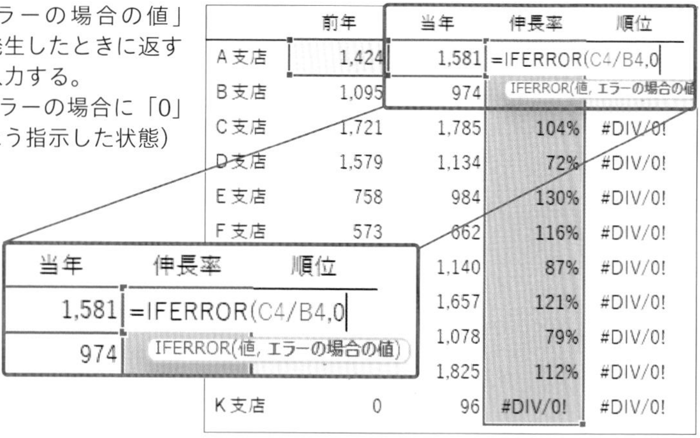

❻ Ctrl + Enter を押す。
これにより、IFERROR 関数を追加したアクティブセルの数式が、選択範囲内のすべてのセルに一括入力される。

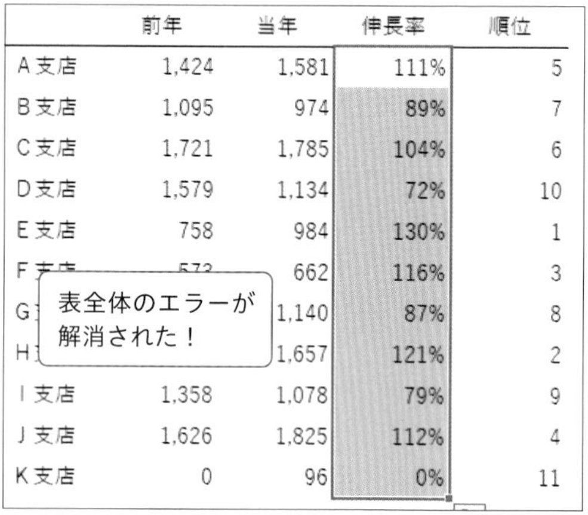

Ctrl + Enter は値や数式を一括入力するショートカットキーだ！

「エラーの場合の値」にダブルコーテーションマークを用いることで、「－」や「該当なし」といった文字列を返すこともできる。
ただし、**その数式をまた別の数式が参照している場合にエラーが発生する可能性があるため**、シーンに応じて使い分けていこう。

※サンプルは文字列である「－」を参照することにより、K 支店の順位が「#VALUE!」エラーとなった状態。

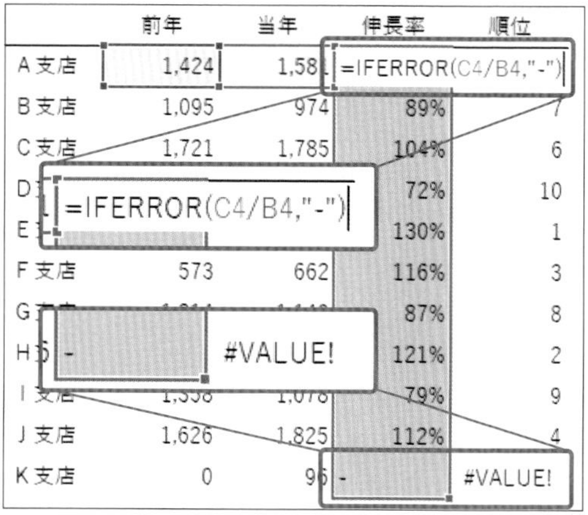

Chapter 2

データ整形の第一歩！

パターンに応じて表記を変える編

論理関数を駆使した「条件分岐」
表示形式と日付のシリアル値

Chapter.2 ではまず、指定した条件との該否に応じて処理内容や表記を変える「条件分岐」に触れます。そして、値の表記をわかりやすく魅せる「表示形式」もここで演習します。関数の計算結果や入力されたデータの表現をパターン別にアレンジすることができれば、Excel における情報管理の幅が一気に広がります。

method 12

サンプルファイル
シート No.12

支店別の業績を評価する

営業拠点別の業績や担当者別の契約件数を計画達成率や前年伸長率などで評価することがあります。単に数値を比較するだけでなく、特定の表現に変換することで数値の良し悪しを直感的に判断しやすくなります。

このメソッドでは、指定した条件に応じて表記をアレンジする方法を演習します。

サンプルは支店別販売状況の「対前年伸長率」です。評価①には、伸長率が100% 以上の支店は「○」、100% 未満は「×」を返すように設定します。評価②には、伸長率が 120% 以上の支店は「◎」、100% 以上は「○」、100% 未満は「×」を返すように設定します。

条件にあわせてパターン別に対応方法を変える「条件分岐」の概念は、Excel 仕事で欠かせない重要なテーマですので、まずは動作のイメージをつかみましょう。

	A	B	C	D	E	F
1	支店別販売実績					
2						
3		前年	当年	伸長率	評価①	評価②
4	A 支店	1,424	1,581	111%		
5	B 支店	1,095	974	89%		
6	C 支店	1,721	1,785	104%		
7	D 支店	1,579	1,134	72%		
8	E 支店	758	984	130%		
9	F 支店	573	662	116%		
10	G 支店	1,314	1,140	87%		
11	H 支店	1,369	1,657	121%		
12	I 支店	1,358	1,078	79%		
13	J 支店	1,626	1,825	112%		
14						
15						

初出の関数

01 IF 関数 =IF(論理式 ,[値が真の場合],[値が偽の場合])

条件を満たす場合と満たさない場合で処理を変える

Excel には *****IF 関数と名の付く関数が複数存在するぞ！「if：もし～なら」が意味する通り、これらの関数には条件に沿って表現や演算対象などを変える役割があることをおさえておこう。

パターンに応じて表記を変える（単一条件）

まずは評価①の列で、伸長率が100%以上の支店は「○」、100%未満は「×」を返すように設定していく。

❶ IF関数を挿入する。

当年	伸長率	評価①	評価②
1,581	111%	=IF(	
974	89%		
1,785	104%		

IF(論理式, [値が真の場合], [値が偽の場合])

❷第1引数「論理式」に、判定の基準となる数式を入力する。

今回は「伸長率が100%以上」かどうかが判定基準のため、伸長率が入力されたD4セルを参照し、比較演算子「>=」で「100%」とつなぐ。

当年	伸長率	評価①	評価②
1,581	111%	=IF(D4>=100%	
974	89%		
1,785	104%		
1,134	72%		
984	130%		

IF(論理式, [値が真の場合], [値が偽の場合])

❸第2引数「値が真の場合」には、判定基準を満たしている場合に返す値や文字列を指示する。

今回は伸長率が100%以上であれば「○」と表現したいため、「"○"」を入力する。

当年	伸長率	評価①	評価②
1,581	111%	=IF(D4>=100%,"○"	
974	89%		
1,785	104%		
1,134	72%		

IF(論理式, [値が真の場合], [値が偽の場合])

❹第3引数「値が偽の場合」には、判定基準を満たしていない場合に返す値や文字列を指示する。

今回は伸長率が100%未満であれば「×」と表現したいため、「"×"」を入力する。

当年	伸長率	評価①	評価②
1,581	111%	=IF(D4>=100%,"○","×"	
974	89%		
1,785	104%		
1,134	72%		

IF(論理式, [値が真の場合], [値が偽の場合])

❺ Enter で決定する。

伸長率が100%を超えているため、「○」が返される。

当年	伸長率	評価①	評価②
1,581	111%	○	
974	89%		
1,785	104%		
1,134	72%		

❻数式を下へコピーする。
(必要に応じて、文字列を中央揃えにしておく)

指定した判定基準に応じた各支店の○×評価を表現できた。
条件分岐の考え方とIF関数の基本的なユースケースとして、ここまでのステップは繰り返し実践しよう。

前年	当年	伸長率	評価①	評価②
1,424	1,581	111%	○	
1,095	974	89%	×	
1,721	1,785	104%	○	
1,579	1,134	72%	×	
758	984	130%	○	
573	662	116%	○	
1,314	1,140	87%	×	
1,369	1,657	121%	○	
1,358	1,078	79%	×	
1,626	1,825	112%	○	

セル参照の活用

基準値や判定結果を欄外のセルに入力しておけば、そのセルを参照することでもIF関数を構築できる。

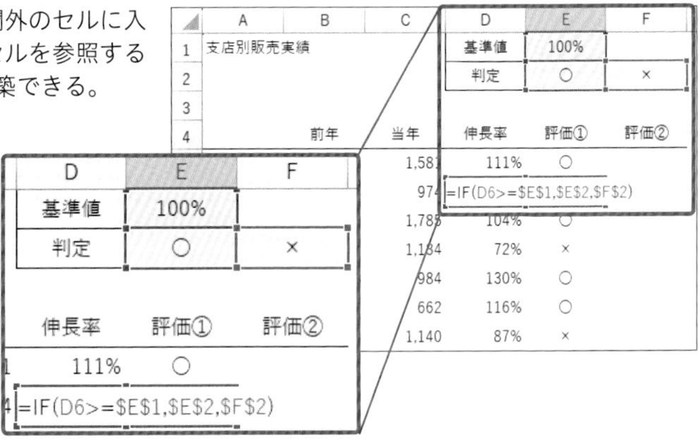

これにより、判定基準や表現内容を変えたいときに、入力済の固定値を1つ1つ手直しするよりも効率的な更新作業が可能だ。

右図は基準値を「120%」、判定結果を「達成」「未達成」に変更した状態。

	A	B	C	D	E	F
1	支店別販売実績			基準値	120%	
2				判定	達成	未達成
3						
4		前年	当年	伸長率	評価①	評価②
5	A支店	1,424	1,581	111%	未達成	
6	B支店	1,095	974	89%	未達成	
7	C支店	1,721	1,785	104%	未達成	
8	D支店	1,579	1,134	72%	未達成	
9	E支店	758	984	130%	達成	
10	F支店	573	662	116%	未達成	
11	G支店	1,314	1,140	87%	未達成	
12	H支店	1,369	1,657	121%	達成	
13	I支店	1,358	1,078	79%	未達成	
14	J支店	1,626	1,825	112%	未達成	

パターンに応じて表記を変える（複数条件）

次に評価②の列で、伸長率が 120% 以上の支店は「◎」、100% 以上は「○」、100% 未満は「×」を返すように設定する。**IF 関数単体では 1 つの論理式に対して 2 つの表現方法しか指定できないため、3 つ以上の分岐を設定するには IF 関数と IF 関数を組み合わせる必要がある。**
このように関数の中に関数を入れ込む方法を「ネスト」と言う。（nest：入れ子、巣）

❶ IF 関数を挿入し、第 1 引数「論理式」と第 2 引数「値が真の場合」まで設定する。
今回は 1 つ目の条件分岐として「伸長率が 120% 以上」なら「◎」と表現したいため、下図のように入力しておく。

前年	当年	伸長率	評価①	評価②
1,424	1,581	111%	○	=IF(D5>=120%,"◎"
1,095	974	89%	×	IF(論理式, **[値が真の場合]**, [値が偽の場合])
1,721	1,785	104%	○	

❷第 3 引数「値が偽の場合」に、さらに IF 関数を挿入する。
伸長率 120% 以上を満たさない場合に次の判断基準を指示する役割だ。

前年	当年	伸長率	評価①	評価②
1,424	1,581	111%	○	=IF(D5>=120%,"◎",IF(
1,095	974	89%	×	IF(**論理式**, [値が真の場合], [値が偽の場合])
1,721	1,785	104%	○	

❸ 2 つ目の IF 関数において、第 1 引数「論理式」と第 2 引数「値が真の場合」まで設定する。
今回は 2 つ目の条件分岐として「伸長率が 100% 以上」なら「○」と表現したいため、下図のように入力しておく。

前年	当年	伸長率	評価①	評価②
1,424	1,581	111%	○	=IF(D5>=120%,"◎",IF(D5>=100%,"○"
1,095	974	89%	×	IF(論理式, **[値が真の場合]**, [値が偽の場合])
1,721	1,785	104%	○	

❹ 2 つ目の IF 関数において、第 3 引数「値が偽の場合」に 3 つ目の条件分岐を設定する。
今回は伸長率が 120% 以上でも 100% 以上でもない場合、要は「伸長率が 100% 未満」なら「×」と表現したいため、「"×"」を入力する。

前年	当年	伸長率	評価①	評価②
1,424	1,581	111%	○	=IF(D5>=120%,"◎",IF(D5>=100%,"○","×"
1,095	974	89%	×	IF(論理式, [値が真の場合], **[値が偽の場合]**)
1,721	1,785	104%	○	

❺最後に、2 つ目の IF 関数、1 つ目の IF 関数のカッコを順に閉じて決定する。
伸長率 120% には満たないが、100% を超えているため、2 つ目の条件分岐「○」が返される。

前年	当年	伸長率	評価①	評価②
1,424	1,581	111%	○	=IF(D5>=120%,"◎",IF(D5>=100%,"○","×"))
1,095	974	89%	×	
1,721	1,785	104%	○	

,"○","×"))

前年	当年	伸長率	評価①	評価②
1,424	1,581	111%	○	○
1,095	974	89%	×	
1,721	1,785	104%	○	

今回のように関数をネストしたり優先的に演算を行ったりするために、数式内に二重・三重とカッコを使用している場合は、その数だけカッコを閉じてから決定しよう！

❻数式を下へコピーする。
（必要に応じて、文字列を中央揃えにしておく）

1 つの IF 関数で求めた評価①に対し、評価②では IF 関数を組み合わせることで表現のレパートリーを増やすことができた！

	前年	当年	伸長率	評価①	評価②
A 支店	1,424	1,581	111%	○	○
B 支店	1,095	974	89%	×	×
C 支店	1,721	1,785	104%	○	○
D 支店	1,579	1,134	72%	×	×
E 支店	758	984	130%	○	◎
F 支店	573	662	116%	○	○
G 支店	1,314	1,140	87%	×	×
H 支店	1,369	1,657	121%	○	◎
I 支店	1,358	1,078	79%	×	×
J 支店	1,626	1,825	112%	○	○

method **13**

サンプルファイル
シート No.13

指定した月時点の累計実績を求める

下図のように月別の販売実績を合計してその前年伸長率や計画達成率を求めることがあります。ここで、6月時点の累計実績や8月時点の累計実績など、指定した期間のデータを確認したいとき、いちいち合計の対象期間を変更して前年比を算出し直すのは手間がかかってしまいます。

当年	4月	5月	6月	7月	8月	9月	累計	前年比
A支店	90	78	35	163	133	37	536	101%
B支店	82	13	86	38	110	89	418	120%
C支店	60	96	159	176	52	45	588	113%

前年	4月	5月	6月	7月	8月	9月	累計
A支店	95	81	44	187	97	26	530
B支店	83	20	77	32	84	51	347
C支店	54	101	140	142	49	35	521

このメソッドでは、IF関数による条件分岐を活用して取り出したい期間の合計値や伸長率をサクサク求める方法を演習します。特にこうした実績管理の領域で絶大な効力を発揮してくれるテクニックですので、しっかりでマスターしておきましょう。

初出の関数

01 IFS関数 =IFS(論理式1,値が真の場合1,...)

1つ以上の条件を設定し、最初にマッチした条件に対応する値を返す

パターンに応じて数式を変える

指定した期間の販売実績を取り出すには、セルに入力した数値に応じて数式の参照範囲を変更するしくみが必要だ。

❶欄外に対象月を入力するセルを用意する。ここでは「6」月を打ち込んでおく。

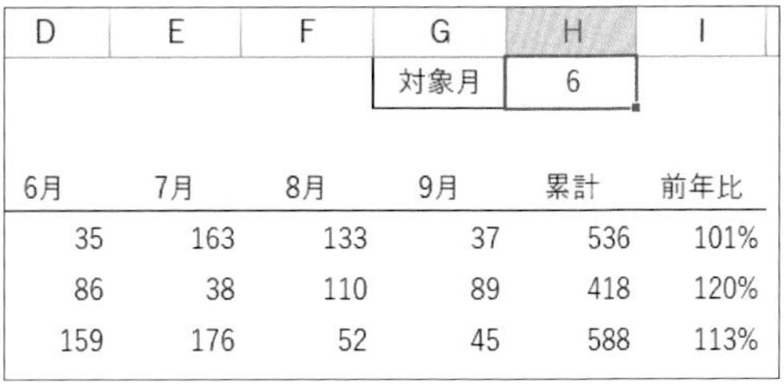

❷入力済の累計実績と前年比の数式を削除する。(このとき、前年の累計実績もあわせて削除しておく)

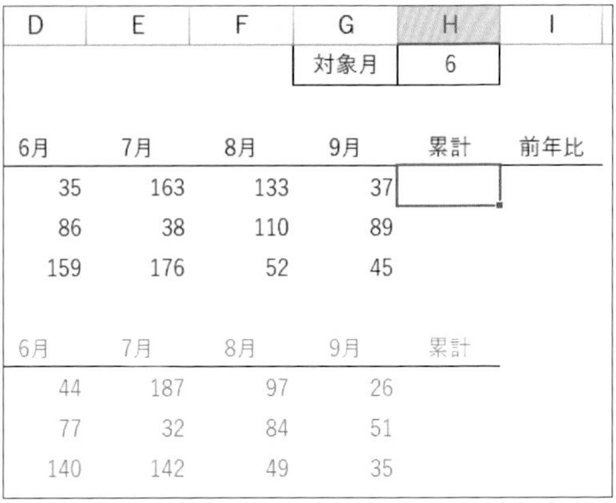

❸IF 関数を挿入し、第 1 引数「論理式」には欄外の対象月のセルを参照し、続けて「=4」と入力する。これが「対象月が "4" 月である」という判定基準となる。
※この数式を下へコピーしたときに参照元がズレないように、対象月のセル参照は絶対参照にしておこう。

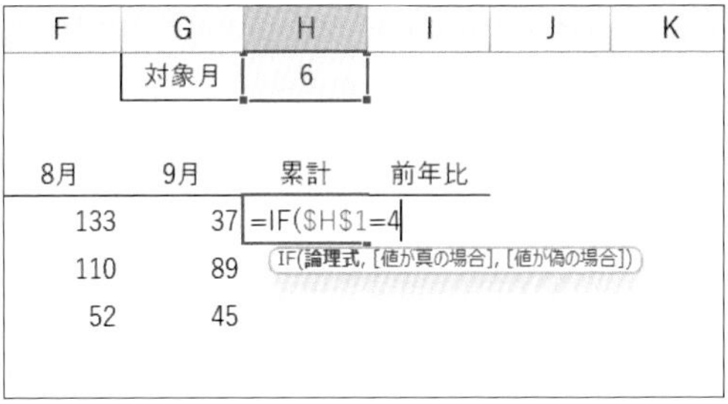

❹第 2 引数「値が真の場合」には、4 月の実績が入力されたセルを参照する。これにより前述の論理式「対象月が "4" 月である」ときに、「4 月の実績を返す」ことができる。

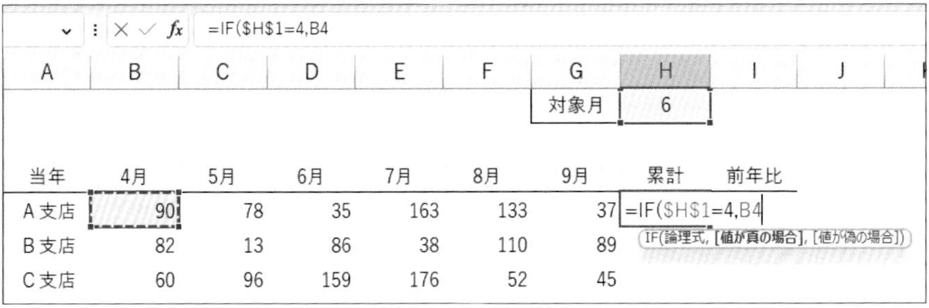

❺ IF 関数をネストして、下図のように入力する。
考え方は先ほどと同じで、「対象月が "5" 月である」ときに「4-5 月期間の合計値を求める」ことを表現している。

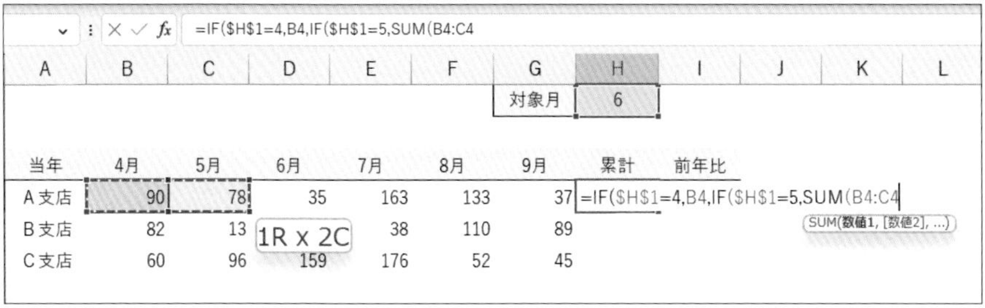

❻あとはこれを繰り返す。
「対象月が "6" 月」のとき、「4-6 月期間の合計値」を返す。
「対象月が "7" 月」のとき、「4-7 月期間の合計値」を返す。
「対象月が "8" 月」のとき、「4-8 月期間の合計値」を返す。
「対象月が "9" 月」のとき、「4-9 月期間の合計値」を返す。

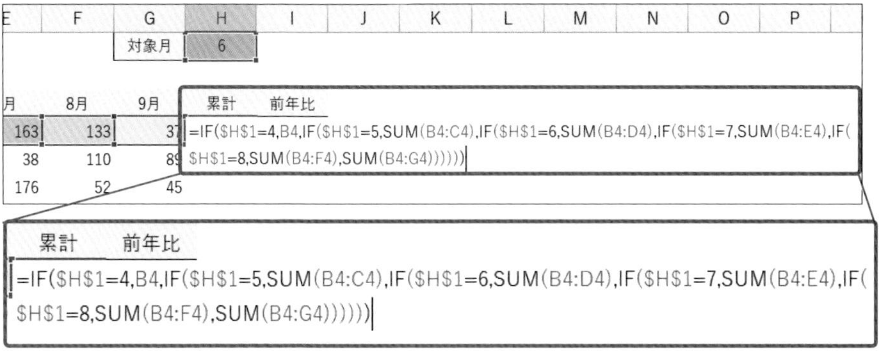

❼閉じカッコの数を確認して決定する。
対象月として「6」月が入力されているため、4 月：90、5 月：78、6 月：35 を合算した「203」が返される。

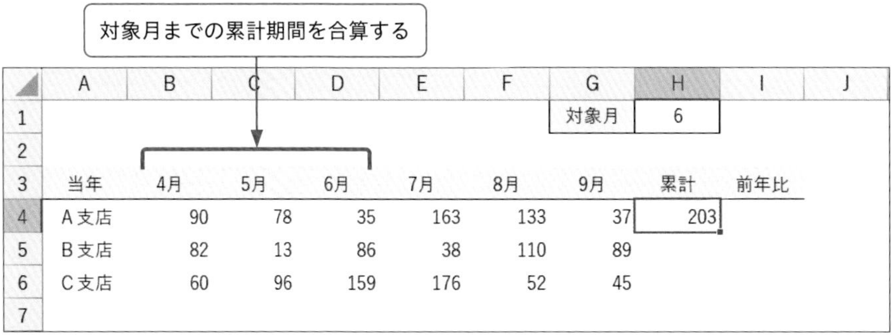

❽数式を他の範囲へコピーする。（このとき、前年実績の欄にもコピーしておく）

❾前年比を求める数式を入力する。

ここまでの手順で、指定期間の累計実績と対前年伸長率を返す設定は完了だ。

E	F	G	H	I	J
		対象月	6		
7月	8月	9月	累計	前年比	
163	133	37	203	=H4/H9	
38	110	89	181	101%	
176	52	45	315	107%	
7月	8月	9月	累計		
187	97	26	220		
32	84	51	180		
142	49	35	295		

試しに対象月を「8」月にしてみると、累計実績と前年比が更新される。

F	G	H	I
	対象月	6	
8月	9月	累計	前年比
133	37	203	92%
110	89	181	101%
52	45	315	107%

→

F	G	H	I
	対象月	8	
8月	9月	累計	前年比
133	37	499	99%
110	89	329	111%
52	45	543	112%

この手順をおさえておくと、全月の実績が確定したあとの振り返りだけでなく、期間中に実績を追記するタイミングでも素早く該当期間の累計実績と伸長率を求められる。

	A	B	C	D	E	F	G	H	I	J
1							対象月	6		
2										
3	当年	4月	5月	6月	7月	8月	9月	累計	前年比	
4	A支店	90	78	35				203	92%	
5	B支店	82	13	86				181	101%	
6	C支店	60	96	159				315	107%	
7										

7月の実績を追記したときに、対象月を「6」月→「7」月へ変更するだけで済むということだ。

	A	B	C	D	E	F	G	H	I	J
1							対象月	6		
2										
3	当年	4月	5月	6月	7月	8月	9月	累計	前年比	
4	A支店	90	78	35	163			203	92%	
5	B支店	82	13	86	38			181	101%	
6	C支店	60	96	159	176			315	107%	
7										

	A	B	C	D	E	F	G	H	I	J
1							対象月	7		
2										
3	当年	4月	5月	6月	7月	8月	9月	累計	前年比	
4	A支店	90	78	35	163			366	90%	
5	B支店	82	13	86	38			219	103%	
6	C支店	60	96	159	176			491	112%	
7										

月次・週次で販売状況の報告を求められるシーンで、実績管理業務をだいぶ効率化できるぞ！

IFS 関数

IFS 関数を用いることで、複数の条件分岐に対応できる。

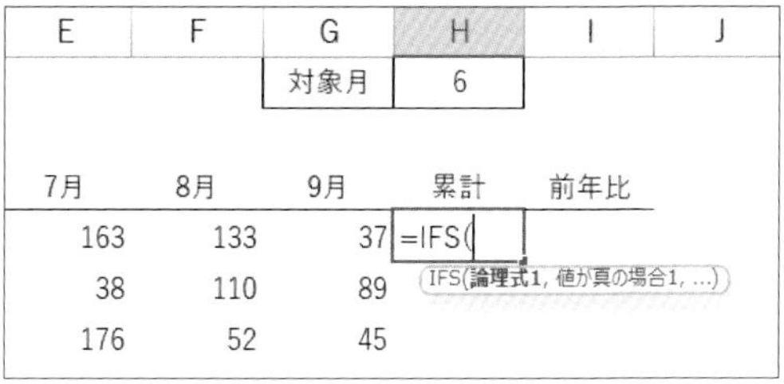

IFS 関数は「論理式 1」「値が真の場合 1」、「論理式 2」「値が真の場合 2」……、といったように、複数の条件分岐を盛り込む前提で設計されている。
下図が具体的な入力イメージだ。

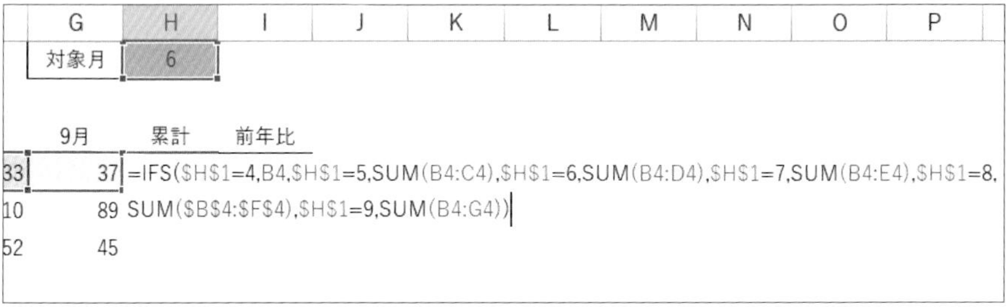

「対象月が "4" 月」のとき、「4 月の実績」を返す。
「対象月が "5" 月」のとき、「4-5 月期間の合計値」を返す。
「対象月が "6" 月」のとき、「4-6 月期間の合計値」を返す。
「対象月が "7" 月」のとき、「4-7 月期間の合計値」を返す。
「対象月が "8" 月」のとき、「4-8 月期間の合計値」を返す。
「対象月が "9" 月」のとき、「4-9 月期間の合計値」を返す。
これらの条件分岐を、**IF 関数のネストを繰り返すことなく 1 つの関数で完結できる**のだ。

なお、論理式に設定していない値を指示するとエラーが返る。(右図は 4-9 月に該当しない「10」月を入力した状態)
こんな時は IFS 関数の最後の論理式を「TRUE」とし、指定条件に該当しなかった場合の処理を設定しておこう。もちろん IFERROR 関数にネストする、対象月のセルに指定の値しか入力できないようにするなどでも OK だ。

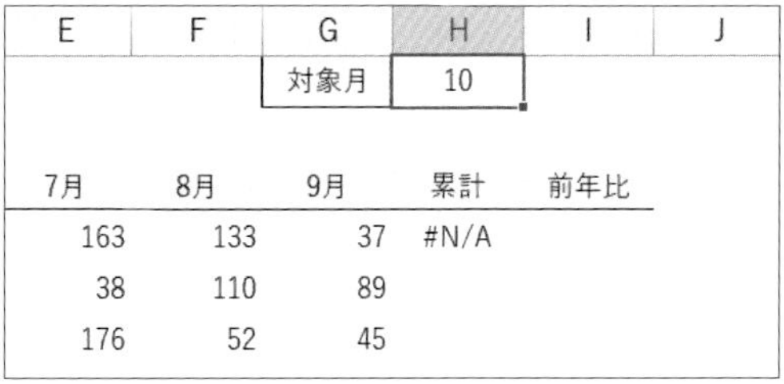

method 14

サンプルファイル
シート No.14

来場時間に応じた手配物をチェックする

IF 関数による条件分岐に加え、複数の条件にいずれも該当する場合、いずれかが該当する場合、反対に指定した条件に当てはまらなかった場合でそれぞれ処理方法を変えることがあります。

たとえば下図は展示会の参加者名簿で、第1部と第2部いずれも参加予定の取引先には「昼食」を用意し、どちらか一方でも参加予定であれば「記念品」を進呈する、また相手が役職付きであれば「幹部のアテンド」を手配する、といったチェックリストを兼ねています。

氏名	役職	第1部 (10:00-12:00)	第2部 (13:00-15:00)	昼食	記念品	幹部アテンド
相田 美樹子	本部長	○	○			
山本 円香	担当		○			
松島 有正	専務執行役	○				
久野 拓也	担当		○			
高村 晃一	担当	○				
宮川 美波	取締役	○	○			
嶋田 蒼	担当	○				
小山 泰雄	管理部長	○	○			
川島 叶仁	担当		○			
黒田 諭	担当	○				
平良 竜雄	営業課長		○			
玉置 昭二	担当	○	○			

このメソッドでは、こうした判定を素早く実行する手順を解説します。名簿に限らず、複数の業績項目の達成状況で各拠点を評価したり、複数のサービスの契約状況で各担当者の営業成績を確認したりするときにも便利なテクニックです。

初出の関数

01 AND 関数 =AND(論理式 1,[論理式 2],…)

1 つ以上のすべての条件を満たすか判定する

02 OR 関数 =OR(論理式 1,[論理式 2],…)

1 つ以上のいずれかの条件を満たすか判定する

03 NOT 関数 =NOT(論理式)

条件を満たさないことを判定する

これらは IF 関数と同じく論理関数に分類される関数で、いずれも指定した条件にマッチしていれば「TRUE」、マッチしていなければ「FALSE」を返す。（true：本当の、真の／ false：間違った、偽の）裏を返せば、単品で使っても「TRUE」または「FALSE」しか表現できないため、IF 関数などと組み合わせることで表記をアレンジする必要があるぞ！

すべての条件に該当するか判定する

第 1 部、第 2 部いずれも参加する人には昼食を用意したいので、昼食の要否には **AND 関数**を用いる。

※ AND 関数は「A and B：A と B、A そして B」の意に派生して、条件分岐では「A かつ B」という、**すべての条件に当てはまることを判定する**役割がある。

どちらにも参加の場合のみ昼食を手配する

第 1 部 (10:00-12:00)	第 2 部 (13:00-15:00)	昼食	記念品	幹部アテンド
○	○			
	○			
○				
	○			

❶ AND 関数を挿入する。

第 1 部 (10:00-12:00)	第 2 部 (13:00-15:00)	昼食	記念品	幹部アテンド
○	○	=AND(		
	○	AND(論理式1, [論理式2], ...)		
○				
	○			

❷第 1 引数「論理式 1」には、第 1 部の出席状況が入力されたセルを参照し、続けて「= "○"」を入力する。
これにより「第 1 部に出席であること」を 1 つ目の条件に設定したことになる。

第 1 部 (10:00-12:00)	第 2 部 (13:00-15:00)	昼食	記念品	幹部アテンド
○	○	=AND(C4="○"		
	○	AND(論理式1, [論理式2], ...)		
○				
	○			
○				

❸第 2 引数「論理式 2」には、第 2 部の出席状況が入力されたセルを参照し、続けて「= "○"」を入力する。
これにより「第 2 部に出席であること」を 2 つ目の条件に設定したことになる。

第 1 部 (10:00-12:00)	第 2 部 (13:00-15:00)	昼食	記念品	幹部アテンド
○	○	=AND(C4="○",D4="○"		
	○	AND(論理式1, [論理式2], [論理式		
○				
	○			
○				

AND 関数に必要な設定は以上だ。「第1部に出席であること」かつ「第2部に出席であること」のいずれの条件にも当てはまると、「TRUE」が返される。

第1部 (10:00-12:00)	第2部 (13:00-15:00)	昼食	記念品	幹部アテンド
○	○	TRUE		
	○			
○				
	○			

数式を下へコピーすると、第1部、第2部いずれも参加の人は「TRUE」となり、それ以外は「FALSE」となる。

第1部 (10:00-12:00)	第2部 (13:00-15:00)	昼食	記念品	幹部アテンド
○	○	TRUE		
	○	FALSE		
○		FALSE		
	○	FALSE		
○		FALSE		
○	○	TRUE		
○		FALSE		
○	○	TRUE		
	○	FALSE		
○		FALSE		
	○	FALSE		
○	○	TRUE		

いずれかの条件に該当するか判定する

第1部、第2部いずれに参加する場合でも来場者には記念品を進呈したいので、記念品の要否には **OR 関数**を用いる。

※ OR 関数は「A or B：A か B、A もしくは B」の意に派生して、条件分岐では「A または B」という、**いずれか 1 つの条件に当てはまること**を判定する役割がある。

いずれか参加の場合に記念品を手配する

第1部 (10:00-12:00)	第2部 (13:00-15:00)	昼食	記念品	幹部アテンド
○	○	TRUE		
	○	FALSE		
○		FALSE		
	○	FALSE		
○		FALSE		

❶ OR 関数を挿入する。

第1部 (10:00-12:00)	第2部 (13:00-15:00)	昼食	記念品	幹部アテンド
○	○	TRUE	=OR(	
	○	FALSE	OR(論理式1, [論理式2], ...)	
○		FALSE		
	○	FALSE		

❷第１引数「論理式 1」には、第１部の出席状況が入力されたセルを参照し、続けて「＝"○"」を入力する。

第１部 (10:00-12:00)	第２部 (13:00-15:00)	昼食	記念品	幹部アテンド
○	○	TRUE	=OR(C4="○"	
	○	FALSE	OR(論理式1, [論理式2], ...)	
○		FALSE		
	○	FALSE		

❸第２引数「論理式 2」には、第２部の出席状況が入力されたセルを参照し、続けて「＝"○"」を入力する。

第１部 (10:00-12:00)	第２部 (13:00-15:00)	昼食	記念品	幹部アテンド
○	○	TRUE	=OR(C4="○",D4="○"	
	○	FALSE	OR(論理式1, [論理式2], [論理式	
○		FALSE		
	○	FALSE		

OR 関数に必要な設定は以上だ。
「第１部に出席であること」または「第２部に出席であること」のいずれかの条件に当てはまると、「TRUE」が返される。

第１部 (10:00-12:00)	第２部 (13:00-15:00)	昼食	記念品	幹部アテンド
○	○	TRUE	TRUE	
	○	FALSE		
○		FALSE		
	○	FALSE		
○		FALSE		

数式を下へコピーする。
名簿に記載されている全員が第１部、第２部いずれかに参加するため、すべて「TRUE」となる。

第１部 (10:00-12:00)	第２部 (13:00-15:00)	昼食	記念品	幹部アテンド
○	○	TRUE	TRUE	
	○	FALSE	TRUE	
○		FALSE	TRUE	
	○	FALSE	TRUE	
○		FALSE	TRUE	
○	○	TRUE	TRUE	
○		FALSE	TRUE	
○	○	TRUE	TRUE	
	○	FALSE	TRUE	
○		FALSE	TRUE	
	○	FALSE	TRUE	
○	○	TRUE	TRUE	

条件に当てはまらないことを判定する

役職付きの人が来場した際には幹部アテンドの手配をしたいので、「担当」以外の人、要は担当「ではない」人を判断するために**NOT関数**を用いる。

※ NOT関数は「～ではない」という、**条件に当てはまらないこと**を判定する役割がある。

役職	第1部 (10:00-12:00)	第2部 (13:00-15:00)	昼食	記念品	幹部 アテンド
本部長	○	○	TRUE	TRUE	
担当		○	FALSE	TRUE	
専務執行役	○		FALSE	TRUE	
担当		○	FALSE	TRUE	
担当	○		FALSE	TRUE	
取締役	○	○	TRUE	TRUE	
担当	○		FALSE	TRUE	
管理部長	○	○	TRUE	TRUE	
担当		○	FALSE	TRUE	
担当	○		FALSE	TRUE	

❶ NOT関数を挿入する。

役職	第1部 (10:00-12:00)	第2部 (13:00-15:00)	昼食	記念品	幹部 アテンド
本部長	○	○	TRUE	TRUE	=NOT(
担当		○	FALSE	TRUE	NOT(論理式)
専務執行役	○		FALSE	TRUE	
担当		○	FALSE	TRUE	

❷第1引数「論理式1」には、役職が入力されたセルを参照し、続けて「="担当"」を入力する。
これにより「役職が"担当"ではない」ことを条件に設定したことになる。

役職	第1部 (10:00-12:00)	第2部 (13:00-15:00)	昼食	記念品	幹部 アテンド
本部長	○	○	TRUE	TRUE	=NOT(B4="担当"
担当		○	FALSE	TRUE	NOT(論理式)
専務執行役	○		FALSE	TRUE	
担当		○	FALSE	TRUE	
担当	○		FALSE	TRUE	
取締役	○	○	TRUE	TRUE	

NOT関数に必要な設定は以上だ。

「役職が"担当"ではない」という条件に当てはまると「TRUE」が返される。

役職	第1部 (10:00-12:00)	第2部 (13:00-15:00)	昼食	記念品	幹部 アテンド
本部長	○	○	TRUE	TRUE	TRUE
担当		○	FALSE	TRUE	
専務執行役	○		FALSE	TRUE	
担当		○	FALSE	TRUE	
担当	○		FALSE	TRUE	

数式を下へコピーする。
担当ではない人が「TRUE」、担当の人は「FALSE」となる。

役職	第1部 (10:00-12:00)	第2部 (13:00-15:00)	昼食	記念品	幹部 アテンド
本部長	○	○	TRUE	TRUE	TRUE
担当		○	FALSE	TRUE	FALSE
専務執行役	○		FALSE	TRUE	TRUE
担当		○	FALSE	TRUE	FALSE
担当	○		FALSE	TRUE	FALSE
取締役	○	○	TRUE	TRUE	TRUE
担当	○		FALSE	TRUE	FALSE
管理部長	○	○	TRUE	TRUE	TRUE
担当		○	FALSE	TRUE	FALSE
担当	○		FALSE	TRUE	FALSE
営業課長		○	FALSE	TRUE	TRUE
担当	○	○	TRUE	TRUE	FALSE

判定結果に応じて表記を変える

ここまで見てきたように、いずれの関数の結果も「TRUE」または「FALSE」と表記されるため、よりわかりやすい表現に更新する。サンプルの場合、昼食や記念品を用意する必要があるか、幹部アテンドを手配する必要があるかを判断できればよいので、「TRUE」の場合は「要」、「FALSE」の場合は「-」を返す設定をする。ここでもIF関数の条件分岐が効力を発揮する。

Chapter.1でIFERROR関数を事後的に追加したのと同じく、各列に入力済の数式にIF関数をあとから加える手順で解説するぞ！

❶対象のデータ範囲を選択する。

❷ F2 を押して編集モードにする。

❸数式の先頭にカーソルを合わせる。

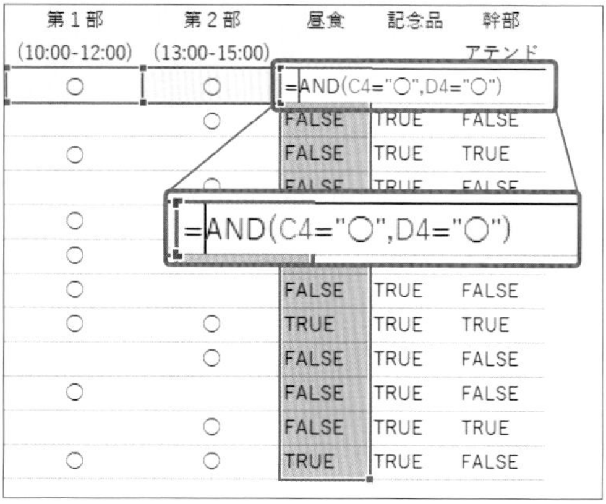

❹「IF」と入力し、[Tab]で関数を挿入する。
（第1引数「論理式」には入力済の数式をそのまま流用する）

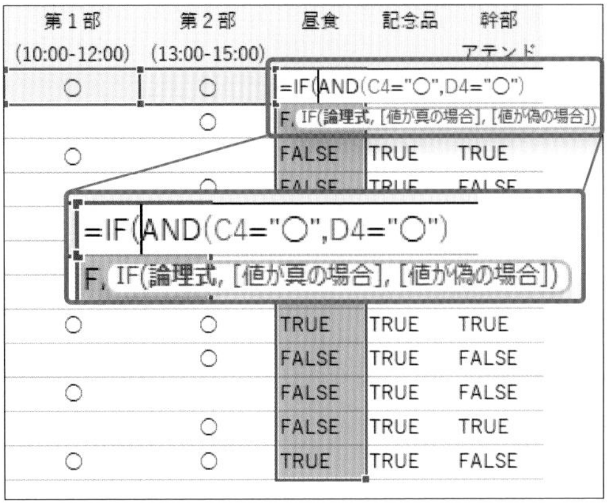

❺第2引数「値が真の場合」に「"要"」と入力する。

❻第3引数「値が偽の場合」に「"-"」と入力する。

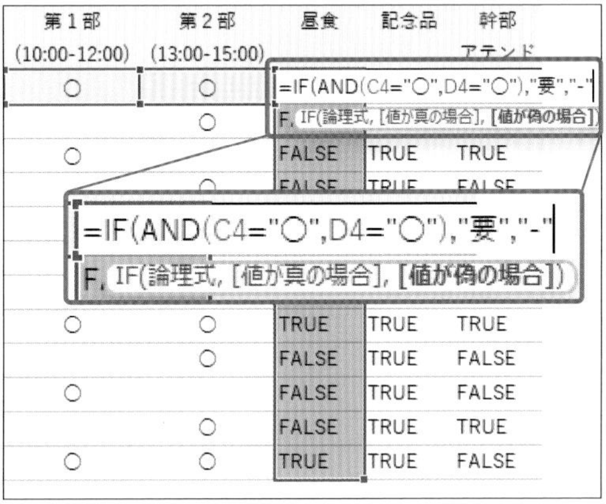

❼IF関数のカッコを閉じ、[Ctrl]+[Enter]を押す。
これにより、IF関数を追加したアクティブセルの数式が、選択範囲内のすべてのセルに一括入力される。

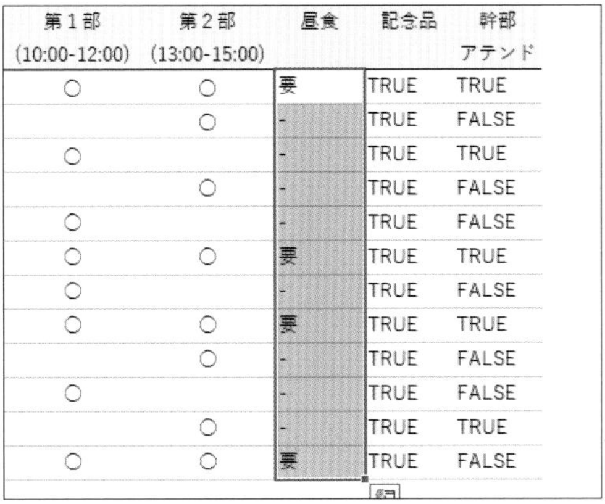

❽他の列も同じ手順で数式を更新する。

※手配項目のリストができあがった！

第1部 (10:00-12:00)	第2部 (13:00-15:00)	昼食	記念品	幹部 アテンド
○	○	要	要	要
	○	-	要	-
○		-	要	要
	○	-	要	-
○		-	要	-
○	○	要	要	要
○		-	要	-
○	○	要	要	要
	○	-	要	-
○		-	要	-
	○	-	要	要
○	○	要	要	-

method 15

サンプルファイル
シート No.15

会員ランクごとの利用額合計を求める

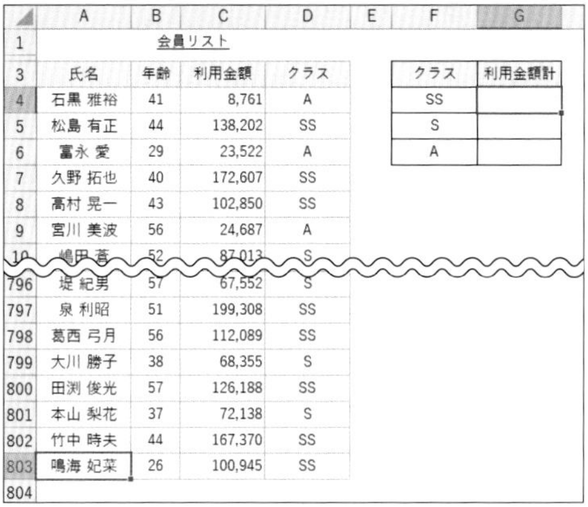

	A	B	C	D	E	F	G
1	会員リスト						
3	氏名	年齢	利用金額	クラス		クラス	利用金額計
4	石黒 雅裕	41	8,761	A		SS	
5	松島 有正	44	138,202	SS		S	
6	富永 愛	29	23,522	A		A	
7	久野 拓也	40	172,607	SS			
8	高村 晃一	43	102,850	SS			
9	宮川 美波	56	24,687	A			
10	嶋田 蒼	52	87,013	S			
796	堤 紀男	57	67,552	S			
797	泉 利昭	51	199,308	SS			
798	葛西 弓月	56	112,089	SS			
799	大川 勝子	38	68,355	S			
800	田渕 俊光	57	126,188	SS			
801	本山 梨花	37	72,138	S			
802	竹中 時夫	44	167,370	SS			
803	鳴海 妃菜	26	100,945	SS			
804							

表に集約されたデータのうち、指定の条件に当てはまる値の合計を求めることがあります。

たとえば会員の年齢やこれまでの累計利用金額、クラスをまとめたリストにおいて、会員クラスごとに利用金額の合計を表示したいとなったとします。対象のサンプル数は800件にのぼり、1つ1つ足し合わせていくのは相当手間がかかります。

このメソッドでは、こうしたケースで瞬時に指定した条件の合計値を求める方法を演習します。「会員クラスごと」の単一条件だけでなく、さらに「45歳以上」などといった複数条件の対応についても習得していきましょう。

初出の関数

01 SUMIF関数 =SUMIF(範囲,検索条件,[合計範囲])

条件を満たす値の合計を求める

02 SUMIFS関数 =SUMIFS(合計対象範囲,条件範囲1,条件1,…)

1つ以上の条件を満たす値の合計を求める

条件を満たす値を合計する（単一条件）

条件を満たす値の合計値を求めるには、SUMIF関数を使う。

「SUM（合計）」と「IF（もし〜だったら）」が組み合わさった関数なので、用途がイメージしやすい！

❶SUMIF関数を挿入する。

	A	B	C	D	E	F	G	H	I	J
1			会員リスト							
3	氏名	年齢	利用金額	クラス		クラス	利用金額計			
4	石黒 雅裕	41	8,761	A		SS	=SUMIF(			
5	松島 有正	44	138,202	SS		S	SUMIF(範囲, 検索条件, [合計範囲])			
6	冨永 愛	29	23,522	A		A				
7	久野 拓也	40	172,607	SS						
8	高村 晃一	43	102,850	SS						

❷第 1引数「範囲」には、指定する条件が含まれる範囲を選択する。
今回の場合はそれぞれの会員クラスが検索条件となるため、クラスの列を参照する。
※この数式を下へコピーすることを考慮し、絶対参照にしておく。

	A	B	C	D	E	F	G	H	I	J
1			会員リスト							
3	氏名	年齢	利用金額	クラス		クラス	利用金額計			
4	石黒 雅裕	41	8,761	A		SS	=SUMIF($D$4:$D$803			
5	松島 有正	44	138,202	SS		S	SUMIF(範囲, 検索条件, [合計範囲])			
6	冨永 愛	29	23,522	A		A				
7	久野 拓也	40	172,607	SS						
8	高村 晃一	43	102,850	SS						

❸第 2引数「検索条件」には、取り出したい条件を入力する。
今回はそれぞれの会員クラスが入力されたセルを参照する。

	A	B	C	D	E	F	G	H	I	J
1			会員リスト							
3	氏名	年齢	利用金額	クラス		クラス	利用金額計			
4	石黒 雅裕	41	8,761	A		SS	=SUMIF($D$4:$D$803,F4			
5	松島 有正	44	138,202	SS		S	SUMIF(範囲, 検索条件, [合計範囲])			
6	冨永 愛	29	23,522	A		A				
7	久野 拓也	40	172,607	SS						
8	高村 晃一	43	102,850	SS						

❹第 3引数「合計範囲」には、合計する値が含まれる範囲を選択する。
今回は利用金額の合計を求めるため、利用金額の列を参照する。
※これも絶対参照にしておく。

	A	B	C	D	E	F	G	H	I	J
1			会員リスト							
3	氏名	年齢	利用金額	クラス		クラス	利用金額計			
4	石黒 雅裕	41	8,761	A		SS	=SUMIF($D$4:$D$803,F4,$C$4:$C$803			
5	松島 有正	44	138,202	SS		S	SUMIF(範囲, 検索条件, [合計範囲])			
6	冨永 愛	29	23,522	A		A				
7	久野 拓也	40	172,607	SS						
8	高村 晃一	43	102,850	SS						

SUMIF 関数の設定はこれで完了だ。
SS クラスの会員の利用金額合計が返される。

	A	B	C	D	E	F	G	H	I	J
1	会員リスト									
3	氏名	年齢	利用金額	クラス		クラス	利用金額計			
4	石黒 雅裕	41	8,761	A		SS	61,702,716			
5	松島 有正	44	138,202	SS		S				
6	富永 愛	29	23,522	A		A				
7	久野 拓也	40	172,607	SS						
8	高村 晃一	43	102,850	SS						
9	宮川 美波	56	24,687	A						

数式を下へコピーする。

	A	B	C	D	E	F	G	H	I	J
1	会員リスト									
3	氏名	年齢	利用金額	クラス		クラス	利用金額計			
4	石黒 雅裕	41	8,761	A		SS	61,702,716			
5	松島 有正	44	138,202	SS		S	16,123,896			
6	富永 愛	29	23,522	A		A	4,788,804			
7	久野 拓也	40	172,607	SS						
8	高村 晃一	43	102,850	SS						
9	宮川 美波	56	24,687	A						

すべてのクラスで利用金額合計が求められた！

条件を満たす値を合計する（複数条件）

会員ランクごとに分類し、さらに「45 歳以上」の会員の利用金額を求めたいとなったとする。
単一条件を満たす値を合計する SUMIF 関数に対し、複数条件を満たす値を合計するときは **SUMIFS 関数**を使う。

❶ SUMIFS 関数を挿入する。

	A	B	C	D	E	F	G	H	I	J
1	会員リスト									
3	氏名	年齢	利用金額	クラス		クラス	利用金額計			
4	石黒 雅裕	41	8,761	A		SS	=SUMIFS(			
5	松島 有正	44	138,202	SS		S				
6	富永 愛	29	23,522	A		A				
7	久野 拓也	40	172,607	SS						
8	高村 晃一	43	102,850	SS						
9	宮川 美波	56	24,687	A						

SUMIFS(合計対象範囲, 条件範囲1, 条件1, ...)

❷第 1 引数「合計対象範囲」には、合計する値が含まれる範囲を選択する。
今回は利用金額の合計を求めるため、利用金額の列を参照する。
※この数式を下へコピーすることを考慮し、絶対参照にしておく。

	A	B	C	D	E	F	G	H	I	J
1		会員リスト								
3	氏名	年齢	利用金額	クラス		クラス	利用金額計			
4	石黒 雅裕	41	8,761	A		SS	=SUMIFS($C$4:$C$803			
5	松島 有正	44	138,202	SS		S	SUMIFS(**合計対象範囲**, 条件範囲1, 条件1, ...)			
6	富永 愛	29	23,522	A		A				
7	久野 拓也	40	172,607	SS						
8	高村 晃一	43	102,850	SS						
9	宮川 美波	56	24,687	A						

SUMIFS 関数は SUMIF 関数と異なり、先に「合計対象範囲」を指定する。多くの複数条件が設定できるため、その前にあらかじめどの範囲の値を合計するかの指示を済ませておくんだ。

❸第 2 引数「条件範囲 1」は検索条件となる会員クラスが含まれるクラスの列を参照する。
※これも絶対参照にしておく。

❹第 3 引数「条件 1」には、取り出したい条件を入力する。
今回はそれぞれの会員クラスが入力されたセルを参照する。

B	C	D	E	F	G	H	I	J	K
会員リスト									
年齢	利用金額	クラス		クラス	利用金額計				
41	8,761	A		SS	=SUMIFS($C$4:$C$803,$D$4:$D$803,F4				
44	138,202	SS		S	SUMIFS(合計対象範囲, 条件範囲1, **条件1**, [条件範囲2, 条件2], ...)				
29	23,522	A		A					
40	172,607	SS							
43	102,850	SS							
56	24,687	A							

❺第 4 引数「条件範囲 2」は追加の検索条件となる年齢が含まれる列を参照する。
※これも絶対参照にしておく。

B	C	D	E	F	G	H	I	J	K
会員リスト									
年齢	利用金額	クラス		クラス	利用金額計				
41	8,761	A		SS	=SUMIFS($C$4:$C$803,$D$4:$D$803,F4,$B$4:$B$803				
44	138,202	SS		S	SUMIFS(合計対象範囲, 条件範囲1, 条件1, **[条件範囲2**, 条件2], [条件範囲3, ...)				
29	23,522	A		A					
40	172,607	SS							
43	102,850	SS							
56	24,687	A							

❻第 5 引数「条件 2」には、計算対象の基準となる年齢を指示する。
今回は 45 歳以上を対象とするため、「">=45"」と入力する。

会員リスト

年齢	利用金額	クラス
41	8,761	A
44	138,202	SS
29	23,522	A
40	172,607	SS
43	102,850	SS
56	24,687	A
52	87,013	S

クラス	利用金額計
SS	=SUMIFS($C$4:$C$803,$D$4:$D$803,F4,$B$4:$B$803,">=45"
S	
A	

SUMIFS(合計対象範囲, 条件範囲1, 条件1, [条件範囲2, 条件2], [条件範囲3, 条件

4:$B$803,">=45"

この「等号／不等号と値の組み合わせをダブルコーテーションマークで囲む」ことによる「ズバリ」条件の設定は様々な関数で使えるテクニックだから、確実におさえよう！

SUMIFS 関数の設定はこれで完了だ。

SS クラスかつ 45 歳以上の会員の利用金額合計が返される。

	A	B	C	D	E	F	G
1		会員リスト					
3	氏名	年齢	利用金額	クラス		クラス	利用金額計
4	石黒 雅裕	41	8,761	A		SS	20,312,594
5	松島 有正	44	138,202	SS		S	
6	富永 愛	29	23,522	A		A	
7	久野 拓也	40	172,607	SS			
8	高村 晃一	43	102,850	SS			
9	宮川 美波	56	24,687	A			
10	嶋田 蒼	52	87,013	S			

数式を下へコピーする。

	A	B	C	D	E	F	G
1		会員リスト					
3	氏名	年齢	利用金額	クラス		クラス	利用金額計
4	石黒 雅裕	41	8,761	A		SS	20,312,594
5	松島 有正	44	138,202	SS		S	5,308,812
6	富永 愛	29	23,522	A		A	1,505,128
7	久野 拓也	40	172,607	SS			
8	高村 晃一	43	102,850	SS			
9	宮川 美波	56	24,687	A			
10	嶋田 蒼	52	87,013	S			

すべてのクラスで 45 歳以上会員の利用金額合計が求められた！

method 16

サンプルファイル
シート No.16

会員ランクごとの会員数を求める

条件に該当する値を合算したのと同じ要領で、今度は指定の条件に当てはまるデータの個数をカウントします。

引き続き右図のサンプルを使って、今度は会員クラスごとの会員数を表示します。

	A	B	C	D	E	F	G
1	会員リスト						
3	氏名	年齢	利用金額	クラス		クラス	会員数
4	石黒 雅裕	41	8,761	A		SS	
5	松島 有正	44	138,202	SS		S	
6	富永 愛	29	23,522	A		A	
7	久野 拓也	40	172,607	SS			
8	高村 晃一	43	102,850	SS			
9	宮川 美波	56	24,687	A			
10	嶋田 蒼	52	87,013	S			
11	小山 泰雄	37	125,801	SS			
12	川島 叶仁	46	141,364	SS			
13	黒田 諭	30	68,700	S			
14	平良 竜雄	27	99,788	S			

SUMIFS関数と同じく、「会員クラスごと」の単一条件に加えて「45歳以上」の会員数を求めるなどといった複数条件の対応についても習得していきましょう。

初出の関数

01 COUNTIF関数 =COUNTIF(範囲, 検索条件)

条件を満たすデータの個数を求める

02 COUNTIFS関数 =COUNTIFS(検索条件範囲1, 検索条件1,…)

1つ以上の条件を満たすデータの個数を求める

条件を満たすデータ数を数える（単一条件）

条件を満たすデータの個数を求めるには、COUNTIF関数を使う。

❶ COUNTIF関数を挿入する。

	A	B	C	D	E	F	G	H	I	J
1	会員リスト									
3	氏名	年齢	利用金額	クラス		クラス	会員数			
4	石黒 雅裕	41	8,761	A		SS	=COUNTIF(			
5	松島 有正	44	138,202	SS		S	COUNTIF(範囲, 検索条件)			
6	富永 愛	29	23,522	A		A				
7	久野 拓也	40	172,607	SS						
8	高村 晃一	43	102,850	SS						
9	宮川 美波	56	24,687	A						

❷第 1 引数「範囲」には、指定する条件が含まれる範囲を選択する。
今回の場合はそれぞれの会員クラスが検索条件となるため、クラスの列を参照する。
※この数式を下へコピーすることを考慮し、絶対参照にしておく。

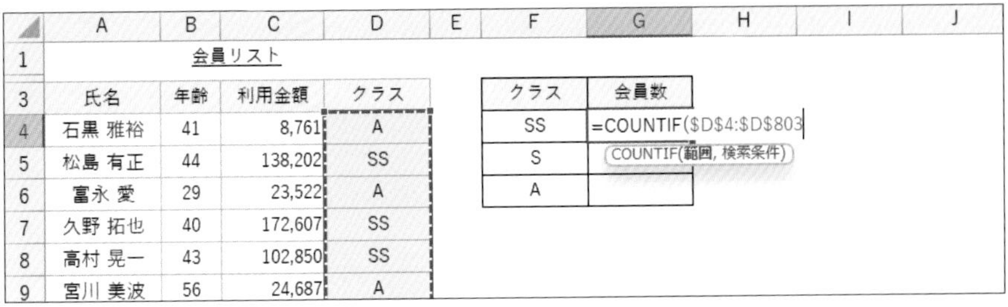

❸第 2 引数「検索条件」には、取り出したい条件を入力する。
今回はそれぞれの会員クラスが入力されたセルを参照する。

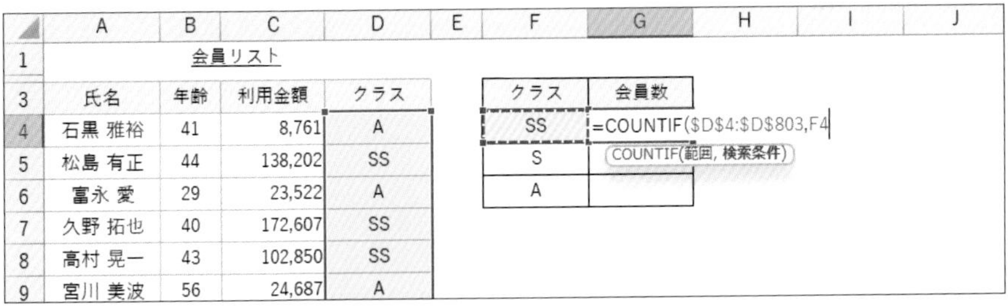

COUNTIF 関数の設定はこれで完了だ。

SS クラスの会員数が返される。

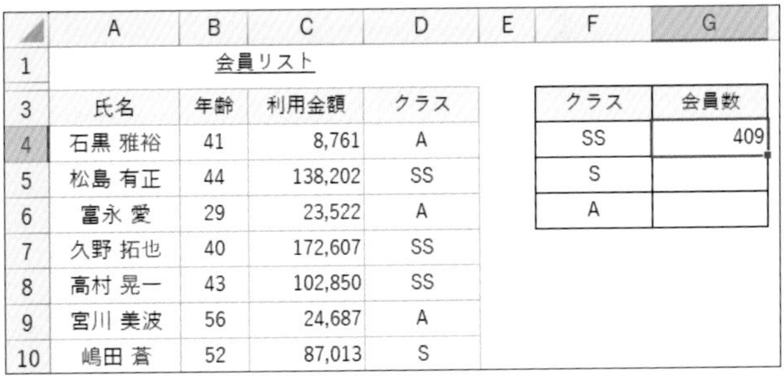

数式を下へコピーする。

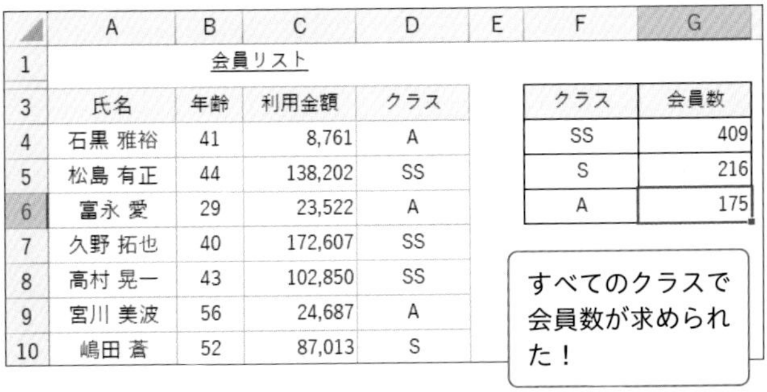

条件を満たすデータ数を数える（複数条件）

会員ランクごとに分類し、さらに「45 歳以上」の会員数を求めたいとなったとする。単一条件を満たすデータの個数を数える COUNTIF 関数に対し、複数条件を満たすデータ数を求めるときは **COUNTIFS 関数**を使う。

❶ COUNTIFS 関数を挿入する。

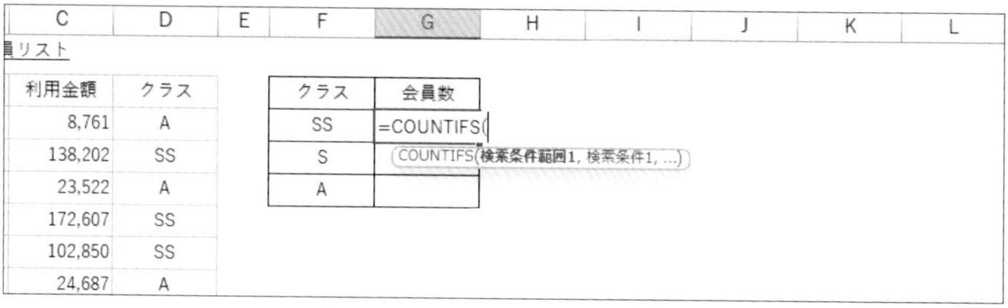

❷第 1 引数「検索条件範囲 1」には、条件となる会員クラスが含まれるクラスの列を参照する。

※この数式を下へコピーすることを考慮し、絶対参照にしておく。

❸第 2 引数「検索条件 1」には、取り出したい条件を入力する。

今回はそれぞれの会員クラスが入力されたセルを参照する。

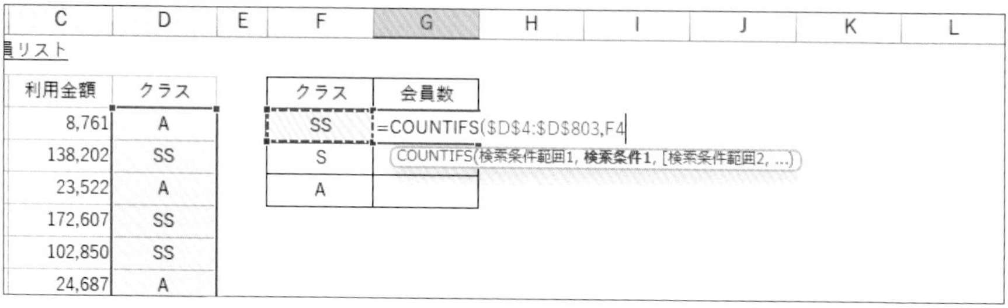

❹第 3 引数「検索条件範囲 2」は追加の検索条件となる年齢が含まれる列を参照する。

※これも絶対参照にしておく。

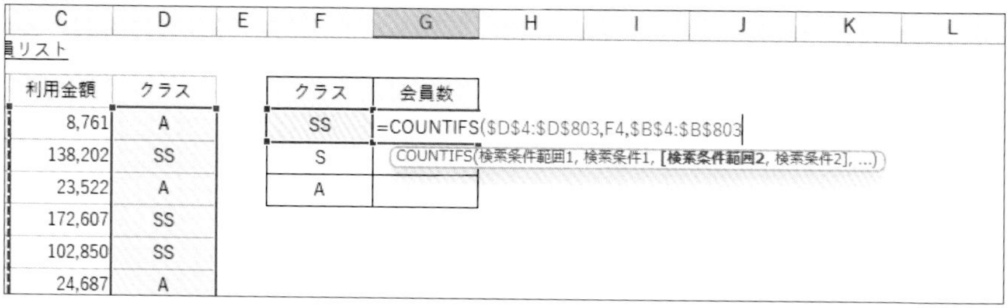

❺第 4 引数「検索条件 2」には、計算対象の基準となる年齢を指示する。今回は 45 歳以上を対象とするため、「">=45"」と入力する。

C	D	E	F	G	H	I	J	K	L
員リスト									
利用金額	クラス		クラス	会員数					
8,761	A		SS	=COUNTIFS($D$4:$D$803,F4,$B$4:$B$803,">=45"					
138,202	SS		S						
23,522	A		A						
172,607	SS								
102,850	SS								
24,687	A								

COUNTIFS(検索条件範囲1, 検索条件1, [検索条件範囲2, **検索条件2**], [検索条件範囲3, ...)

COUNTIFS 関数の設定はこれで完了だ。

SS クラスかつ 45 歳以上の会員数が返される。

	A	B	C	D	E	F	G
1		会員リスト					
3	氏名	年齢	利用金額	クラス		クラス	会員数
4	石黒 雅裕	41	8,761	A		SS	137
5	松島 有正	44	138,202	SS		S	
6	富永 愛	29	23,522	A		A	
7	久野 拓也	40	172,607	SS			
8	高村 晃一	43	102,850	SS			
9	宮川 美波	56	24,687	A			
10	嶋田 蒼	52	87,013	S			

数式を下へコピーする。

	A	B	C	D	E	F	G
1		会員リスト					
3	氏名	年齢	利用金額	クラス		クラス	会員数
4	石黒 雅裕	41	8,761	A		SS	137
5	松島 有正	44	138,202	SS		S	71
6	富永 愛	29	23,522	A		A	58
7	久野 拓也	40	172,607	SS			
8	高村 晃一	43	102,850	SS			
9	宮川 美波	56	24,687	A			
10	嶋田 蒼	52	87,013	S			

すべてのクラスで45 歳以上の会員数が求められた！

サンプルファイル
シート No.17

暦年における指定月の平均売上金額を求める

条件に該当するデータの「合計」「個数」の抽出をマスターしたら、指定した条件を満たす値の「平均」を求めてみましょう。

このメソッドで演習する関数を使えば、たとえば2004年～2023年の月別売上実績が蓄積された表において特定の月の平均売上金額を表示したいとなったとき、約20年分の各月実績を1つずつ足し込んでデータ数で割るという手間を削減できます。

今回も「4月」や「8月」の単一条件に加えて、「2020年以降の」といった複数条件の対応方法についても解説します。しっかり習得しましょう。

	A	B	C	D	E	F
1	月別売上実績					
3	年	月	売上		月	平均売上
4	2023	12	6,819,207		4	
5	2023	11	9,510,420		8	
6	2023	10	5,441,612		12	
7	2023	9	9,823,236			
8	2023	8	9,385,709			
9	2023	7	9,714,156			
10	2023	6	3,664,805			
11	2023	5	3,619,299			
12	2023	4	2,465,562			
239	2004	5	7,151,761			
240	2004	4	9,823,530			
241	2004	3	1,437,494			
242	2004	2	4,239,197			
243	2004	1	9,437,178			
244						

初出の関数

01 AVERAGEIF 関数 =AVERAGEIF(範囲 , 条件 ,[平均対象範囲])

条件を満たす値の平均を求める

02 AVERAGEIFS 関数 =AVERAGEIFS(平均対象範囲 , 条件範囲 1, 条件 1,…)

1 つ以上の条件を満たす値の平均を求める

条件を満たす値の平均を求める（単一条件）

条件を満たす値の平均を求めるには、AVERAGEIF 関数を使う。

❶AVERAGEIF 関数を挿入する。

3	年	月	売上
4	2023	12	6,819,207
5	2023	11	9,510,420
6	2023	10	5,441,612
7	2023	9	9,823,236
8	2023	8	9,385,709
9	2023	7	9,714,156

月	平均売上
4	=AVERAGEIF(
8	
12	

AVERAGEIF(範囲, 条件, [平均対象範囲])

❷第 1 引数「範囲」には、指定する条件が含まれる範囲を選択する。
今回の場合は対象月が検索条件となるため、月の列を参照する。
※この数式を下へコピーすることを考慮し、絶対参照にしておく。

3	年	月	売上
4	2023	12	6,819,207
5	2023	11	9,510,420
6	2023	10	5,441,612
7	2023	9	9,823,236
8	2023	8	9,385,709
9	2023	7	9,714,156

月	平均売上
4	=AVERAGEIF($B$4:$B$243
8	
12	

AVERAGEIF(範囲, 条件, [平均対象範囲])

❸第 2 引数「条件」には、取り出したい条件を入力する。
今回はそれぞれの対象月が入力されたセルを参照する。

3	年	月	売上
4	2023	12	6,819,207
5	2023	11	9,510,420
6	2023	10	5,441,612
7	2023	9	9,823,236
8	2023	8	9,385,709
9	2023	7	9,714,156

月	平均売上
4	=AVERAGEIF($B$4:$B$243,E4
8	
12	

AVERAGEIF(範囲, 条件, [平均対象範囲])

❹第 3 引数「平均対象範囲」には、平均を求める値が含まれる範囲を選択する。
今回は売上金額の平均を求めるため、売上の列を参照する。
※これも絶対参照にしておく。

3	年	月	売上
4	2023	12	6,819,207
5	2023	11	9,510,420
6	2023	10	5,441,612
7	2023	9	9,823,236
8	2023	8	9,385,709
9	2023	7	9,714,156

月	平均売上
4	=AVERAGEIF($B$4:$B$243,E4,$C$4:$C$243
8	
12	

AVERAGEIF(範囲, 条件, [平均対象範囲])

AVERAGEIF 関数の設定はこれで完了だ。
暦年の 4 月平均売上金額が返される。

	A	B	C	D	E	F	G
1	月別売上実績						
3	年	月	売上		月	平均売上	
4	2023	12	6,819,207		4	5,147,142	
5	2023	11	9,510,420		8		
6	2023	10	5,441,612		12		
7	2023	9	9,823,236				
8	2023	8	9,385,709				
9	2023	7	9,714,156				

数式を下へコピーする。

	A	B	C	D	E	F	G
1	月別売上実績						
3	年	月	売上		月	平均売上	
4	2023	12	6,819,207		4	5,147,142	
5	2023	11	9,510,420		8	5,960,260	
6	2023	10	5,441,612		12	6,194,461	
7	2023	9	9,823,236				
8	2023	8	9,385,709				
9	2023	7	9,714,156				

指定した月の過去平均売上金額が求められた！

条件を満たす値の平均を求める（複数条件）

月ごとに分類し、さらに「2020 年以降」の期間に絞って各月の平均売上金額を求めたいとなったとする。単一条件を満たす値の平均を求める AVERAGEIF 関数に対し、複数条件を満たす値の平均を求めるときは **AVERAGEIFS 関数**を使う。

❶ AVERAGEIFS 関数を挿入する。

年	月	売上
2023	12	6,819,207
2023	11	9,510,420
2023	10	5,441,612
2023	9	9,823,236
2023	8	9,385,709
2023	7	9,714,156

月	平均売上
4	=AVERAGEIFS(
8	
12	

AVERAGEIFS(**平均対象範囲**, 条件範囲1, 条件1, ...)

❷第 1 引数「平均対象範囲」には、平均を求める値が含まれる範囲を選択する。
今回は売上金額の平均を返したいため、売上の列を参照する。
※この数式を下へコピーすることを考慮し、絶対参照にしておく。

年	月	売上
2023	12	6,819,207
2023	11	9,510,420
2023	10	5,441,612
2023	9	9,823,236
2023	8	9,385,709
2023	7	9,714,156

月	平均売上
4	=AVERAGEIFS($C$4:$C$243
8	AVERAGEIFS(**平均対象範囲**, 条件範囲1, 条件1, ...)
12	

AVERAGEIFS 関数は AVERAGEIF 関数と異なり、先に「平均対象範囲」を指定する。多くの複数条件が設定できるため、その前にあらかじめどの範囲の値を平均するかの指示を済ませておくんだ。

❸第 2 引数「条件範囲 1」は検索条件となる月の列を参照する。
※これも絶対参照にしておく。

❹第 3 引数「条件 1」には、取り出したい条件を入力する。
今回はそれぞれの月が入力されたセルを参照する。

年	月	売上
2023	12	6,819,207
2023	11	9,510,420
2023	10	5,441,612
2023	9	9,823,236
2023	8	9,385,709
2023	7	9,714,156

月	平均売上
4	=AVERAGEIFS($C$4:$C$243,$B$4:$B$243,E4
8	AVERAGEIFS(平均対象範囲, 条件範囲1, **条件1**, [条件範囲2, 条件2], ...)
12	

❺第 4 引数「条件範囲 2」は追加の検索条件となる年の列を参照する。
※これも絶対参照にしておく。

年	月	売上
2023	12	6,819,207
2023	11	9,510,420
2023	10	5,441,612
2023	9	9,823,236
2023	8	9,385,709
2023	7	9,714,156

月	平均売上
4	=AVERAGEIFS($C$4:$C$243,$B$4:$B$243,E4,$A$4:$A$243
8	AVERAGEIFS(平均対象範囲, 条件範囲1, 条件1, **[条件範囲2**, 条件2], [条件範囲3
12	

❻第 5 引数「条件 2」には、計算対象の基準となる年を指示する。
今回は 2020 年以降を対象とするため、「">=2020"」と入力する。

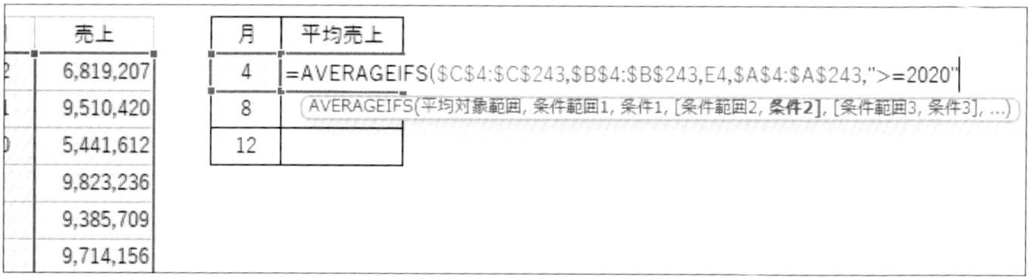

売上
6,819,207
9,510,420
5,441,612
9,823,236
9,385,709
9,714,156

月	平均売上
4	=AVERAGEIFS($C$4:$C$243,$B$4:$B$243,E4,$A$4:$A$243,">=2020"
8	
12	

AVERAGEIFS 関数の設定はこれで完了だ。

2020 年以降の 4 月の平均売上金額が返される。

	A	B	C	D	E	F	G
1		月別売上実績					
3	年	月	売上		月	平均売上	
4	2023	12	6,819,207		4	4,152,486	
5	2023	11	9,510,420		8		
6	2023	10	5,441,612		12		
7	2023	9	9,823,236				
8	2023	8	9,385,709				
9	2023	7	9,714,156				

数式を下へコピーする。

	A	B	C	D	E	F	G
1		月別売上実績					
3	年	月	売上		月	平均売上	
4	2023	12	6,819,207		4	4,152,486	
5	2023	11	9,510,420		8	8,671,429	
6	2023	10	5,441,612		12	4,986,468	
7	2023	9	9,823,236				
8	2023	8	9,385,709				
9	2023	7	9,714,156				

テクニック　おさえるべき関数を見極めよう

SUMIFS 関数、COUNTIFS 関数、AVERAGEIFS 関数は単一条件での判定も可能なため、それぞれ SUMIF 関数、COUNTIF 関数、AVERAGEIF 関数の役割をカバーする。こうした上位互換の関数がある場合はそれらを率先して活用し、普段使いの関数の量を極力減らすようにしよう。引数の構成が異なる関数を使い分けるより効率的だ。

サンプルファイル
シート No.18

値の表記をアレンジする

本章ではここまで、IF関数などを用いて処理内容や表記を変える方法を解説してきました。表示内容をアレンジするアクションに関連して、このメソッドでは値の「表示形式」を学習します。Excelではセル内の生データに対し、ワークシート上でユーザーの目に触れる「見栄え」を変更できます。もちろん数式の計算結果に限らず、直接入力された数値や文字列データにも使えます。表に集約する値は、**その数字が何を表しているのか一目見て判断できること**が理想ですので、いくつかの関数に触れてきたこのタイミングで理解を深めましょう。

「書式」と「表示形式」は何が違う？

パソコンにおける「書式」とは、作成する文書や表を画面上に表示したり、印刷したりする際に指定する形式のことです。Excelでは文字の配置やフォント、罫線や塗りつぶしなどによって「入力されているデータをどのように見せるか」を設定できます。「表示形式」はExcelで設定できる書式の1つで、数式の計算結果や入力されている値に単位や記号を付加できます。

入力した値は同じ「1」でも、表示の仕方はたくさんある！

1	100%	1 円	+1.0	001
整数	パーセンテージ	金額	記号／桁数	番号

値の表示形式の確認方法

選択しているセルの表示形式は［ホーム］タブの［数値］グループで確認できる。

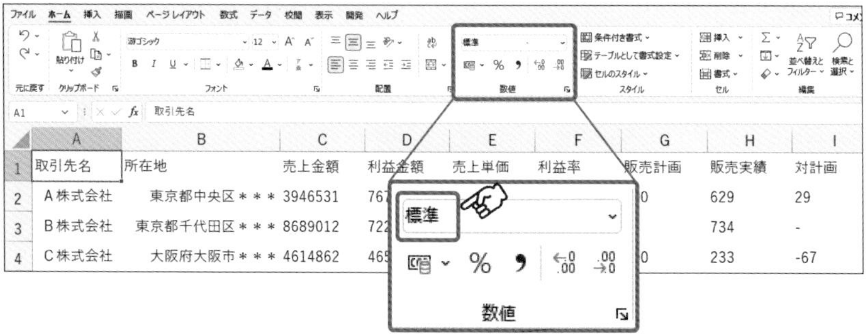

値の表示形式を変更する方法

変更方法❶［ホーム］タブ→［数値］グループにあるアイコンを直接操作する。

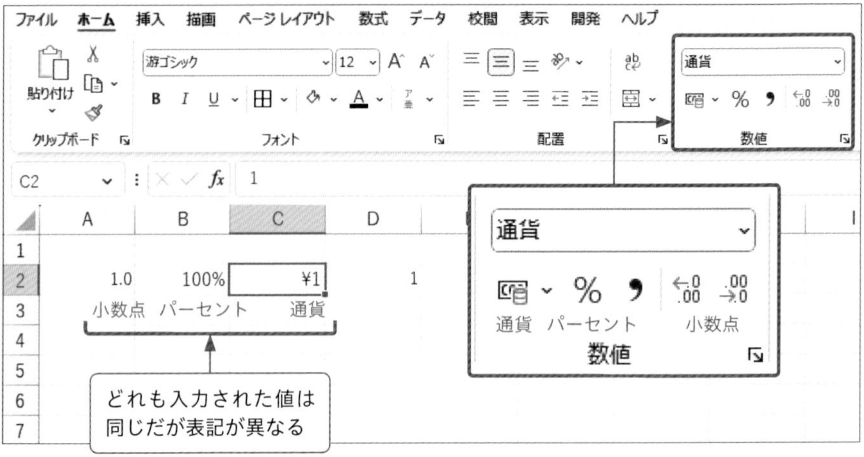

変更方法❷ デフォルトで［標準］となっている［数値の書式］リストを開いて選択する。

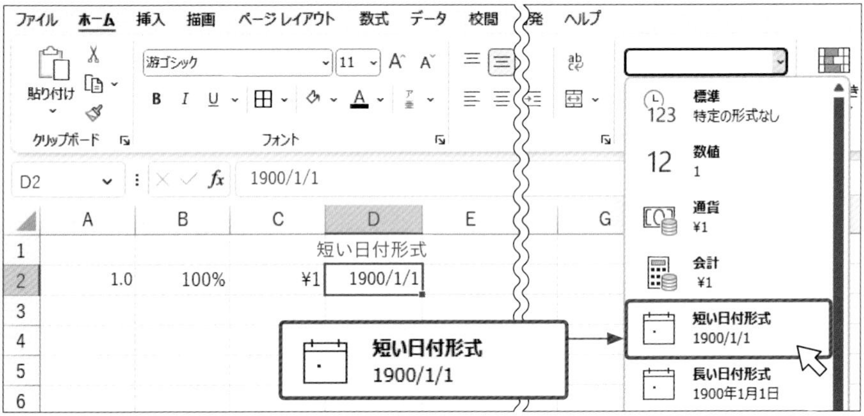

「1」を日付の表示形式にすると「1900 年 1 月 1 日」になるしくみについては、次のメソッドで詳しく解説するぞ！

変更方法❸［セルの書式設定］ダイアログボックスから操作する。
［表示形式］タブで、より細かい表示設定を行える。

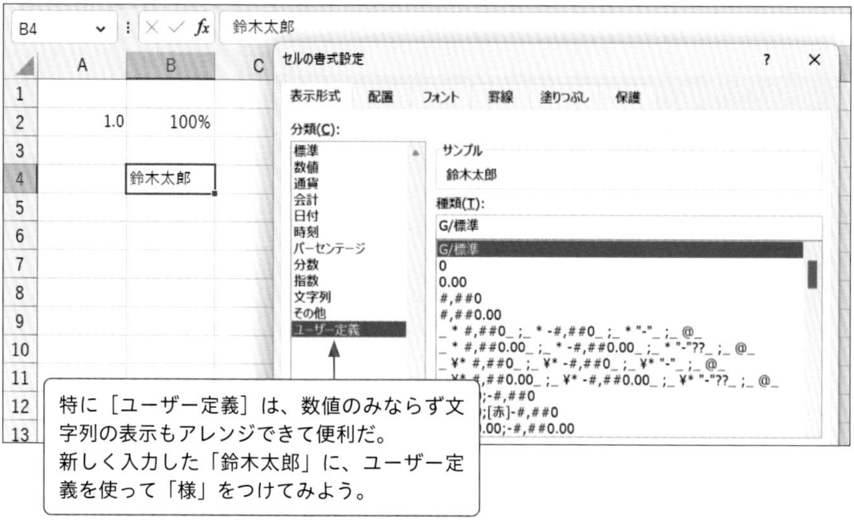

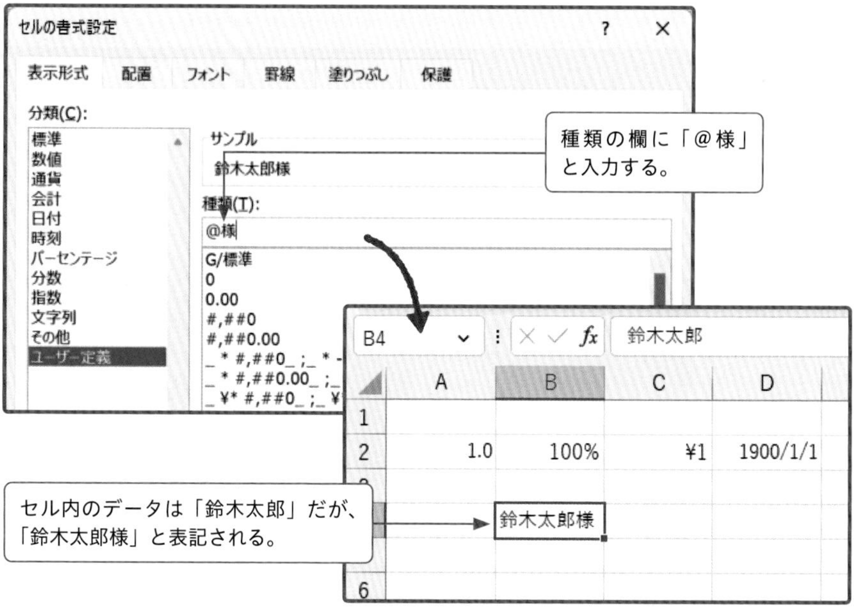

変更方法❹ ショートカットキーを活用する。
実務で使用頻度の高い［表示形式］にはショートカットキーが設定されているため、積極的な活用がおススメだ。

通貨（桁区切り）

❶対象範囲を選択する。

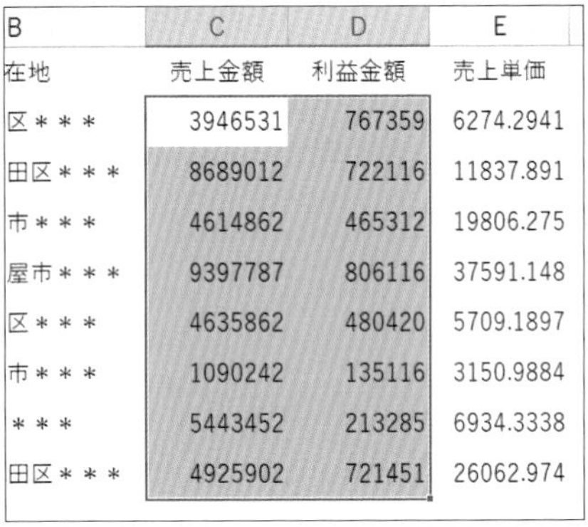

❷ Ctrl ＋ Shift ＋ 1 を押す。

3 桁ごとに「,」（カンマ）で区切られた通貨の表示形式に変換される。

日付（短い日付形式）

❶対象範囲を選択する。

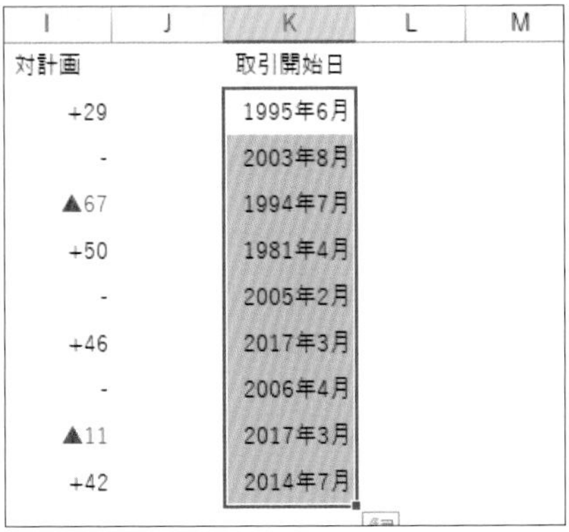

❷ Ctrl ＋ Shift ＋ 3 を押す。

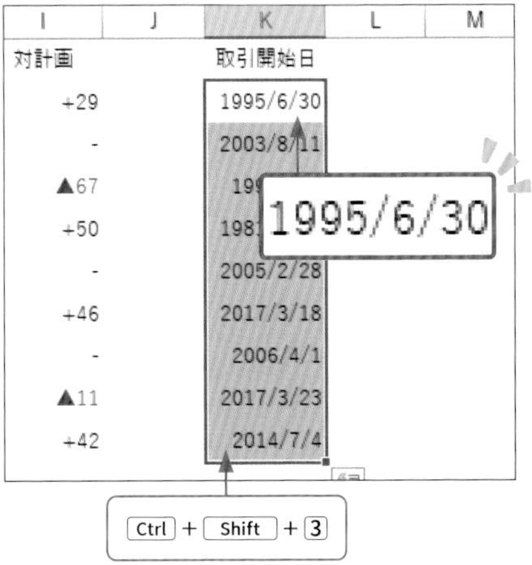

年月日をスラッシュでつないだ日付の表示形式に変換される。

通貨（円記号）

❶対象範囲を選択する。

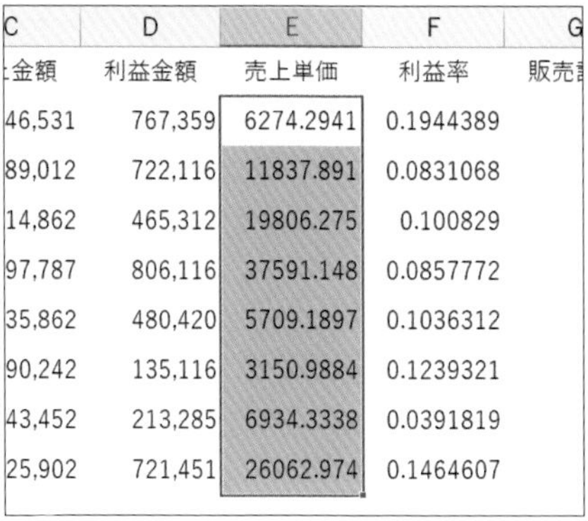

❷ Ctrl ＋ Shift ＋ 4 を押す。

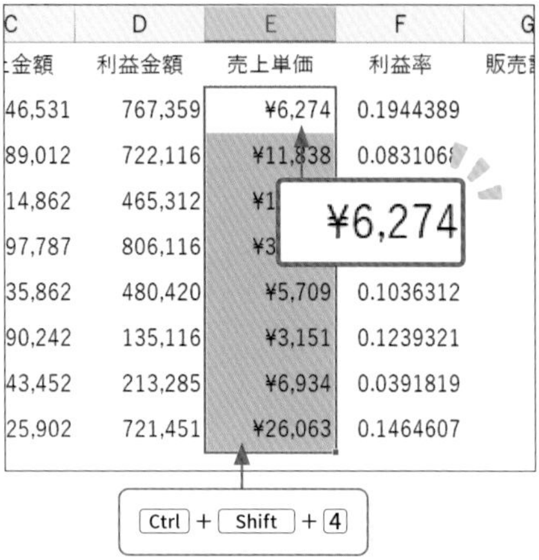

3 桁ごとに「,」（カンマ）で区切られ、先頭に「¥」（円記号）がついた通貨の表示形式に変換される。

パーセンテージ

❶対象範囲を選択する。

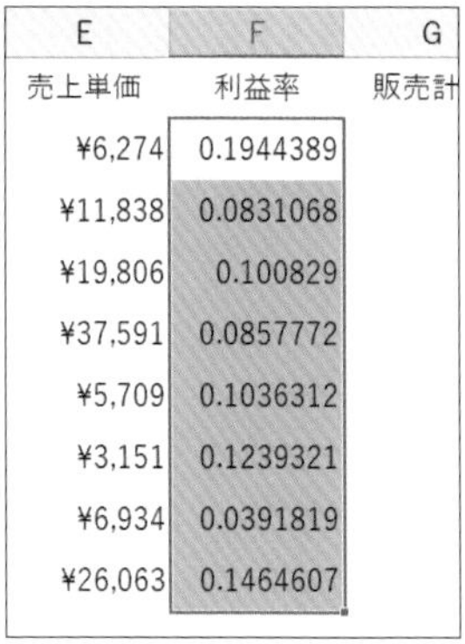

❷ Ctrl ＋ Shift ＋ 5 を押す。
→パーセンテージ表記になる。

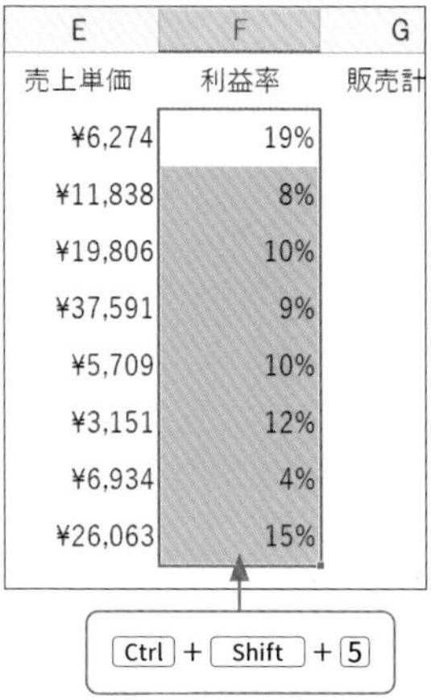

❸ Alt → H → 0 と順に押す。
→小数点以下の表示桁数が増える。

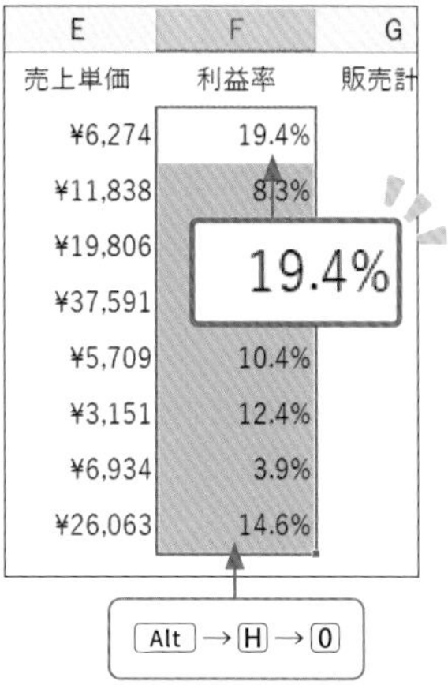

小数点以下の表示桁数を減らすには Alt → H → 9 と順に押す。

ユーザー定義

❶対象範囲を選択して Ctrl ＋ 1 を押し、［セルの書式設定］ダイアログボックスを開く。

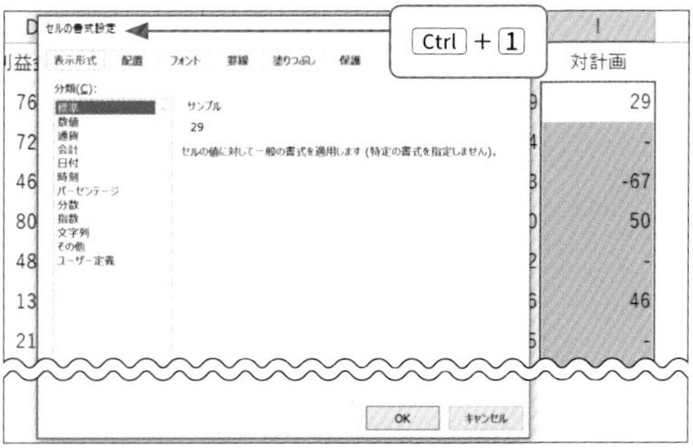

❷ Tab キーと方向キーを使いながら、［表示形式］の［分類］→［ユーザー定義］→［種類］の欄をアクティブにする。

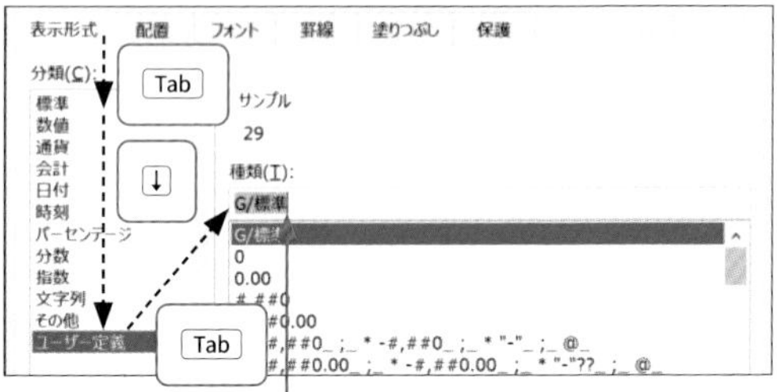

❸右図のように入力して、Enter で実行する。

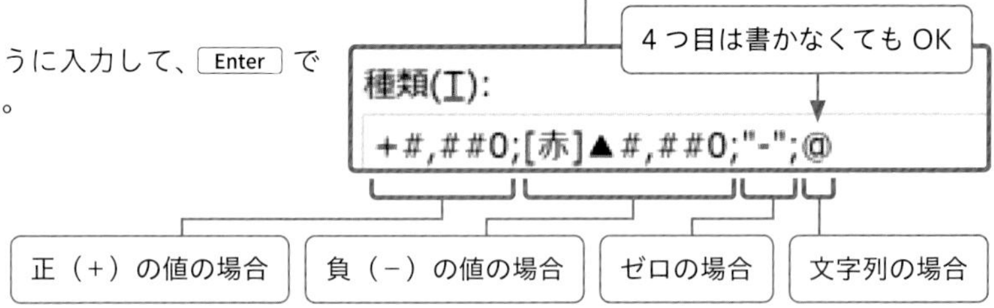

4 パターンの表示形式を「;」（セミコロン）で区切りながら記述する。これによって左から、正（+）の値、負（−）の値、ゼロ、文字列といったように、返される値に合わせて表現をアレンジできるんだ！

値の増減がより見やすい表現に変換された。

なお、一連の表示形式をリセットする（［標準］に戻す）場合は Ctrl ＋ Shift ＋ ^ を押す。

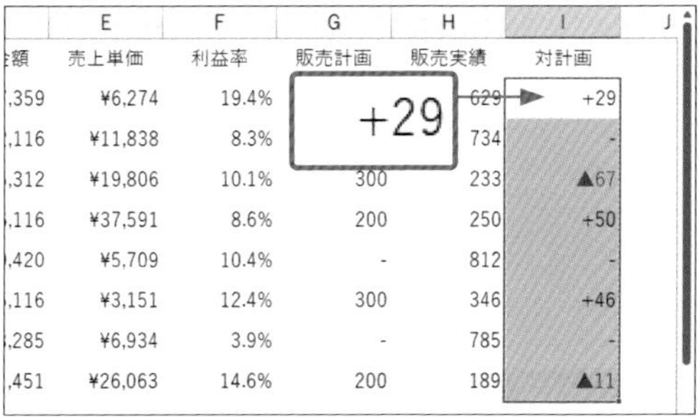

method 19

サンプルファイル
シート No.19

日付を整形しやすい形式に変換する

商品の納期やイベントの開催日、会員の誕生日などを表現したり、資料がいつ作成されたものかを示したりと、実務で「日付」を扱う場面は多岐に渡ります。このメソッドでは、Excel において日付や時刻がどのようにプログラムされているかを学び、データベース上で集計しやすい形に加工する関数を演習します。

ここで学習する内容が、後に解説する月間スケジュール表や納期管理表を作成する際の重要な根幹知識になりますので、確実におさえておきましょう。

「シリアル値」とは？

日付のシリアル値

セルの表示形式が［標準］のセルに「2023/4/1」と入力すると、表示形式が［日付］に変わる。これは、数値を「/」（スラッシュ）で区切ったデータから、これは日付を表しているんだと Excel が自動解析するためだ。

次にセルの表示形式を標準に戻してみると、「45017」という値が返る。

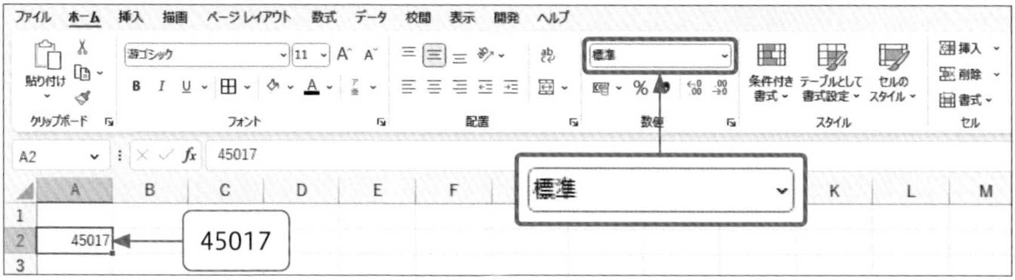

再度、表示形式を［日付］に戻すと「2023/4/1」と表示される。

このように、日付を標準の表示形式に変換して返される値を**シリアル値**という。Excel で扱う 1 つ 1 つの日付にこのシリアル値が採番されているのだ。

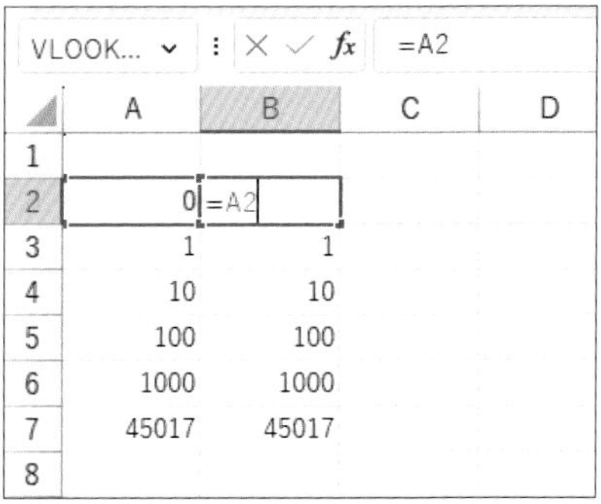

シリアル値のしくみをイメージするために右図のような比較表を用意した。0、1、10、100、1000、そして先ほどの 45017 を入力し、変化が見やすいように隣の列に数式で参照する。
B 列の範囲を日付の表示形式に変換する。

Ctrl+1 で［セルの書式設定］ダイアログボックスを呼び出し、［表示形式］タブから［日付］のメニューを選択する。［2012/03/14］を指定し、Enter で決定する。

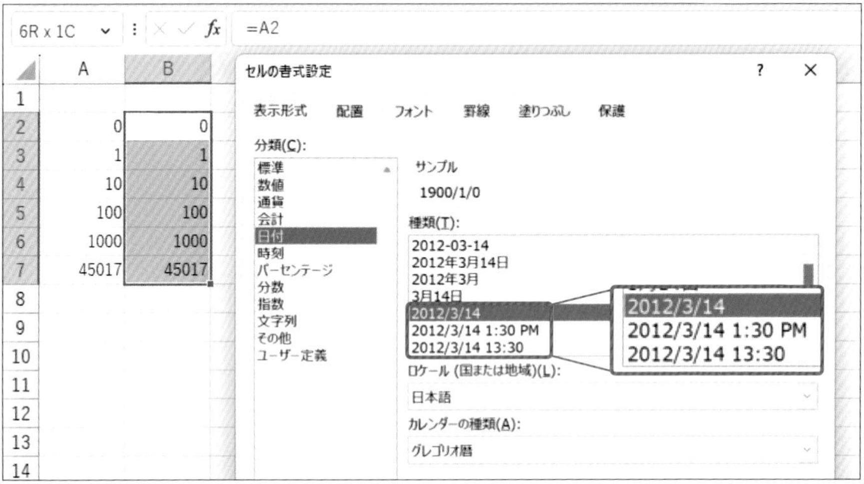

シリアル値 0 は、1900 年 1 月 0 日、1 は 1900 年 1 月 1 日となる。**1900 年 1 月 0 日を起点に、1 以降の数値が日付ごとに紐づいているのだ。**結果、冒頭でサンプルとした 2023 年 4 月 1 日は、1900 年 1 月 0 日から数えて 45,017 日目ということになる。

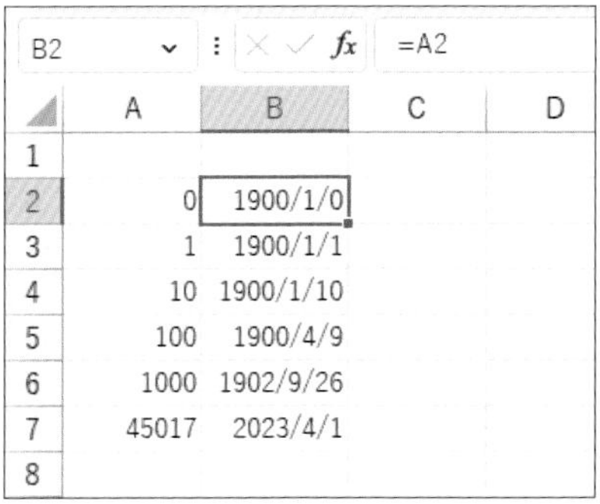

ちなみに 0 未満の値はシリアル値に設定されていないため、マイナス値を日付に変換すると ####### エラーになるぞ。

● 時刻

日付のシリアル値が2023年4月1日：45,017、2023年4月2日：45,018と整数で増えていくのに対し、日ごとの時刻は**小数点以下**で表す。
たとえば、45017.00、45017.25、45017.50、45017.75、45018.00と入力し、この値を参照したB列の範囲を時刻に変換する。

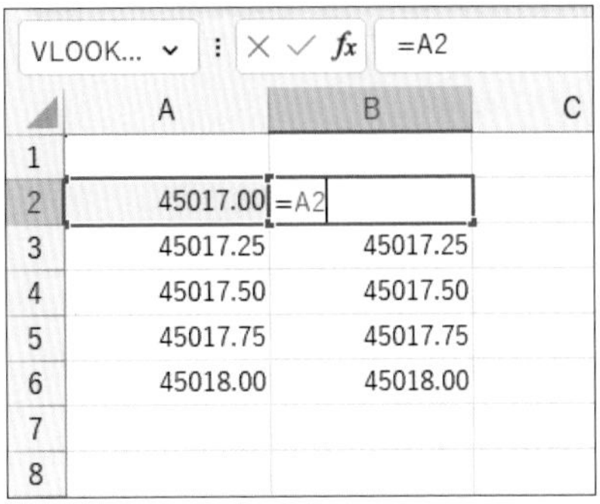

［セルの書式設定］→［表示形式］タブ→［日付］または［時刻］のメニューを選択する。
年月日と時刻が同時に表記される形式を選び決定する。

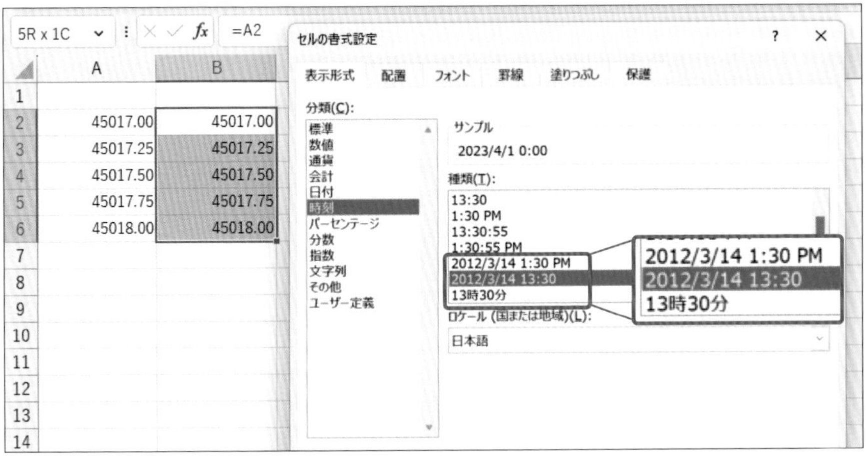

これにより、小数点以下の値に対応した時刻が表示される。
0.25は4分の1なので、1日24時間を4分の1進んだ6:00となる。以降、0.50（2分の1）進んだ12:00、0.75（4分の3）進んだ18:00と続く。

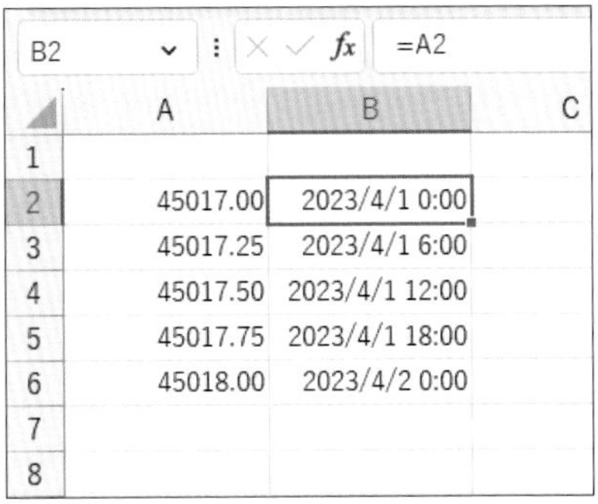

● 和暦

日付は西暦に加え、和暦でも表現できる。
［セルの書式設定］→［表示形式］タブ→［日付］メニューの下にある、［カレンダーの種類］を和暦に変更する。
表示形式の種類が切り替わったら、元号が日本語表記される形式を選択し決定する。

2023 年 4 月 1 日が、令和 5 年 4 月 1 日に変換される。

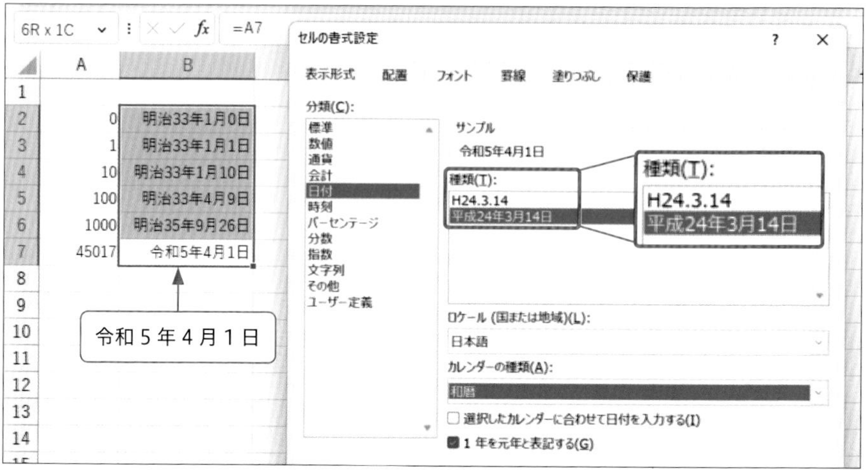

テクニック　シリアル値に上限はある？

シリアル値の最果て（最大値）
シリアル値は、0 ～ 2,958,465 まで採番されている。
2,958,465 を日付に変換すると、西暦では「9999 年 12 月 31 日」、和暦は次の元号が決まっていないため「令和 7981 年 12 月 31 日」と表示される。
※ 2,958,466 以上の値を日付に変換すると、マイナス値と同じく ####### エラーとなる。

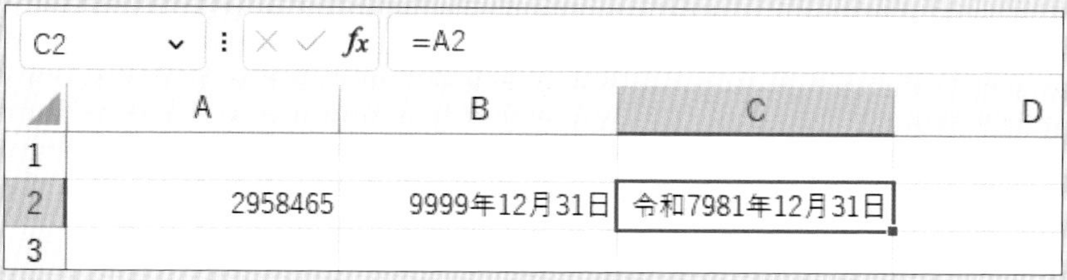

日付を整形しやすい形式に変換する

Excel には日付や時刻を操作する関数が多く実装されており、特に年、月、日を起点としたスケジュール把握や納期管理には不可欠だ。
本メソッドの最後に、基本的な関数を使って日付を分解・結合したり、経過期間を算出したりする方法を解説する。
サンプルは取引開始日が入力された取引先名簿だ。

	A	B	C	D	E	F	G
1						現在日付	
2							
3	取引先名	取引開始日	年	月	日	年月日	取引期間
4	A株式会社	1995/6/30					
5	B株式会社	2003/8/11					
6	C株式会社	1994/7/6					
7	D株式会社	1981/4/10					
8	E株式会社	2005/2/28					
9	F株式会社	2017/3/18					
10	G株式会社	2006/4/1					

初出の関数

01 TODAY 関数 =TODAY()

今日の日付を求める

02 YEAR 関数 =YEAR(シリアル値)

日付の年を返す

03 MONTH 関数 =MONTH(シリアル値)

日付の月を返す

04 DAY 関数 =DAY(シリアル値)

日付の日を返す

05 DATE 関数 =DATE(年,月,日)

3つの独立した値から日付を生成する

06 DATEDIF 関数 =DATEDIF(開始日,終了日,単位)

2つの日付の間の期間を求める

今日の日付を求める

今日の日付を表示させるには、TODAY 関数を使う。

TODAY 関数を挿入しこの状態で決定する。

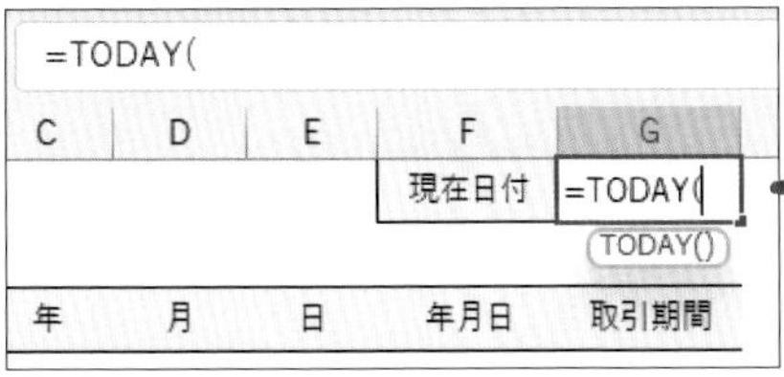

今日の日付が表示される。

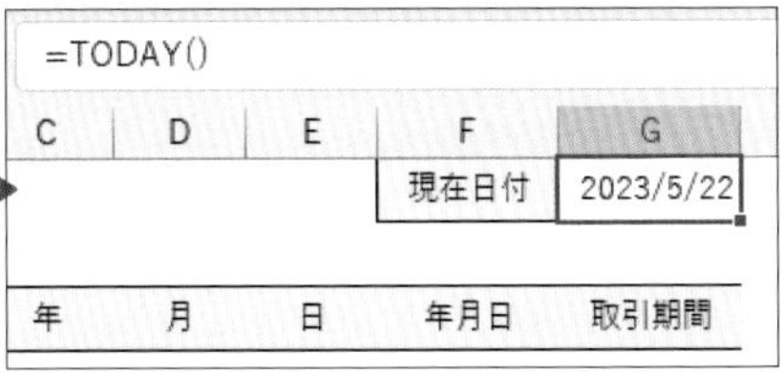

TODAY 関数を入力したセルには今後、このブックを開いている日の日付が表示される。

関数を使わずにキー操作で日付や時刻を入力する場合、
Ctrl + ; で現在の日付が、Ctrl + : で現在の時刻が表示されるぞ！

日付から年 , 月 , 日を取り出す

日付から年 , 月 , 日を取り出すには、**YEAR** 関数、**MONTH** 関数、**DAY** 関数を使う。

YEAR 関数で日付が入力されたセルを参照する。

取引開始日	年	月	日	年月日
1995/6/30	=YEAR(B4			
2003/8/11	YEAR(シリアル値)			
1994/7/6				

日付の「年」が表示される。

取引開始日	年	月	日	年月日
1995/6/30	1995			
2003/8/11				
1994/7/6				

MONTH 関数で日付が入力されたセルを参照する。

取引開始日	年	月	日	年月日
1995/6/30	1995	=MONTH(B4		
2003/8/11		MONTH(シリアル値)		
1994/7/6				

日付の「月」が表示される。

取引開始日	年	月	日	年月日
1995/6/30	1995	6		
2003/8/11				
1994/7/6				

DAY 関数で日付が入力されたセルを参照する。

取引開始日	年	月	日	年月日
1995/6/30	1995	6	=DAY(B4	
2003/8/11			DAY(シリアル値)	
1994/7/6				

日付の「日」が表示される。

取引開始日	年	月	日	年月日
1995/6/30	1995	6	30	
2003/8/11				
1994/7/6				

値から日付を生成する

3 つの独立した値から日付を生成するには、**DATE** 関数を使う。

DATE 関数で年 , 月 , 日に該当するセルを順に参照することで日付が表示される。

取引開始日	年	月	日	年月日	取引期間
1995/6/30	1995	6	30	=DATE(C4,D4,E4	
2003/8/11				DATE(年, 月, 日)	
1994/7/6					

取引開始日	年	月	日	年月日	取引期間
1995/6/30	1995	6	30	1995/6/30	
2003/8/11					
1994/7/6					

期間を表示する

2 つの日付から期間を取り出すには、**DATEDIF 関数**を使う。DATEDIF 関数は関数リストに存在せず引数のガイダンスも表示されない関数だが、正確に入力することで機能する。

❶ DATEDIF 関数を挿入する。

❷第 1 引数には開始日の日付を入力する。
今回は取引開始日に該当するセルを参照する。

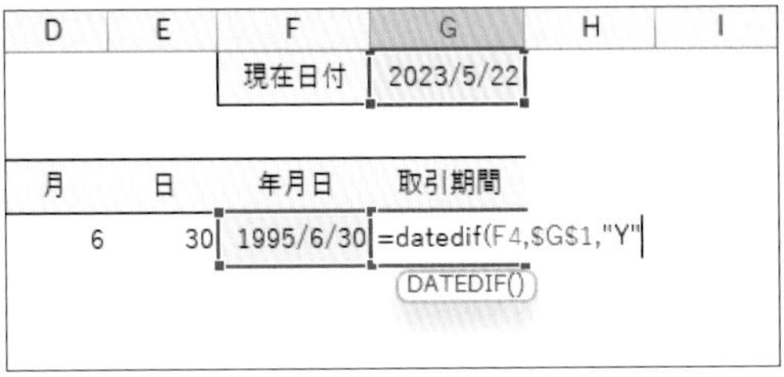

❸第 2 引数には終了日の日付を入力する。
今回は現在日付に該当するセルを参照する。
※この数式を下へコピーすることを考慮し、絶対参照にしておく。

❹第 3 引数には単位を入力する。
年単位は「"Y"」、月単位は「"M"」、日単位は「"D"」で指示する。

年単位で取り出した場合、1995 年 6 月 30 日から 2023 年 5 月 22 日の間として「27」年間が返る。

下図はそれぞれ、月単位と日単位で期間を求めた結果だ。

=DATEDIF(F4,$G$1,"M")

C	D	E	F	G
			現在日付	2023/5/22
年	月	日	年月日	取引期間
1995	6	30	1995/6/30	334

334 ヶ月

=DATEDIF(F4,$G$1,"D")

C	D	E	F	G
			現在日付	2023/5/22
年	月	日	年月日	取引期間
1995	6	30	1995/6/30	10,188

10188 日

数式を下へコピーして表を完成させる。

	A	B	C	D	E	F	G	H	I	J
1						現在日付	2023/5/22			
2										
3	取引先名	取引開始日	年	月	日	年月日	取引期間			
4	A株式会社	1995/6/30	1995	6	30	1995/6/30	27			
5	B株式会社	2003/8/11	2003	8	11	2003/8/11	19			
6	C株式会社	1994/7/6	1994	7	6	1994/7/6	28			
7	D株式会社	1981/4/10	1981	4	10	1981/4/10	42			
8	E株式会社	2005/2/28	2005	2	28	2005/2/28	18			
9	F株式会社	2017/3/18	2017	3	18	2017/3/18	6			
10	G株式会社	2006/4/1	2006	4	1	2006/4/1	17			
11										
12										

マスターデータに蓄積された日付から年、月、日に分解したり、指定期間を取り出したりといったテクニックを知っておくと、データベース上の集計や抽出作業が効率的に行えるぞ！

サンプルファイル
シート No.20

納期を実働日ベースで算出する

商品の注文に対して、納期までの日数を表示したり、作業リードタイムを考慮したお届け予定日を提示したりすることがあります。単に開始日から終了日までの日数をカウントするだけならさほど手間ではありませんが、土日祝日を含まない実稼働日ベースで納期管理をしたいときにカレンダーを見ながら1つ1つ数えるのは大変です。

	A	B	C	D	E
1					
2	商品名	発注日	納品可能日	所要日数	請求日
3	商品A	2023/7/10		7	
4					
5	商品名	発注日	指定納期	納期残日数	請求日
6	商品A	2023/7/10	2023/7/20		

このメソッドでは、平日や就業日といった「実働」を考慮した日数や日程を表示する方法を解説します。サンプルはとある商品の注文管理表で、いずれも発注日は同じです。

B2 　fx 2023/1/1

	A	B	C
1	祝日リスト		
2	元日	1月1日	
3	休日	1月2日	
4	成人の日	1月9日	
5	建国記念の日	2月11日	
6	天皇誕生日	2月23日	
7	春分の日	3月21日	
8	昭和の日	4月29日	

上段では発注日に対し**納品までに必要な所要日数から納品可能日を算出**し、下段では**取引先指定の納期までの残日数を算出**します。

暦通りのスケジュール管理が求められるシーンで活用していきましょう。

事前準備として、別シートに「祝日リスト」を用意しておこう！　WEBサイト等で「今年の祝日」で検索すれば祝日一覧がヒットするぞ。

初出の関数

01 WORKDAY 関数 =WORKDAY(開始日 , 日数 ,[祭日])

指定の開始日と実働経過日数を考慮した終了日を求める。

02 NETWORKDAYS 関数 =NETWORKDAYS(開始日 , 終了日 ,[祭日])

指定の開始日と終了日から実働日数を求める。

03 EOMONTH 関数 =(開始日 , 月)

開始日から指定月数経過した月の月末日を求める。

所要日数から納品可能日を求める

発注日（開始日）から所要日数（日数）を考慮して納品可能日（終了日）を求めるには、**WORKDAY 関数**を使う。（workday：平日、就業日）

❶ WORKDAY 関数を挿入する。

❷第 1 引数「開始日」に発注日を参照する。

❸第 2 引数「日数」に所要日数を参照する。

❹第 3 引数「祭日」に祝日リストを参照する。
※この数式を他の範囲にコピーすることを考慮し絶対参照にしておく。

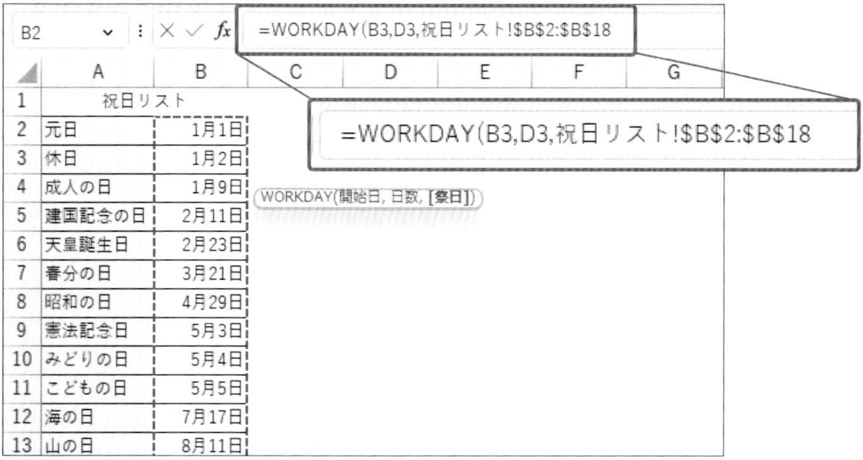

納品可能日として、「2023/7/20」が返された。

商品名	発注日	納品可能日	所要日数	請求日
商品A	2023/7/10	2023/7/20	7	

今回の場合、7月10日から7月20日の間に土曜日が1つ、日曜日が1つ、祝日（海の日）が1つ、計3つの土日祝日があるため、【発注日「7月10日」＋所要日数「7日」＋土日祝日「3日」＝納品可能日「7月20日」】が表示されたということだ。

このように開始日から所要日数ベースで終了日を求めたいとき、WORKDAY関数の活用がおススメだ。

指定納期までの残日数を求める

発注日（開始日）から指定納期（終了日）を考慮して残日数（日数）を求めるには、**NETWORKDAYS関数**を使う。

❶NETWORKDAYS関数を挿入する。

商品名	発注日	指定納期	納期残日数	請求日
商品A	2023/7/10	2023/7/20	=NETWORKDAYS(	

NETWORKDAYS(開始日, 終了日, [祭日])

❷第1引数「開始日」に発注日を参照する。

商品名	発注日	指定納期	納期残日数	請求日
商品A	2023/7/10	2023/7/20	=NETWORKDAYS(B6	

NETWORKDAYS(開始日, 終了日, [祭日])

❸第2引数「終了日」に指定納期を参照する。

商品名	発注日	指定納期	納期残日数	請求日
商品A	2023/7/10	2023/7/20	=NETWORKDAYS(B6,C6	

NETWORKDAYS(開始日, 終了日, [祭日])

❹第3引数「祭日」に祝日リストを参照する。
※この数式を他の範囲にコピーすることを考慮し絶対参照にしておく。

B2 =NETWORKDAYS(B6,C6,祝日リスト!$B$2:$B$18

	A	B
1	祝日リスト	
2	元日	1月1日
3	休日	1月2日
4	成人の日	1月9日
5	建国記念の日	2月11日
6	天皇誕生日	2月23日
7	春分の日	3月21日
8	昭和の日	4月29日

=NETWORKDAYS(B6,C6,祝日リスト!$B$2:$B$18

NETWORKDAYS(開始日, 終了日, [祭日])

納期残日数として「8」日が返された。

商品名	発注日	指定納期	納期残日数	請求日
商品A	2023/7/10	2023/7/20	8	

このように開始日から終了日までの実働日数を求めたいとき、NETWORKDAYS 関数の活用がおススメだ。

また、NETWORKDAYS 関数の第 1 引数「開始日」に **TODAY 関数**を設定することで、今日の日付から終了日（締切日）までのタイムリーな残日数も算出できる。

商品名	締切日	残日数
タスクA	2023/5/30	=NETWORKDAYS(TODAY(),B3,祝日リスト!$B$2:$B$18)
タスクB	2023/6/2	8
タスクC	2023/6/5	9
タスクD	2023/6/21	21
タスクE	2023/7/7	33

タスクやプロジェクトの進捗フォローに便利！

テクニック　WORKDAY 関数と NETWORKDAYS 関数の違い

WORKDAY 関数で指定した所要日数と、NETWORKDAYS 関数で求めた納期残日数が 1 日ズレている。

商品名	発注日	納品可能日	所要日数	請求日
商品A	2023/7/10	2023/7/20	7	

商品名	発注日	指定納期	納期残日数	請求日
商品A	2023/7/10	2023/7/20	8	

これは、WORKDAY 関数が開始日からの**経過日数**をもとに【開始日を含まない】納品可能日を求めるのに対し、NETWORKDAYS 関数は【開始日を含んだ】**稼働日数**を求めるためだ。
開始日から終了日までの期間が同じ場合、NETWORKDAYS 関数の方が 1 日多いことになる。

「請求日」を求める

本題から少し反れるが、こうした注文管理の領域ではあわせて「請求日」を併記しておくことがある。請求日＝入金〆日は発注日から起算して n か月後の月末日に設定されることが多いため、指定月の「月末日」を求める **EOMONTH** 関数を使う。
(end of month：月の最終日、月末日)
今回は、発注日の 2 ヶ月後の月の最終日を請求日に設定する。

❶ EOMONTH 関数を挿入する。

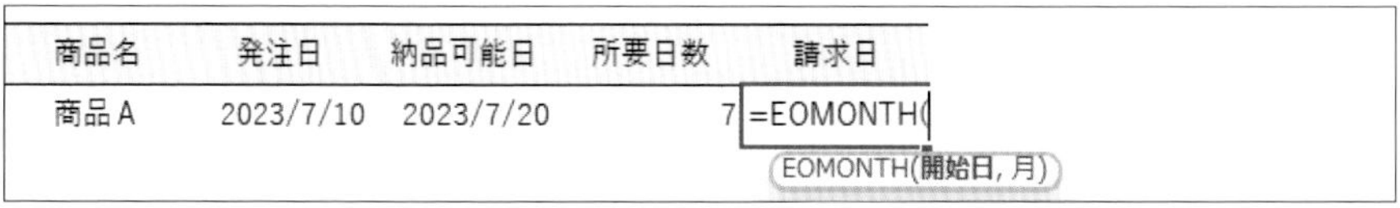

❷第 1 引数「開始日」に発注日を参照する。

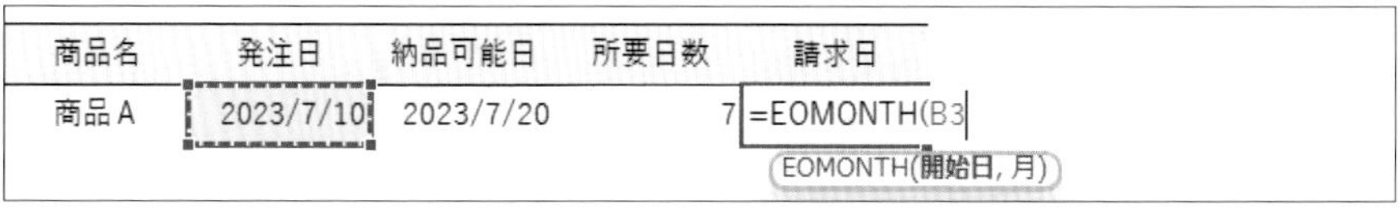

❸第 2 引数「月」に経過月数を入力する。発注日から 2 ヶ月後の月の最終日を求める場合、「2」と入力する。

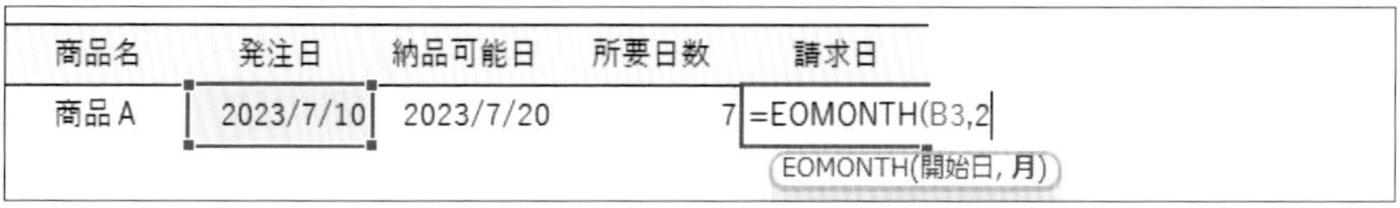

請求日として「2023/9/30」が返された。

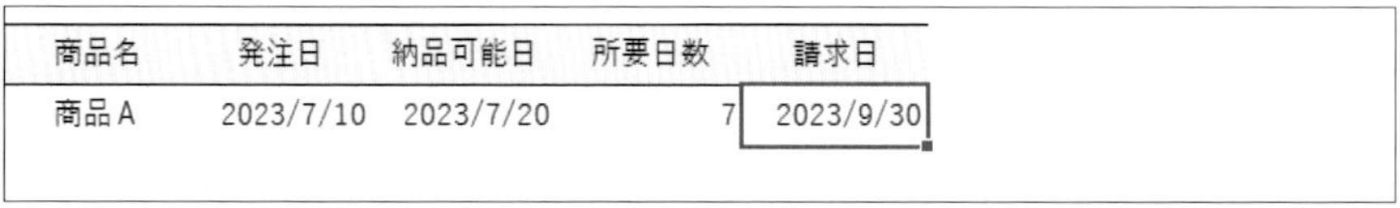

今回の場合、発注日「2023/7/10」の 2 ヶ月後は「2023/9/10」なので、その月末日である「2023/9/30」が表示されるということだ。
EOMONTH 関数の第 2 引数「月」に「2」を入力すれば 2 ヶ月後の月の最終日が、「0」を入力すれば当月の最終日が、「-3」を入力すれば 3 カ月前の月の最終日が返される。

method 21

サンプルファイル
シート No.21

月間スケジュール表の自動更新

ここまで学んできた関数による条件分岐や値の表示形式、日付（シリアル値）のしくみを応用して、本章の最後に**日付が自動更新される月間スケジュール表**を作成します。

具体的な完成形のイメージは以下の通りです。

対象年月を 2023 年 5 月から 2023 年 6 月に変更すると…、

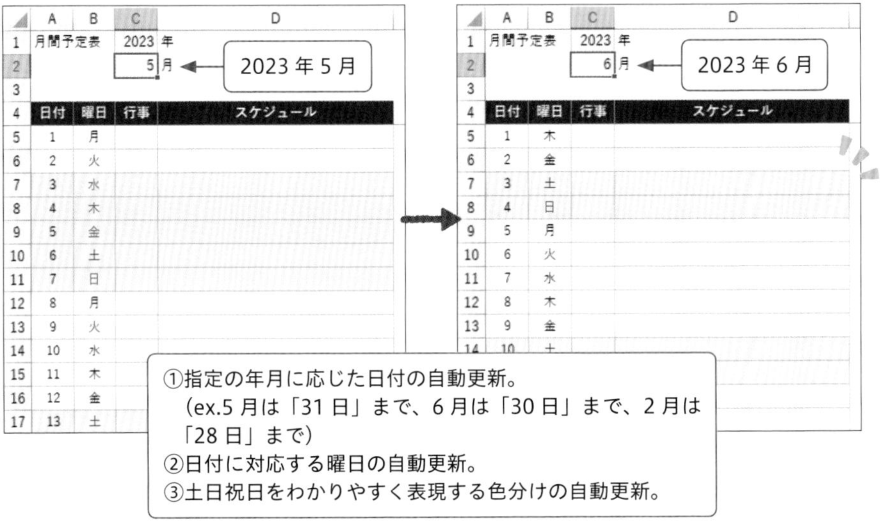

スケジュール表に限らず、シフト表や工程管理表といった月単位のフォーマット作成に欠かせないテクニックがふんだんに詰まっていますので、積極的に実践していきましょう。

初出の関数

01 TEXT 関数 =TEXT(値,表示形式)

値のデータを指定の表示形式で文字列に変換する。

事前準備

フォーマットの作成と祝日リスト

下記の要件を満たす様式を準備する。

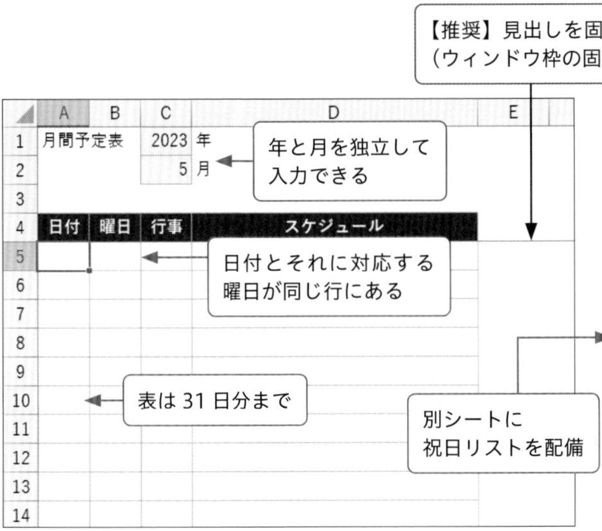

	A	B
1	祝日リスト	
2	元日	1月1日
3	休日	1月2日
4	成人の日	1月9日
5	建国記念の日	2月11日
6	天皇誕生日	2月23日
7	春分の日	3月21日
8	昭和の日	4月29日
9	憲法記念日	5月3日
10	みどりの日	5月4日
11	こどもの日	5月5日
12	海の日	7月17日
13	山の日	8月11日
14	敬老の日	9月18日
15	秋分の日	9月23日
16	スポーツの日	10月9日
17	文化の日	11月3日
18	勤労感謝の日	11月23日
19		

表のレイアウトや書式はお好みで
設定しよう！

日付の自動更新

月初日の設定

月初日には、**DATE 関数**を使う。第 1 引数「年」、第 2 引数「月」にそれぞれ該当するセルを参照し、第 3 引数「日」には初日を示す「1」を入力する。

※この DATE 関数は月初日にのみ使うため、参照元は絶対参照でなくても構わない。

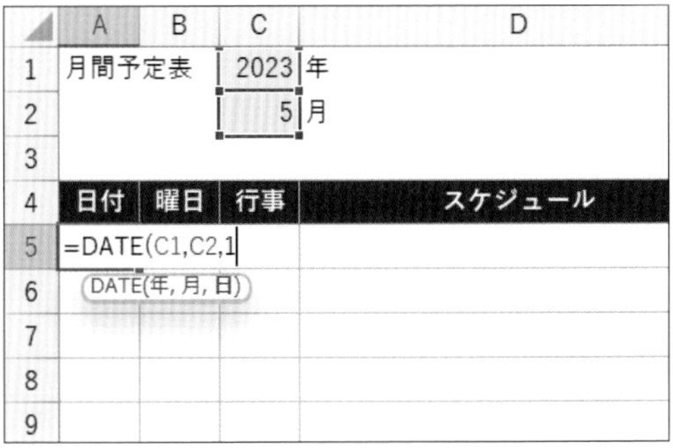

結果を見てみると、エラーのような表示になる。

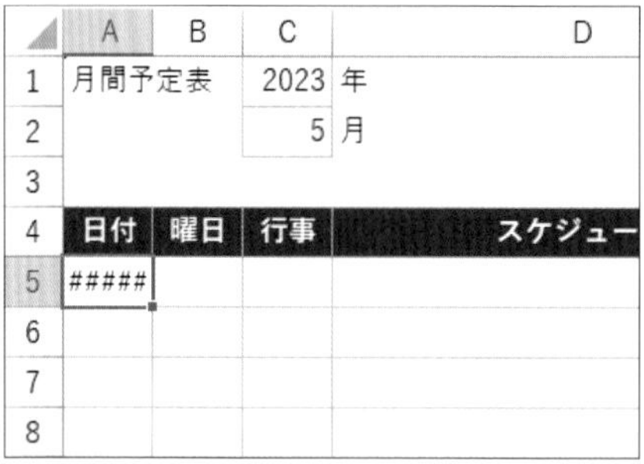

これは入力した値に対して列幅が足りないために返される記号で、列幅を広げると日付が正しく入力されていることがわかる。

ただ、スケジュール表の対象年月を改めて日付の欄にも明記するのはくどいので、日にちの「日」のみを表示する設定を行う。

日付の表示形式

❶日付の範囲を選択する。

❷ Ctrl + 1 で「セルの書式設定」ダイアログボックスを開く。

❸「表示形式」タブ→「ユーザー定義」を選択する。

❹「種類」の欄に「d」と入力する。（d = day：日にち）

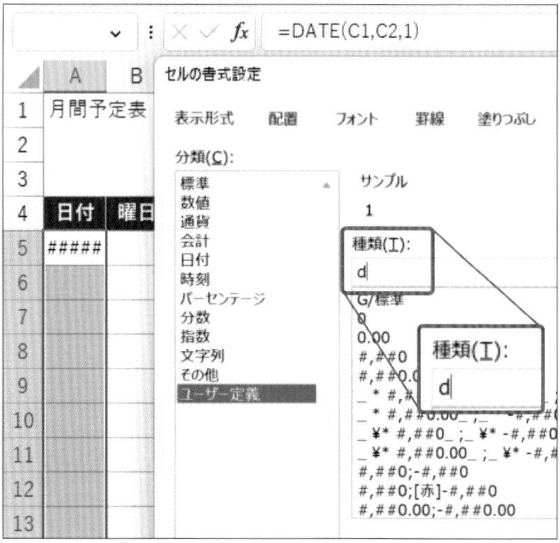

これにより、年月日のうち「日」のみが表示される。

2日目以降の設定

続いて、2日以降の日付を入力する。2日以降は以下の条件分岐が求められる。
①前日（上）のセルが当月の月末日であれば空白とする。
②前日（上）のセルが空白であれば、同じく空白とする。
③上記①②いずれにも該当しなければ、上のセル+1の日付（シリアル値）とする。

❶ **IF関数**で1つ目の条件分岐を設定する。
前日のセルが月末日であるかは**EOMONTH関数**と**DATE関数**を組み合わせて判定し、この条件を満たす場合は「""」（空白）を返す。
※数式を下へコピーすることを考慮しDATE関数の対象年月は絶対参照にしておく。

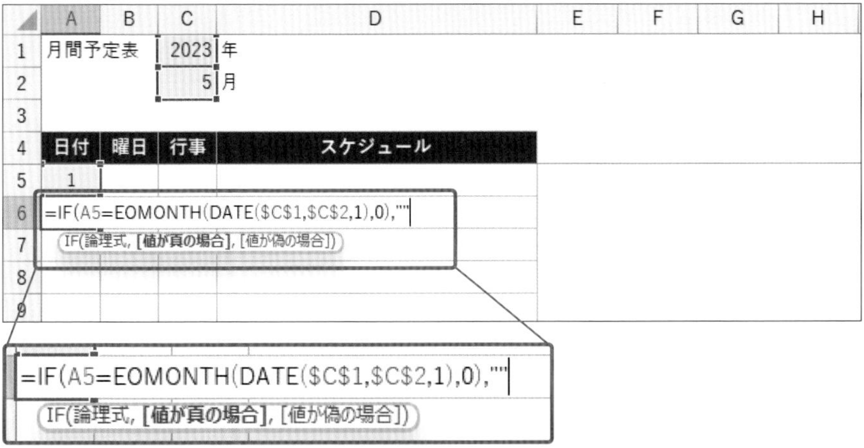

❷さらにIF関数を挿入し、2つ目の条件分岐を設定する。
上のセルが「""」（空白）であれば「""」（空白）を返す。

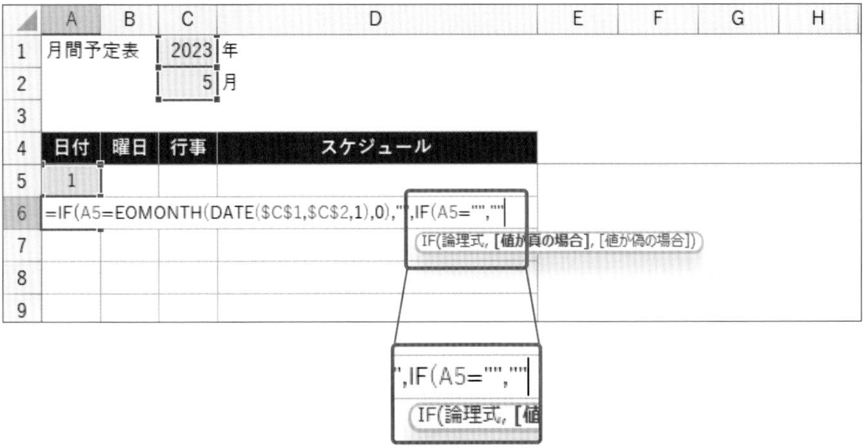

❸ 3 つ目の条件分岐を設定する。
ここまでの条件にいずれも当てはまらなければ、上のセル＋ 1 の日付を返す。

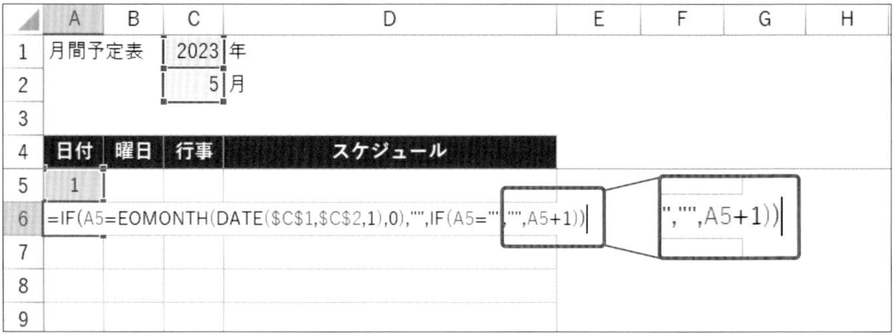

今回は前日のセルが 1 日のため（月末日でも空白でもないため）、＋ 1 を加えた「2 日」が表示される。

2 日目の数式を残りの日付にコピーする。5 月の月末日は 31 日のため、「31」日まで表示される。

試しに「6」月に変更すると、「30」日までの表示になる。

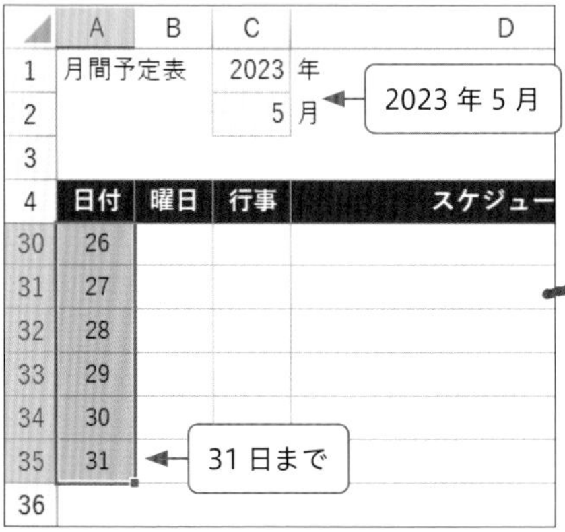

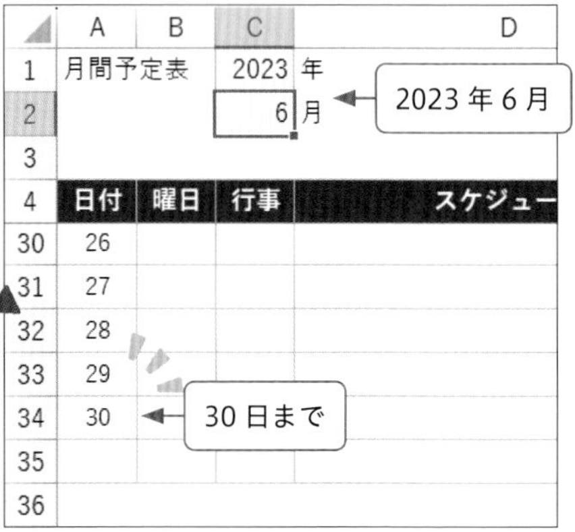

曜日の自動更新

曜日の表示には **TEXT 関数**を使う。TEXT 関数は値のデータを文字列データに変換し、指定した表示形式で表記する関数だ。(text：文章、文字列)

今回は日付のシリアル値（値）を曜日表記（文字列）に変換する。

❶第 1 引数「値」に日付のセルを参照する。

❷第 2 引数「表示形式」に「"aaa"」と入力する。

※「"aaa"」は値を「月」「火」といった曜日表記に変換する表示形式だ。「月曜日」「火曜日」と表記する場合は「"aaaa"」と入力する。

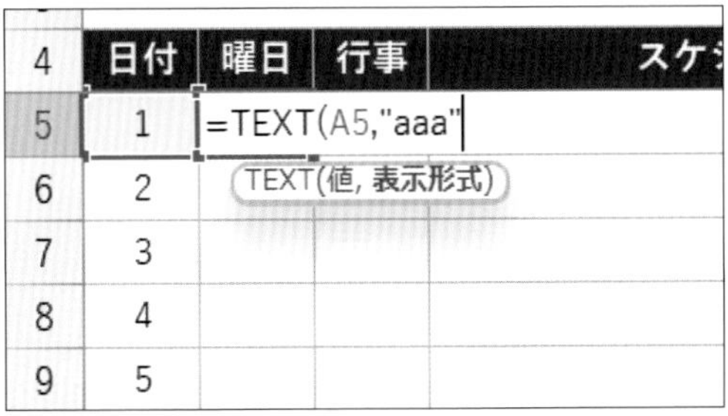

2023 年 5 月 1 日の曜日として「月」曜日が返る。

2 日目以降の曜日の欄に数式をコピーすると、各日付に対応する曜日が表示される。

値から文字列に変換する TEXT 関数に対し、文字列として認識された数字を値に変換する VALUE 関数がある。Chapter.3 で詳しく解説するぞ！

土日祝日の色分け

土日祝日をわかりやすく表現するために、「**条件付き書式**」を活用して以下の設定を行う。
＊土曜日のフォント色を「青」にする。
＊日曜日と祝日のフォント色を「赤」にする。
＊土日祝日に該当する行の背景色を「グレー」に塗りつぶす。

条件付き書式とは、セル（範囲）に入力された値や数式の結果に応じてフォント色や塗りつぶし、罫線などの書式を指示できる機能だ。

土曜のフォント色を「青」に

❶曜日の範囲を選択した状態で、［ホーム］タブ→［スタイル］グループ→［条件付き書式］→［新しいルール］にアクセスする。

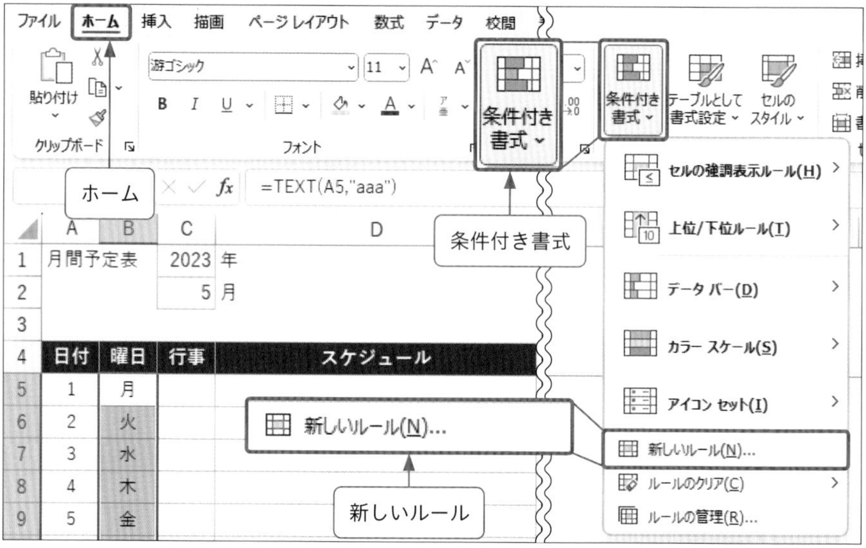

❷［新しい書式ルール］ダイアログボックスが開いたら、ルールの種類から［数式を使用して、書式設定するセルを決定］を選択する。

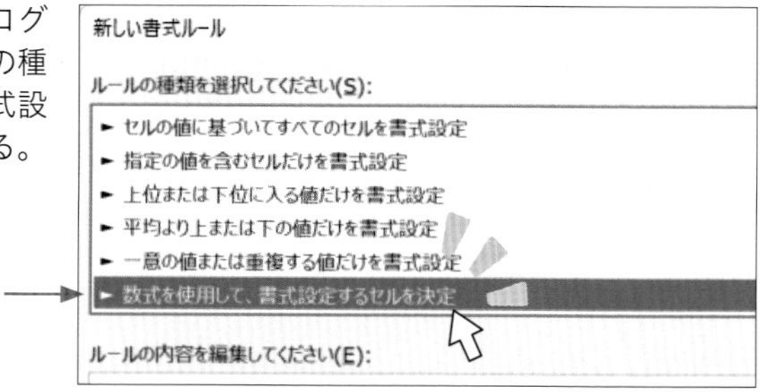

❸［次の数式を満たす場合に値を書式設定］に、以下の数式を入力する。
【=$B5=" 土 "】

これにより、「曜日のセルが土曜日」であることを条件に設定している。

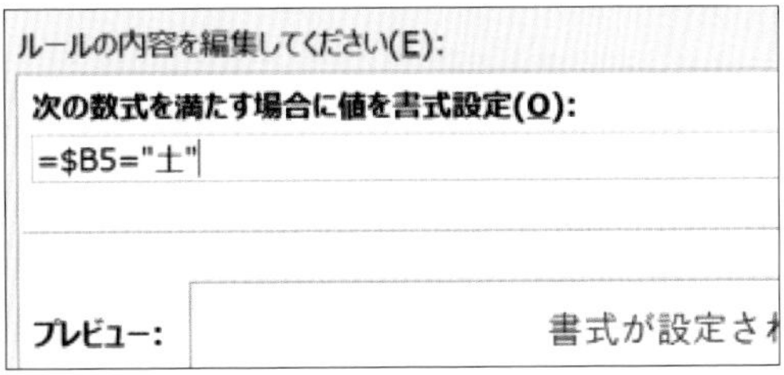

B5 セル（代表セル）を列固定の複合参照とすることで、この条件付き書式が選択範囲内のすべての曜日に適用されるぞ！

❹右下の［書式］を選択する。

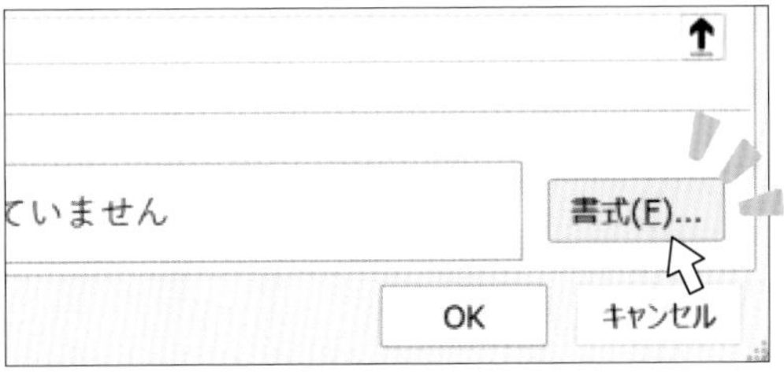

❺［フォント］タブ→［色］のリストを開き、［青］色を選択する。

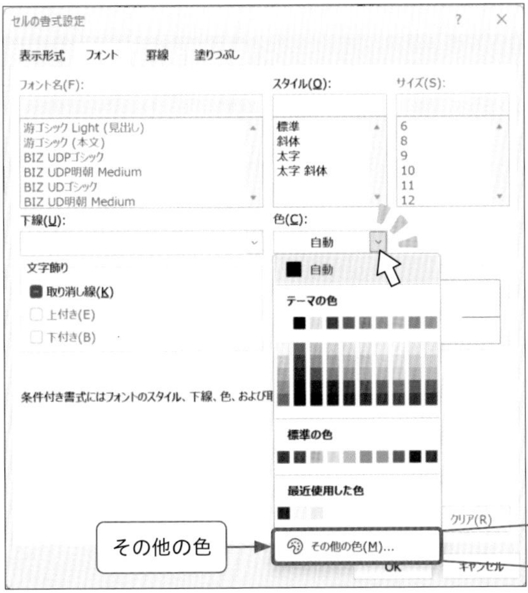

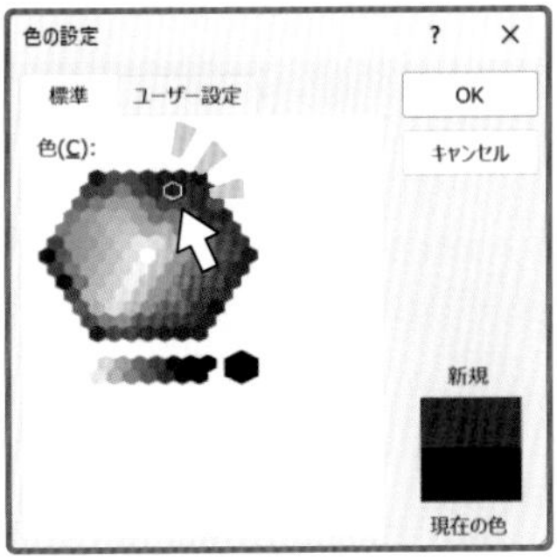

リストに求めている色がない場合は、［その他の色］をクリックして［色の設定］にアクセスする。

❻［色の設定］［セルの書式設定］を［OK］で閉じると、［新しい書式ルール］のプレビューが青字で表記される。このダイアログボックスも［OK］で閉じる。

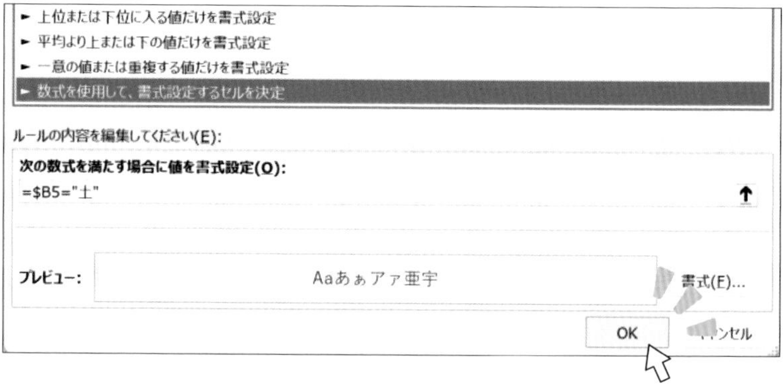

土曜日のフォント色が青字になる。

5	金		
6	土		
7	日		

日曜と祝日のフォント色を「赤」に

❶前述と同じ手順で以下の画面にアクセスし、条件となる数式を入力する。
【=OR($B5=" 日 ",COUNTIF(祝日リスト !$B:$B,$A5)>0)】

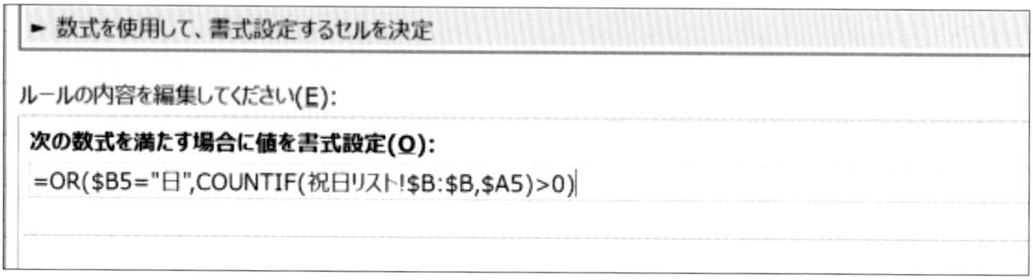

「日曜」または「祝日」のいずれかに該当するかを **OR** 関数で判定し、日曜であるかの条件は土曜と同じ要領で【$B5=" 日 "】と表現する。

祝日の判定には **COUNTIF** 関数を使う。
【COUNTIF(祝日リスト!$B:$B,$A5)>0】

COUNTIF 関数の第 1 引数「範囲」に祝日リストを参照し、第 2 引数「検索条件」にスケジュール表の日付のシリアル値を参照しているんだ。祝日リストにおいてその日のシリアル値の個数を数え、それが 0 個以上であるか、要は祝日に該当するかを最後に【>0】で判定しているぞ！

❷土曜日と同じ手順で今度はフォント色を「赤」に設定し、すべてのダイアログボックスを［OK］で閉じる。

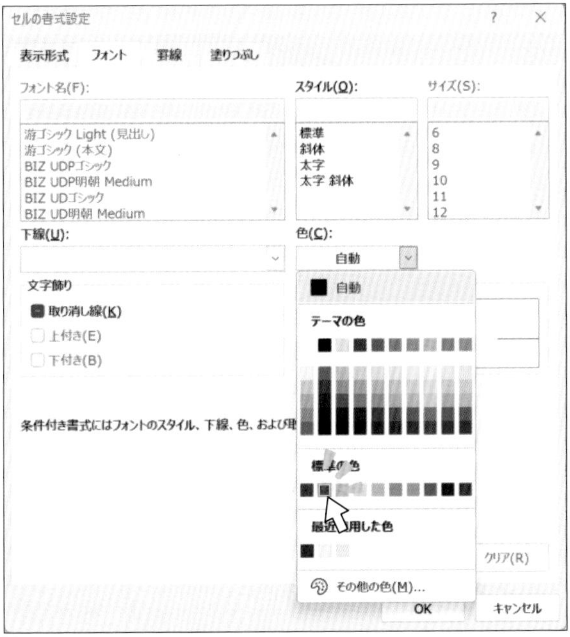

日曜日と祝日のフォント色が赤字になる。

	A	B	C	
1	月間予定表		2023	年
2			5	月
3				
4	日付	曜日	行事	
5	1	月		
6	2	火		
7	3	水		
8	4	木		
9	5	金		
10	6	土		
11	7	日		
12	8	月		
13	9	火		

土日祝日の背景色を「グレー」に

❶スケジュール表の範囲をすべて選択する。

❷前述と同じ手順で以下の画面にアクセスし、条件となる数式を入力する。
【=OR($B5=" 土 ",$B5=" 日 ",COUNTIF(祝日リスト !$B:$B,$A5)>0)】

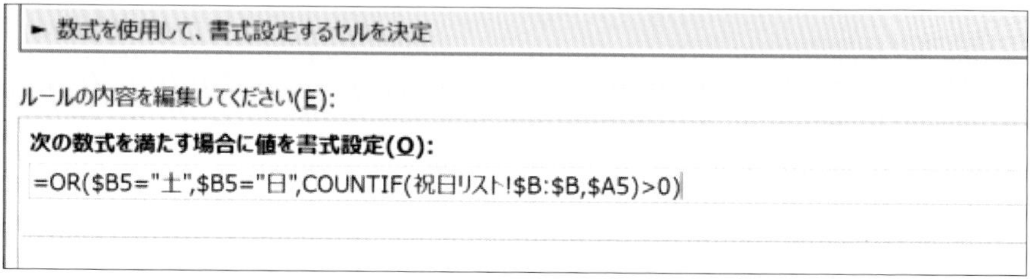

土曜【$B5=" 土 "】、日曜【$B5=" 日 "】、祝日【COUNTIF(祝日リスト !$B:$B,$A5)>0】
これらはいずれも、ここまでフォント色を変えてきた数式と同じ構成だ。
フォントは土曜（青）と日曜祝日（赤）で異なる色だったため 2 回に分けて設定したが、今回は土曜も日曜も祝日も同じグレーで塗りつぶすため、OR 関数にすべてのパターンを入れ込み一括設定する。

❸［書式］を押し、［塗りつぶし］タブに切り替える。

❹薄いグレーの背景色を選択し、すべてのダイアログボックスを［OK］で閉じる。

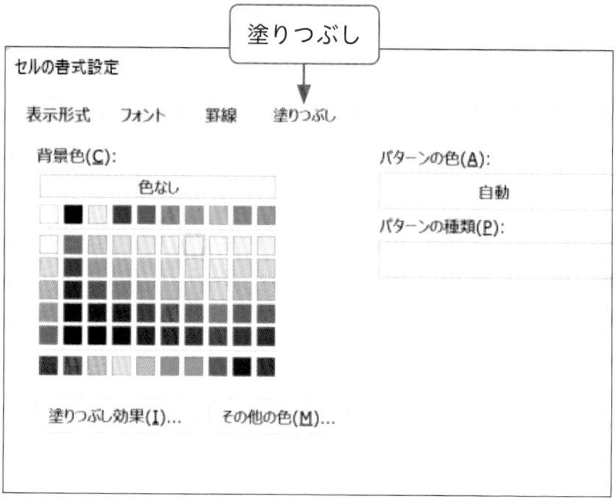

土日祝日の背景色がグレーになる。

ただしこのままだと、月によっては月末の空白行までグレーに塗りつぶされる。

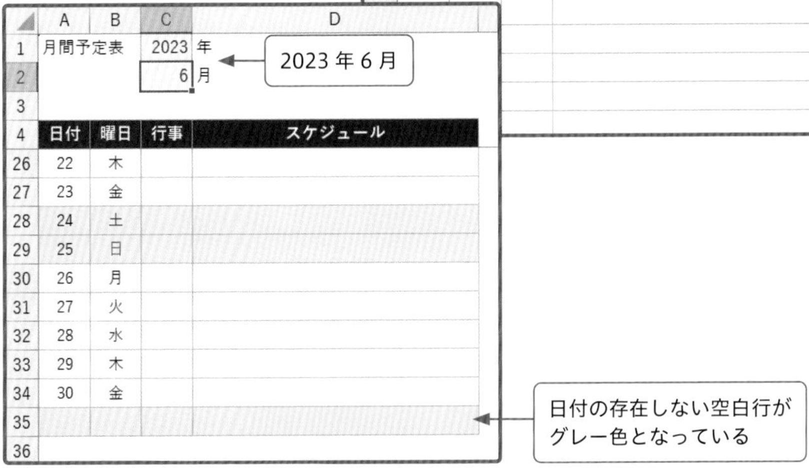

そのため最後に、日付の存在しない行が塗りつぶされない設定を行う。

▶ 空白行の塗りつぶしを［なし］に

❶スケジュール表の範囲をすべて選択し、以下の画面にアクセスして条件となる数式を入力する【=$A5=""】

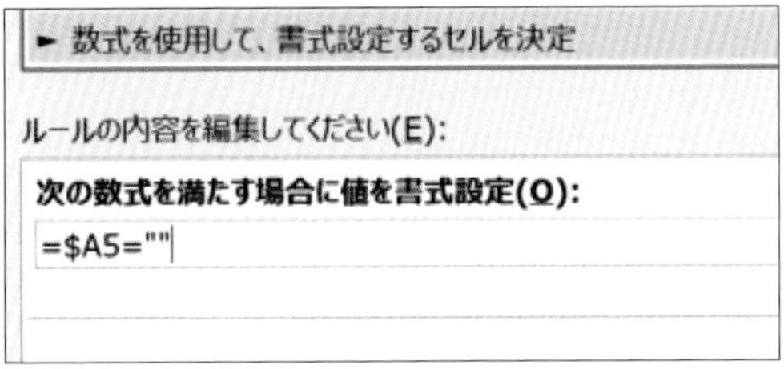

日付のセルが「""」（空白）であるかどうかを判定するシンプルな構成だ。

❷［書式］を押し、塗りつぶしの［色なし］を選択する。

❸すべてのダイアログボックスを［OK］で閉じる。

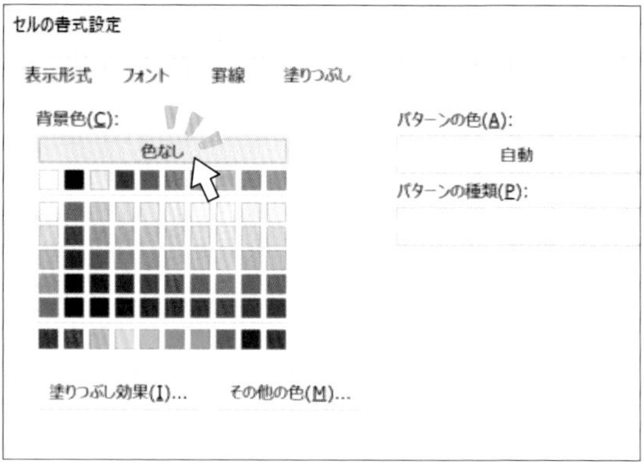

月末の空白行は塗りつぶしがなくなる。

	A	B	C	D
1	月間予定表		2023	年
2			6	月
3				
4	日付	曜日	行事	スケジュー
26	22	木		
27	23	金		
28	24	土		
29	25	日		
30	26	月		
31	27	火		
32	28	水		
33	29	木		
34	30	金		
35				
36				

日数の少ない2月でも、書式が正しく設定されている。

	A	B	C	D
1	月間予定表		2023	年
2			2	月
3				
4	日付	曜日	行事	スケジュー
26	22	水		
27	23	木		
28	24	金		
29	25	土		
30	26	日		
31	27	月		
32	28	火		
33				
34				
35				
36				

月間スケジュール表はこれで完成だ。
本章で演習したテクニックをふんだんに使ったアイテムだから、Excelスキルを高めながら予定管理ツールとしても有効活用していこう！

Chapter 3

文字列を自在に操れ！

入力値を「使える」データに変換する編

文字列の分割・結合と置き換え
セル情報の取得

Chapter.3では主に、文字列データの整形や抽出に便利な「文字列操作関数」を解説します。セルの情報を取り出す関数とあわせて習得することで、単なる文字列の分割や結合に留まらない発展的な使い方をマスターできます。Chapter.4で演習する検索関数によるデータ取得にも応用できるテクニックですので、確実に身に付けておきましょう。

method 22

サンプルファイル
シート No.22

名簿の入力データを整える

こちらに、データが無造作に集約された名簿があります。日本語のカナ表記がなかったり、全角／半角、大文字／小文字がバラバラだったり、不要な空白が混ざっていたりします。

このメソッドでは、こうしたデータにフリガナ情報を追記したり、文字の表記を揃えたり、空白を除去したりする文字列操作関数を演習します。

各メンバーが情報を個々に入力したり、異なるシステムから出力したデータを集めたりした表で素早く体裁を整えられるテクニックですので、文字列操作の1st.ステップとしてしっかりチェックしておきましょう。

	A	B	C	D
1				
2	氏名	Name	住所	
3	相田 美樹子	Mikiko Aida	東京都中央区***７２３-4	
4	久野 拓也	ＴＡＫＵＹＡ　ＨＩＳＡＮＯ	愛知県名古屋市***34-67 ４０５	
5	松島 有正	ARIMASA MATSUSHIMA	大阪府大阪市***５２－88	
6	嶋田 蒼	aoi shimada	北海道札幌市***１－１－1　９０６	
7	高村 晃一	ｋｏｉｃｈｉ　ｔａｋａｍｕｒａ	福岡県福岡市***９８２-２０	
8				

	A	B		D
1				
2	氏名	フリガナ	Name	住所
3	相田 美樹子	アイダ ミキコ	Mikiko Aida	東京都中央区＊＊＊７２３－４
4	久野 拓也	ヒサノ タクヤ	Takuya Hisano	愛知県名古屋市＊＊＊３４－６７　４０５
5	松島 有正	マツシマ アリマサ	Arimasa Matsushima	大阪府大阪市＊＊＊５２－８８
6	嶋田 蒼	シマダ アオイ	Aoi Shimada	北海道札幌市＊＊＊１－１－１　９０６
7	高村 晃一	タカムラ コウイチ	Koichi Takamura	福岡県福岡市＊＊＊９８２－２０
8				

初出の関数

01 PHONETIC関数　=PHONETIC(参照)

文字列からふりがなを取り出す

02 JIS関数　=JIS(文字列)

半角文字を全角にする

03 ASC関数　=ASC(文字列)

全角文字を半角にする

04 UPPER関数　=UPPER(文字列)

すべての英字を大文字にする

05 LOWER関数　=LOWER(文字列)

すべての英字を小文字にする

06 PROPER 関数 =PROPER(文字列)

単語の先頭の英字または記号の次にくる英字を大文字にする

07 TRIM 関数 =TRIM(文字列)

各単語の間にあるスペースを 1 つ残し、それ以外のスペースを削除する

ふりがなの追記

文字列からふりがなを取り出す

文字列からふりがなを取得するには、**PHONETIC** 関数を使う。(phonetic：音声の、発音の、よみがな)

PHONETIC 関数を挿入し、氏名が入力されたセルを参照する。

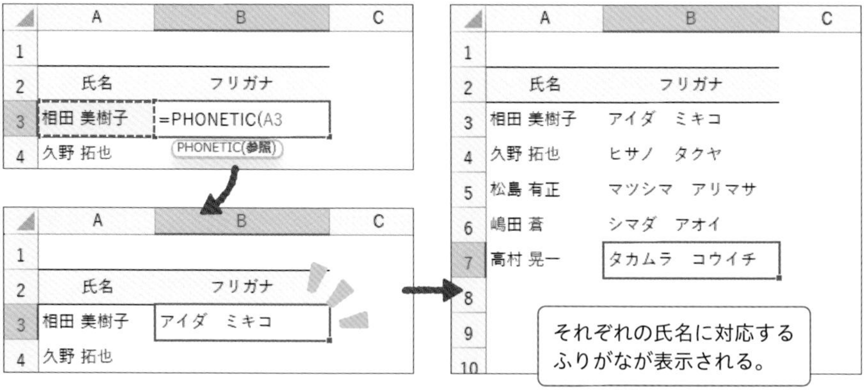

ふりがなを取得する際の確認事項

PHONETIC 関数は文字列からふりがなを取り出す関数だが、テキストを自動解析してよみがなを生成しているわけではない。ふりがなを取り出す対象の文字列に、**そのよみがながセットで認識されていること**が必要だ。

文字列によみがなが認識されているかを確認するには、対象のデータ範囲を選択して［ホーム］タブ→［フォント］グループにある［ふりがなの表示］を実行する。

ここで文字列の上部にふりがなが表示されれば、そのよみがながセットで認識されていることになる。

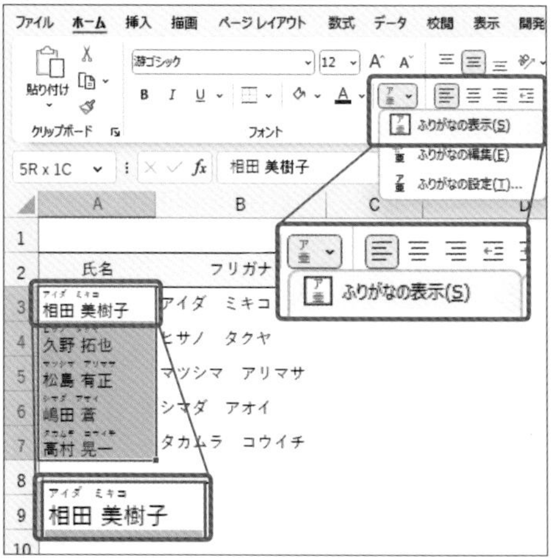

セルに直接入力して漢字に変換されたデータであれば、よみがなが認識される。
対して、WEB サイトからダウンロードしたデータを貼り付けたり、基幹システムから出力したりした文字列の場合はよみがなが認識されず、PHONETIC関数でふりがなを取り出してももとの文字列がそのまま表示されてしまう。

よみがなが認識されている文字列でも、他の文字列操作関数などでデータを整形した結果、よみがながリセットされる場合があるぞ。

こうしたケースでは、対象の文字列が入力されたセルをアクティブにして Alt + Shift + ↑ を押す。
これにより、ふりがなが表示される。

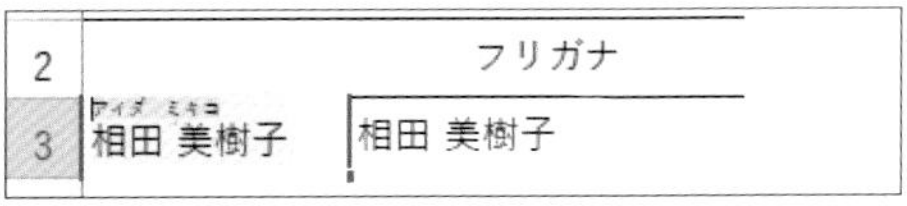

よみがなが認識されると、PHONETIC関数でふりがなが取り出せる。

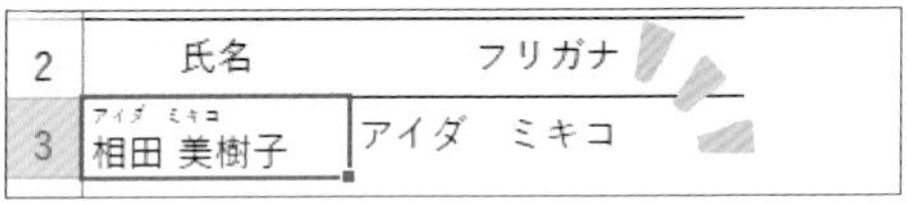

表示された内容に誤りがある場合は、ふりがなを編集し決定する。

全角／半角・大文字／小文字の統一

全角・半角を揃える

文字列の全角・半角を揃えるには、**JIS関数・ASC関数**を使う。

JIS関数を挿入して文字列を参照すると、**全角**表記で取り出される。

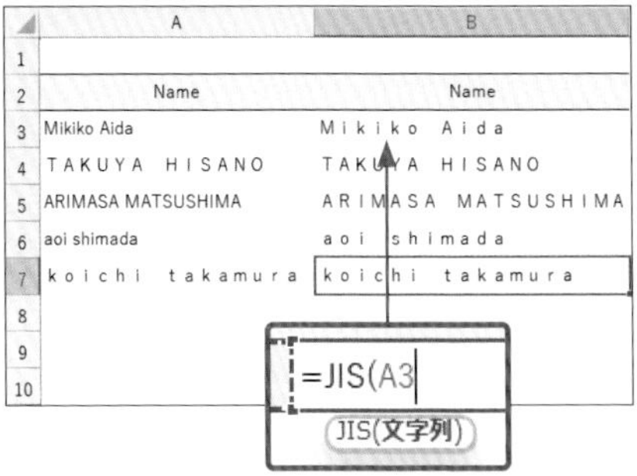

ASC関数を挿入して文字列を参照すると、**半角**表記で取り出される。

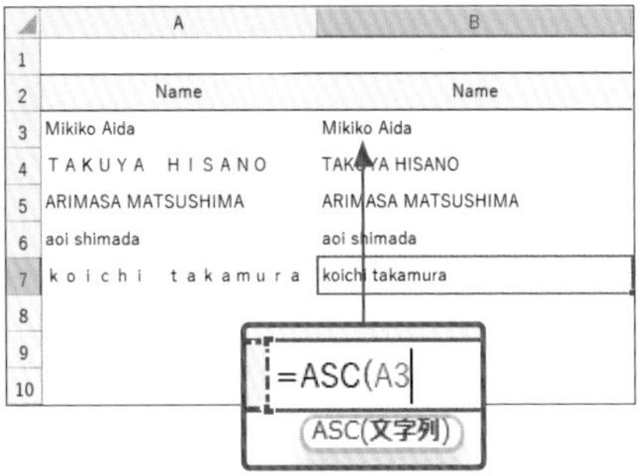

JIS関数とASC関数はそれぞれ、全角表記を前提とする日本工業規格と、半角表記が標準規定となっている米国標準コードに由来する。
JIS：**J**apanese **I**ndustrial **S**tandard（日本工業規格）
ASC：**A**merican **S**tandard **C**ord（米国標準コード）

ただ英字表記の場合、全角・半角を揃えただけでは見栄えに統一感がないため、ここに大文字・小文字を整える関数を加えていく。

大文字・小文字を揃える

文字列の大文字・小文字を揃えるには、**UPPER関数・LOWER関数**を使う。
それぞれ「大文字」を意味する「**upper** case letter」と、「小文字」を意味する「**lower** case letter」に由来する。

UPPER関数を挿入して文字列を参照すると、**大文字**表記で取り出される。

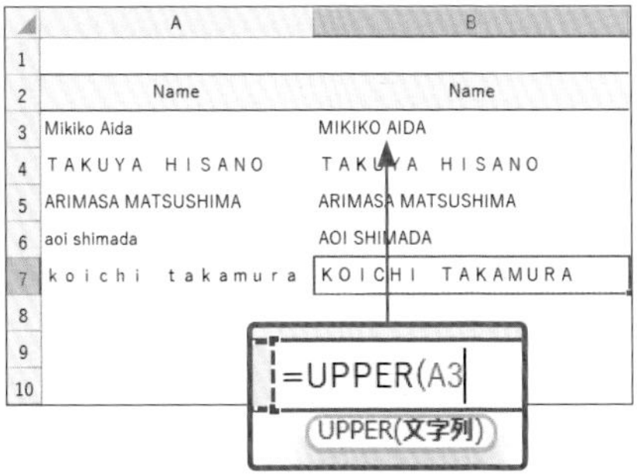

LOWER関数を挿入して文字列を参照すると、**小文字**表記で取り出される。

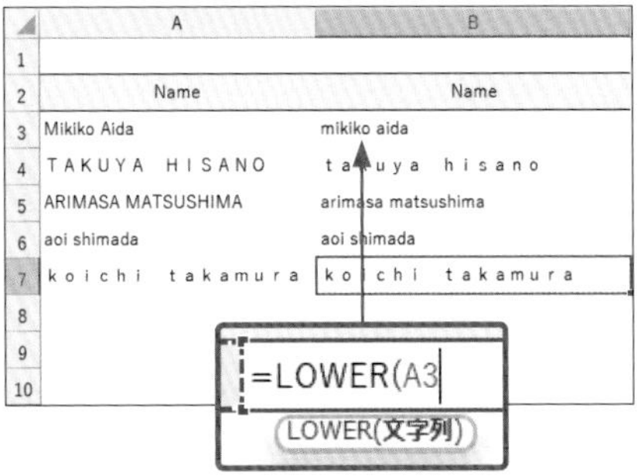

右図はUPPER関数をASC関数にネストして半角大文字表記に統一した結果だ。

クレジットカードの名義や、パスポートなどの公的機関の登録英字氏名は大文字表記であることが多い。

B3　=ASC(UPPER(A3))

	A	B
1		
2	Name	Name
3	Mikiko Aida	MIKIKO AIDA
4	ＴＡＫＵＹＡ　ＨＩＳＡＮＯ	TAKUYA HISANO
5	ARIMASA MATSUSHIMA	ARIMASA MATSUSHIMA
6	aoi shimada	AOI SHIMADA
7	ｋｏｉｃｈｉ　ｔａｋａｍｕｒａ	KOICHI TAKAMURA
8		

対して右図は、ASC関数にLOWER関数をネストして半角小文字表記に統一した結果だ。

小文字の場合、氏名をベースにしたメールアドレスの生成等にも活用できる。

B3　=ASC(LOWER(A3))

	A	B
1		
2	Name	Name
3	Mikiko Aida	mikiko aida
4	ＴＡＫＵＹＡ　ＨＩＳＡＮＯ	takuya hisano
5	ARIMASA MATSUSHIMA	arimasa matsushima
6	aoi shimada	aoi shimada
7	ｋｏｉｃｈｉ　ｔａｋａｍｕｒａ	koichi takamura
8		

先頭のみ大文字にする

英単語の先頭文字だけを大文字に変換するには、**PROPER関数**を使う。
（proper：正しい、本来の、適切な）

ここまでUPPER関数やLOWER関数を入力していた部分をPROPER関数に置き換えた結果が右図だ。

B3　=ASC(PROPER(A3))

	A	B
1		
2	Name	Name
3	Mikiko Aida	Mikiko Aida
4	ＴＡＫＵＹＡ　ＨＩＳＡＮＯ	Takuya Hisano
5	ARIMASA MATSUSHIMA	Arimasa Matsushima
6	aoi shimada	Aoi Shimada
7	ｋｏｉｃｈｉ　ｔａｋａｍｕｒａ	Koichi Takamura
8		

最もオーソドックスな英字氏名の表記方法だから、名簿に併記する際はPROPER関数の活用がおすすめだ。

余計な空白文字を除去する

空白文字が混在するデータから余計なスペースを除去するときは、**TRIM** 関数を使う。
(trim：刈り取る、きれいに整える)

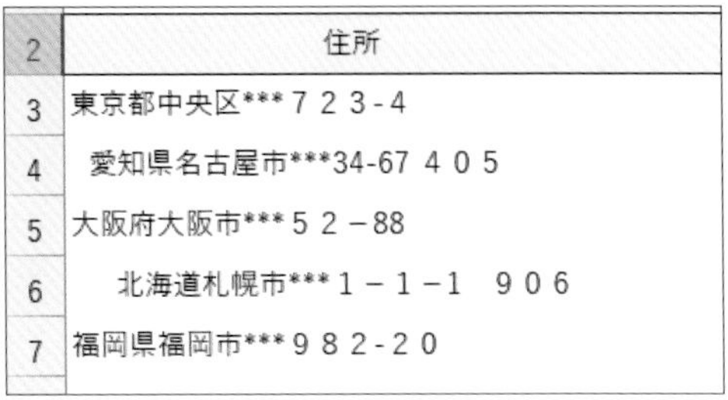

TRIM 関数を挿入して対象の文字列を参照する。

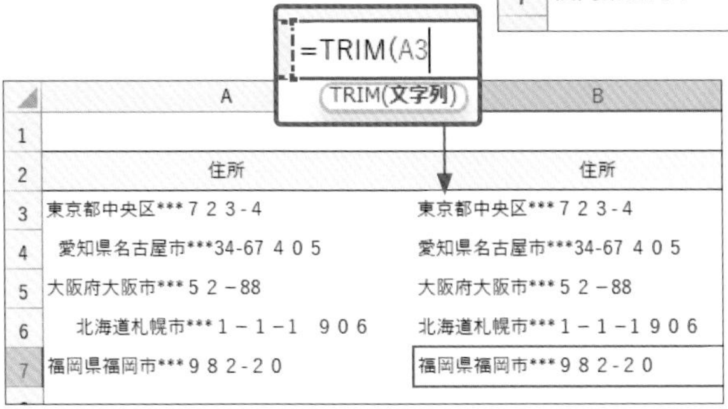

TRIM 関数は文字列の先頭と末尾のスペースを削除し、文字と文字の間に連続したスペースがあれば、1つだけ残して整える。

- 元データ

北海道札幌市***１－１－１　９０６

- TRIM 関数で取得した状態

北海道札幌市***１－１－１９０６

たとえば先頭(「北海道」の前)にある複数のスペースはすべて削除されるが、文字と文字(「番地」と「部屋番号」)の間にある複数のスペースは、1つだけ残す処理を行うということだ。

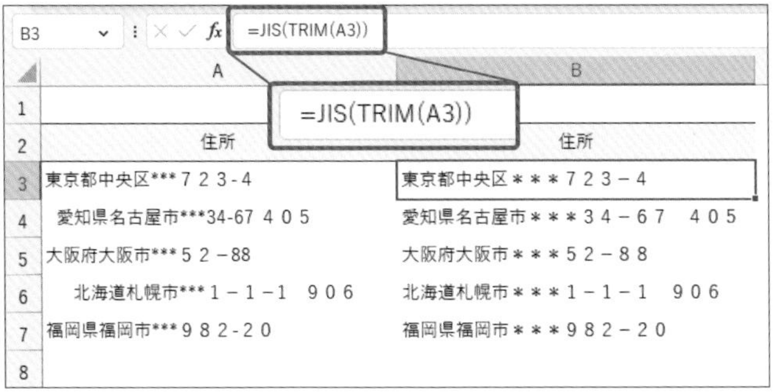

TRIM 関数を JIS 関数にネストすることで、空白を除去した上で全角表記に統一できる。

method 23

サンプルファイル
シート No.23

氏名や住所の構成要素を分けて表示する

名簿に入力された氏名を姓と名に分けて表記したり、誕生日の誕生月だけを取り出したり、住所から都道府県名だけを抜き出したりすることがあります。

このメソッドでは、セル内のデータから一部の文字列だけを抽出する文字列操作関数を演習します。文字数がバラバラな対象データから必要な情報を1つずつ取り出す手間を省くだけでなく、Chapter.4で解説する検索関数のkeyとなるデータの獲得にも絶大な効力を発揮してくれるテクニックです。

2	氏名	Name	誕生日
3	相田 美樹子	Mikiko Aida	19980801
4	久野 拓也	Takuya Hisano	20021130
5	松島 有正	Arimasa Matsushima	19750413
6	叶 咲	Saki Kano	19941027
7	高村 晃一	Koichi Takamura	20010119

初出の関数

01 LEN 関数 =LEN(文字列)

文字数を数える

02 FIND 関数 =FIND(検索文字列,対象,[開始位置])

指定した文字列が最初に現れる位置を返す

03 SEARCH 関数 =SEARCH(検索文字列,対象,[開始位置])

指定した文字列が最初に現れる位置を返す

04 LEFT 関数 =LEFT(文字列,[文字数])

文字列の左側から指定の文字数を取り出す

05 MID 関数 =MID(文字列,開始位置,文字数)

文字列の指定の位置から指定の文字数を取り出す

06 RIGHT 関数 =RIGHT(文字列,[文字数])

文字列の右側から指定の文字数を取り出す

07 VALUE 関数 =VALUE(文字列)

文字列データを数値に変換する

最初におさえておきたい基本関数

今回のテーマを取り上げるにあたり、あらかじめ習得しておきたい関数がいくつかある。これらの関数はそれ単体で使うことはほとんどないが、お互いを組み合わせたり、その他の関数に入れ込むことで、必要なデータの整形や抽出を効率化してくれるぞ。

かんたんなサンプルを用いながらそれぞれの関数の構成と役割をみていこう！

文字数を数える

セルに入力された文字列の文字数を数えるには、**LEN 関数**を使う。
(length：長さ)

LEN 関数を挿入して対象の文字列を参照すると、セルに入力されている文字列の文字数が返される。

「相田 美樹子」の場合、姓で2文字、名で3文字、の計5文字だが、LEN 関数は間にあるスペースも1文字としてカウントする。
結果、「6」文字と表示される。

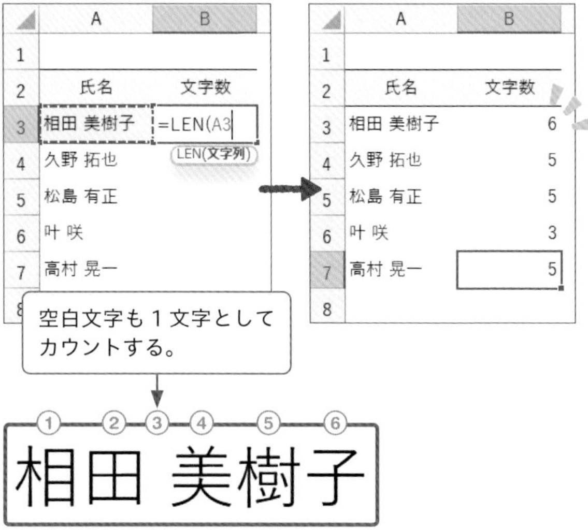

文字列の位置を調べる

参照したデータにおいて指定の文字列の位置を調べるには、**FIND 関数**を使う。
(find：見つける、探し出す)
※今回はサンプルの英字氏名から「a」の位置を調べる。

❶FIND 関数を挿入する。

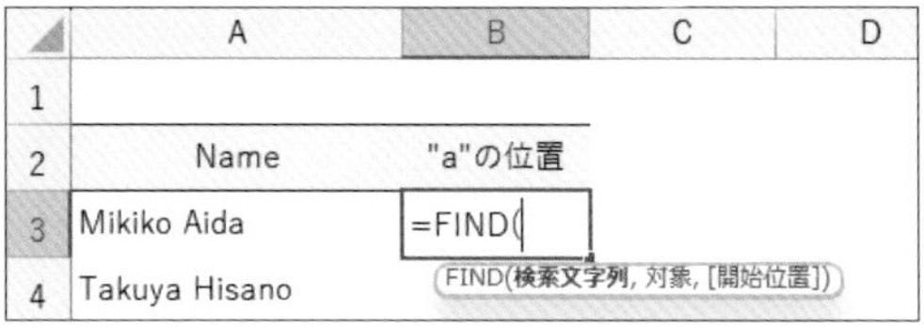

❷第 1 引数「検索文字列」に位置を調べたい「"a"」を入力する。

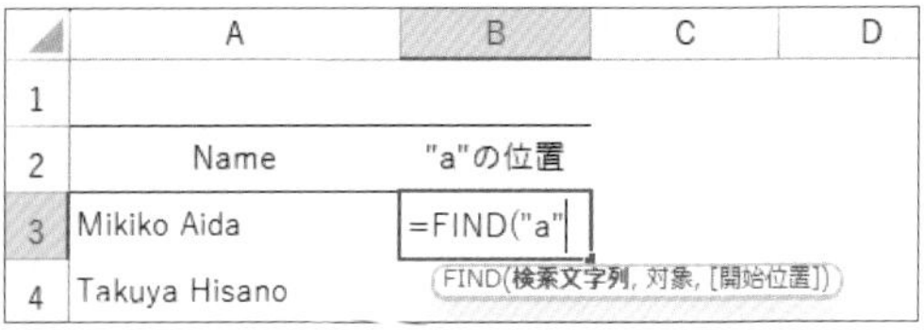

❸第 2 引数「対象」に文字列が入力されたセルを参照する。

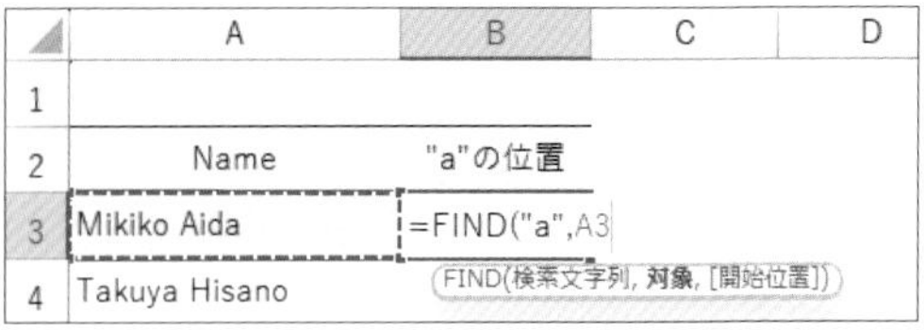

参照した文字列のうち、左から数えて「a」が何文字目に位置しているかの数値が返される。

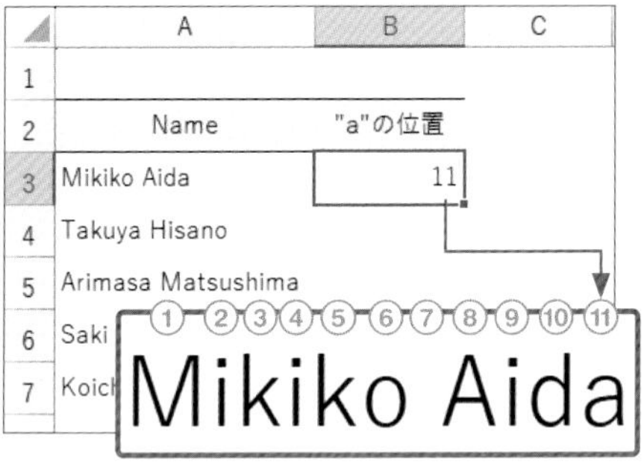

参照した文字列の中に検索文字列（「a」）が複数存在する場合、左から数えて最初に見つかった「a」の位置を返す。

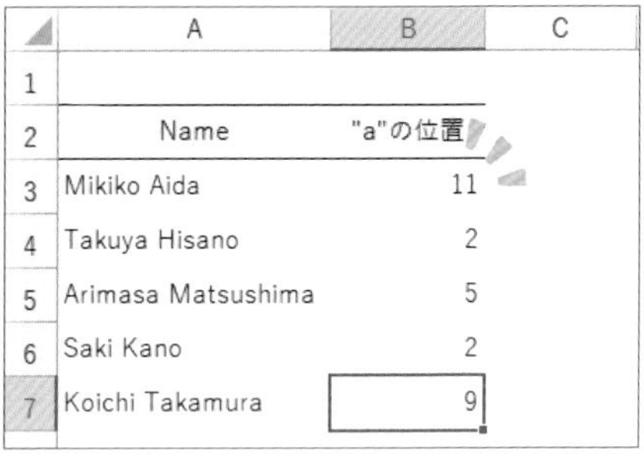

FIND 関数と類似の関数に **SEARCH 関数**がある。関数の構成は FIND 関数と同じだが、FIND 関数に対して

＊大文字と小文字を区別しない。
＊ワイルドカードが使える。
といった違いがある。

たとえば前述のように「"a"」を検索した場合、大文字の「A」も検索対象となり、参照した文字列において「a」よりも「A」が先にあれば、「A」の位置を返す。

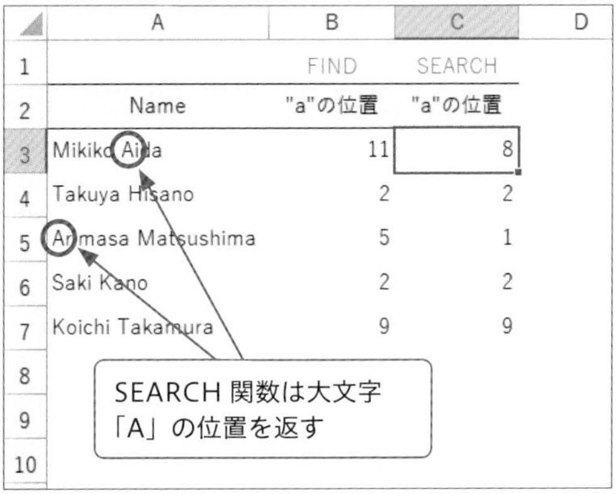

実務では大文字／小文字を区別して検索したいケースがほとんどだから、まずは FIND 関数をしっかりおさえよう！

指定の文字数を抜き出す

対象の文字列から指定の文字数だけ部分的に取り出すには、**LEFT 関数**、**MID 関数**、**RIGHT 関数**を使う。
(left：左、左側の／ middle：中間、真ん中／ right：右、右側の)

それぞれの関数の特長を活かしながら、誕生日から年・月・日を抽出する。

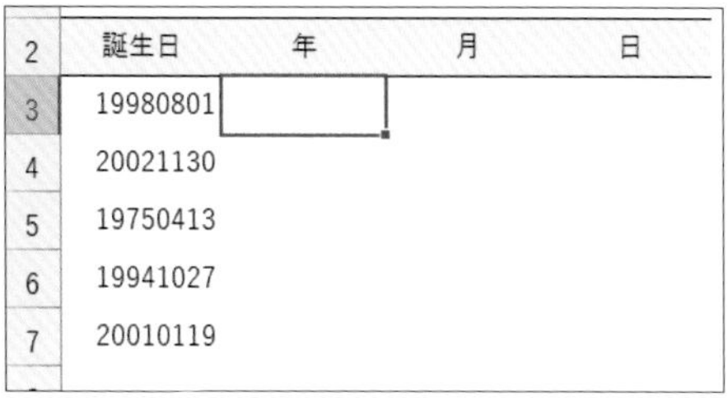

● 誕生年

誕生年を取り出すには、左から数えて必要な文字数を指示する。

❶ LEFT 関数を挿入する。

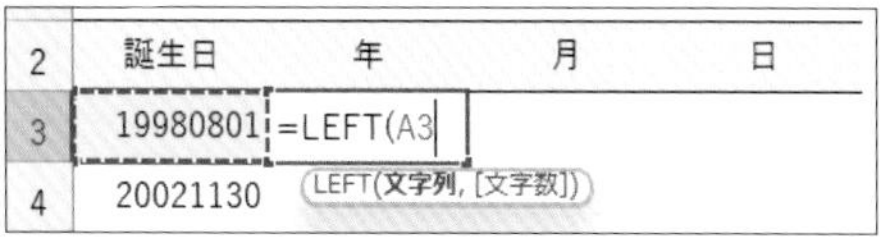

❷ 第 1 引数「文字列」に対象の文字列を参照する。

❸ 第 2 引数「文字数」に取り出したい文字数を入力する。今回は西暦年の 4 ケタを取得したいので、「"4"」とする。

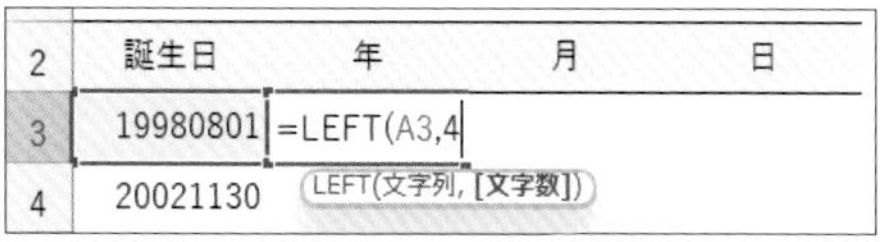

誕生年月日のうち、誕生年が表示される。

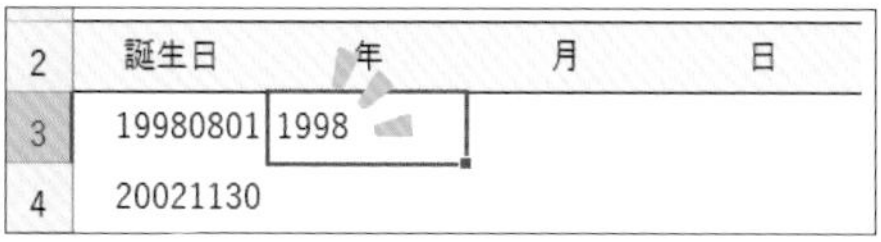

● 誕生月

誕生月を取り出すには、中間に位置する必要な文字数を指示する。

❶ MID 関数を挿入する。

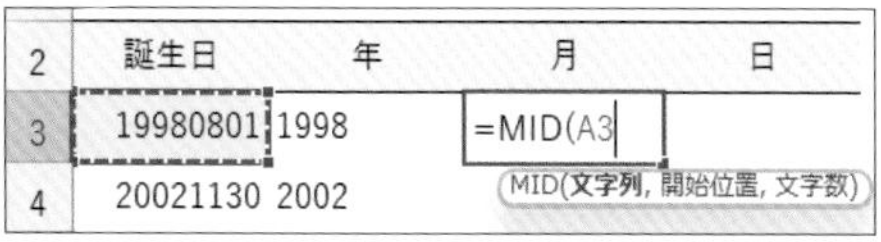

❷ 第 1 引数「文字列」に対象の文字列を参照する。

❸ 第 2 引数「開始位置」に取り出したい文字列の最初の文字が位置する数値を入力する。今回は誕生年（西暦 4 ケタ）に続く誕生月を返したいので、「"5"」とする。

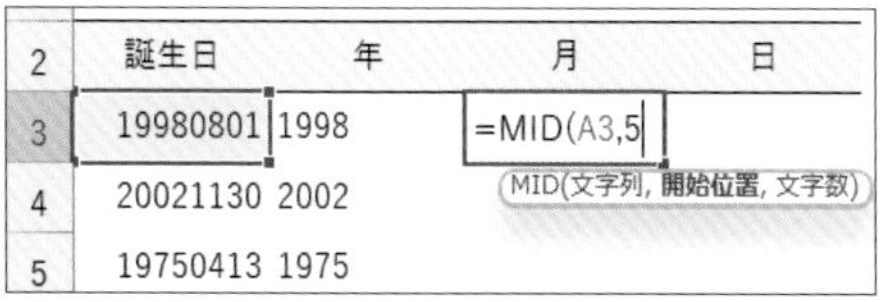

❹第3引数「文字数」に開始位置から何文字取り出すかを入力する。今回は誕生月の2ケタを返したいので、「"2"」とする。

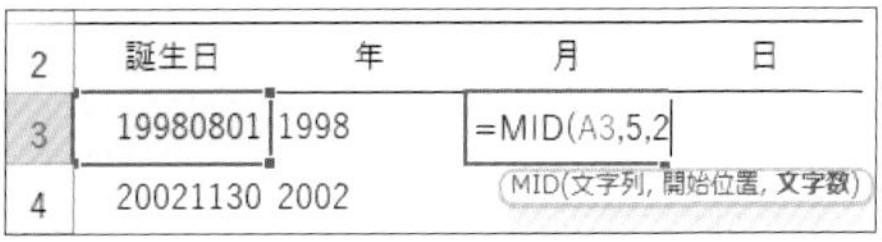

誕生年月日のうち、誕生月が表示される。

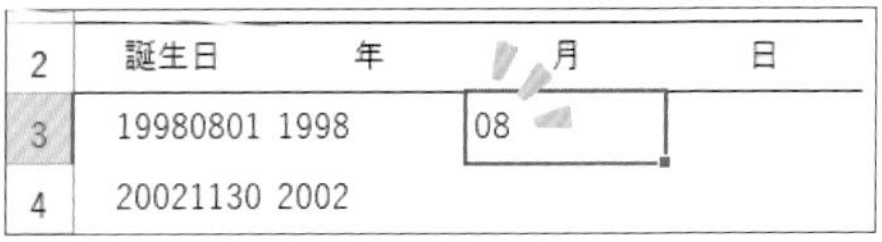

● 誕生日

誕生日を取り出すには、右から数えて必要な文字数を指示する。

❶RIGHT関数を挿入する。

❷第1引数「文字列」に対象の文字列を参照する。

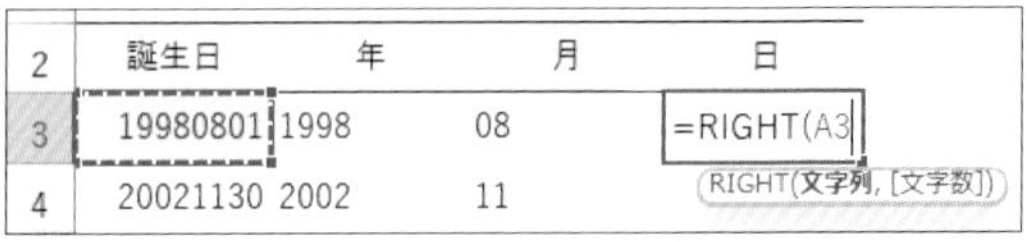

❸第2引数「文字数」に取り出したい文字数を入力する。今回は日にちの2ケタを取得したいので、「"2"」とする。

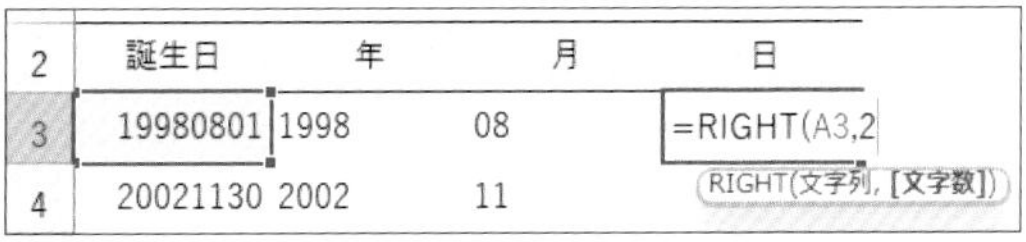

誕生年月日のうち、誕生日が表示される。

文字列を値に変換する

なお、**文字列操作関数で取り出したデータは、数字であっても文字列として認識される**。抽出した年・月・日がセル内で左寄せになっていることが証拠だ。

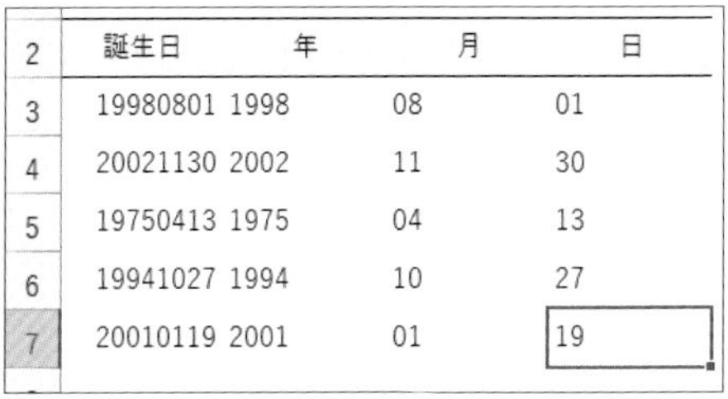

分割したデータを後工程で数値として使用する場合は、**VALUE関数**にネストして値に変換する。

❶文字列操作関数が入力された対象のデータ範囲を選択する。

❷ F2 で編集モードにする。

❸カーソルを数式の先頭に配置する。

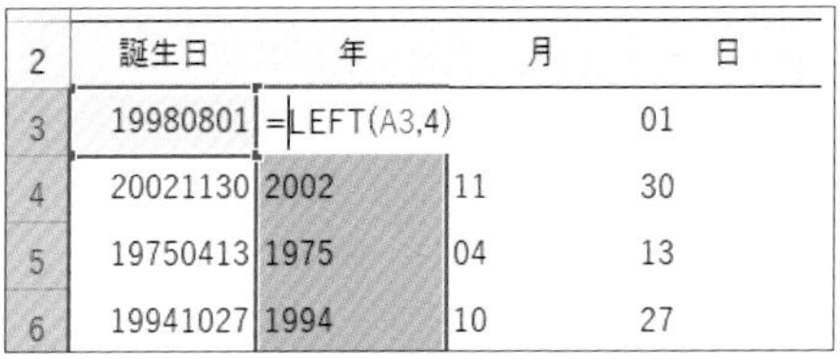

❹VALUE 関数を挿入する。

❺VALUE 関数のカッコを閉じ、Ctrl+Enter を押す。

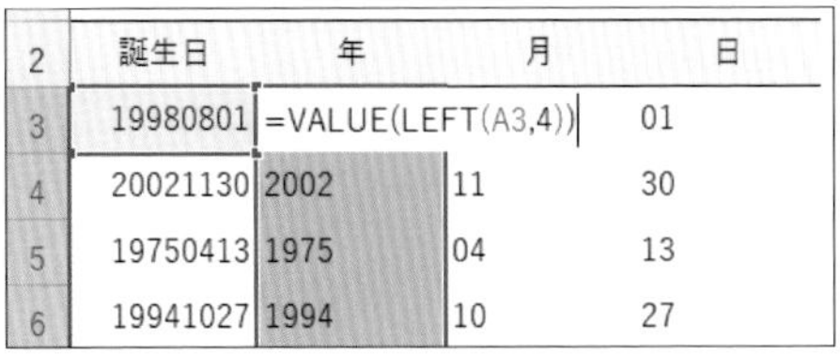

文字列データが値に変換される。

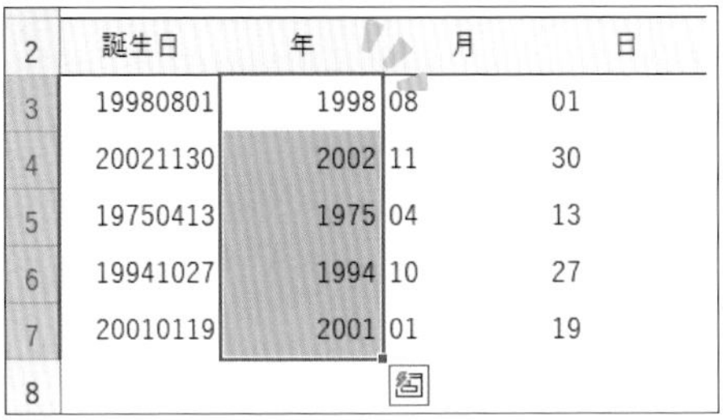

月日の列に同じく VALUE 関数を挿入すると、1 ケタの月や日にちについていた「0」は消えてしまう。

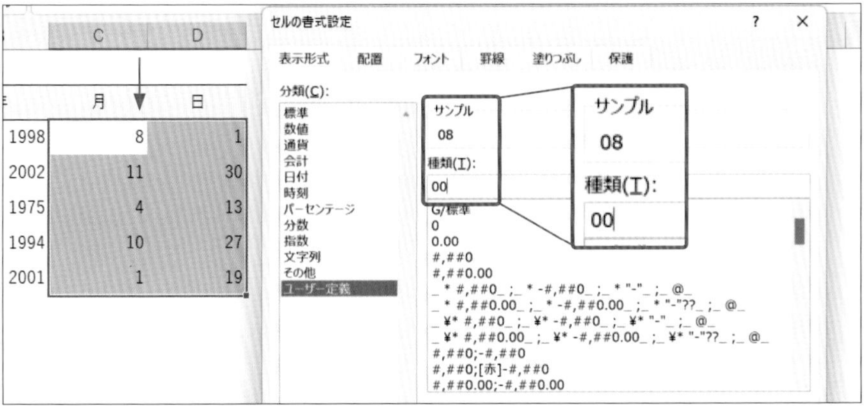

1 ケタの月や日にちも 2 ケタ表記で統一したいときは、対象のデータ範囲を選択して、［セルの書式設定］→［表示形式］タブ→［ユーザー定義］の種類に「00」と入力し、Enter で決定する。

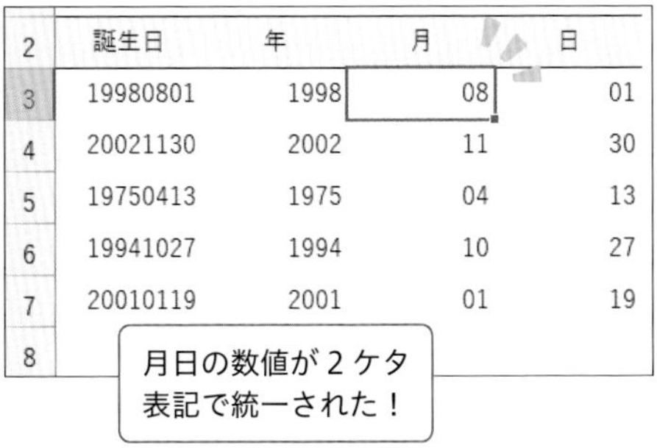

氏名の姓・名を分割する

ここまで演習してきた文字列操作関数を活用して、氏名の「姓」と「名」をそれぞれ取り出していく。

2	氏名	姓	名
3	桐生 敏明		
4	佐々木 勉		

なお先頭の「桐生 敏明」にあわせて、
- 「姓」は LEFT 関数で左から 2 文字
- 「名」は RIGHT 関数で右から 2 文字
  抽出した結果が右図だ。

姓名の文字数がバラバラなため、途中で切れていたり、空白文字が混ざっていたりする。

C3　=RIGHT(A3,2)

	A	B	C
1			
2	氏名	姓	名
3	桐生 敏明	桐生	敏明
4	佐々木 勉	佐々	勉
5	加藤 真奈美	加藤	奈美
6	林 慶	林	慶

文字列操作関数を単体で使うだけでは応用が利かないということだ。

「姓」の取り出し

それぞれの「姓」の文字数を調べるために、姓と名の間に共通で入力されている空白文字の位置をおさえる必要がある。

FIND 関数で氏名の文字列における空白文字（「" "」）の位置を調べた結果が右図だ。

空白文字が左から何文字目にあるかを返しているので、ここから 1 文字差し引いた文字数が、そのまま LEFT 関数で取り出す文字数になる。

B8　=FIND(" ",A8)

	A	B	C
1			
2	氏名	姓	名
3	桐生 敏明	3	
4	佐々木 勉	4	
5	加藤 真奈美	3	
6	林 慶	2	
7	小笠原 章太郎	4	
8	河野 愛花	3	
9			

❶入力済の FIND 関数を活かすために、対象のデータ範囲を選択し、F2 で編集モードにする。

❷LEFT 関数を挿入し、第 1 引数「文字列」に氏名のセルを参照する。

❸FIND 関数で求めた空白文字（「" "」）の位置から 1 文字差し引いた値を、LEFT 関数の第 2 引数「文字数」に入れ込む。

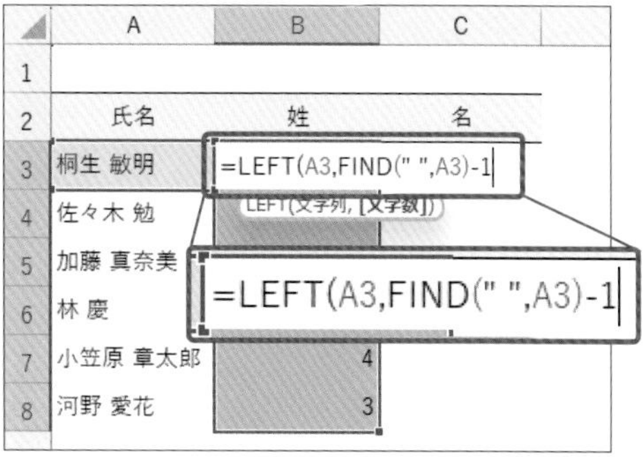

❹LEFT 関数のカッコを閉じて Ctrl + Enter を押す。

氏名から姓の文字列が正しく返される。

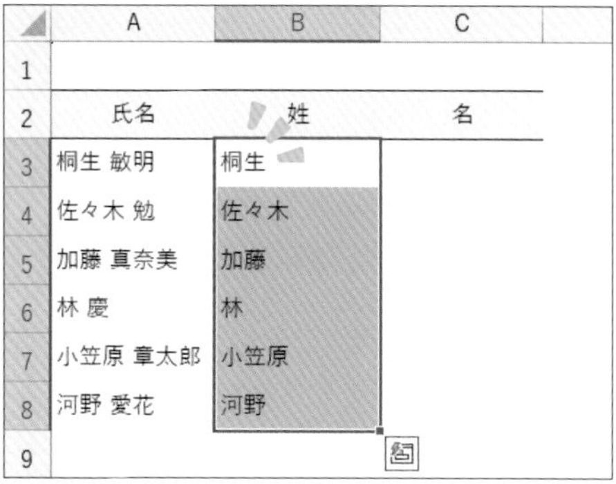

▶「名」の取り出し

「名」の文字数を正しく取得するのにも、空白文字の位置が重要だ。ただし、FIND 関数は指定の文字列を左から数えるため、LEFT 関数で取り出した「姓」と異なり、もう一工夫が必要だ。

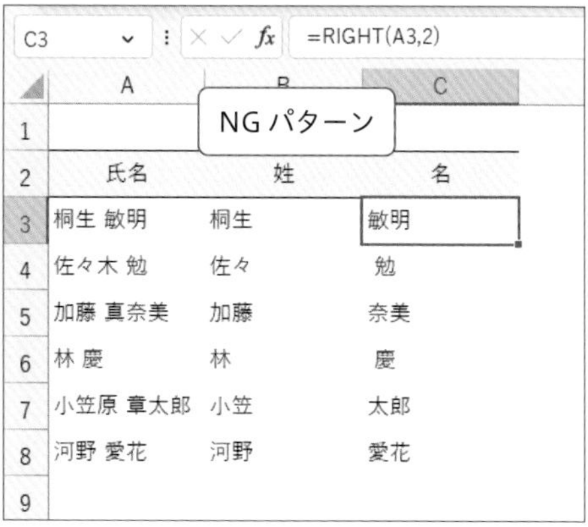

ここではRIGHT関数とFIND関数に加えて、LEN関数を活用する。LEN関数でカウントした全体の文字数から、FIND関数で求めた空白文字の位置（左からn文字目）を差し引くことで、それがそのままRIGHT関数で右から取り出す文字数になる。

❶RIGHT関数を挿入し、第1引数「文字列」に氏名が入力されたセルを参照する。

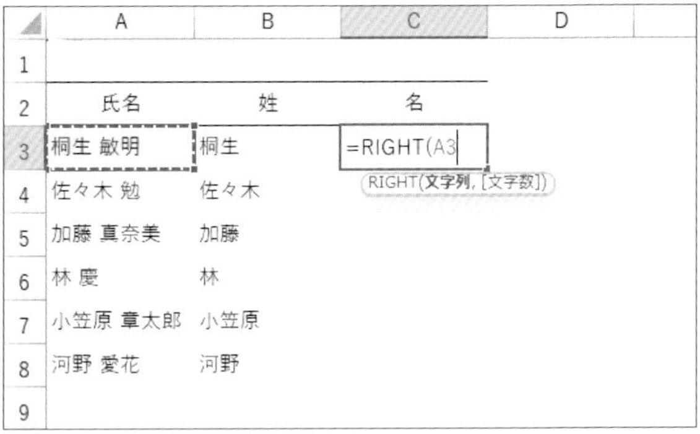

❷第2引数「文字数」に、LEN関数で求めた総文字数からFIND関数で取得した空白文字の位置を差し引く数式をネストする。

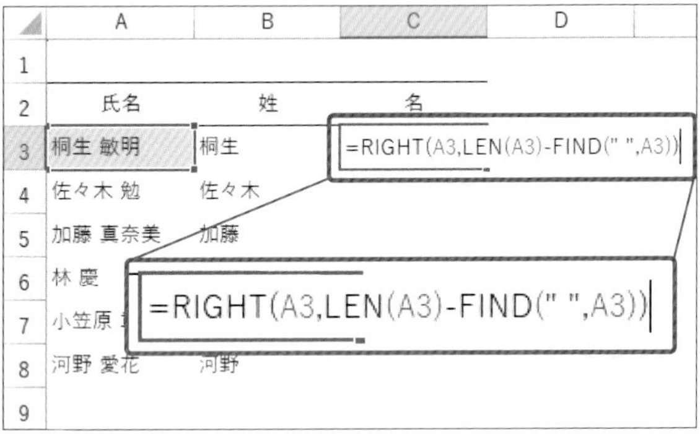

この数式を下へコピーすると、氏名から名の部分が抜き出せる。

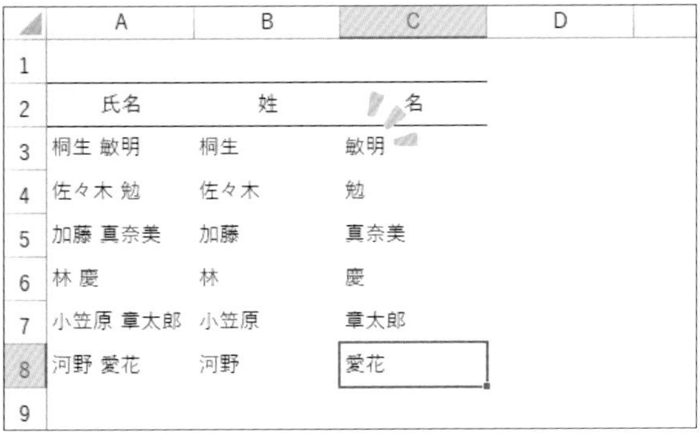

住所から都道府県名を取り出す

都道府県は 47 種類あり、ここまで分割の目印としていた空白文字（「" "」）のような共通部分には「都」「道」「府」「県」と 4 種類の文字列が使われている。さらに、3 文字だけでなく一部 4 文字の県も存在する。

	A	B	C
1			
2	住所	都道府県名	
3	島根県松江市横浜町*-*-**		
4	京都府京都市右京区嵯峨天龍寺角倉町*-**-**角倉町シーサイド***		
5	宮崎県宮崎市高洲町*-*-*		
6	和歌山県和歌山市九家ノ丁*-**-*九家ノ丁ダイヤモンド***		
7	山梨県大月市猿橋町桂台*-*猿橋町桂台アパート***		
8	東京都千代田区有楽町*-**-**		
9	神奈川県大和市林間*-*-*林間レジデンス***		
10	埼玉県ふじみ野市霞ケ丘*-*-*		
11	千葉県松戸市日暮*-*-**		
12	兵庫県三木市吉川町田谷*-*-*吉川町田谷シーサイド***		
13	北海道札幌市東区伏古九条*-*		
14	富山県南砺市戸板*-**-*		

こうしたケースでは、**対象データの規則性や例外を把握してシンプルな数式に仕上げる**ことが重要だ。

たとえば、「都」「道」「府」「県」すべてのパターンを想定すると関数の中にたくさんの条件分岐を設定することになるが、「4 文字の県名」と「それ以外」ですみ分ければ簡潔にできる。
47 都道府県のうち、文字数が 4 文字なのは「神奈川県」「和歌山県」「鹿児島県」だけだ。それ以外の都道府県はすべて 3 文字である。

具体的な手順として、MID 関数で左から 4 文字目を抜き出し、それが「県」である住所からは LEFT 関数で 4 文字取り出し、それに該当しない（それ以外の）住所からは LEFT 関数で 3 文字取り出せば良いことになる。

❶IF 関数を挿入し、第 1 引数「論理式」に【MID 関数で左から 4 文字目を取り出した結果、その文字列が「県」であること】という条件を設定する。

	A	B	C	D
1				
2	住所	都道府県名		
3	島根県松江市横浜町*-*-**	=IF(MID(A3,4,1)="県"		
4	京都府京都市右京区嵯峨天龍寺角倉町*-**-**角倉町シーサイド***	IF(論理式, [値が真の場合], [値が偽の場合])		

❷第 2 引数「値が真の場合」には、【LEFT 関数で左から 4 文字取り出す】パターンを入力する。

	A	B	C	D
1				
2	住所	都道府県名		
3	島根県松江市横浜町*-*-**	=IF(MID(A3,4,1)="県",LEFT(A3,4)		
4	京都府京都市右京区嵯峨天龍寺角倉町*-**-**角倉町シーサイド***	IF(論理式, [値が真の場合], [値が偽の場合])		

❸第 3 引数「値が偽の場合」には、【LEFT 関数で左から 3 文字取り出す】パターンを入力する。

	A	B	C	D
1				
2	住所	都道府県名		
3	島根県松江市横浜町*-*-**	=IF(MID(A3,4,1)="県",LEFT(A3,4),LEFT(A3,3)		
4	京都府京都市右京区嵯峨天龍寺角倉町*-**-**角倉町シーサイド***	IF(論理式, [値が真の場合], [値が偽の場合])		

❹IF 関数のカッコを閉じて決定する。

	A	B	C	D
1				
2	住所	都道府県名		
3	島根県松江市横浜町*-*-**	島根県		
4	京都府京都市右京区嵯峨天龍寺角倉町*-**-**角倉町シーサイド***			

	A	B	C	D
1				
2	住所	都道府県名		
3	島根県松江市横浜町*-*-**	島根県		
4	京都府京都市右京区嵯峨天龍寺角倉町*-**-**角倉町シーサイド***	京都府		
5	宮崎県宮崎市高洲町*-*-*	宮崎県		
6	和歌山県和歌山市九家ノ丁*-**-*九家ノ丁ダイヤモンド***	和歌山県		
7	山梨県大月市猿橋町桂台*-*猿橋町桂台アパート***	山梨県		
8	東京都千代田区有楽町*-**-**	東京都		
9	神奈川県大和市林間*-*-*林間レジデンス***	神奈川県		
10	埼玉県ふじみ野市霞ケ丘*-*-*	埼玉県		
11	千葉県松戸市日暮*-*-**	千葉県		
12	兵庫県三木市吉川町田谷*-*-*吉川町田谷シーサイド***	兵庫県		
13	北海道札幌市東区伏古九条*-*	北海道		
14	富山県南砺市戸板*-**-*	富山県		

数式を下へコピーすると、すべての都道府県名が正しく取り出された！

テクニック　フラッシュフィルとの使い分け

テキストから特定の文字列を分割して取得するケースでは、フラッシュフィル機能が使われることがある。

❶「姓」を１つだけ入力する。

	氏名	姓	名
2	氏名	姓	名
3	桐生 敏明	桐生	
4	佐々木 勉		
5	加藤 真奈美		

❷ Ctrl+E を押す。
これにより、すべての姓が取り出される。

2	氏名	姓	名
3	桐生 敏明	桐生	
4	佐々木 勉	佐々木	
5	加藤 真奈美	加藤	
6	林 慶	林	
7	小笠原 章太郎	小笠原	
8	河野 愛花	河野	

※「名」でも同じ手順で実行する。

2	氏名	姓	名
3	桐生 敏明	桐生	敏明
4	佐々木 勉	佐々木	勉
5	加藤 真奈美	加藤	真奈美
6	林 慶	林	慶
7	小笠原 章太郎	小笠原	章太郎
8	河野 愛花	河野	愛花

フラッシュフィルは、**いくつかのサンプルデータをもとに、そのサンプルと同じ規則性を持って値を自動入力する機能**だ。ここで操作した例でいえば、「姓」の列で最初に入力したサンプルから、氏名の中で半角スペースの左側にある文字列を取り出すんだと Excel が判断し、すべての「姓」を返してくれる。また、「名」の列で最初に入力したサンプルから、氏名の中で半角スペースの右側にある文字列を取り出すんだと判断し、すべての「名」を返してくれるのだ。

フラッシュフィル機能はとても便利だが、元のデータが書き換えられるとその都度フラッシュフィルを実行する必要がある。

データが変更されても…、

5	佐々木 真奈美	加藤	真奈美

自動では更新されない。

5	佐々木 真奈美	加藤	真奈美

情報が頻繁に更新される表では、このメソッドで解説した文字列操作関数の活用がおすすめだ！

テクニック 次世代の文字列分割

文字列操作関数を駆使した文字列分割や、フラッシュフィル機能を凌駕する効率性と柔軟性を兼ね備えた関数が存在する。

TEXTBEFORE 関数

B2 =TEXTBEFORE(A2:A7," ")

	A	B	C
1	氏名	姓	名
2	桐生 敏明	桐生	敏明
3	佐々木 勉	佐々木	勉
4	加藤 眞奈美	加藤	眞奈美
5	林 慶	林	慶
6	小笠原 章太郎	小笠原	章太郎
7	河野 愛花	河野	愛花
8			

TEXTAFTER 関数

C2 =TEXTAFTER(A2:A7," ")

	A	B	C
1	氏名	姓	名
2	桐生 敏明	桐生	敏明
3	佐々木 勉	佐々木	勉
4	加藤 眞奈美	加藤	眞奈美
5	林 慶	林	慶
6	小笠原 章太郎	小笠原	章太郎
7	河野 愛花	河野	愛花
8			

TEXTSPLIT 関数

B4 =TEXTSPLIT(A4," ")

	A	B	C
1	氏名	姓	名
2	桐生 敏明	桐生	敏明
3	佐々木 勉	佐々木	勉
4	加藤 眞奈美	加藤	眞奈美
5	林 慶	林	慶
6	小笠原 章太郎	小笠原	章太郎
7	河野 愛花	河野	愛花
8			

これらの関数はすべて、本書執筆時点でMicrosoft365にのみ仮実装されているアイテムだ。
本格リリースまでに引数の構成や表現が変わる可能性があるが、少なくともたくさんの文字列操作関数を組み合わせて文字列を取り出さなくて済む時代がすでに来ている。

数式は1つしか入力していないのに他の範囲にまで浮かび上がるように表示される機能の秘密は、Chapter.5で徹底解説するぞ！

method 24

サンプルファイル
シート No.24

製品型名や管理コードを生成する

複数のデータ要素を連結して製品型名や管理コードを生成することがあります。

文字列の結合には、セル参照や固定値で入力したデータ同士を「&」(アンパサンド)でつなげる方法が一般的ですが、対象の要素が増えるほど1つずつ参照したり入力したりしていくのは面倒です。

このメソッドでは、こうした文字列の連結(結合)を効率的に行える関数を演習します。各要素の間に共通のデータをつなげる方法や空白セルが混在している場合の処理手順もあわせて習得しましょう。

=A3&"-"&B3&C3&D3&E3

	A	B	C	D	E	F
1						
2	メーカー	シリーズ	サイズ	発売年度	カラー	製品型名
3	HA	GK	15	24	B	HA-GK1524B
4	HA	GK	25	24	B	HA-GK2524B
5	HA	OK	15	24	B	HA-OK1524B
6	HA	OK	25	24	B	HA-OK2524B
7	HA	WK	15	24	L	HA-WK1524L
8	HA	WK	25	24	L	HA-WK2524L
9	HA	AK	15	24	L	HA-AK1524L
10	HA	AK	25	24	L	HA-AK2524L

初出の関数

01 CONCAT 関数 =CONCAT(テキスト 1,…)

複数の範囲や文字列のテキストを結合する

02 TEXTJOIN 関数 =TEXTJOIN(区切り文字,空のセルは無視,テキスト 1,…)

複数の範囲や文字列のテキストを、指定の区切り文字で結合する

製品型番を生成する

文字列を単純に結合するときは、CONCAT 関数を使う。(concatenate:連結する、鎖状につなぐ)今回は前述の通り、メーカー区分とシリーズ区分の間にのみ「-」(ハイフン)をつける製品型番を生成する。【HA-GK1524B】

CONCAT 関数

❶ CONCAT 関数を挿入する。

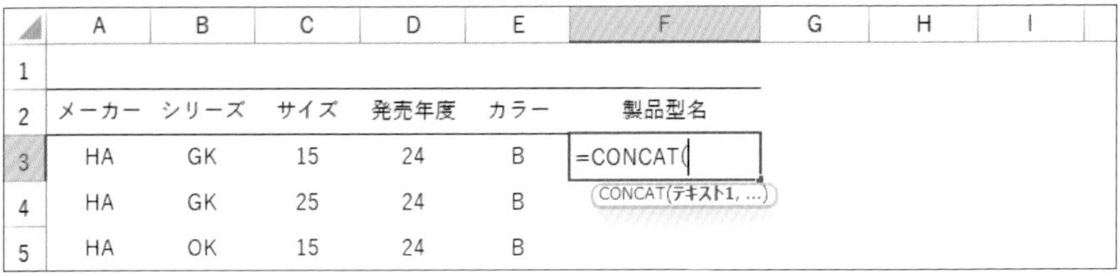

	A	B	C	D	E	F	G	H	I
1									
2	メーカー	シリーズ	サイズ	発売年度	カラー	製品型名			
3	HA	GK	15	24	B	=CONCAT(			
4	HA	GK	25	24	B	CONCAT(テキスト1, ...)			
5	HA	OK	15	24	B				

❷製品型名の構成要素が入力されたセル範囲を参照する。

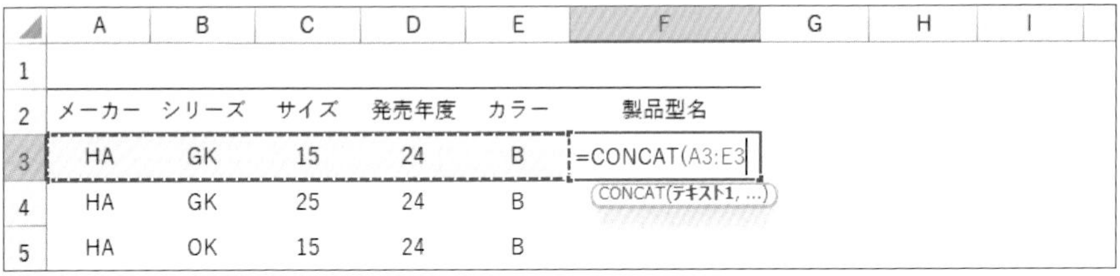

	A	B	C	D	E	F	G	H	I
1									
2	メーカー	シリーズ	サイズ	発売年度	カラー	製品型名			
3	HA	GK	15	24	B	=CONCAT(A3:E3			
4	HA	GK	25	24	B	CONCAT(テキスト1, ...)			
5	HA	OK	15	24	B				

選択範囲に含まれる文字列が結合される。

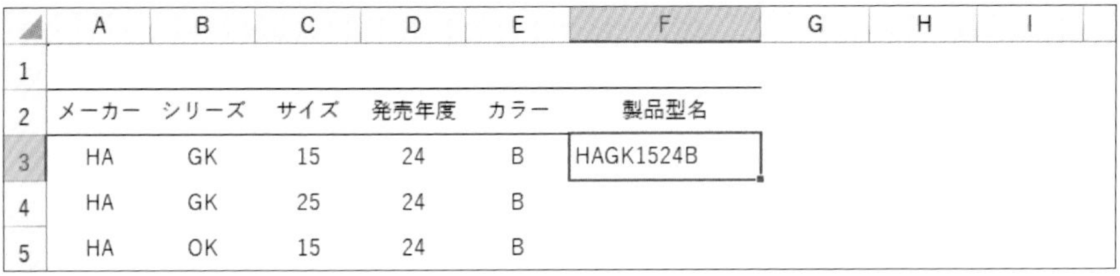

	A	B	C	D	E	F	G	H	I
1									
2	メーカー	シリーズ	サイズ	発売年度	カラー	製品型名			
3	HA	GK	15	24	B	HAGK1524B			
4	HA	GK	25	24	B				
5	HA	OK	15	24	B				

ただこれだと求めている形式になっていないため、参照方法を工夫する必要がある。

❶ CONCAT 関数を挿入し、メーカー区分のみ参照する。

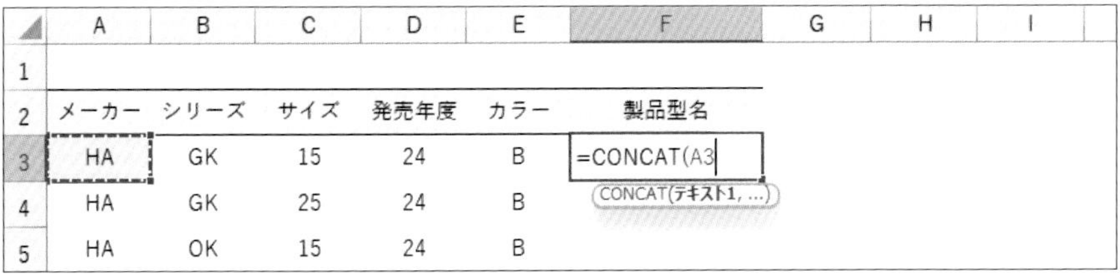

	A	B	C	D	E	F	G	H	I
1									
2	メーカー	シリーズ	サイズ	発売年度	カラー	製品型名			
3	HA	GK	15	24	B	=CONCAT(A3			
4	HA	GK	25	24	B	CONCAT(テキスト1, ...)			
5	HA	OK	15	24	B				

❷ダブルコーテーションマーク（""）で囲った「-」（ハイフン）を入力する。

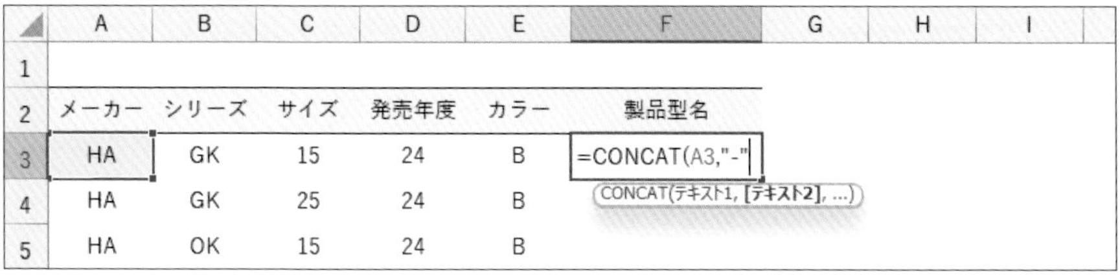

	A	B	C	D	E	F
1						
2	メーカー	シリーズ	サイズ	発売年度	カラー	製品型名
3	HA	GK	15	24	B	=CONCAT(A3,"-"
4	HA	GK	25	24	B	
5	HA	OK	15	24	B	

❸残りのセル範囲を参照する。

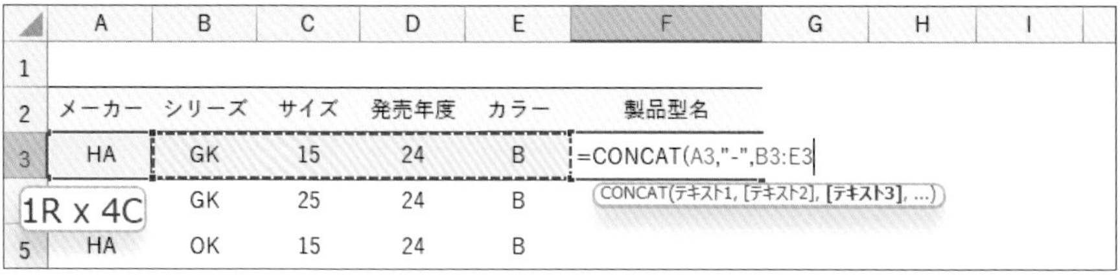

	A	B	C	D	E	F
1						
2	メーカー	シリーズ	サイズ	発売年度	カラー	製品型名
3	HA	GK	15	24	B	=CONCAT(A3,"-",B3:E3
4		GK	25	24	B	
5	HA	OK	15	24	B	

この数式を下へコピーすると、すべての製品型名が正しく生成される。

	A	B	C	D	E	F
1						
2	メーカー	シリーズ	サイズ	発売年度	カラー	製品型名
3	HA	GK	15	24	B	HA-GK1524B
4	HA	GK	25	24	B	HA-GK2524B
5	HA	OK	15	24	B	HA-OK1524B
6	HA	OK	25	24	B	HA-OK2524B
7	HA	WK	15	24	L	HA-WK1524L
8	HA	WK	25	24	L	HA-WK2524L
9	HA	AK	15	24	L	HA-AK1524L
10	HA	AK	25	24	L	HA-AK2524L
11						

管理コードを生成する

次に、各要素の間を「-」（ハイフン）でつなげて管理コードを生成する。

文字列を共通のデータで連結するときは、**TEXTJOIN 関数**を使う。(text：文章、文字列／join：加わる、交わる)

空白となっている項目は無視して一括設定するぞ！

	A	B	C	D	E	F
1						
2	大分類	中分類	副番	管理コード		
3	RU	5501		RU-5501		
4	RU	5501	E	RU-5501-E		
5	RU	5502		RU-5502		
6	RU	5502	E	RU-5502-E		
7	RU	5503		RU-5503		
8	RU	5503	E	RU-5503-E		
9	RU	5504		RU-5504		
10	RU	5504	E	RU-5504-E		
11						

TEXTJOIN 関数

❶ TEXTJOIN 関数を挿入する。

	A	B	C	D	E	F	G	H	I
1									
2	大分類	中分類	副番	管理コード					
3	RU	5501		=TEXTJOIN(					
4	RU	5501	E	TEXTJOIN(**区切り文字**, 空のセルは無視, テキスト1, ...)					
5	RU	5502							

❷第 1 引数「区切り文字」に、「"-"」を入力する。

	A	B	C	D	E	F	G	H	I
1									
2	大分類	中分類	副番	管理コード					
3	RU	5501		=TEXTJOIN("-"					
4	RU	5501	E	TEXTJOIN(**区切り文字**, 空のセルは無視, テキスト1, ...)					
5	RU	5502							

❸第 2 引数「空のセルは無視」で「TRUE」を選択する。

	A	B	C	D	E	F	G	H	I
1									
2	大分類	中分類	副番	管理コード					
3	RU	5501		=TEXTJOIN("-",					
4	RU	5501	E	TEXTJOIN(区切り文字, **空のセルは無視**, テキスト1, [テキスト2], ...)					
5	RU	5502		(...) TRUE - 空のセルを無視する / (...) FALSE - 空のセルを含める		連結する場合に、空のセルを無視します			

❹第３引数（以降）の「テキスト」に、管理コードの構成要素が入力されたセル範囲を参照する。

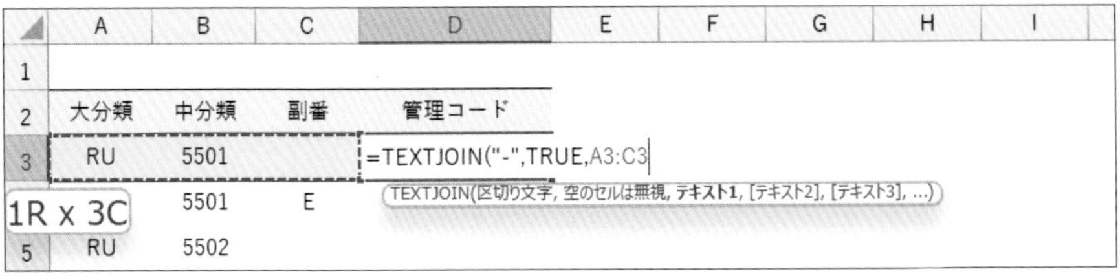

この数式を下へコピーすると、すべての管理コードが正しく生成される。

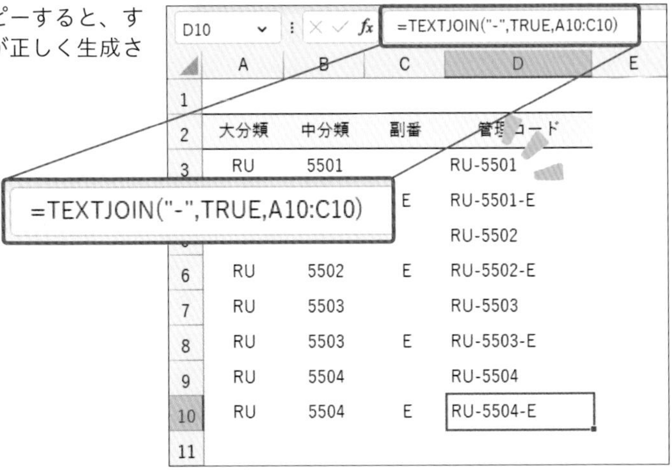

第２引数「空白セルは無視」で「FALSE」を選択すると、空白セルとの接合部分に余計な区切り文字が付着してしまうので注意しよう。

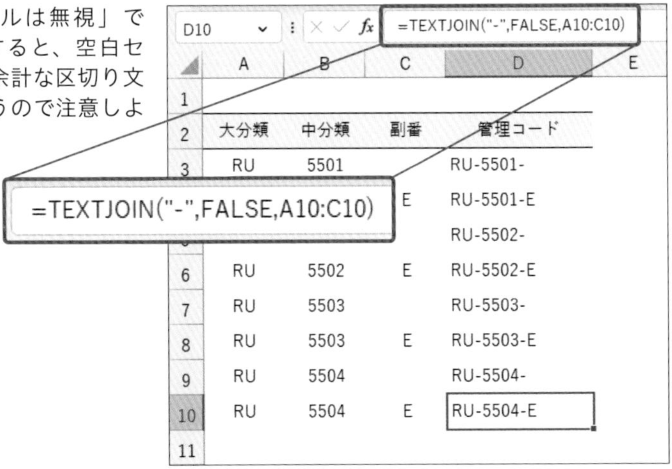

method 25

サンプルファイル
シート No.25

新しい採番体系で管理番号を生成する

セルに入力されたデータの一部を他の値や文字列に変換することがあります。たとえば以下のような住所録があり、1つめの「-」（ハイフン）を「丁目」に一括変更したいとなったとします。

Excelには対象の文字列と置換後の文字列を指示することでデータを置き換える「置換」機能が搭載されていますが、セル内に該当の文字列が複数ある場合などに柔軟な対応ができません。

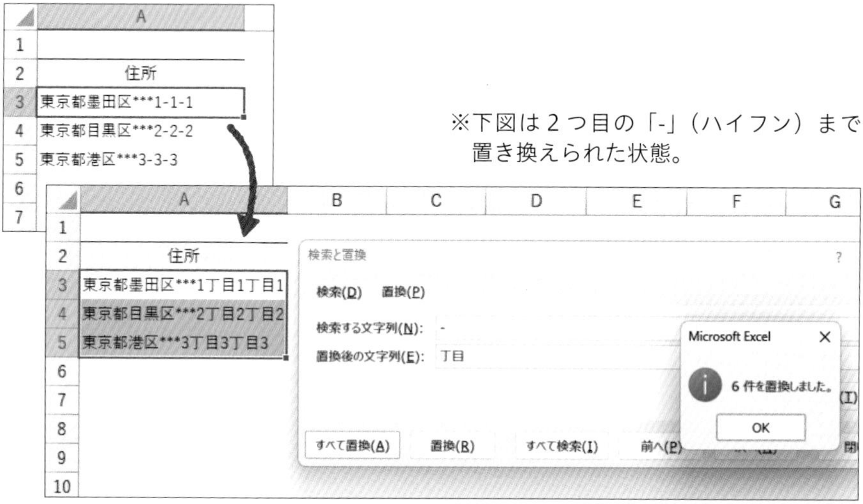

※下図は2つ目の「-」（ハイフン）まで置き換えられた状態。

このメソッドでは、データの置き換えをパターンごとに実行できる関数を演習します。複雑な条件でもスムーズな置換処理を行えるテクニックをここで身につけておきましょう。

初出の関数

01 SUBSTITUTE 関数 =SUBSTITUTE(文字列 , 検索文字列 , 置換文字列 ,[置換対象])

文字列内の指定のテキストを置き換える

02 REPLACE 関数 =REPLACE(文字列 , 開始位置 , 文字数 , 置換文字列)

文字列内の指定文字数分のテキストを置き換える

住所の表記を置き換える

サンプルは冒頭の住所録だ。
1つめの「-」(ハイフン)を「丁目」に変更し、さらに2つめの「-」(ハイフン)を「番」に変更していく。こうしたデータの置き換えには、**SUBSTITUTE 関数**を使う。
(substitute:代替、置換、代わり)

	A	B
1		
2	住所	
3	東京都墨田区***1-1-1	
4	東京都目黒区***2-2-2	
5	東京都港区***3-3-3	

置換対象を指示する

❶ SUBSTITUTE 関数を挿入する。
❷第1引数「文字列」に住所が入力されたセルを参照する。

	A	B	C	D	E	F
1						
2	住所	住所				
3	東京都墨田区***1-1-1	=SUBSTITUTE(A3				
4	東京都目黒区***2-2-2	SUBSTITUTE(**文字列**, 検索文字列, 置換文字列, [置換対象])				
5	東京都港区***3-3-3					

❸第2引数「検索文字列」に「"-"」(ハイフン)を入力する。
❹第3引数「置換文字列」に「"丁目"」を入力する。
※これにより、「-」→「丁目」に置き換える指示をしている。

	A	B	C	D	E	F
1						
2	住所	住所				
3	東京都墨田区***1-1-1	=SUBSTITUTE(A3,"-","丁目"				
4	東京都目黒区***2-2-2	SUBSTITUTE(文字列, 検索文字列, **置換文字列**, [置換対象])				
5	東京都港区***3-3-3					

第4引数「置換対象」は任意設定なので、試しにこの段階で結果を見てみる。
すると、前述の「置換」機能と同じく、2つ目の「-」まで「丁目」に置き換わっている。

	A	B	C	D	E	F
1						
2	住所	住所				
3	東京都墨田区***1-1-1	東京都墨田区***1丁目1丁目1				
4	東京都目黒区***2-2-2					
5	東京都港区***3-3-3					

このままではNGなので、第4引数「置換対象」を設定するところに戻ろう。今回はここに「1」を入力する。

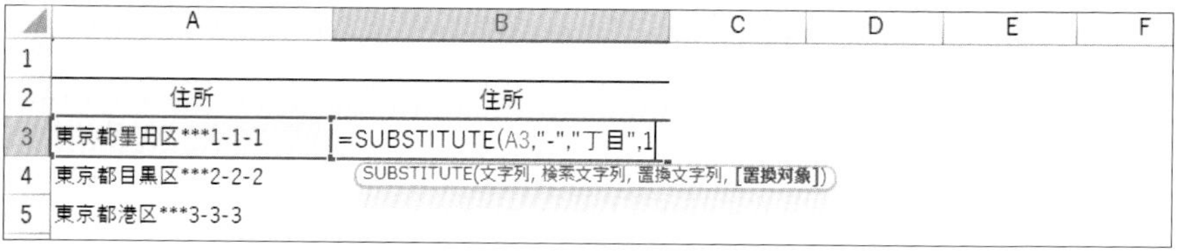

これにより、1つ目の「-」だけが「丁目」に置き換わる。

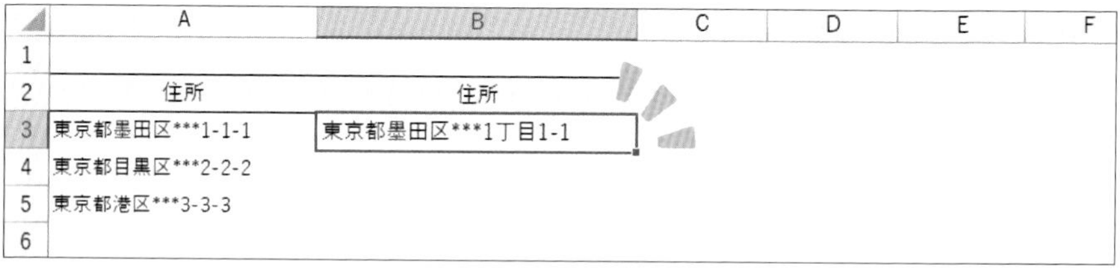

SUBSTITUTE関数は、対象データの中に第2引数で設定した「検索文字列」が複数ある場合、第4引数「置換対象」に入力した値の数だけ左からカウントし、そのn番目に位置する文字列を置換対象にしてくれるのだ。

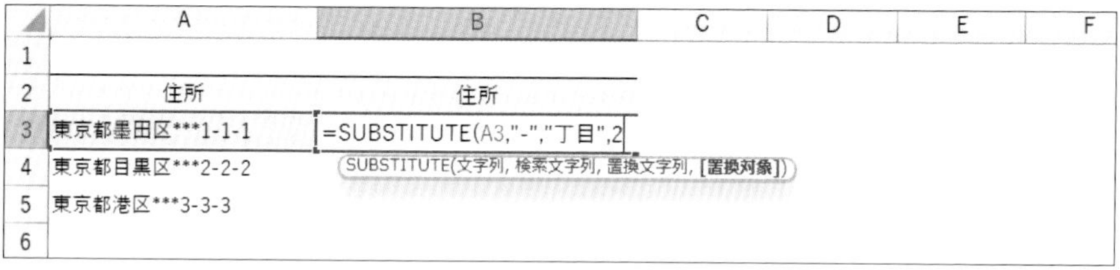

参考までに、今回のサンプルで第4引数「置換対象」を「2」に設定すると、2つ目の「-」が「丁目」に変換される。

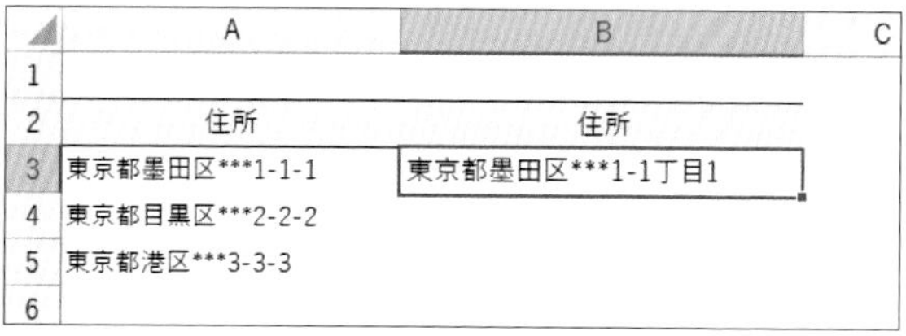

複数の文字列を置換する

1つ目の「-」を「丁目」に変え（条件1）、2つ目の「-」を「番」に変える（条件2）という、複数の文字列をそれぞれ異なる文字列に置き換える方法を解説する。この処理を実現するには、その条件の数だけSUBSTITUTE関数を組み合わせていく。

❶あらかじめ SUBSTITUTE 関数に SUBSTITUTE 関数をネストする。今回は条件が 2 つなので、2 つの SUBSTITUTE 関数を使う。

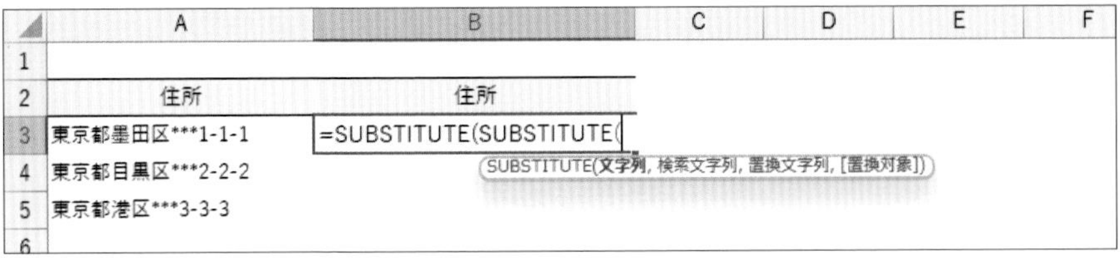

❷条件 1 を設定する。
今回は 1 つ目の「-」を「丁目」に変えることが条件 1 となるので、前述と同じように「文字列」「検索文字列」「置換文字列」「置換対象」を指示する。

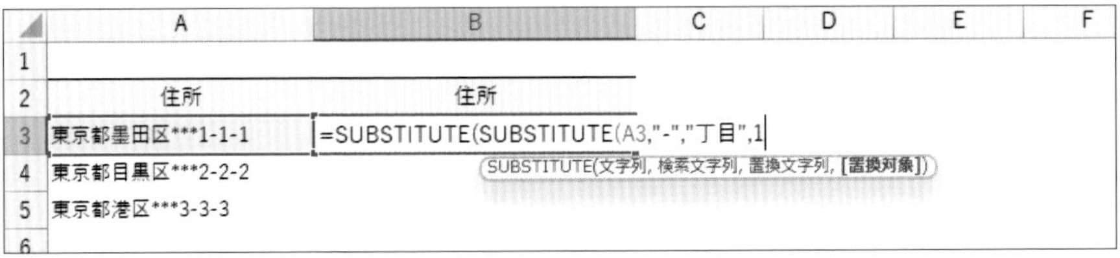

❸条件 2 を設定する。
今回は 2 つ目の「-」を「番」に変えることが条件 2 なので、第 2 引数「検索文字列」が「-」、第 3 引数「置換文字列」が「番」となる。

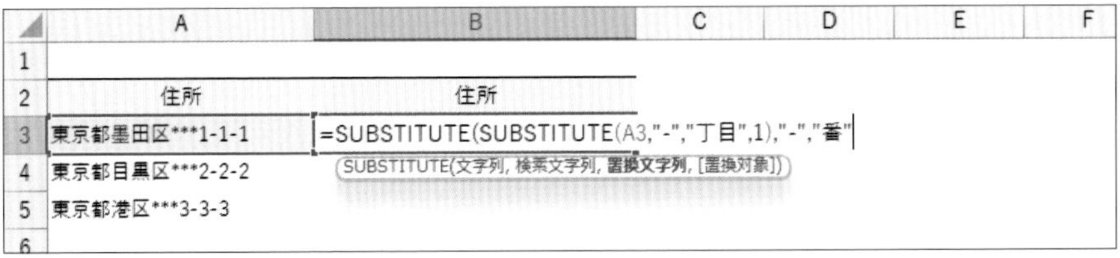

さて、条件 1 で第 4 引数「置換対象」を「1」に設定したので、条件 2 の第 4 引数にはなんとなく「2」を入力したくなる。

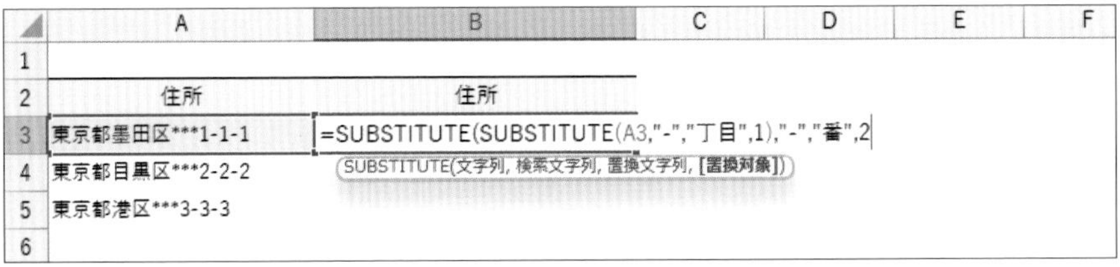

ところが結果を見てみると、2つ目の「-」は「-」のままだ。

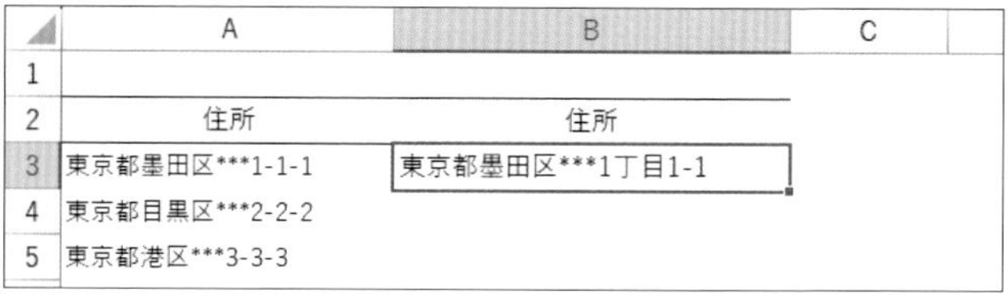

これは、**条件1のSUBSTITUTE関数で1つ目の「-」が「丁目」に置き換わった上で、残された「-」を条件2で置き換える、という段階的な処理が行われている**ためだ。2つの「-」のうち、1つは「丁目」に変わっているので、残る「-」は1つだけである。そのため、条件2のSUBSTITUTE関数の第4引数「置換対象」に「2」を設定しても、その処理を行う頃には「-」は1つしか存在せず（2つ目の「-」が見つからず）、結果的に条件2の置き換え処理は行われないのだ。

今回は、残るすべての「-」を「番」に変えるよう、第4引数「置換対象」には何も入力しない。

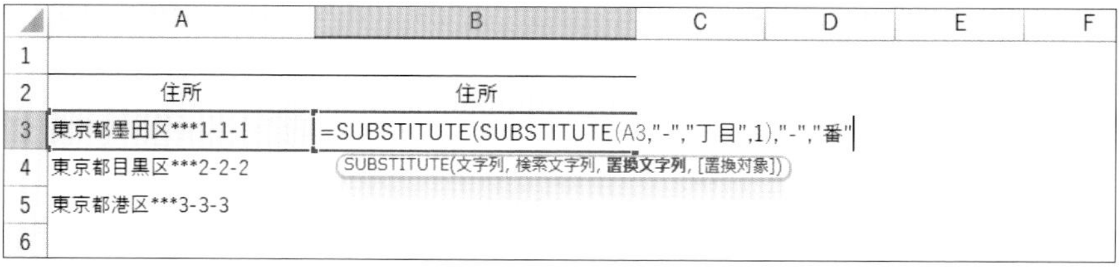

または、残る「-」の中で「1」番目にあたる文字列を置換対象とするために「"1"」を入力する。

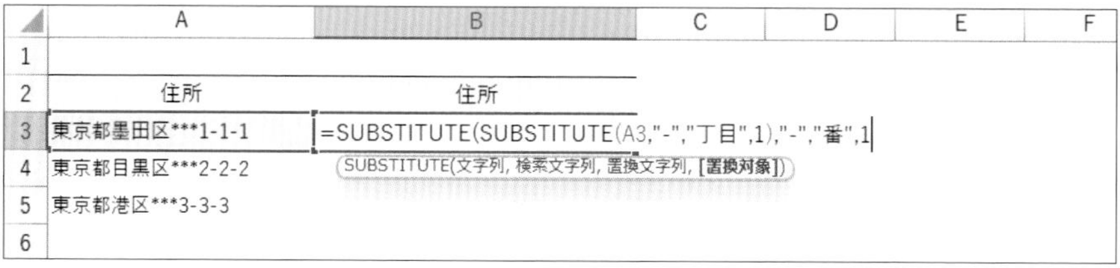

いずれかの設定を行うことで、それぞれの文字列を正しく置き換えられる。

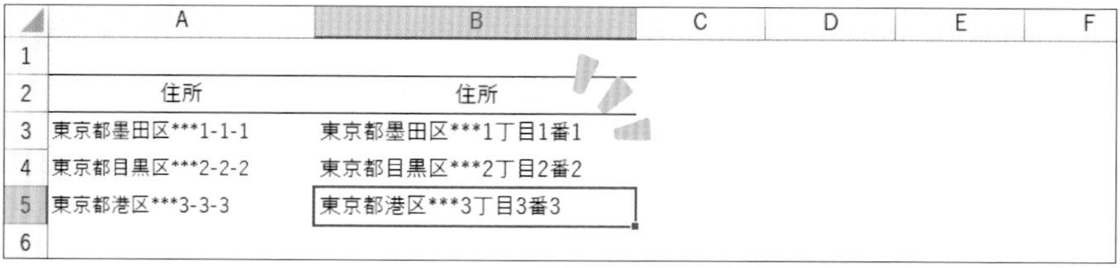

商品管理番号を変換する

生産年度の切り替えや部品の仕様変更などにより、商品の管理番号を新しい体系に置き換えることがある。

サンプルは家具用品の管理番号マスターだ。

	A	B	C
1			
2	商品名称	旧管理番号	新管理番号
3	ｷｯﾁﾝｾｯﾄ ｽﾓｰﾙ ﾀｰｺｲｽﾞ	R010-008SS	
4	ｷｯﾁﾝｾｯﾄ ﾐﾄﾞﾙ ﾜｲﾝﾚｯﾄﾞ	R010-022M	
5	ｷｯﾁﾝｾｯﾄ ﾐﾄﾞﾙ ﾀﾞｰｸｸﾞﾚｰ	R010-011M	
6	ｷｯﾁﾝｾｯﾄ ﾜｲﾄﾞ ﾀﾞｰｸｸﾞﾚｰ	R010-011W	

今回はSUBSTITUTE関数を使って旧管理番号に以下の変更を加え、新管理番号を生成する。
・「R010」の部分を「R011」とする。　・管理番号の末尾に「Y」をつける。

【条件1】「R010」→「R011」に変更する。　【条件2】「SS」→「SSY」に変更する。
【条件3】「M」→「MY」に変更する。　【条件4】「W」→「WY」に変更する。
という4つの変更を行うことになる。

❶SUBSTITUTE関数を挿入する。
今回は変更点が4つあるため、SUBSTITUTE関数をあらかじめ4つ組み合わせる。

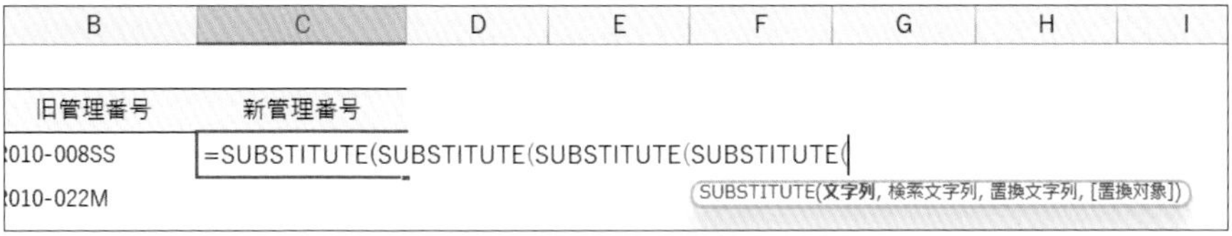

まずは条件1の、「R010」→「R011」を設定していく。

❷第1引数「文字列」に旧管理番号を参照する。
❸第2引数「検索文字列」に「0」を入力する。
❹第3引数「置換文字列」に「1」を入力する。
❺第4引数「置換対象」に「2」を入力する。
これにより、旧管理番号の左から数えて「2」番目にくる「0」を「1」に置き換える、という指示を出していることになる。

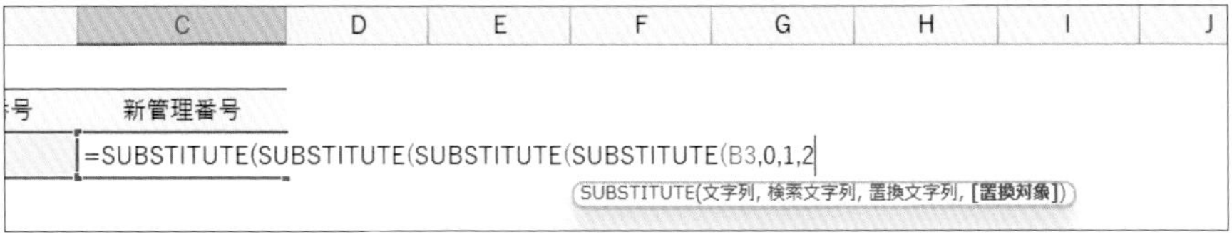

文字列を変換する場合は「""」（ダブルコーテーションマーク）で囲む必要があるが、数値の場合は直接入力で OK だ。

続けて、条件 2 ～条件 4 を設定していく。

❻条件 2：第 2 引数「検索文字列」に「"SS"」、第 3 引数「置換文字列」に「"SSY"」を入力する。

❼条件 3：第 2 引数「検索文字列」に「"M"」、第 3 引数「置換文字列」に「"MY"」を入力する。

❽条件 4：第 2 引数「検索文字列」に「"W"」、第 3 引数「置換文字列」に「"WY"」を入力する。

	C	D	E	F	G	H	I	J
号	新管理番号							
	=SUBSTITUTE(SUBSTITUTE(SUBSTITUTE(SUBSTITUTE(B3,0,1,2),"SS","SSY"),"M","MY"),"W","WY"							
	SUBSTITUTE(文字列, 検索文字列, **置換文字列**, [置換対象])							

第 1 引数「文字列」は条件 1 で B3 セルを参照済なので省略でき、第 4 引数「置換対象」は参照セル内に同じアルファベットが存在しないため設定する必要がない。

この数式を下へコピーすると、それぞれの新管理番号が正しく生成できる。

	A	B	C
1			
2	商品名称	旧管理番号	新管理番号
3	ｷｯﾁﾝｾｯﾄ ｽﾓｰﾙ ﾀｰｺｲｽﾞ	R010-008SS	R011-008SSY
4	ｷｯﾁﾝｾｯﾄ ﾐﾄﾞﾙ ﾜｲﾝﾚｯﾄﾞ	R010-022M	R011-022MY
5	ｷｯﾁﾝｾｯﾄ ﾐﾄﾞﾙ ﾀﾞｰｸｸﾞﾚｰ	R010-011M	R011-011MY
6	ｷｯﾁﾝｾｯﾄ ﾜｲﾄﾞ ﾀﾞｰｸｸﾞﾚｰ	R010-011W	R011-011WY
7			
8			

SUBSTITUTE 関数の特長として、**検索文字列が見つからない場合はエラーを返さずにスルーする**、という性質がある。たとえば B4 セルの旧管理番号「R010-022M」には、条件 2 で検索した「SS」は含まれないが、見つからないことによるエラーは表示せず、次の条件に設定した文字列の検索に移ってくれるということだ。

REPLACE 関数

同じく文字列を置き換える関数として **REPLACE 関数**がある。(replace：交換、替える) SUBSTITUTE 関数が検索文字列と置換文字列をズバリ設定するのに対し、REPLACE 関数は置換対象を文字数で指示する。REPLACE 関数の基本構成を確認するために、前述の条件のうち、まずは「R010」→「R011」の変更のみをやってみる。

❶REPLACE 関数を挿入する。
❷第 1 引数「文字列」に旧管理番号を参照する。

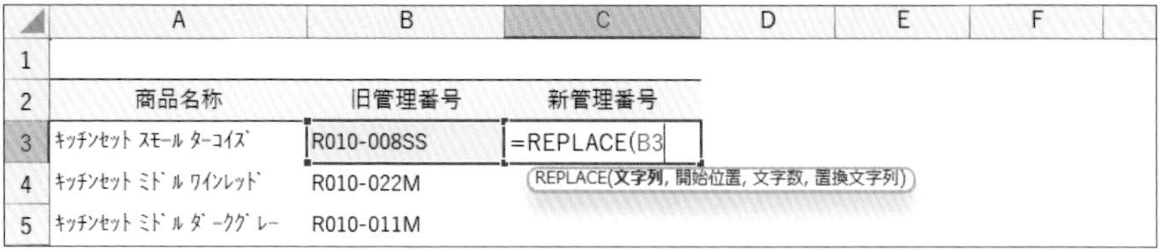

❸第 2 引数「開始位置」に、置換対象のデータが左から数えて何番目から始まるかを入力する。今回は "R010" を "R011" に変更するため、左から "4" 番目の 0 が置換対象となる。

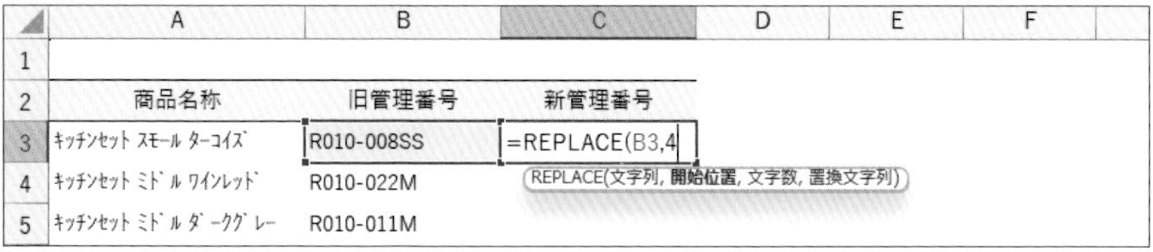

❹第 3 引数「文字数」に、開始位置から何文字分を置換対象とするかを入力する。
今回は左から 4 番目の 0 だけを変更するため、「1」文字分が対象となる。

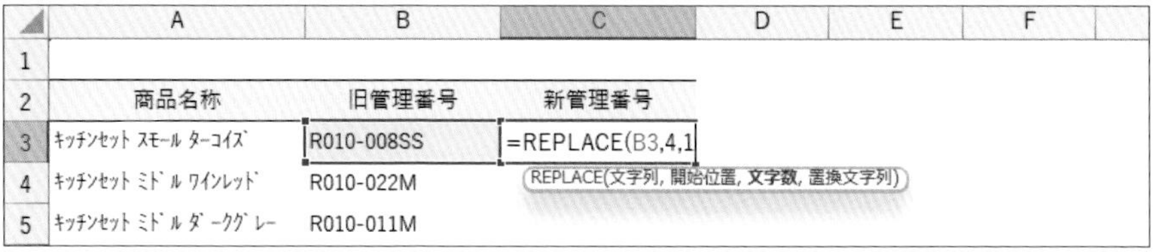

❺第 4 引数「置換文字列」に、置換後の文字列を指示する。
今回は左から 4 番目の 0 を 1 に変えるため、「1」を入力する。

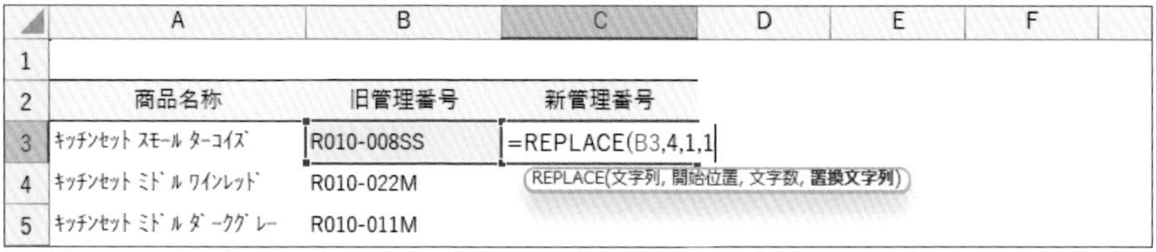

この数式を下へコピーすると、それぞれ旧管理番号の「R010」が「R011」に置き換わったデータが返る。

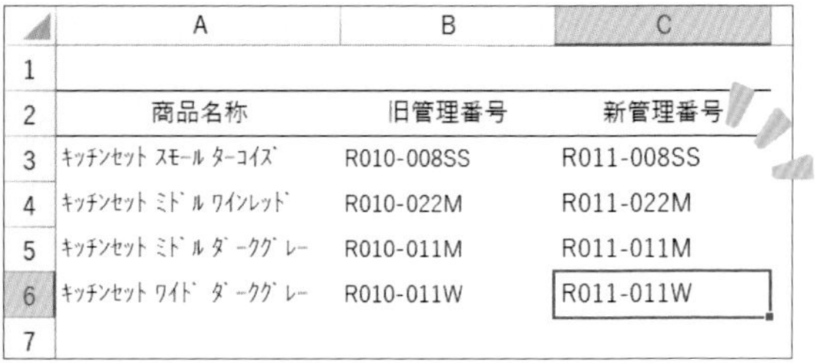

続けて、管理番号の末尾に「Y」を付加する条件を加えたときに正しく機能するかを見ていこう。

❶REPLACE 関数を挿入する。
今回も変更条件の数だけ REPLACE 関数をあらかじめ組み合わせる。

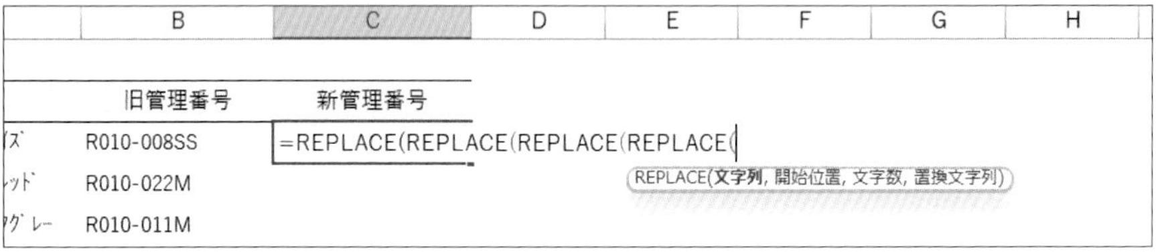

❷条件 1：前述と同じ構成で、「R010」を「R011」にする。

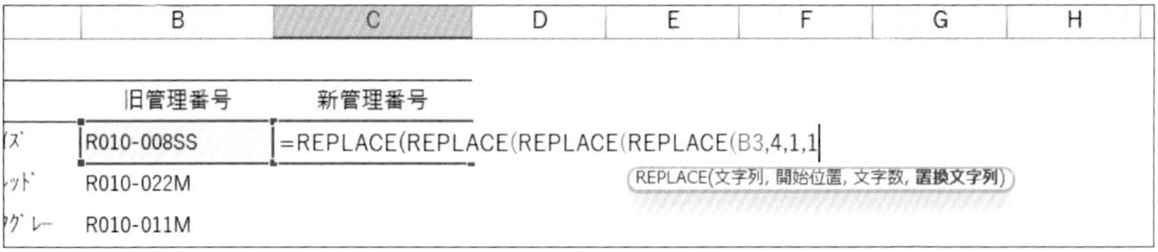

❸条件 2：9 文字目から 2 文字分（「"SS"」）を「"SSY"」にする。
❹条件 3：9 文字目から 1 文字分（「"M"」）を「"MY"」にする。
❺条件 4：9 文字目から 1 文字分（「"W"」）を「"WY"」にする。

この数式を下へコピーした結果を見てみると、末尾の部分がおかしなことになっている。

C6 =REPLACE(REPLACE(REPLACE(REPLACE(B6,4,1,1),9,2,"SSY"),9,1,"MY"),9,1,"WY")

	A	B	C	D	E	F
1						
2	商品名称	旧管理番号	新管理番号			
3	ｷｯﾁﾝｾｯﾄ ｽﾓｰﾙ ﾀｰｺｲｽﾞ	R010-008SS	R011-008WYYSY			
4	ｷｯﾁﾝｾｯﾄ ﾐﾄﾞﾙ ﾜｲﾝﾚｯﾄﾞ	R010-022M	R011-022WYYSY			
5	ｷｯﾁﾝｾｯﾄ ﾐﾄﾞﾙ ﾀﾞｰｸｸﾞﾚｰ	R010-011M	R011-011WYYSY			
6	ｷｯﾁﾝｾｯﾄ ﾜｲﾄﾞ ﾀﾞｰｸｸﾞﾚｰ	R010-011W	R011-011WYYSY			

複数条件をズバリ指定したSUBSTITUTE関数はその検索文字列が見つからない場合に次の変更条件に移ってくれるが、**REPLACE関数は指定の文字数を置換対象にするため、文字列の内容に限らず複数の変更をすべての文字列で実行する。**

今回であれば、条件2～条件4は同じ9文字目から変換する。
まず条件2で「SS」が「SSY」に置き換わり、条件3でその「SSY」の先頭の「S」が「MY」に置き換わることで「MYSY」となり、条件4でさらにその「MYSY」の「M」が「WYに置き換わることで結果的に「WYYSY」となってしまったのだ。

まとめ

SUBSTITUTE関数の特長

・検索文字列が参照データに複数存在する場合、どこに位置する文字列を置換対象とするか指示できる。
・複数の同じ文字列をそれぞれ異なる文字列に置き換えられる。
・検索文字列が見つからない場合でもエラーを返さない。

REPLACE関数の特長

・文字列の内容に関わらず、指定の文字数を置換対象にできる。

以上の特長から、**複数かつ異なる文字列への置き換えを同時に実行する**場合はSUBSTITUTE関数が、**文字列の内容に関わらず単一条件で強制的に置き換えを実行する**場合はREPLACE関数がおすすめだ。シーンにあわせて使い分けていこう！

サンプルファイル
シート No.26

支店別評価に業績ランクを併記する

支店別や担当者別の評価に加えて、業績ランクや追加施策の要否を併記することがあります。サンプルは支店別販売状況の「対前年伸長率」を評価したものです。

評価①にはIF関数を用いて、伸長率が120%以上の支店は「◎」、100%以上は「○」、100%未満は「×」を返すように設定しています。

評価②にはIF関数を用いて、伸長率が120%以上の支店は「1」、100%以上は「2」、100%未満は「3」を返すように設定しています。

	A	B	C	D	E	F	G
1							
2		前年	当年	伸長率	評価①	評価②	ランク
3	A支店	1,424	1,581	111%	○	2	
4	B支店	1,095	974	89%	×	3	
5	C支店	1,721	1,785	104%	○	2	
6	D支店	1,579	1,134	72%	×	3	
7	E支店	758	984	130%	◎	1	
8	F支店	573	662	116%	○	2	
9	G支店	1,314	1,140	87%	×	3	
10	H支店	1,369	1,657	121%	◎	1	
11	I支店	1,358	1,078	79%	×	3	
12	J支店	1,626	1,825	112%	○	2	
13							
14							
15							

ここでG列に、支店別の評価に応じて業績ランクを追記することになりました。IF関数やIFS関数を使って1から条件分岐を設定しても良いですが、せっかく「◎、○、×」や「1、2、3」といった評価結果が隣接する列に表示されていますので、これらを活用できることが理想的です。

このメソッドでは、**参照した文字列や値に応じて複数の分岐を設定できる関数**を演習します。いずれも条件分岐により処理を変える「論理関数」に分類されますが、文字列操作を演習してきた流れでユースケースをイメージしておくと、理解が進みやすいです。

初出の関数

01 SWITCH関数 =SWITCH(式,値1,結果1,[既定または値2,結果2],…)

条件に設定した式を評価し、各値に対応する結果を返す

02 CHOOSE関数 =CHOOSE(インデックス,値1,[値2],…)

条件に設定したインデックスの結果に対応する値を返す

評価に応じた業績ランクを追記する

参照した文字列や値に応じてパターン別に表記を変えるには、**SWITCH** 関数または **CHOOSE** 関数を使う。(switch：切り替え、交換／ choose：選ぶ、選択する)
いずれも伸長率が 120% 以上の支店は「SS」ランク、100% 以上は「A」ランク、100% 未満は「B」ランクを返すように設定していく。

SWITCH 関数

❶ SWITCH 関数を挿入する。

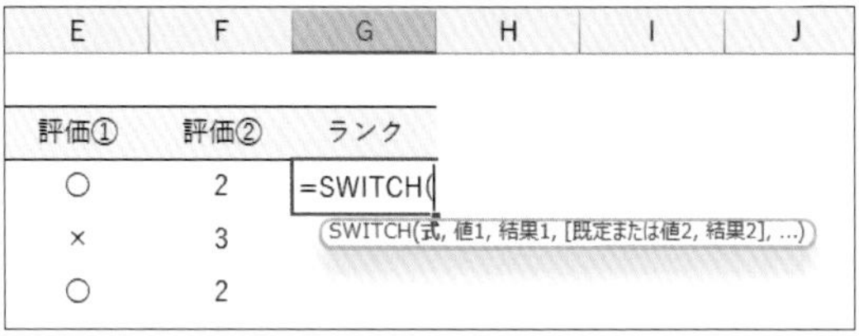

❷第 1 引数「式」には、評価結果が文字列（記号）として入力されている列のデータを参照する。

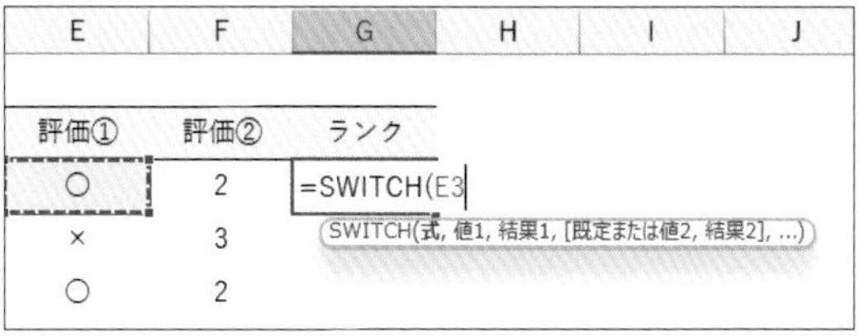

❸第 2 引数「値 1」に「" ◎ "」、第 3 引数「結果 1」に「"SS"」を入力する。
これが、第 1 引数「式」の参照結果が「◎」だったときに「SS」を返す設定となる。

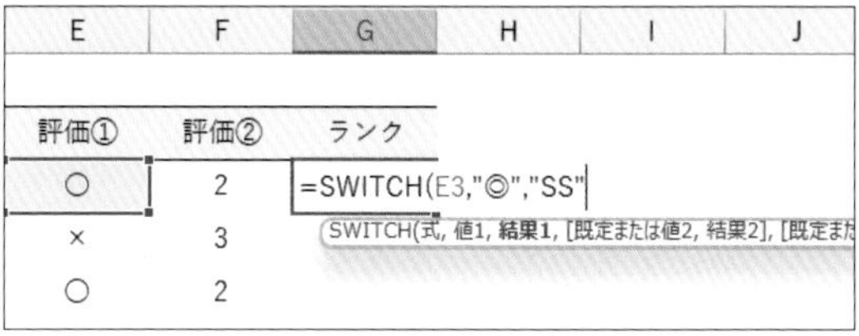

❹第 4 引数「値 2」に「" ○ "」、第 5 引数「結果 2」に「"A"」を入力する。
これが、第 1 引数「式」の参照結果が「○」だったときに「A」を返す設定となる。

❺第 6 引数「値 3」に「"×"」、第 7 引数「結果 3」に「"B"」を入力する。
これが、第 1 引数「式」の参照結果が「×」だったときに「B」を返す設定となる。

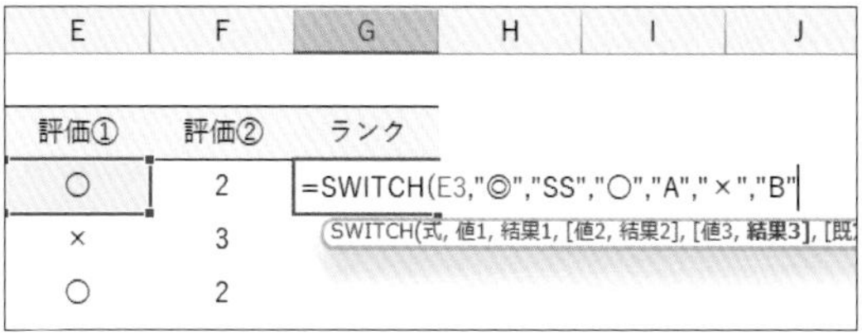

なお、最後の分岐は「値」を指示しなくても動作する。
今回の場合、「◎」「○」に該当しない場合はすべて「B」を返す設定にすることで、右図のように「値3」の「×」を省略できる。

E	F	G	H	I	J
評価①	評価②	ランク			
○	2	=SWITCH(E3,"◎","SS","○","A","B"			
×	3	SWITCH(式, 値1, 結果1, [値2, 結果2], **[既定または値3, 結**			
○	2				

この数式を下へコピーすると、参照した評価①の結果に応じて業績ランクが返される。

B	C	D	E	F	G
前年	当年	伸長率	評価①	評価②	ランク
1,424	1,581	111%	○	2	A
1,095	974	89%	×	3	B
1,721	1,785	104%	○	2	A
1,579	1,134	72%	×	3	B
758	984	130%	◎	1	SS
573	662	116%	○	2	A
1,314	1,140	87%	×	3	B
1,369	1,657	121%	◎	1	SS
1,358	1,078	79%	×	3	B
1,626	1,825	112%	○	2	A

CHOOSE関数

❶ CHOOSE関数を挿入する。

❷第1引数「インデックス」には、評価結果が値として入力されている列のデータを参照する。

E	F	G	H	I	J
評価①	評価②	ランク			
○	2	=CHOOSE(F3			
×	3	CHOOSE(**インデックス**, 値1, [値2], ...)			
○	2				
×	3				

❸第2引数「値1」に「"SS"」、第3引数「値2」に「"A"」、第4引数「値3」に「"B"」を入力する。

E	F	G	H	I	J
評価①	評価②	ランク			
○	2	=CHOOSE(F3,"SS","A","B"			
×	3	CHOOSE(インデックス, 値1, [値2], **[値3]**, [値4], [値5], ...)			
○	2				
×	3				

CHOOSE 関数は、第 1 引数「インデックス」に 1 からの連番が発生するセルを参照することにより、その結果が 1 であれば第 2 引数「値 1」を返し、結果が 2 であれば第 3 引数「値 2」を返し、結果が 3 であれば第 4 引数「値 3」を返す。

今回であれば、F 列の評価結果が 1 であれば「値 1」の「SS」を、2 であれば「値 2」の「A」を、3 であれば「値 3」の「B」を、それぞれ返す指示をしていることになる。

B	C	D	E	F	G
前年	当年	伸長率	評価①	評価②	ランク
1,424	1,581	111%	○	2	A
1,095	974	89%	×	3	B
1,721	1,785	104%	○	2	A
1,579	1,134	72%	×	3	B
758	984	130%	◎	1	SS
573	662	116%	○	2	A
1,314	1,140	87%	×	3	B
1,369	1,657	121%	◎	1	SS
1,358	1,078	79%	×	3	B
1,626	1,825	112%	○	2	A

まとめ（論理関数の使い分け）

SWITCH 関数・CHOOSE 関数は、IFS 関数・IFS 関数と同じ論理関数に分類される関数だ。以下にまとめた各関数の特長を踏まえて、使い分けていこう。

		IF	IFS	SWITCH	CHOOSE
1	関数単体で複数の条件を設定できる	×	○	×	×
2	関数単体で複数の分岐を設定できる	△ ※ 2 つまで	○	○	○
3	第 1 引数（条件）を比較演算子で指示できる	○	○	×	×
4	第 1 引数（条件）をセル参照だけで指示できる	×	×	○	○
5	すべての条件を満たさないときの処理が設定できる	○	○	○	×
6	Excel 2013 以前のバージョンで使える	○	×	×	○
使い分け		条件分岐が少ない	条件分岐が多い	文字列参照に応じた条件分岐	値（連番）参照に応じた条件分岐

テクニック　指定期間の累計実績をCHOOSE関数で求める

Chapter.2で演習したIF関数・IFS関数による指定期間の累計実績の算出は、CHOOSE関数でシンプル化できる。

（おさらい）対象月に応じて合計対象範囲を変更することで、指定月時点の累計実績や前年伸長率を求められた。

B	C	D	E	F	G	H	I	J	K	L	M	N	O	P
					対象月	6								
4月	5月	6月	7月	8月	9月	累計	前年比							
90	78	35	163	133	37	=IFS($H$1=4,B4,$H$1=5,SUM(B4:C4),$H$1=6,SUM(B4:D4),$H$1=7,SUM(B4:E4),$H$1=8,								
82	13	86	38	110	89	SUM($B$4:$F$4),$H$1=9,SUM(B4:G4))								
60	96	159	176	52	45									

B	C	D	E	F	G	H	I	J	K
					対象月	6			
4月	5月	6月	7月	8月	9月	累計	前年比		
90	78	35	163	133	37	203			
82	13	86	38	110	89				
60	96	159	176	52	45				

CHOOSE関数なら、第1引数「インデックス」として参照したセルに1～6の値を入力することで、それの値に応じた合計対象範囲を指示できる。

```
=CHOOSE($H$1,B4,SUM(B4:C4),SUM(B4:D4),SUM(B4:E4),SUM(B4:F4),SUM(B4:H4))
```

```
fx =CHOOSE($H$1,B4,SUM(B4:C4),SUM(B4:D4),SUM(B4:E4),SUM(B4:F4),SUM(B4:H4))
```

B	C	D	E	F	G	H	I	J	K
					対象	3			
4月	5月	6月	7月	8月	9月	累計	前年比		
90	78	35	163	133	37	203	92%		
82	13	86	38	110	89	181	101%		
60	96	159	176	52	45	315	107%		

IF関数やIFS関数のように条件の数だけ論理式を設定する必要がないから数式を簡素化できるぞ！

method **27**

サンプルファイル
シート No.27

行を削除・移動・非表示にしても連番を成立させる

顧客名簿や商品・サービスの情報をまとめた表に通し番号を付記することがあります。こうした連続した番号（連番）をふる際は、オートフィルを使ったり、「上のセル＋ 1」といった簡易的な数式を入力したりするのが一般的です。

	A	B	C	D
1				
2	N	氏名	利用金額	クラス
3	1	石黒 雅裕	8,761	A
4	2	松島 有正	138,202	SS
5		富永 愛	23,522	A
6		久野 拓也	172,607	SS
7		高村 晃一	102,850	SS
8		宮川 美波	24,687	A
9		嶋田 蒼	87,013	S
10		小山 泰雄	125,801	SS
11		川島 叶仁	141,364	SS
12		黒田 諭	68,700	S
13				

	A	B	C	D
1				
2	N	氏名	利用金額	クラス
3	1	石黒 雅裕	8,761	A
4	2	松島 有正	138,202	SS
5	3	富永 愛	23,522	A
6	=A5+1		172,607	SS
7	5	高村 晃一	102,850	SS
8	6	宮川 美波	24,687	A
9	7	嶋田 蒼	87,013	S
10	8	小山 泰雄	125,801	SS
11	9	川島 叶仁	141,364	SS
12	10	黒田 諭	68,700	S
13				

ただしこの手順で追記した連番は、行を移動したり、削除したり、非表示にしたりすると、通し番号が成り立たなくなることがほとんどです。

このメソッドでは、行の移動・削除・非表示などの操作を行っても連番を成立させる方法を演習します。番号が各データに紐づいているマスターデータではなく、今見えている情報に正しく通し番号を設定して閲覧しやすい表を作成したいときに重宝できるテクニックです。

	A	B	C	D
1				
2	No.	氏名	利用金額	クラス
3	1	石黒 雅裕	8,761	A
4	2	松島 有正	138,202	SS
5	#REF!	久野 拓也	172,607	SS
6	#REF!	高村 晃一	102,850	SS
7	#REF!	宮川 美波	24,687	A
8	#REF!	嶋田 蒼	87,013	S
9	#REF!	小山 泰雄	125,801	SS
10	#REF!	川島 叶仁	141,364	SS
11	#REF!	黒田 諭	68,700	S
12				
13				

5 行目のデータを削除した状態。

初出の関数

01 ROW 関数 =ROW([参照])

参照セルの行番号を返す

02 COLUMN 関数 =COLUMN([参照])

参照セルの列番号を返す

行を移動・削除しても連番が成立

行の移動や削除をしても崩れない連番を作るには、ROW 関数を使う。（row：行、並び）

ROW 関数

ROW 関数は、参照したセルの行番号を返す関数だ。

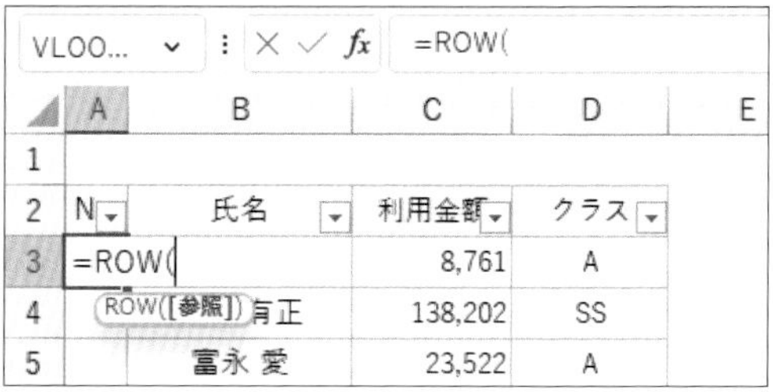

特にセルを参照しなければ、ROW 関数を入力したセルの行番号を表示する。

※右図は 3 行目に ROW 関数を入力したことで、「3」が返された状態。

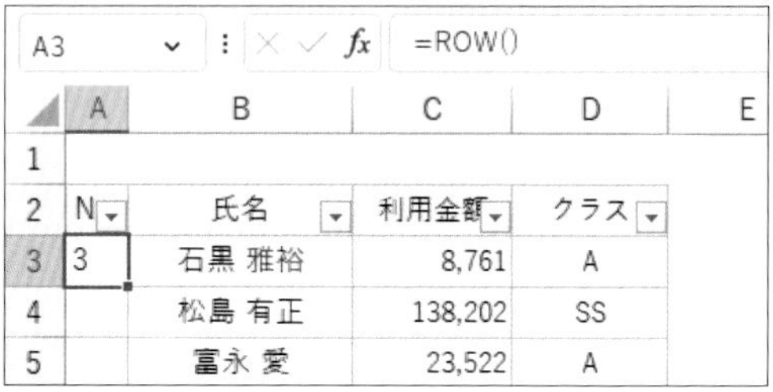

今回は先頭の空白行と見出し行の 2 行分を差し引いた 3 行目から通し番号をスタートしたいので、ROW 関数で返した行番号から「2」を引く。

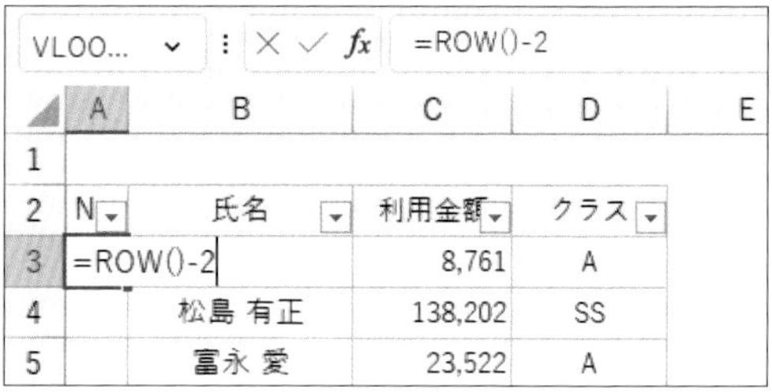

これにより、「1」が表示される。

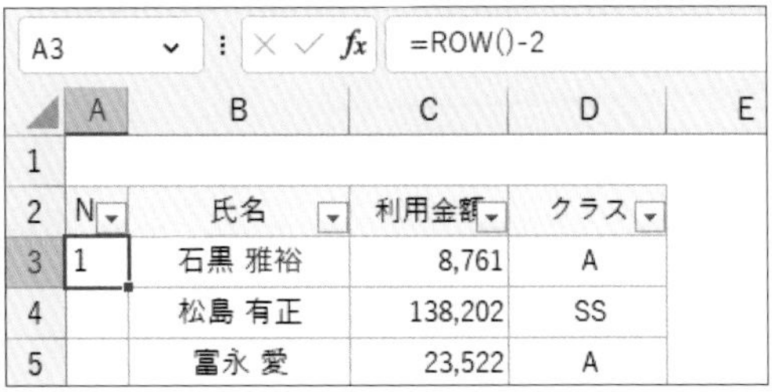
A3 =ROW()-2

	A	B	C	D
1				
2	N	氏名	利用金額	クラス
3	1	石黒 雅裕	8,761	A
4		松島 有正	138,202	SS
5		富永 愛	23,522	A

数式を下へコピーすると連番が生成される。

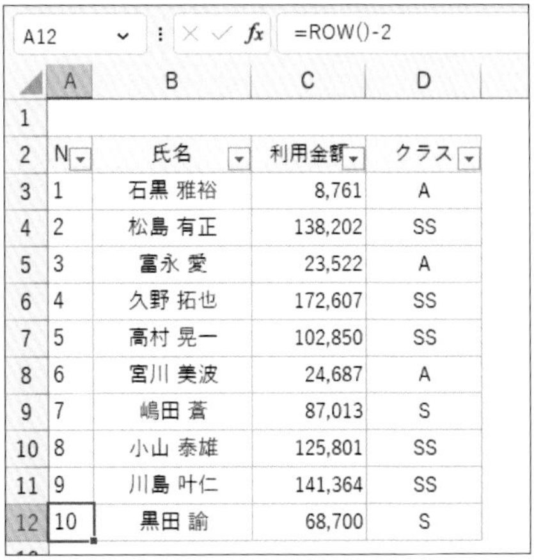
A12 =ROW()-2

	A	B	C	D
1				
2	N	氏名	利用金額	クラス
3	1	石黒 雅裕	8,761	A
4	2	松島 有正	138,202	SS
5	3	富永 愛	23,522	A
6	4	久野 拓也	172,607	SS
7	5	高村 晃一	102,850	SS
8	6	宮川 美波	24,687	A
9	7	嶋田 蒼	87,013	S
10	8	小山 泰雄	125,801	SS
11	9	川島 叶仁	141,364	SS
12	10	黒田 諭	68,700	S

ROW関数で採番することで数字が行番号に紐づくため、行を削除しても自動で連番に更新される。
※下図は5行目のデータを削除した状態。

A5 =ROW()-2

	A	B	C	D
1				
2	N	氏名	利用金額	クラス
3	1	石黒 雅裕	8,761	A
4	2	松島 有正	138,202	SS
5	3	久野 拓也	172,607	SS
6	4	高村 晃一	102,850	SS
7	5	宮川 美波	24,687	A
8	6	嶋田 蒼	87,013	S
9	7	小山 泰雄	125,801	SS
10	8	川島 叶仁	141,364	SS
11	9	黒田 諭	68,700	S
12				

また、行を移動しても連番は成立する。
※下図は9行目のデータを4行目と5行目の間に移動した状態。

=ROW()-2

	A	B	C	D
1				
2	N	氏名	利用金額	クラス
3	1	石黒 雅裕	8,761	A
4	2	松島 有正	138,202	SS
5	3	富永 愛	23,522	A
6	4	久野 拓也	172,607	SS
7	5	高村 晃一	102,850	SS
8	6	宮川 美波	24,687	A
9	7	嶋田 蒼	87,013	S
10	8	小山 泰雄	125,801	SS
11	9	川島 叶仁	141,364	SS
12	10	黒田 諭	68,700	S

A5 =ROW()-2

	A	B	C	D
1				
2	N	氏名	利用金額	クラス
3	1	石黒 雅裕	8,761	A
4	2	松島 有正	138,202	SS
5	3	嶋田 蒼	87,013	S
6	4	富永 愛	23,522	A
7	5	久野 拓也	172,607	SS
8	6	高村 晃一	102,850	SS
9	7	宮川 美波	24,687	A
10	8	小山 泰雄	125,801	SS
11	9	川島 叶仁	141,364	SS
12	10	黒田 諭	68,700	S

COLUMN 関数

本題から少し反れるが、参照セルの行番号を返す ROW 関数に対して、参照セルの列番号を返す **COLUMN 関数**がある。（column：列、柱）

入力要領は ROW 関数と同じで、特に参照元を指示しなければ COLUMN 関数を入力したセルの列番号を数値で返す。

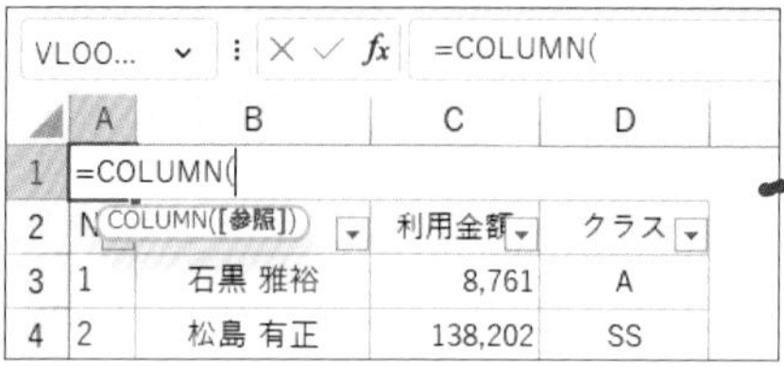

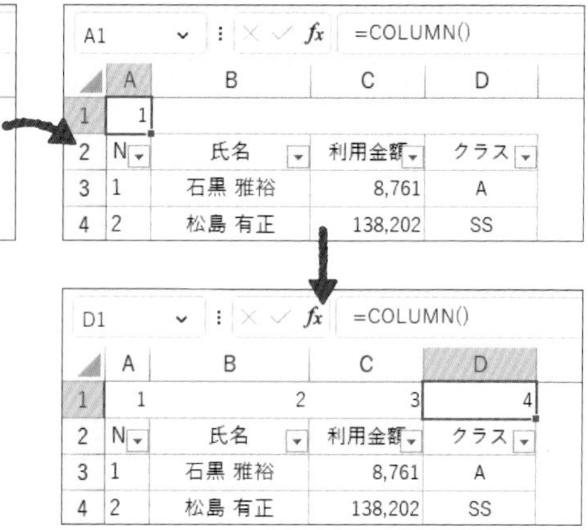

列番号を数値化しておくことで検索関数などによるデータの抽出を効率的に行うことができるぞ。ROW 関数と COLUMN 関数はぜひセットでおさえておこう！

行を非表示にしても連番が成立

数値が行番号に紐づく ROW 関数の場合、行ごと非表示にすると連番が崩れる。

※右図はオートフィルターで SS クラスの会員に絞り込んだ状態。

非表示行を除き、今見えているデータに改めて通し番号をふるには、**SUBTOTAL 関数**を使う。SUBTOTAL 関数の「非表示行を集計対象から除外する」性質を利用して、隠れているデータを除いて連番を生成する仕組みを作っていく。

SUBTOTAL 関数

❶SUBTOTAL 関数を挿入し、第 1 引数「集計方法」で【103 (COUNTA)】を選択する。

※ COUNTA はデータの個数を数える役割がある。103 を選ぶことにより、フィルターによる絞り込みで非表示になった行も、グループ化などにより手動で非表示になった行も、いずれもカウント対象から除外される。

❷第 2 引数「参照 1」に、氏名の見出しと先頭の会員の氏名を範囲参照する。

このあと数式を下へコピーすることを見据え、氏名の見出し（B2 セル）のみ絶対参照にしておく。

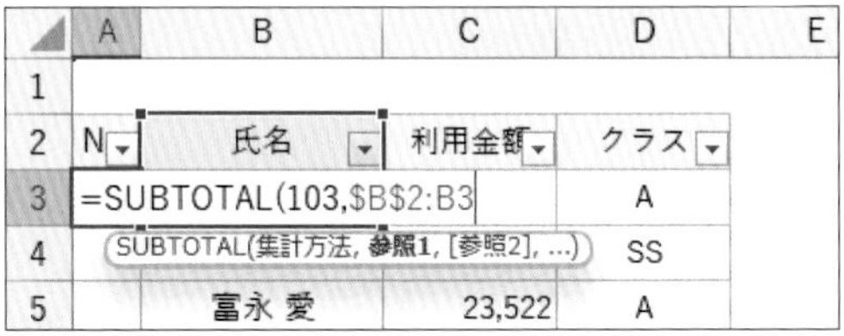

❸SUBTOTAL 関数で求めたデータの個数から、「1」を差し引く。

これにより、先頭の会員に「1」が表示される。

数式を下へコピーすると連番が生成される。

第2引数「参照1」において、氏名の見出し（B2セル）のみ絶対参照にしたことにより、数式を下へコピーするに従い、集計対象の範囲が拡張していく。

	A	B	C
1			
2	N	氏名	利用金額
3	1	石黒 雅裕	8,761
4	2	松島 有正	138,202
5	3	富永 愛	23,522
6	=SUBTOTAL(103,$B$2:B6)-1		
7	5	高村 晃一	102,850

	A	B	C	D	E
1					
2	N	氏名	利用金額	クラス	
3	1	石黒 雅裕	8,761	A	
4	2	松島 有正	138,202	SS	
5	3	富永 愛	23,522	A	
6	4	久野 拓也	172,607	SS	
7	5	高村 晃一	102,850	SS	
8	6	宮川 美波	24,687	A	
9	7	嶋田 蒼	87,013	S	
10	8	小山 泰雄	125,801	SS	
11	9	川島 叶仁	141,364	SS	
12	10	黒田 諭	68,700	S	
13					

データの個数を数えるCOUNTAにより、各地点でそれまでに表示されている氏名の数をカウントしているということだ。

ここで改めてSSクラスの会員に絞り込んでみると、現在表示されているデータにあわせて通し番号が更新される。

	A	B	C	D	E
1					
2	N	氏名	利用金額	クラス	
4	1	松島 有正	138,202	SS	
6	2	久野 拓也	172,607	SS	
7	3	高村 晃一	102,850	SS	
10	4	小山 泰雄	125,801	SS	
11	5	川島 叶仁	141,364	SS	
13					

行を手動で非表示にした場合でも連番が成立する。
※右図は5行目、8行目、9行目を隠した状態。

非表示行を集計対象から除外するSUBTOTAL関数だからこそ成せるワザだ。

	A	B	C	D	E
1					
2	N	氏名	利用金額	クラス	
3	1	石黒 雅裕	8,761	A	
4	2	松島 有正	138,202	SS	
6	3	久野 拓也	172,607	SS	
7	4	高村 晃一	102,850	SS	
10	5	小山 泰雄	125,801	SS	
11	6	川島 叶仁	141,364	SS	
12	7	黒田 諭	68,700	S	
13					

ちなみに、第2引数「参照1」にあえて氏名の見出しを含んで最後に「-1」という処理をしているのは、SUBTOTAL関数とオートフィルターの相性次第で誤ったデータが残ってしまう可能性があるためだ。

	A	B	C	D	E
1					
2	N	氏名	利用金額	クラス	
3	1	石黒 雅裕	8,761	A	
4	2	松島 有正	138,202	SS	
5	3	富永 愛	23,522	A	
6	=SUBTOTAL(103,$B$3:B6)			SS	
7	5	高村 晃一	102,850	SS	
8	6	宮川 美波	24,687	A	
9	7	嶋田 蒼	87,013	S	
10	8	小山 泰雄	125,801	SS	

試しに氏名の見出しを含まず、先頭の会員からデータのカウントをスタートしたとする。(「-1」という処理は不要になるためしない)

ここで、前述と同じくオートフィルターでSSクラスの会員に絞り込んでみると、最終行にSクラスの会員が残ってしまう。

	A	B	C	D	E
1					
2	N	氏名	利用金額	クラス	
4	1	松島 有正	138,202	SS	
6	2	久野 拓也	172,607	SS	
7	3	高村 晃一	102,850	SS	
10	4	小山 泰雄	125,801	SS	
11	5	川島 叶仁	141,364	SS	
12	6	黒田 諭	68,700	S	
13					

氏名の見出しからカウントし、「-1」という処理を行うことで、こうした事態を防ぐことができるというわけだ。

method 28

サンプルファイル
シート No.28

シート名をセルに表示させる

エリア別の販売実績や店舗別の会員リスト、部門別の予算管理表を作成する際に、情報のカテゴリごとにシートに分けて管理することがあります。こんなとき、各ワークシートの見やすいところにそれぞれのシート名と同じ拠点名や部門名が載っていると、どのシートを閲覧しているかが一目瞭然です。

対象のシート数が数枚であれば直接入力していっても良いですが、管理対象のワークシートが20枚,30枚とあったり、シート名が都度更新されたりするブックの場合は相当時間がかかってしまいます。

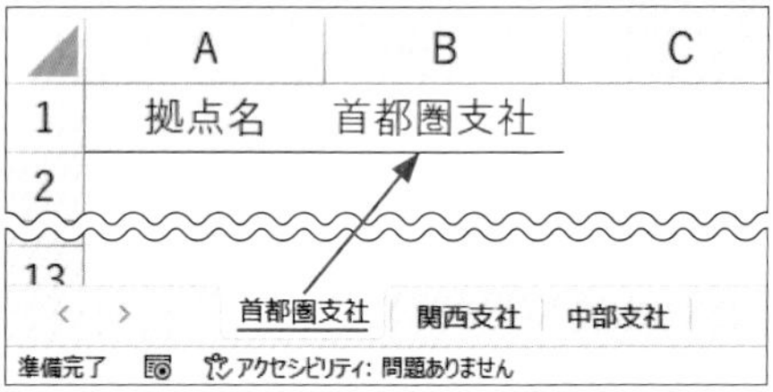

このメソッドでは、シート名が特定のセルに自動で反映される仕組みの作り方を演習します。本章で解説してきた文字列操作関数の集大成として活用してみてください。

初出の関数

01 CELL 関数 =CELL(検査の種類,[参照])

セルの書式、位置、内容などに関する情報を返す

シート名とセルを連動させる

パスの取得

Excel には、参照したセルの情報を取得する関数がある。その名の通り、**CELL 関数**だ。

❶CELL 関数を挿入する。

❷第 1 引数「検査の種類」から「filename」を選択する。

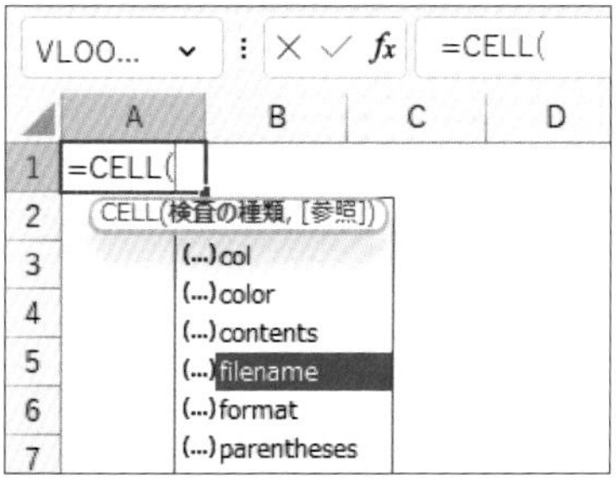

❸第 2 引数「参照」に、現在 CELL 関数を入力しているワークシート上のいずれかのセルを参照する。

※右図は A1 セルを参照した状態。

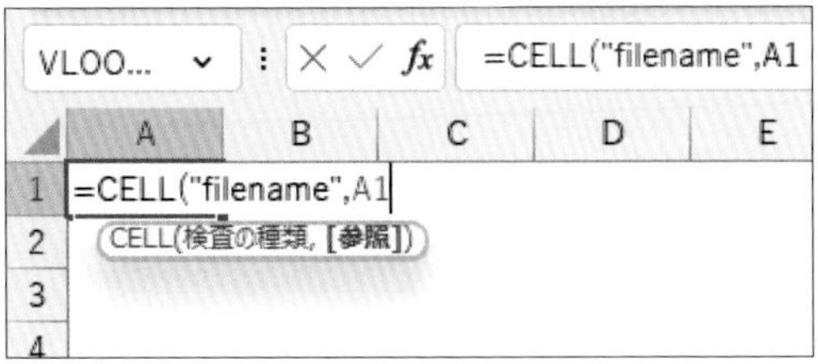

これにより、ファイル名（シート名）を含む【パス】が取得できる。

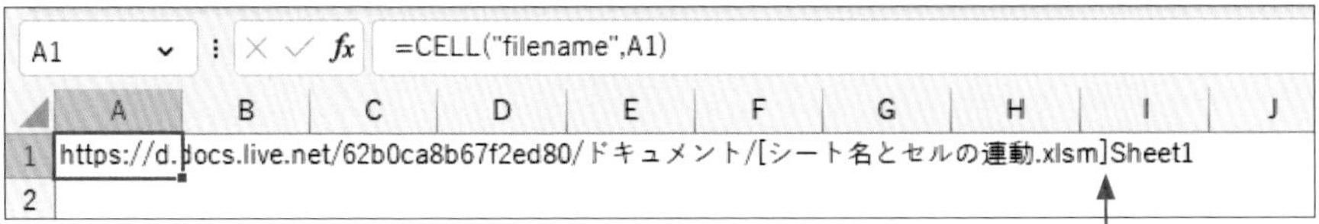

CELL 関数で取得したパスは、必ず [ブック名] のあとにシート名が続く構成となっている。

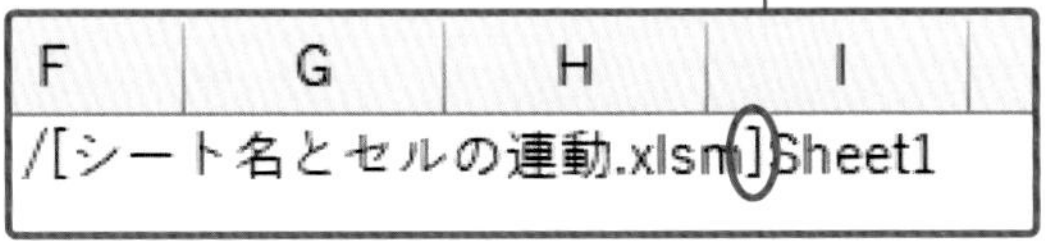

そのため、全体の文字数から「]」が位置する n 文字目を差し引き、その文字数分を右から取り出せば、おのずとシート名だけが表示できるのだ。

▶ パスからシート名を取り出す

ファイルパスを取得したセルの近傍で必要な関数をテスト入力してみよう。

❶ LEN 関数でパス全体の文字数をカウントする。

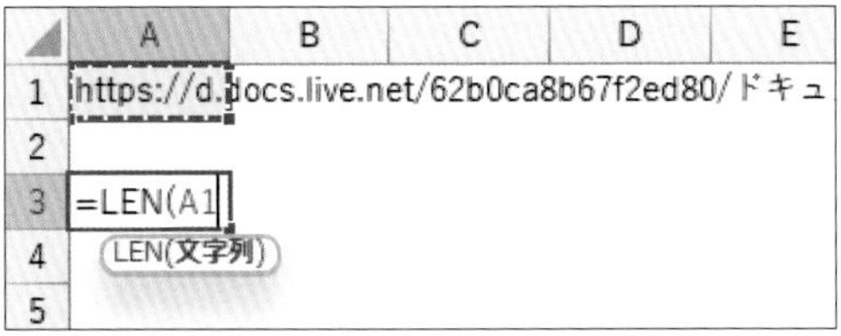

パスの文字総数として「71」が返る。

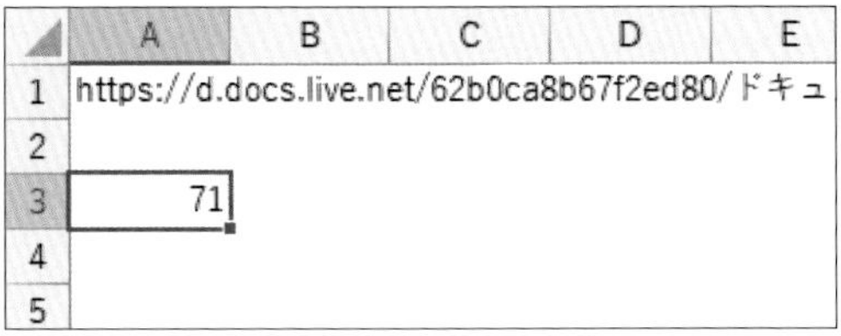

❷ FIND関数で「]」の位置を調べる。

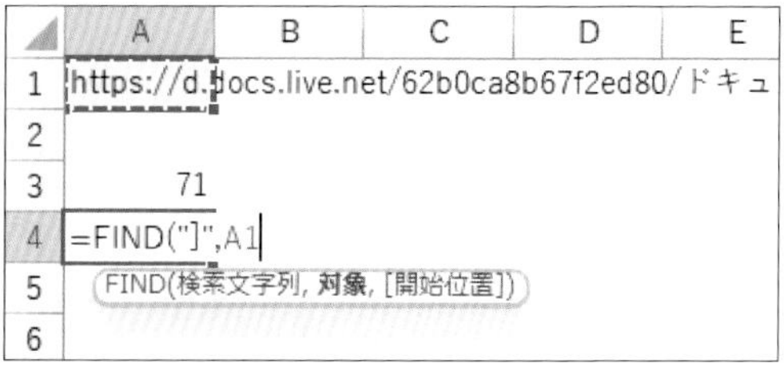

パスにおける「]」の位置として「65」が返る。

❸ RIGHT関数でパスの文字総数（71）から「]」の位置（65）を差し引いた「6」文字分を取り出す。

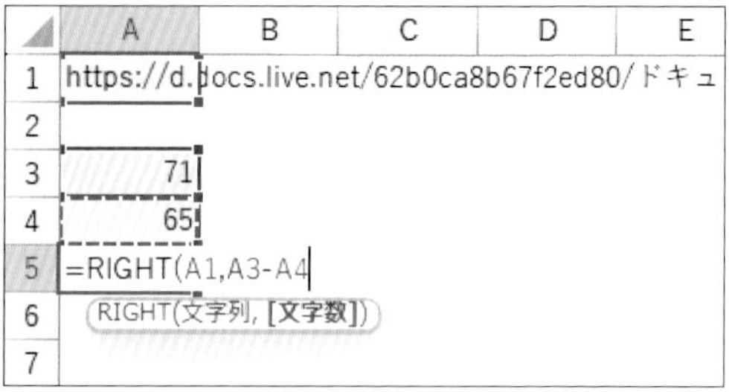

これにより、作業中のシート名「Sheet1」が返される。

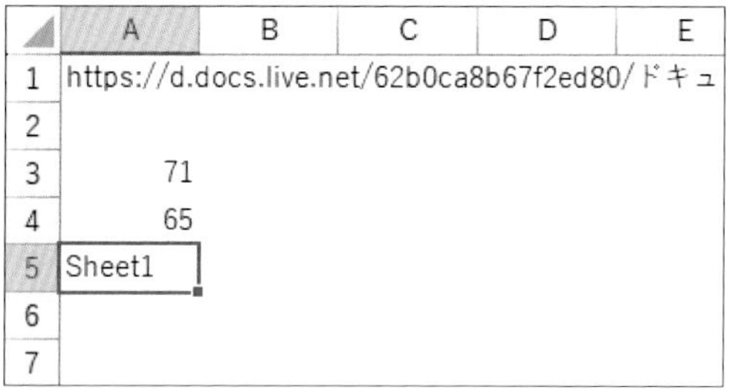

試しにシート名を「テスト用」に変更してみると、RIGHT関数を入力したセルに返される文字列も「テスト用」に更新される。

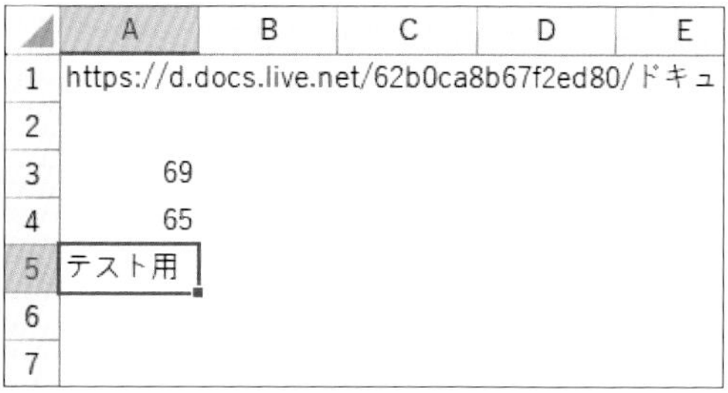

これら一連の手順を1つの数式に組み込むことで、シート名が特定のセルに自動反映される仕組みが構築できる。

シート名をセルに表示する

❶ RIGHT 関数を挿入する。
❷第 1 引数「文字列」に、CELL 関数で取得した A1 セルのパスを参照する。

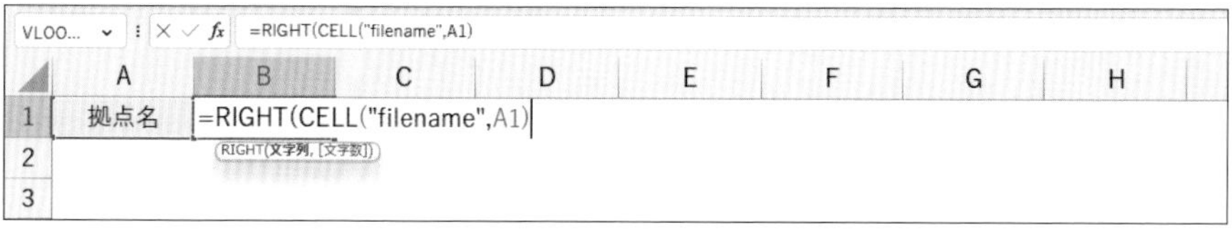

❸RIGHT 関数の第 2 引数「文字数」に、LEN 関数でカウントしたパスの総文字数から FIND 関数で求めた「]」の位置を差し引く数式を入れ込む。

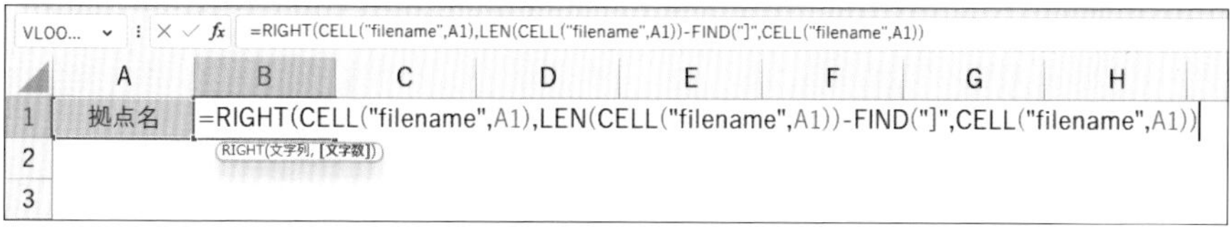

これにより、数式を入力したセルにシート名「首都圏支社」が返る。

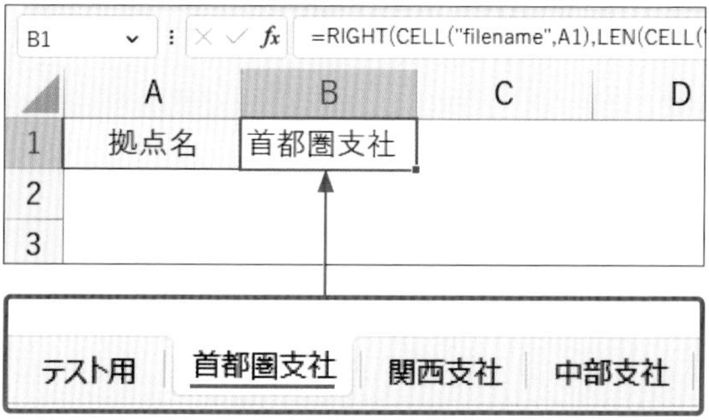

シート名を「東京本店」に変更してみると、セルの表示も自動更新される。

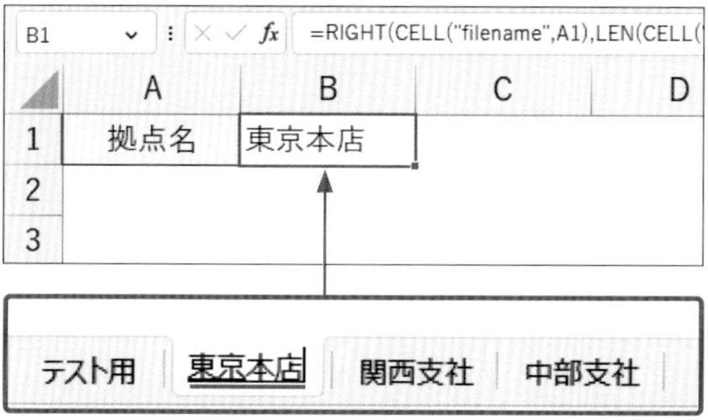

すべてのシートにこの数式をコピーするだけで、それぞれのシート名が返される。

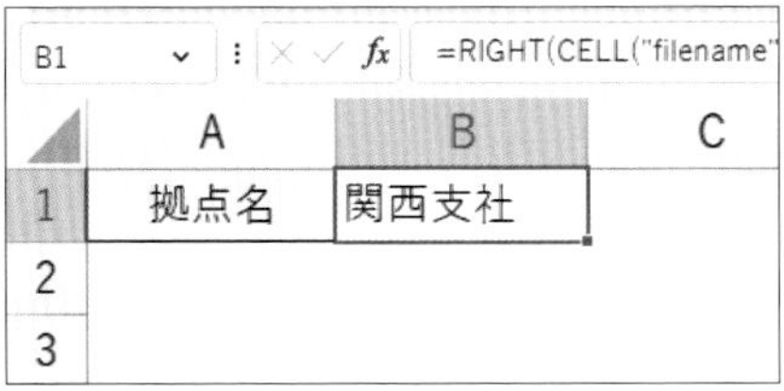

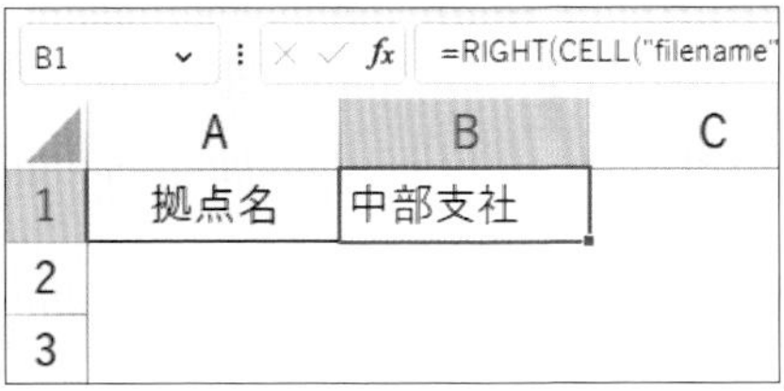

すべてのワークシートでシート名を表示するセル番地が同じであれば、対象のシートをあらかじめ選択（作業グループ化）してから数式を入力することで、数式をコピーするステップも省略できるぞ！

セルの値をシート名に表示する

ここまでとは逆に、特定のセルに入力した値や文字列をシート名に表示させる手順も解説しておく。

セルの値をシート名に連動させるには、「VBA」を用いる。VBAは「Visual Basic for Applications」の略で、Microsoft OfficeのExcelやAccessといったツールで様々な業務をより効率的に進めることができるプログラミング言語だ。

エクセルの一連の操作を記録する「マクロ」という機能も、裏でVBAの言語（コード）を書いて動かしている。

プログラミングやマクロと聞くとなんだか難しそうだなと思うかもしれないが、皆さんの業務効率向上に絶大な効力を発揮してくれるアイテムなので、まずは臆せず、少しずつ触っていこう！

VBA ＝プログラミング言語

マクロ＝ VBAで書いたプログラム

❶ Alt + F11 でVBA（VBE）を起動する。

❷以下のコードを入力する。入力が済んだら、右上の「×」で画面を閉じる。
※下図はB1セルに入力した文字列をシート名に表示させるコード。

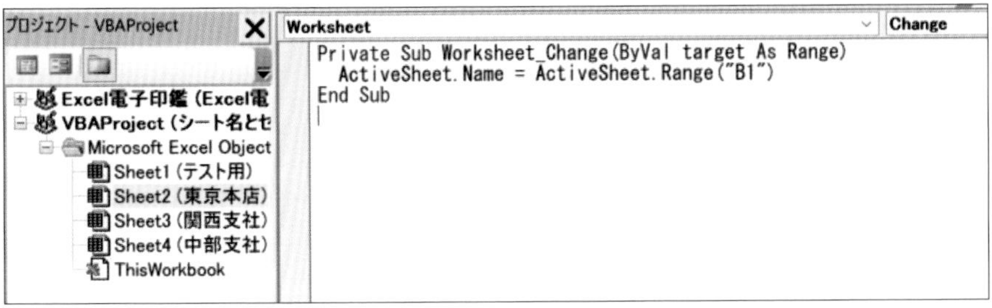

❸このブックを「マクロ有効ブック（*.xlsm）」として保存する。

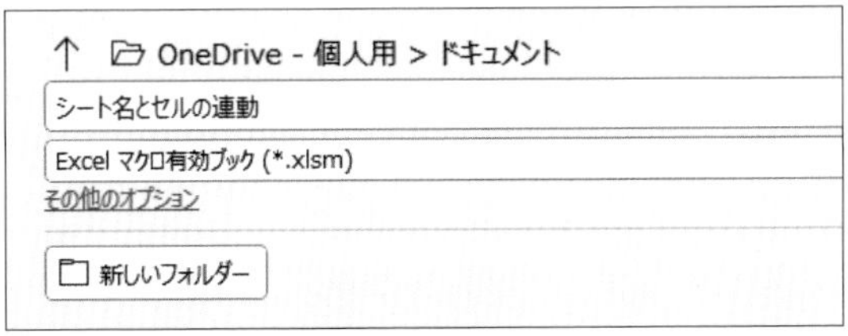

これにより、B1セルに入力した「首都圏支社」がシート見出しに表示される。

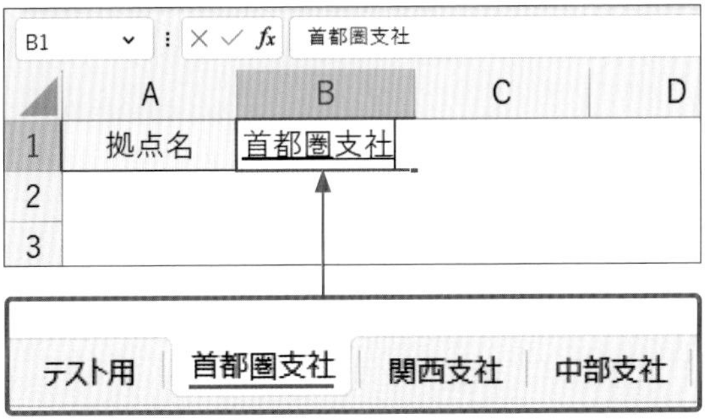

選択セル・行・列をハイライトする

セルの情報を取得するCELL関数やROW関数を活用して、本章の最後に「選択したセルや行・列を見やすくハイライトする」方法を演習します。

このテクニックを知っておくと、膨大なデータを抱える表を閲覧したり、WEB会議などで資料を投影しながら説明したりするとき、見ている箇所をフォーカスすることでより直感的に内容を確認できます。

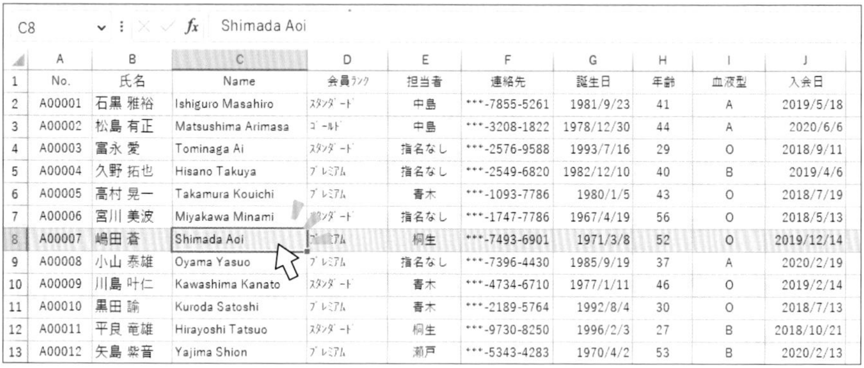
C8 fx Shimada Aoi

	A	B	C	D	E	F	G	H	I	J
1	No.	氏名	Name	会員ﾗﾝｸ	担当者	連絡先	誕生日	年齢	血液型	入会日
2	A00001	石黒 雅裕	Ishiguro Masahiro	ｽﾀﾝﾀﾞｰﾄﾞ	中島	***-7855-5261	1981/9/23	41	A	2019/5/18
3	A00002	松島 有正	Matsushima Arimasa	ｺﾞｰﾙﾄﾞ	中島	***-3208-1822	1978/12/30	44	A	2020/6/6
4	A00003	富永 愛	Tominaga Ai	ｽﾀﾝﾀﾞｰﾄﾞ	指名なし	***-2576-9588	1993/7/16	29	O	2018/9/11
5	A00004	久野 拓也	Hisano Takuya	ﾌﾟﾚﾐｱﾑ	指名なし	***-2549-6820	1982/12/10	40	B	2019/4/6
6	A00005	高村 晃一	Takamura Kouichi	ﾌﾟﾚﾐｱﾑ	青木	***-1093-7786	1980/1/5	43	O	2018/7/19
7	A00006	宮川 美波	Miyakawa Minami	ｽﾀﾝﾀﾞｰﾄﾞ	指名なし	***-1747-7786	1967/4/19	56	O	2018/5/13
8	A00007	嶋田 蒼	Shimada Aoi	ﾌﾟﾚﾐｱﾑ	桐生	***-7493-6901	1971/3/8	52	O	2019/12/14
9	A00008	小山 泰雄	Oyama Yasuo	ﾌﾟﾚﾐｱﾑ	指名なし	***-7396-4430	1985/9/19	37	A	2020/2/19
10	A00009	川島 叶仁	Kawashima Kanato	ｽﾀﾝﾀﾞｰﾄﾞ	青木	***-4734-6710	1977/1/11	46	O	2019/2/14
11	A00010	黒田 諭	Kuroda Satoshi	ﾌﾟﾚﾐｱﾑ	青木	***-2189-5764	1992/8/4	30	O	2018/7/13
12	A00011	平良 竜雄	Hirayoshi Tatsuo	ｽﾀﾝﾀﾞｰﾄﾞ	桐生	***-9730-8250	1996/2/3	27	B	2018/10/21
13	A00012	矢島 紫音	Yajima Shion	ﾌﾟﾚﾐｱﾑ	瀬戸	***-5343-4283	1970/4/2	53	B	2020/2/13

選択セル・行・列を塗りつぶす

条件付き書式の設定

❶ハイライトのしくみを適用する表の範囲を選択する。

※ワークシート全体に設定する場合はワークシート全体を、表の一部に設定する場合はその部分だけを選択しておく。

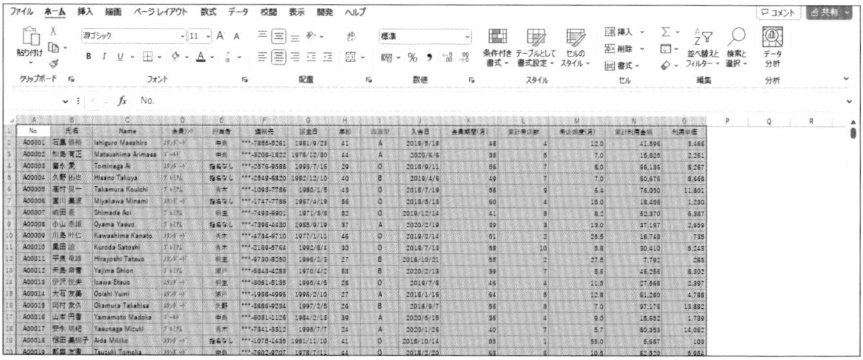

❷［ホーム］タブにある［条件付き書式］のアイコンをクリックして、［新しいルール］を選択する。

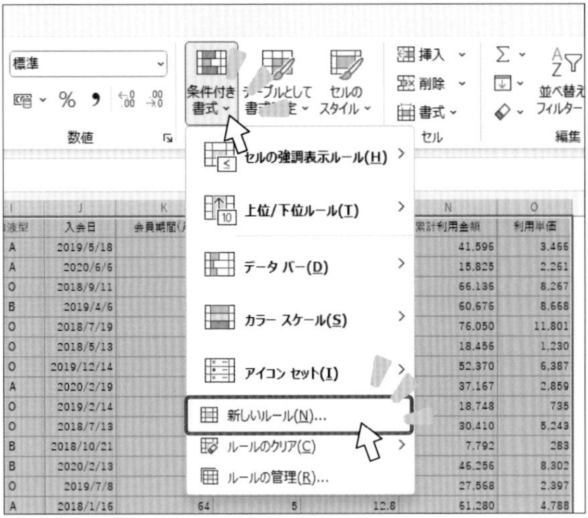

❸ルールの種類から、［数式を使用して書式設定するセルを決定］を選択する。

ここでは［選択したセル（行・列）］という条件を数式で表現して、その条件に合致する箇所を色づけする書式を設定する。

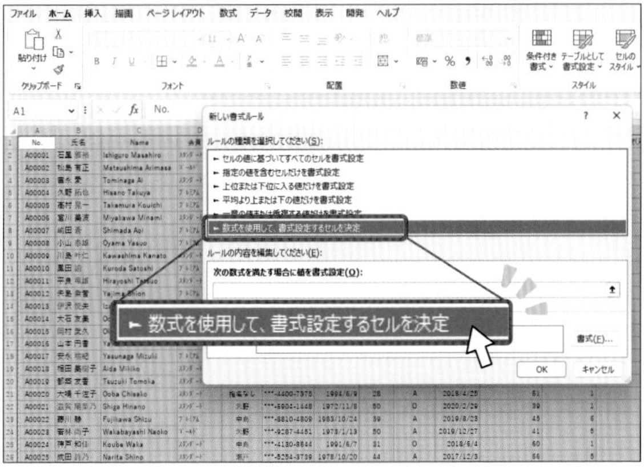

❹ハイライトする形式にあわせて、以下いずれかの数式を［次の数式を満たす場合に値を書式設定］欄に入力する。

行の選択【=CELL("ROW")=ROW()】

列の選択【=CELL("COL")=COLUMN()】

行列選択【=OR(CELL("ROW")=ROW(),CELL("COL")=COLUMN())】

セル選択【=AND(CELL("ROW")=ROW(),CELL("COL")=COLUMN())】

CELL 関数は、参照したセルの様々な情報を教えてくれる関数だ。
セルのどんな情報を取り出したいのかを CELL 関数の第 1 引数（「検査の種類」）で指示する。検査の種類に「row」を設定すれば、該当セルの行番号が取得できる。

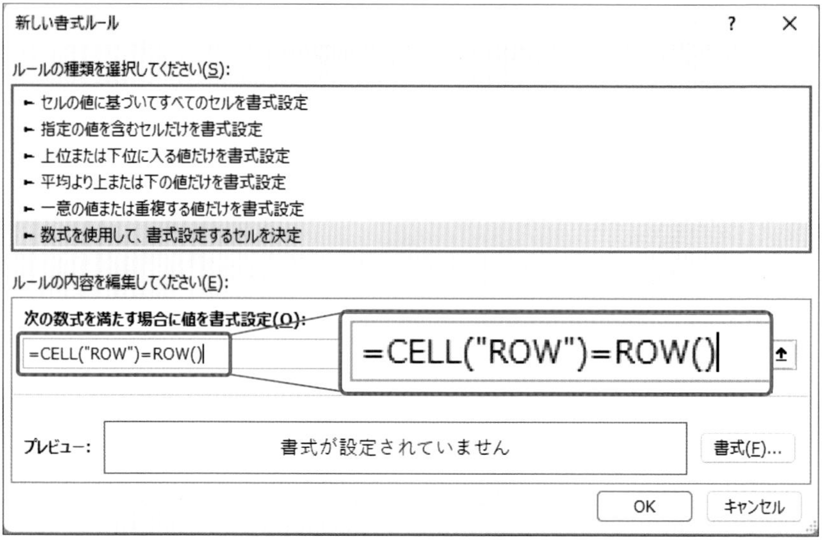

ここに参照元を指定しない ROW 関数を「=」（イコール）でつなぐことで、選択したセルの行全体が対象となる。
少し回りくどく感じるかもしれないが、「**現在選択しているセルが存在している行に、これから設定する書式を適用する**」という指示を出していることだけ理解できれば OK だ。

❺右下の［書式］ボタンをクリックする。

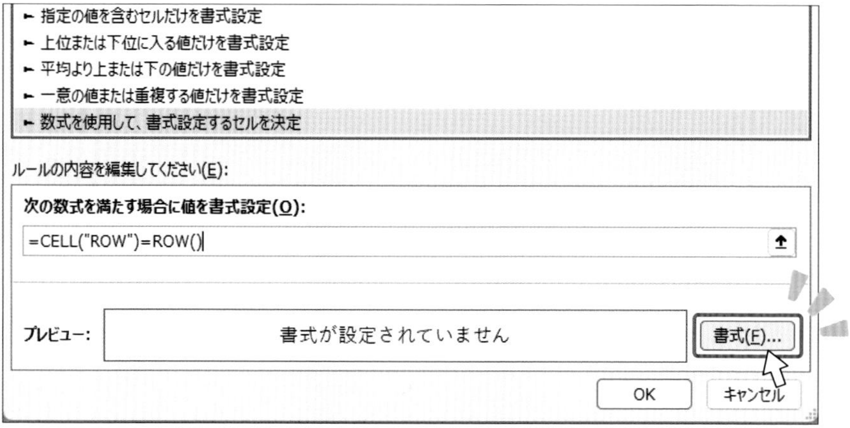

❻［セルの書式設定］ダイアログボックスが開くので、［塗りつぶし］タブに切り替えて任意の色を選択する。

右図は薄いピンク色を選んだ状態だ。ここまでの作業が完了したら、右下の［OK］で決定する。

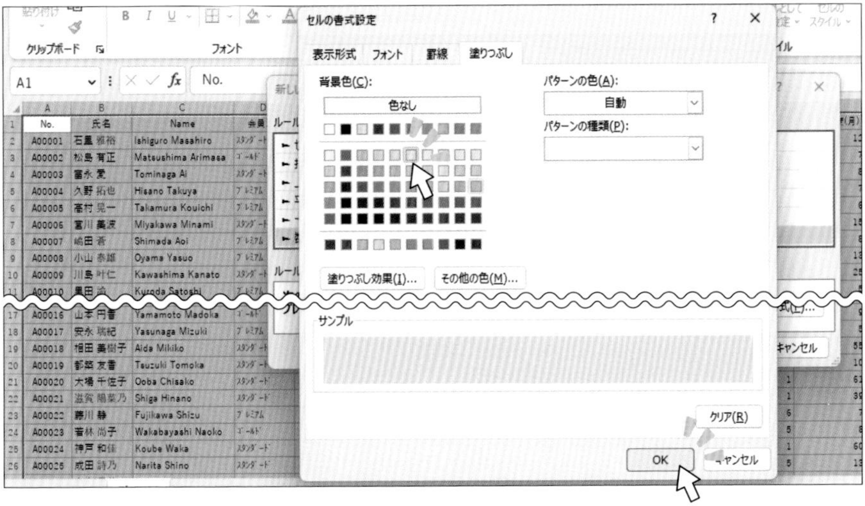

❼設定した書式をプレビューで確認したら、［書式ルール］ダイアログボックスも右下の［OK］で閉じる。

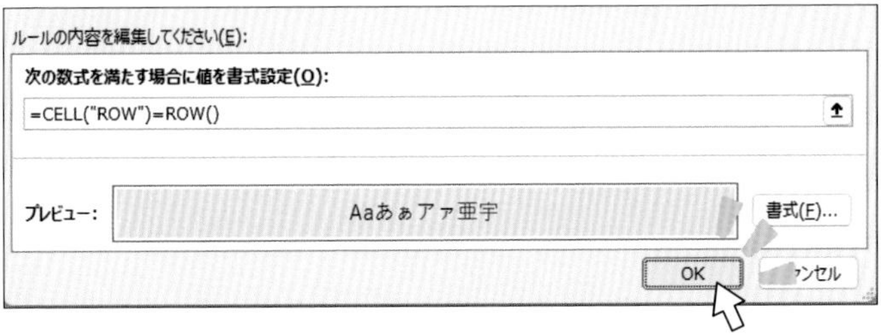

これにより、選択していたセルが存在する行が塗りつぶされる。

ただしここまでの設定だけでは他のセルを選択しても上手くハイライトがついてこないため、ここからはセルの選択に従って素早く該当箇所が塗りつぶされるように仕上げていく。

セル選択に応じた書式の適用は、「VBA」で指示する。

❶ Alt + F11 で VBA（VBE）を起動する。

❷以下のコードを入力する。入力が済んだら、右上の［×］で画面を閉じる。

(General) / Workbook_SheetSelectionChange

```
Private Sub Workbook_SheetSelectionChange(ByVal Sh As Object, ByVal Target As Range)
  Application.ScreenUpdating = True
End Sub
```

❸このブックを「マクロ有効ブック（*.xlsm)」として保存する。

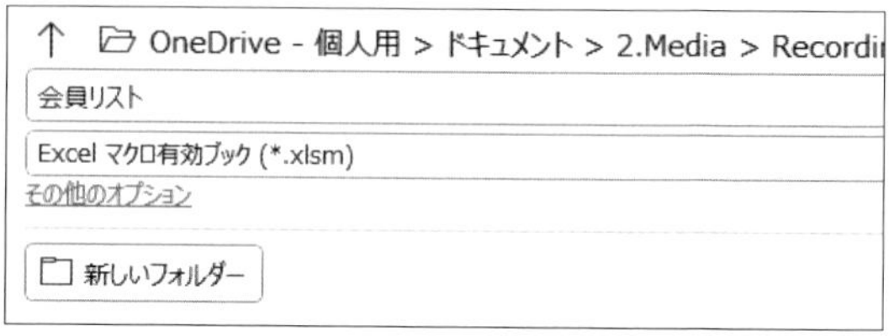

これにより、選択したセルが存在する行をタイムリーにハイライトできるようになる。
※選択したセルだけをハイライトしたり、行・列の十字型にフォーカスしたりなど、塗りつぶしの形式を変えたいときは前述の通り条件付き書式の数式を変更しよう。

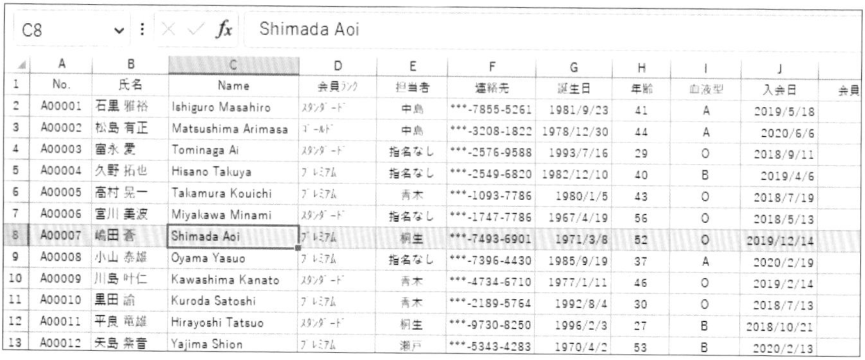
C8 Shimada Aoi

	A	B	C	D	E	F	G	H	I	J	
1	No.	氏名	Name	会員ﾗﾝｸ	担当者	連絡先	誕生日	年齢	血液型	入会日	会員
2	A00001	石黒 雅裕	Ishiguro Masahiro	ｽﾀﾝﾀﾞｰﾄﾞ	中島	***-7855-5261	1981/9/23	41	A	2019/5/18	
3	A00002	松島 有正	Matsushima Arimasa	ｺﾞｰﾙﾄﾞ	中島	***-3208-1822	1978/12/30	44	A	2020/6/6	
4	A00003	富永 愛	Tominaga Ai	ｽﾀﾝﾀﾞｰﾄﾞ	指名なし	***-2576-9588	1993/7/16	29	O	2018/9/11	
5	A00004	久野 拓也	Hisano Takuya	ﾌﾟﾚﾐｱﾑ	指名なし	***-2549-6820	1982/12/10	40	B	2019/4/6	
6	A00005	高村 晃一	Takamura Kouichi	ﾌﾟﾚﾐｱﾑ	青木	***-1093-7786	1980/1/5	43	O	2018/7/19	
7	A00006	宮川 美波	Miyakawa Minami	ｽﾀﾝﾀﾞｰﾄﾞ	指名なし	***-1747-7786	1967/4/19	56	O	2018/5/13	
8	A00007	嶋田 蒼	Shimada Aoi	ﾌﾟﾚﾐｱﾑ	桐生	***-7493-6901	1971/3/8	52	O	2019/12/14	
9	A00008	小山 泰雄	Oyama Yasuo	ﾌﾟﾚﾐｱﾑ	指名なし	***-7396-4430	1985/9/19	37	A	2020/2/19	
10	A00009	川島 叶仁	Kawashima Kanato	ｽﾀﾝﾀﾞｰﾄﾞ	青木	***-4734-6710	1977/1/11	46	O	2019/2/14	
11	A00010	黒田 諭	Kuroda Satoshi	ﾌﾟﾚﾐｱﾑ	青木	***-2189-5764	1992/8/4	30	O	2018/7/13	
12	A00011	平良 竜雄	Hirayoshi Tatsuo	ｽﾀﾝﾀﾞｰﾄﾞ	桐生	***-9730-8250	1996/2/3	27	B	2018/10/21	
13	A00012	矢島 紫音	Yajima Shion	ﾌﾟﾚﾐｱﾑ	瀬戸	***-5343-4283	1970/4/2	53	B	2020/2/13	

PC のスペックやブック全体のデータ量が多いとセル選択とハイライトの追従にタイムラグが発生することがあるから使いどきに注意しよう。

Chapter 4

VLOOKUP から
INDIRECT まで！

データの「検索」と「参照」を極める編

#XLOOKUP 関数による複数条件検索
参照範囲・参照シートの切り替え

Chapter.4 ではまず、VLOOKUP、INDEX & MATCH、XLOOKUP に代表される検索関数の使い方と関連知識を演習します。検索値にマッチするデータの抽出フローをおさえたら、集計や演算の対象となる範囲やワークシートをフレキシブルに切り替える手法もあわせてマスターしましょう。

method 30

サンプルファイル
シート No.30

管理番号をもとに製品情報を取得する

社内の基幹システムから取得したり他の部署から提供されたりした膨大なデータから、構造が異なる表に必要な値だけを取り出すことがあります。こんなとき、該当のデータを1つ1つ目視でピックアップするのは相当時間がかかってしまいます。

このメソッドでは、検索値にマッチしたデータを取得する検索関数の代表格「VLOOKUP関数」について徹底的に演習します。集約された情報を適切にアウトプットするための重要なテーマですので、関数の構成やユースケースに加えて、データ抽出をより効率化する周辺知識をありったけ詰め込みました。確実にモノにして実践していきましょう。

初出の関数

01 VLOOKUP関数 =VLOOKUP(検索値,範囲,列番号,[検索方法])

検索値を範囲内の縦方向に探し、指定した列まで進んだ位置の情報を返す

関数の構成

VLOOKUP関数とは

VLOOKUP は vertical **lookup** の略で、垂直に調べる、見つけるという意味の造語だ。

右図のようなリストや名簿において**検索したい文字列または値を縦方向に探し、一致するデータを見つけたら、そこから右に●列進んだお目当ての情報を抽出する**役割をもっている。

	A	B	C	D	E
1					
2	管理番号	商品名	登録時期	担当者	数量
3	HR001	A	2013年1月	青山	
4	HR002	B	2013年7月	青山	
5	HR003	C	2014年1月	青山	
6	HR004	D	2014年7月	青山	
7	HR005	E	2015年1月	赤井	
8	HR006	F	2015年7月	赤井	
9	HR007	G	2016年1月	赤井	
10	HR008	H	2016年7月	赤井	

今回はサンプルとして、下のマスターデータから、管理番号を検索して製品の登録時期と単価情報を取り出していく。

	A	B	C	D	E	F	G
1							
2	管理番号	商品名	登録時期	担当者	数量	単価	金額
3	HR001	A	2013年1月	青山	50	26,200	1,310,000
4	HR002	B	2013年7月	青山	190	17,700	3,363,000
5	HR003	C	2014年1月	青山	70	12,200	854,000
6	HR004	D	2014年7月	青山	100	23,500	2,350,000
7	HR005	E	2015年1月	赤井	100	11,100	1,110,000
8	HR006	F	2015年7月	赤井	40	29,000	1,160,000
9	HR007	G	2016年1月	赤井	130	16,000	2,080,000
10	HR008	H	2016年7月	赤井	90	14,000	1,260,000
11	HR009	I	2017年1月	赤井	70	27,600	1,932,000
12	HR010	J	2017年7月	赤井	100	24,100	2,410,000
13	HR011	K	2018年1月	黒田	50	26,200	1,310,000
14	HR012	L	2018年7月	黒田	200	17,700	3,540,000
15	HR013	M	2019年1月	黒田	140	12,200	1,708,000
16	HR014	N	2019年7月	黒田	150	23,500	3,525,000
17	HR015	O	2020年1月	白木	200	11,100	2,220,000
18	HR016	P	2020年7月	白木	160	29,000	4,640,000
19	HR017	Q	2021年1月	白木	50	16,000	800,000
20	HR018	R	2021年7月	白木	180	14,000	2,520,000
21	HR019	S	2022年1月	白木	40	27,600	1,104,000
22	HR020	T	2022年7月	白木	160	24,100	3,856,000
23							

	H	I	J	K
2		管理番号	登録時期	単価
3		HR005		
4		HR013		
5		HR002		

1つの画面上で解説が完結できるように各々を同じワークシート上に配置しているが、実際の業務においてはマスターデータと情報の取得先が別のシートにあることがほとんどだ！

関数の基本構成

❶VLOOKUP 関数を挿入する。

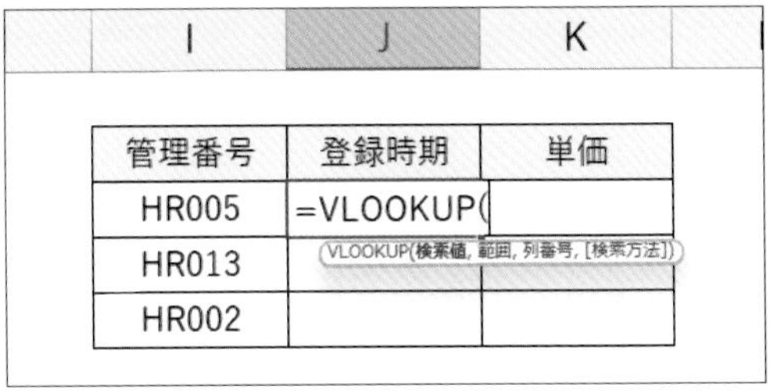

❷第1引数「検索値」には、検索したいデータを入力する。今回は管理番号を検索するため、I3 セルを参照する。

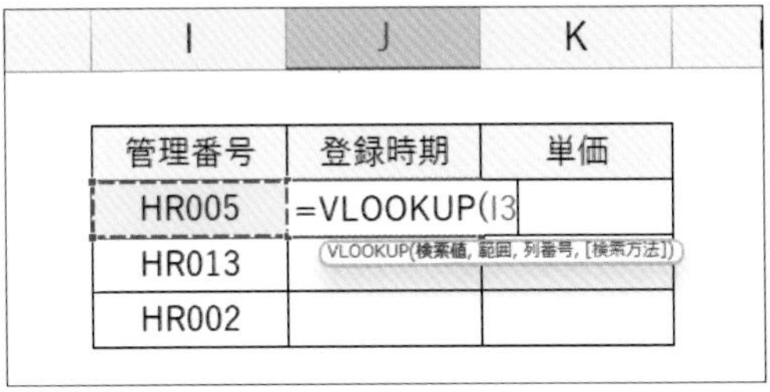

❸第2引数「範囲」には、第1引数で指定した検索値と取り出したい情報が掲載されている検索対象範囲を参照する。このとき、**検索値である管理番号が必ず範囲の左端にくるように選択する。**

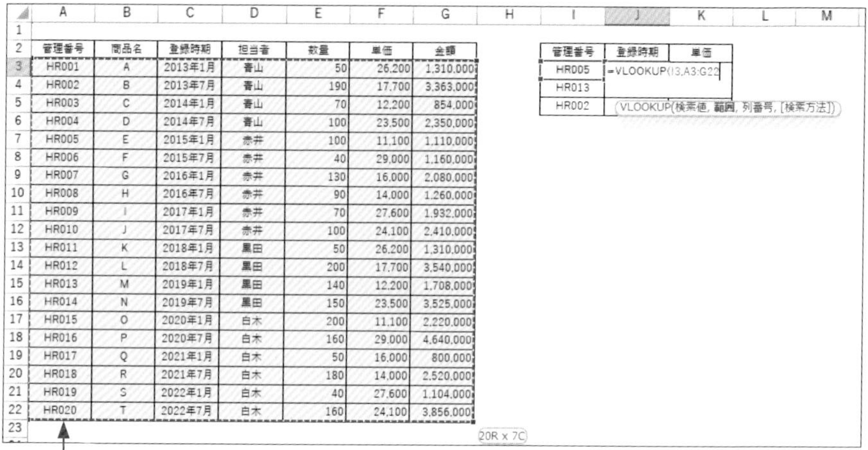

	A	B	C	D	E	F	G
1							
2	管理番号	商品名	登録時期	担当者	数量	単価	金額
3	HR001	A	2013年1月	青山	50	26,200	1,310,000
4	HR002	B	2013年7月	青山	190	17,700	3,363,000
5	HR003	C	2014年1月	青山	70	12,200	854,000
6	HR004	D	2014年7月	青山	100	23,500	2,350,000
7	HR005	E	2015年1月	赤井	100	11,100	1,110,000
8	HR006	F	2015年7月	赤井	40	29,000	1,160,000
9	HR007	G	2016年1月	赤井	130	16,000	2,080,000
10	HR008	H	2016年7月	赤井	90	14,000	1,260,000
11	HR009	I	2017年1月	赤井	70	27,600	1,932,000
12	HR010	J	2017年7月	赤井	100	24,100	2,410,000
13	HR011	K	2018年1月	黒田	50	26,200	1,310,000
14	HR012	L	2018年7月	黒田	200	17,700	3,540,000
15	HR013	M	2019年1月	黒田	140	12,200	1,708,000
16	HR014	N	2019年7月	黒田	150	23,500	3,525,000
17	HR015	O	2020年1月	白木	200	11,100	2,220,000
18	HR016	P	2020年7月	白木	160	29,000	4,640,000
19	HR017	Q	2021年1月	白木	50	16,000	800,000
20	HR018	R	2021年7月	白木	180	14,000	2,520,000
21	HR019	S	2022年1月	白木	40	27,600	1,104,000
22	HR020	T	2022年7月	白木	160	24,100	3,856,000
23							

管理番号	登録時期	単価
HR005	=VLOOKUP(I3,A3:G22	
HR013		
HR002		

範囲内の左端に検索値（＝管理番号）が含まれる列を配置する。

❹第3引数「列番号」には、範囲の中で何番目にある情報を取得するかを指示する。

現在数式を入力しているセルには登録時期の情報を返したいので、範囲内の左端から数えて「3」列目のデータを取り出すことになる。

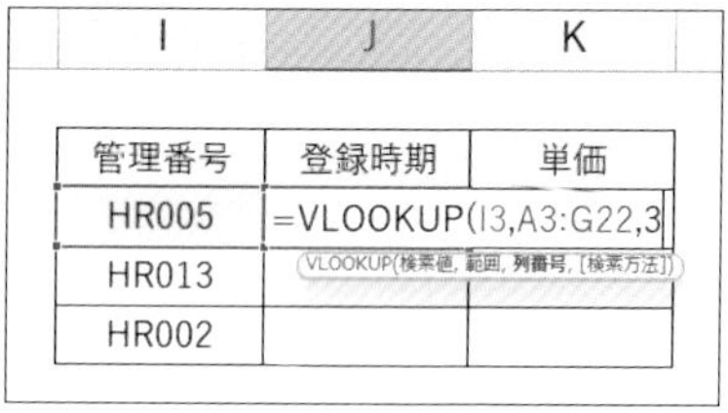

管理番号	登録時期	単価
HR005	=VLOOKUP(I3,A3:G22,3	
HR013		
HR002		

	A	B	C	D	E	F	G
1							
2	管理番号	商品名	登録時期	担当者	数量	単価	金額
3	HR001	A	2013年1月	青山	50	26,200	1,310,000
4	HR002	B	2013年7月	青山	190	17,700	3,363,000
5	HR003	C	2014年1月	青山	70	12,200	854,000

❺第4引数「検索方法」には、完全一致の「FALSE」を指定する。

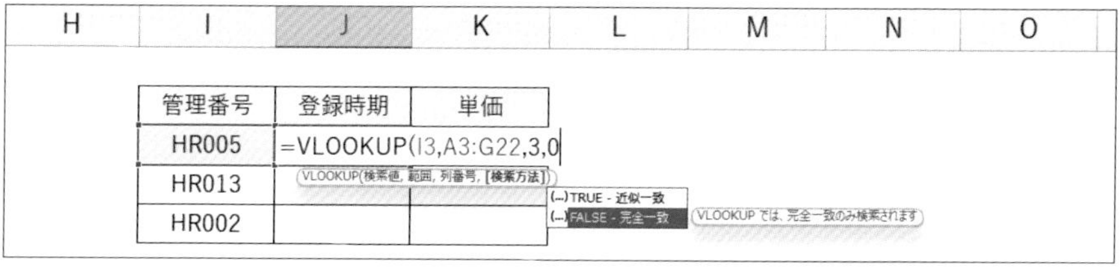

管理番号	登録時期	単価
HR005	=VLOOKUP(I3,A3:G22,3,0	
HR013		
HR002		

完全一致の指示は数字の「0」で代用できるから、VLOOKUP 関数の第 4 引数には「0」を直接入力するクセをつけておこう。

これにより、管理番号「HR005」の登録時期情報が返される。

I	J	K
管理番号	登録時期	単価
HR005	2015年1月	
HR013		
HR002		

参照形式の変更

完成した数式をこのまま縦横すべての欄にコピーすると、すべての要素が相対参照となっているため、検索結果がエラーとなる。改めて絶対参照と複合参照のすみ分けと設定方法をおさらいしておこう。

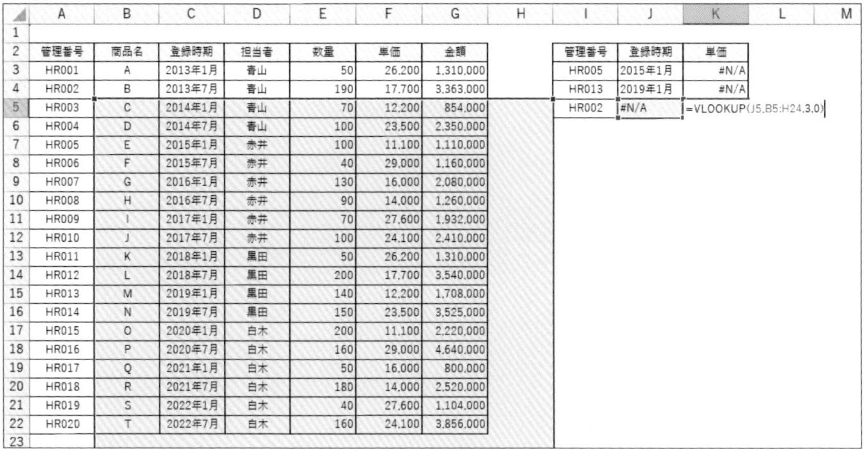

	A	B	C	D	E	F	G	H	I	J	K
1											
2	管理番号	商品名	登録時期	担当者	数量	単価	金額		管理番号	登録時期	単価
3	HR001	A	2013年1月	青山	50	26,200	1,310,000		HR005	2015年1月	#N/A
4	HR002	B	2013年7月	青山	190	17,700	3,363,000		HR013	2019年1月	#N/A
5	HR003	C	2014年1月	青山	70	12,200	854,000		HR002	#N/A	=VLOOKUP(J5,B5:H24,3,0)
6	HR004	D	2014年7月	青山	100	23,500	2,350,000				
7	HR005	E	2015年1月	赤井	100	11,100	1,110,000				
8	HR006	F	2015年7月	赤井	40	29,000	1,160,000				
9	HR007	G	2016年1月	赤井	130	16,000	2,080,000				
10	HR008	H	2016年7月	赤井	90	14,000	1,260,000				
11	HR009	I	2017年1月	赤井	70	27,600	1,932,000				
12	HR010	J	2017年7月	赤井	100	24,100	2,410,000				
13	HR011	K	2018年1月	黒田	50	26,200	1,310,000				
14	HR012	L	2018年7月	黒田	200	17,700	3,540,000				
15	HR013	M	2019年1月	黒田	140	12,200	1,708,000				
16	HR014	N	2019年7月	黒田	150	23,500	3,525,000				
17	HR015	O	2020年1月	白木	200	11,100	2,220,000				
18	HR016	P	2020年7月	白木	160	29,000	4,640,000				
19	HR017	Q	2021年1月	白木	50	16,000	800,000				
20	HR018	R	2021年7月	白木	180	14,000	2,520,000				
21	HR019	S	2022年1月	白木	40	27,600	1,104,000				
22	HR020	T	2022年7月	白木	160	24,100	3,856,000				
23											

範囲の絶対参照

まず、第 2 引数「範囲」を修正する。F2 で編集モードにして、第 2 引数にカーソルを移動する。
検索対象範囲は、数式を下方向・右方向いずれにコピーした場合でも一切ズレて欲しくないため、列番号も行番号も固定する「絶対参照」にする。
参照形式の変更は F4 で行う。

I	J	K
管理番号	登録時期	単価
HR005	=VLOOKUP(I3,A3:G22,3,0)	
HR013	VLOOKUP(検索値, 範囲, 列番号, [検索方法])	
HR002		

※ Chapter.1で触れた通り、入力済の数式を事後的に編集するときは「:」（参照演算子）を選択した状態で F4 を押すことで参照形式を一括変更できる。

検索値の複合参照

次に、第1引数「検索値」の参照形式を更新する。
検索値の場合、数式を下方向にコピーするときは参照元をスライドさせたいが、右方向にはズレて欲しくない。そのため、列番号のみを固定する「複合参照」にする。

第1引数にカーソルをあわせて F4 を3回押し列番号の前だけに $ マークをつける。

この数式を下へコピーすると、それぞれの管理番号に紐づく登録時期情報を取り出せる。

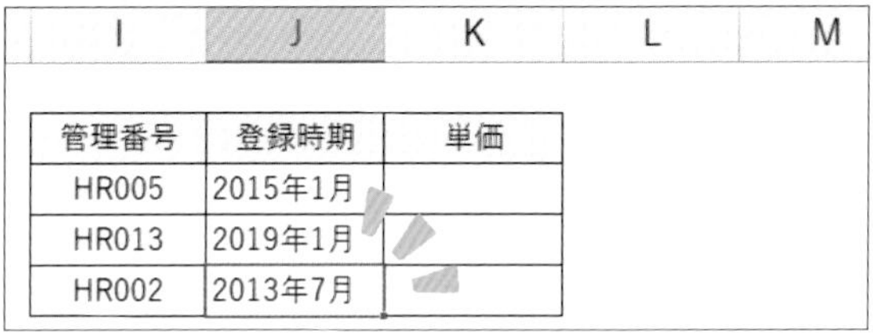

列番号の自動化

前述の数式を右にコピーしても、同じく登録時期情報が返る。

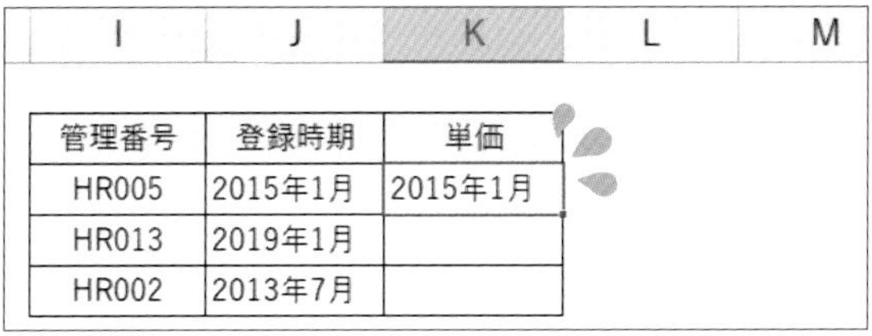

検索値と検索対象範囲の参照は上手く固定できているが、第3引数「列番号」が「3」のままであることが問題だ。

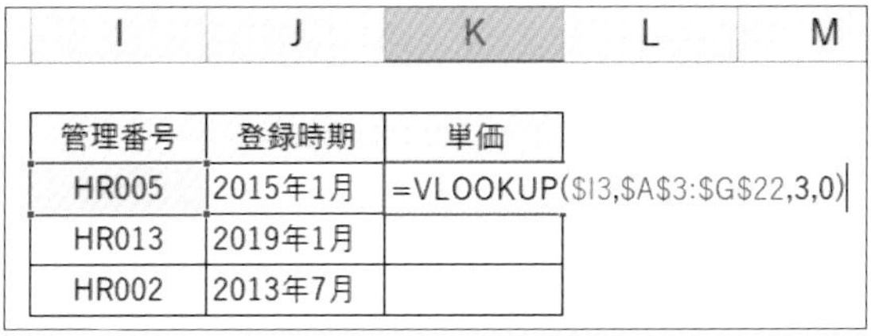

固定値として入力した列番号はどの方向にコピーしたとしても、その固定値のままとなる。これを数式の複製に従ってしかるべき列を参照できるしくみにすることが理想だ。

やり方は大きく2つあるぞ！

COLUMN関数

参照セルの列番号を返す**COLUMN関数**を組み合わせる方法だ。
COLUMN関数は下図のように、入力セルが左端から数えて何列目かを表示できる。

A1 =COLUMN()

	A	B	C	D	E	F	G	H
1	1	2	3	4	5	6	7	
2	管理番号	商品名	登録時期	担当者	数量	単価	金額	
3	HR001	A	2013年1月	青山	50	26,200	1,310,000	
4	HR002	B	2013年7月	青山	190	17,700	3,363,000	

ここでA列に新しく列を挿入してみると、COLUMN関数はあくまでワークシートの端から数えた列番号を返すことがわかる。

	A	B	C	D	E	F	G	H
1		2	3	4	5	6	7	8
2		管理番号	商品名	登録時期	担当者	数量	単価	金額
3		HR001	A	2013年1月	青山	50	26,200	1,310,000
4		HR002	B	2013年7月	青山	190	17,700	3,363,000
5		HR003	C	2014年1月	青山	70	12,200	854,000
6		HR004	D	2014年7月	青山	100	23,500	2,350,000
7		HR005	E	2015年1月	赤井	100	11,100	1,110,000

そのため、関数の入力箇所とマスターデータが下図のような構成で配置されていて、間髪入れずに同じ順序で見出しが並んでいる場合にCOLUMN関数が効力を発揮する。

C2 =VLOOKUP($A2,$A$5:$G$24,COLUMN(),0)

	A	B	C	D	E	F	G	H
1	管理番号	商品名	登録時期	担当者	数量	単価	金額	
2	HR005	E	2015年1月	赤井	100	11,100	1,110,000	
3								
4	管理番号	商品名	登録時期	担当者	数量	単価	金額	
5	HR001	A	2013年1月	青山	50	26,200	1,310,000	
6	HR002	B	2013年7月	青山	190	17,700	3,363,000	
7								

VLOOKUP関数の第3引数「列番号」にCOLUMN関数を入れ込むことで、数式を右へコピーするにしたがい列番号も加算されていく。

ただしマスターデータと情報の取得先で構造が異なったり、表を事後的に加工したりすると、COLUMN 関数では柔軟な挙動が見込めない。たとえば以下のように A 列が空白列となっている場合、「登録時期」を取り出すためには COLUMN 関数で返した「4」から「1」を差し引くなど、結局固定値で調整する必要があるのだ。

A1 | fx

	A	B	C	D	E	F	G	H
1		2	3	4	5	6	7	8
2		管理番号	商品名	登録時期	担当者	数量	単価	金額
3		HR001	A	2013年1月	青山	50	26,200	1,310,000
4		HR002	B	2013年7月	青山	190	17,700	3,363,000
5		HR003	C	2014年1月	青山	70	12,200	854,000
6		HR004	D	2014年7月	青山	100	23,500	2,350,000

MATCH 関数

この課題を解消してくれるのが **MATCH 関数**だ。
詳細は次のメソッドで解説するが、MATCH 関数は該当範囲の中で指定のデータが左もしくは上から何番目に位置しているかを返してくれる。

VLOO... | fx =MATCH(J2,A2:G2,0)

	A	B	C	D	E	F	G	H	I	J	K
1										=MATCH(J2,A2:G2,0)	
2	管理番号	商品名	登録時期	担当者	数量	単価	金額		管理番号	登録時期	単価
3	HR001	A	2013年1月	青山	50	26,200	1,310,000		HR005	2015年1月	
4	HR002	B	2013年7月	青山	190	17,700	3,363,000		HR013		
5	HR003	C	2014年1月	青山	70	12,200	854,000		HR002		
6	HR004	D	2014年7月	青山	100	23,500	2,350,000				

I	J	K
	3	
管理番号	登録時期	単価
HR005	2015年1月	
HR013		
HR002		

サンプルではマスターデータの見出し範囲の中で「登録時期」の位置を欄外にテスト抽出した結果、「3」が返されている。

COLUMN 関数は必ず A 列からカウントするのに対して、MATCH 関数はスタート位置を指示できる！

このMATCH関数をVLOOKUP関数の第3引数「列番号」にネストすれば、右方向にコピーしたり、検索対象範囲の周辺で列の追加や削除を行ったりしても融通が利く。※MATCH関数の検索値や検索範囲もしかるべき参照形式にしておこう。

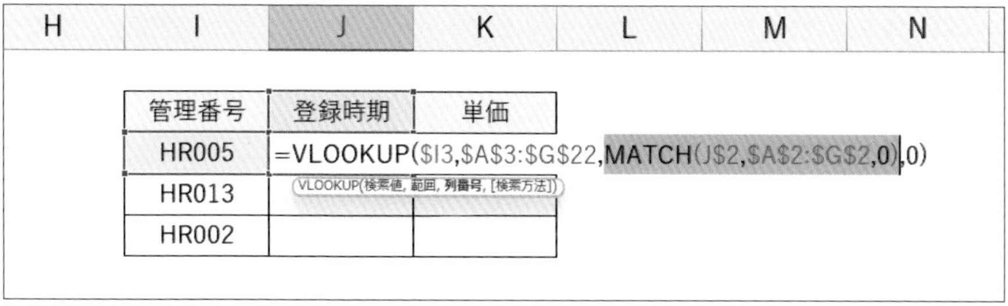

H	I	J	K	L	M	N
	管理番号	登録時期	単価			
	HR005	=VLOOKUP($I3,$A$3:$G$22,MATCH(J$2,$A$2:$G$2,0),0)				
	HR013					
	HR002					

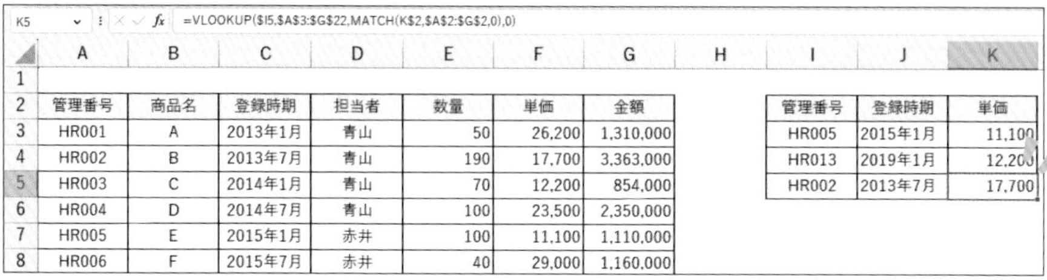

K5 =VLOOKUP($I5,$A$3:$G$22,MATCH(K$2,$A$2:$G$2,0),0)

	A	B	C	D	E	F	G	H	I	J	K
1											
2	管理番号	商品名	登録時期	担当者	数量	単価	金額		管理番号	登録時期	単価
3	HR001	A	2013年1月	青山	50	26,200	1,310,000		HR005	2015年1月	11,100
4	HR002	B	2013年7月	青山	190	17,700	3,363,000		HR013	2019年1月	12,200
5	HR003	C	2014年1月	青山	70	12,200	854,000		HR002	2013年7月	17,700
6	HR004	D	2014年7月	青山	100	23,500	2,350,000				
7	HR005	E	2015年1月	赤井	100	11,100	1,110,000				
8	HR006	F	2015年7月	赤井	40	29,000	1,160,000				

もちろんマスターデータの見出しと抽出先の見出しが異なることも往々にしてある。こんなときは下図のように、抽出先に合わせたダミーの検索値を欄外に用意し、これを参照することで対応しよう。

VLOO... =VLOOKUP($I3,$A$3:$G$22,MATCH(J$2,$A$1:$G$1,0),0)

	A	B	C	D	E	F	G	H	I	J	K
1	管理番号	商品名	登録時期	担当者	数量	単価	金額				
2	管理番号	商品名	初回登録	担当者	数量	価格	金額		管理番号	登録時期	単価
3	HR001	A	2013年1月	青山	50	26,200	1,310,000		HR005	=VLOOKUP($I3,$A$3:$G$	
4	HR002	B	2013年7月	青山	190	17,700	3,363,000		HR013	MATCH(J$2,$A$1:$G$1,0)	
5	HR003	C	2014年1月	青山	70	12,200	854,000		HR002	2013年7月	17,700
6	HR004	D	2014年7月	青山	100	23,500	2,350,000				
7	HR005	E	2015年1月	赤井	100	11,100	1,110,000				
8	HR006	F		赤井	40		1,160,000				

欄外に用意した参照用のデータは行ごとグループ化し、非表示としておくなどの工夫ができるとなおよしだ。

エラー対策

指定した検索値が検索対象のデータ範囲に存在しない場合、エラーが返る。
このブックを扱うメンバーにデータが存在しないことを伝えるために **IFERROR** 関数でネストして、「該当なし」や「入力内容に誤り」といったメッセージを返す設定をしておこう。

管理番号	登録時期	単価
HR005	=IFERROR(VLOOKUP($I3,$A$3:$G$22,MATCH(J$2,$A$2:$G$2,0),0),"該当なし"	
HR013	IFERROR(値, エラーの場合の値)	12,200
HR002	2013年7月	17,700

なお、検索値のパターンが数件であればドロップダウンリストを設定して入力ミスそのものを防ぐことができる。

しかし大抵の場合、検索対象データが何百件、何千件と存在する表を参照することがほとんどのため、リストから選択するのはひと苦労である。

管理番号	登録時期	単価
HR005	2015年1月	11,100
	019年1月	12,200
	013年7月	17,700

HR013
HR014
HR015
HR016
HR017
HR018
HR019
HR020

VLOOKUP 関数のエラー対策は、素直に IFERROR 関数での処理がおすすめだ。

空白セル対策

検索結果が空白セルの場合、ゼロが返る。
ゼロ円などと勘違いされないように適切に処理しておこう。

数量	単価	金額
50	26,200	1,310,000
190	17,700	3,363,000
70	12,200	854,000
100	23,500	2,350,000
100		0
40	29,000	1,160,000

空白セル

管理番号	登録時期	単価
HR005	2015年1月	0
HR013	2019年1月	12,200
HR002	2013年7月	17,700

やり方は大きく３つ！

「0」の場合になにも表示しない

「0」の場合はなにも表示しない設定にしておく方法だ。
Alt → F → T で［Excel のオプション］を開き、［詳細設定］→［次のシートで作業するときの表示設定］グループ→［ゼロ値のセルにゼロを表示する］のチェックを外す。

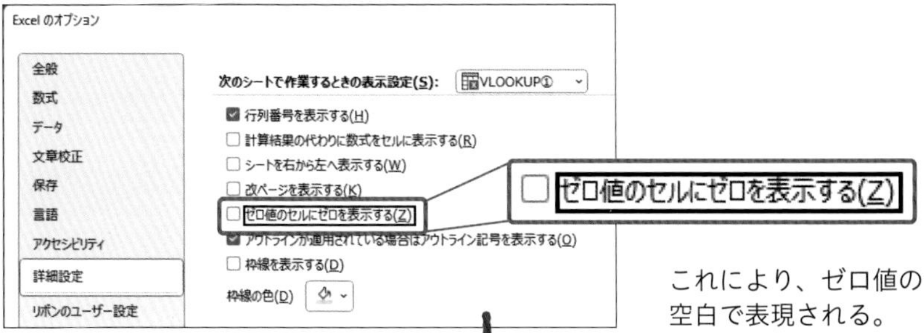

これにより、ゼロ値のセルは空白で表現される。

E	F	G	H	I	J	K
数量	単価	金額		管理番号	登録時期	単価
50	26,200	1,310,000		HR005	2015年1月	
190	17,700	3,363,000		HR013	2019年1月	12,200
70	12,200	854,000		HR002	2013年7月	17,700
100	23,500	2,350,000				
100						

IF 関数でネストする

VLOOKUP 関数を IF 関数でネストする方法だ。
下図の数式バーにある通り、VLOOKUP 関数で吸い上げたデータが空白であれば「"-"」（ハイフン）や「""」（空白）を返して、そうでなければ（＝しっかりデータが入力されていれば）VLOOKUP 関数で吸い上げたデータを返す、という条件分岐を設定する。

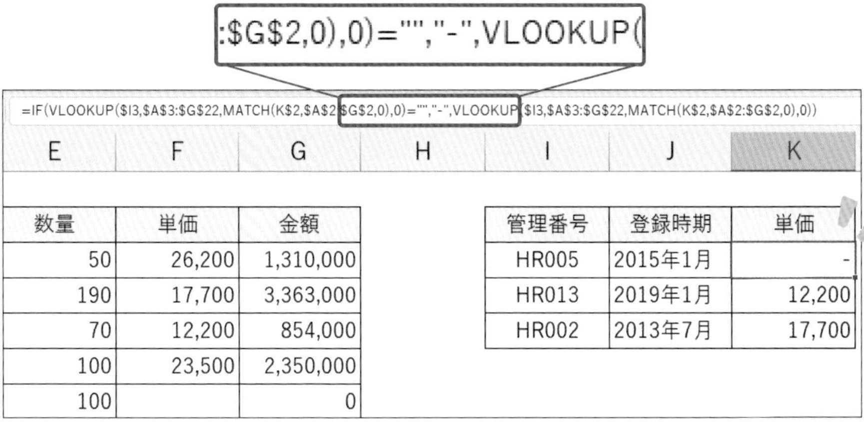

E	F	G	H	I	J	K
数量	単価	金額		管理番号	登録時期	単価
50	26,200	1,310,000		HR005	2015年1月	-
190	17,700	3,363,000		HR013	2019年1月	12,200
70	12,200	854,000		HR002	2013年7月	17,700
100	23,500	2,350,000				
100		0				

「&""」をつける

VLOOKUP 関数の最後に「&""」をつける方法だ。
Excel において「&」（アンパサンド）は文字列を結合する役割がある。これにより VLOOKUP 関数で返った値が文字列に変換され、かつ「""」をつなげたことで空白で表現される。

G$2,0),0)&""

=VLOOKUP($I3,$A$3:$G$22,MATCH(K$2,$A$2:$G$2,0),0)&""

E	F	G	H	I	J	K
数量	単価	金額		管理番号	登録時期	単価
50	26,200	1,310,000		HR005	42005	
190	17,700	3,363,000		HR013	43466	12200
70	12,200	854,000		HR002	41456	17700
100	23,500	2,350,000				

ただし上図の通り、文字列に変換されたことでデータが取得できたセルの表示形式までリセットされてしまう。文字列データを「0」で返したくないケースでのみ活用するなど、シーンに応じて使い分けよう。

検索対象範囲の自動拡張

マスターデータの最終行に管理番号「HR021」の情報を追加する。

21	HR019	S	2022年1月	白木	40	27,600	1,104,000
22	HR020	T	2022年7月	白木	160	24,100	3,856,000
23	HR021	U	2023年1月	白木	70	18,900	1,323,000

この段階で検索値に「HR021」を入力してもヒットしない。

I	J	K
管理番号	登録時期	単価
HR021	該当なし	該当なし
HR013	2019年1月	12,200
HR002	2013年7月	17,700

これは、新しく追加した情報が VLOOKUP 関数の第 2 引数「範囲」の対象外となっているためだ。

21	HR019	S	2022年1月	白木	40	27,600	1,10
22	HR020	T	2022年7月	白木	160	24,100	3,85
23	HR021	U	2023年1月	白木	70	18,900	1,32

蓄積型のマスターデータでは、情報が追加されたときに自動で検索対象範囲が拡張されるしくみを構築しておこう。やり方は大きく 2 つだ。

範囲を列ごと参照する

第 2 引数「範囲」を指定するときに、あらかじめ列を全選択してしまう方法だ。これなら下方向にデータをどれだけ追加しても検索対象からモレることはない。ただし、右方向に情報が挿入された場合の拡張には対処できない。

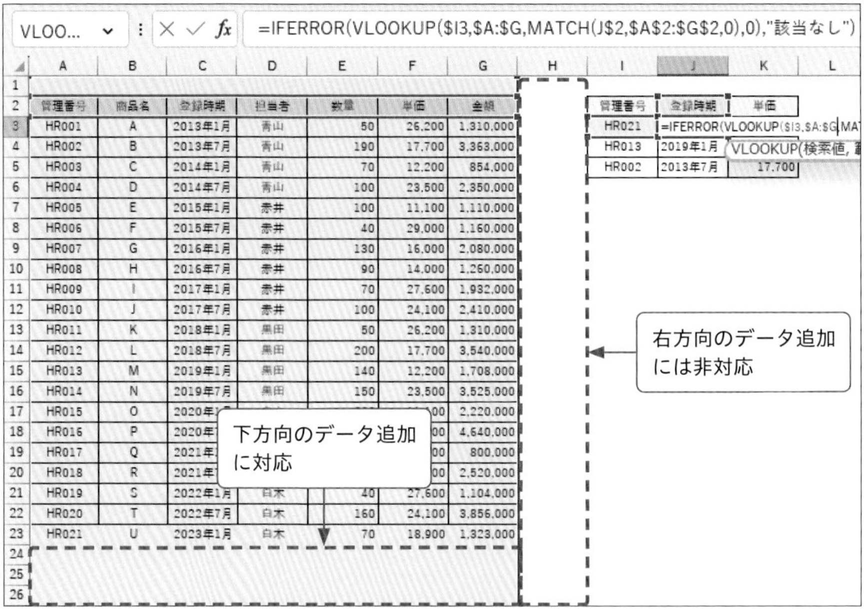

	A	B	C	D	E	F	G
1							
2	管理番号	商品名	登録時期	担当者	数量	単価	金額
3	HR001	A	2013年1月	青山	50	26,200	1,310,000
4	HR002	B	2013年7月	青山	190	17,700	3,363,000
5	HR003	C	2014年1月	青山	70	12,200	854,000
6	HR004	D	2014年7月	青山	100	23,500	2,350,000
7	HR005	E	2015年1月	赤井	100	11,100	1,110,000
8	HR006	F	2015年7月	赤井	40	29,000	1,160,000
9	HR007	G	2016年1月	赤井	130	16,000	2,080,000
10	HR008	H	2016年7月	赤井	90	14,000	1,260,000
11	HR009	I	2017年1月	赤井	70	27,600	1,932,000
12	HR010	J	2017年7月	赤井	100	24,100	2,410,000
13	HR011	K	2018年1月	黒田	50	26,200	1,310,000
14	HR012	L	2018年7月	黒田	200	17,700	3,540,000
15	HR013	M	2019年1月	黒田	140	12,200	1,708,000
16	HR014	N	2019年7月	黒田	150	23,500	3,525,000
17	HR015	O	2020年[illegible]	[illegible]	[illegible]	[illegible]	2,220,000
18	HR016	P	2020年[illegible]	[illegible]	[illegible]	[illegible]	4,640,000
19	HR017	Q	2021年[illegible]	[illegible]	[illegible]	[illegible]	800,000
20	HR018	R	2021年[illegible]	[illegible]	[illegible]	[illegible]	2,520,000
21	HR019	S	2022年1月	白木	40	27,600	1,104,000
22	HR020	T	2022年7月	白木	160	24,100	3,856,000
23	HR021	U	2023年1月	白木	70	18,900	1,323,000
24							
25							
26							

I	J	K
管理番号	登録時期	単価
HR021	=IFERROR(VLOOKUP($I3,$A:$G,MAT	
HR013	2019年1月	
HR002	2013年7月	17,700

範囲をテーブル化する

表をテーブル化するときは、表内のどこかのセルをアクティブにして Ctrl + T を押す。

該当のデータ範囲が正しく選択できていることと、［先頭行をテーブルの見出しとして使用する］にチェックが入っていることを確認したら、Enter で決定する。

	A	B	C	D	E	F	G
1							
2	管理番号	商品名	登録時期	担当者	数量	単価	金額
3	HR001				50	26,200	1,310,000
4	HR002				190	17,700	3,363,000
5	HR003				70	12,200	854,000
6	HR004				100	23,500	2,350,000
7	HR005				100	11,100	1,110,000
8	HR006	F	2015年7月	赤井	40	29,000	1,160,000
9	HR007	G	2016年1月	赤井	130	16,000	2,080,000
10	HR008	H	2016年7月	赤井	90	14,000	1,260,000
11	HR009	I	2017年1月	赤井	70	27,600	1,932,000
12	HR010	J	2017年7月	赤井	100	24,100	2,410,000
13	HR011	K	2018年1月	黒田	50	26,200	1,310,000

テーブルを適用しておけば、事後的にデータが追加されたとしても VLOOKUP 関数の検索対象範囲が自動拡張される。

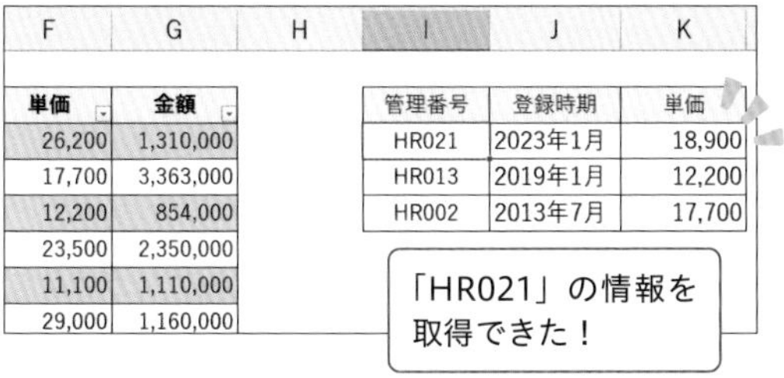

F	G
単価	金額
26,200	1,310,000
17,700	3,363,000
12,200	854,000
23,500	2,350,000
11,100	1,110,000
29,000	1,160,000

I	J	K
管理番号	登録時期	単価
HR021	2023年1月	18,900
HR013	2019年1月	12,200
HR002	2013年7月	17,700

余計な文字列対策

ここからはサンプルを変えて、下の小さい表から管理番号を検索し商品名を取り出していく。

今回は他のセルに数式をコピーすることをしないので、検索値の複合参照や範囲の絶対参照は省略し、列番号も固定値を入力しておく。

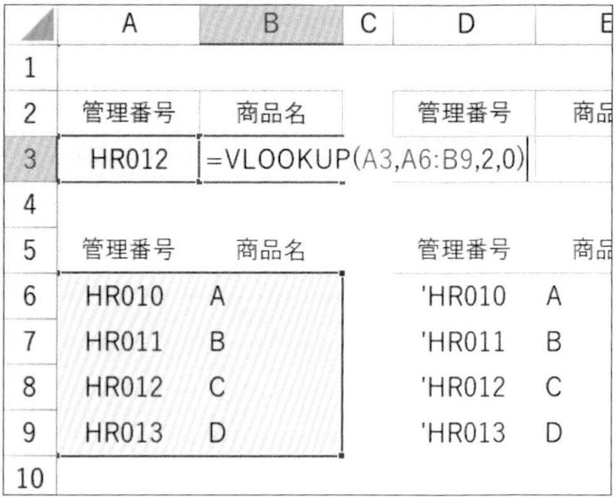

数式の結果はエラーとなる。

検索対象のデータをよく見ると、空白文字（半角スペース）が混ざっている。

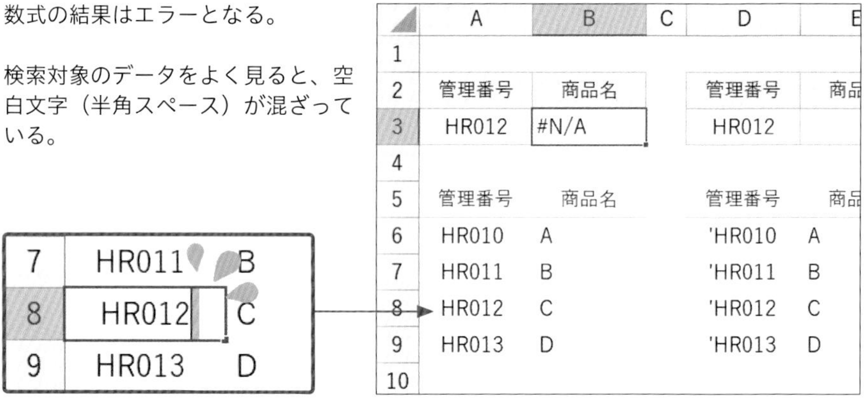

社内の基幹システムから入手したり、WEB サイトからダウンロードしたりしたデータをそのまま使うと、こうした余計な文字列が紛れ込むことがある。

置換機能や関数を使って一括除去することもできるが、組織内の共通マスターデータとして管理されていると使用者の個別事情では編集・加工できないケースもあり、数式側の工夫で対処することが求められる。

ワイルドカード

こんなときは、VLOOKUP 関数の検索値のうしろに「&"*"」をつける。
「*」（アスタリスク）は Excel で使える**ワイルドカード**の 1 つで、「文字数制限のない何らかの文字列」を意味する。これを「&」（アンパサンド）でつなげることで、うしろにどんな文字列がいくら付着していても、必要なデータを検索できるのだ。

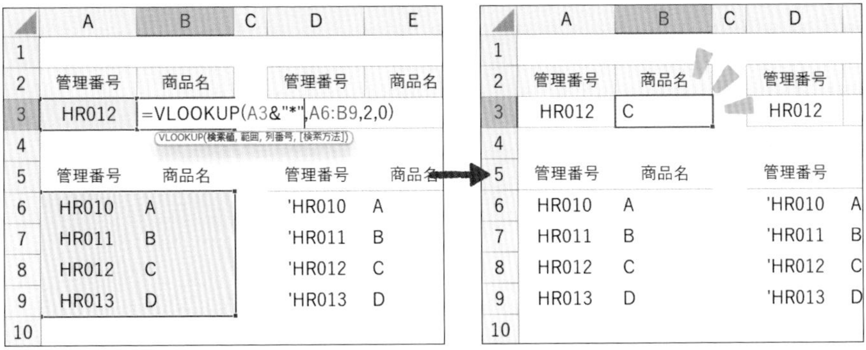

同じ要領で、検索値の前にこびりついた文字列も無視できる。
たとえば先頭にシングルコーテーションマークが付着したデータに対しては、検索値の前にワイルドカードを結合する。これにより、管理番号の文字列を正しく検索できる。

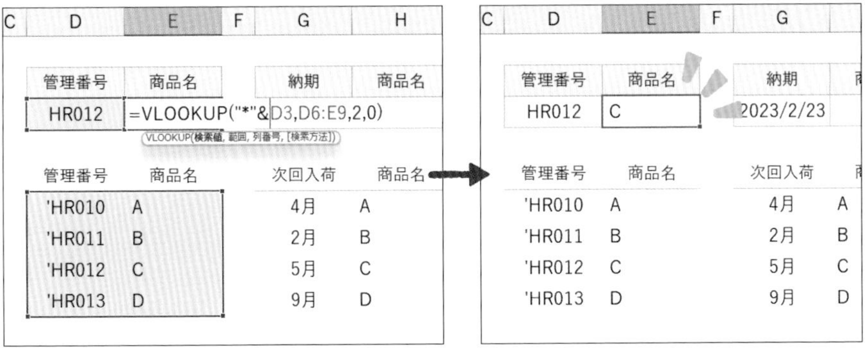

日付を検索値にする

指定納期の月に入荷される商品を取り出したいが、検索値となる納期は「日付」、範囲にあるデータは「月」表記となっている。

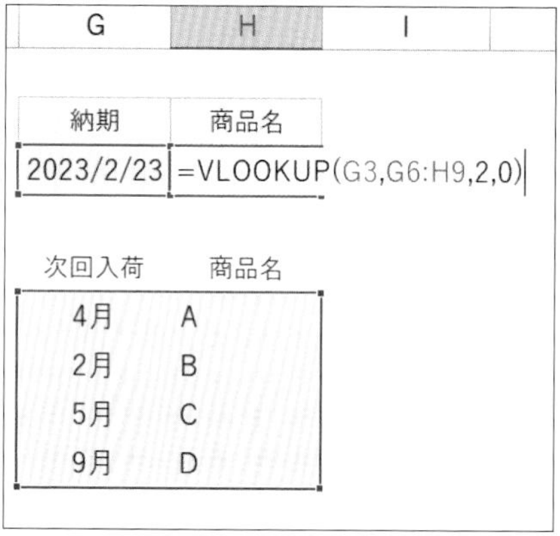

実務では検索値とマスターデータとで表示形式や内容が異なることがあり、このまま VLOOKUP 関数で検索するとエラーが返る。

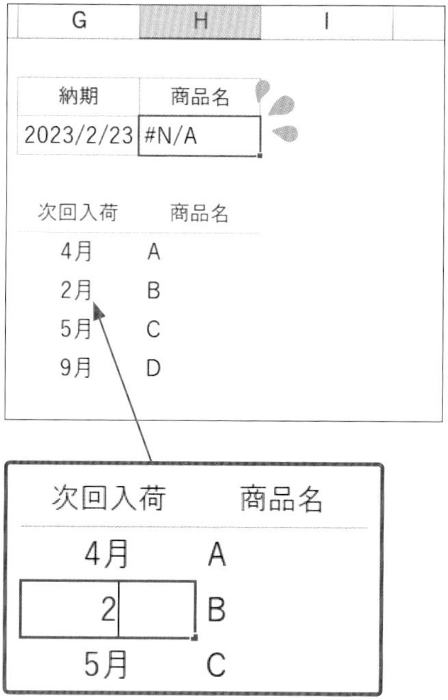

なお一覧の月表記は、表示形式として「月」が設定されているだけで、セル内には数値のみが入力されている。

こうしたシーンでは、検索値に MONTH 関数や YEAR 関数などをネストして、指定日の月や年だけを取り出すといった検索をかける。

今回は入荷月がマッチしている必要があるため、検索値に MONTH 関数をネストしてから実行する。

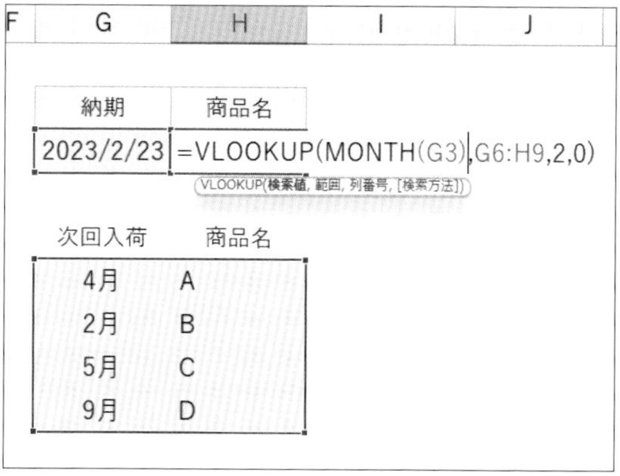

指定納期の月に入荷する商品を返すことができた。

	F	G	H	I
		納期	商品名	
		2023/2/23	B	
		次回入荷	商品名	
		4月	A	
		2月	B	
		5月	C	
		9月	D	

このように、取り扱うデータの種類によっては **VLOOKUP 関数の第 1 引数「検索値」に他の関数を組み合わせて対処することが求められるぞ。**なかでも使い勝手が良いのが Chapter.3 で演習した文字列操作関数だ。実際のユースケースを次に見ていこう！

文字列操作関数を活用する

文字列操作関数のおさらい

B 列に入力された社員 ID から、C 列に所属拠点を抜き出す。

表の欄外に一覧があるとおり、社員 ID の上 2 ケタが拠点コードだ。

	A	B	C	D	E	F	G
1		従業員名簿					
2	氏名	社員ID	所属拠点	入社年度		拠点コード	拠点
3	高倉 荘志	TK-2020-81				TK	東京本社
4	大宮 貴子	HS-2006-87				OS	大阪支社
5	小杉 祐二	OS-1999-26				NG	名古屋支社
6	岩城 達志	SP-2006-09				FK	福岡支社
7	保坂 由良	SD-2010-06				SP	札幌支社
8	畠山 実琴	TK-1992-70				SD	仙台支社
9	三上 賢一	TK-2019-18				HS	広島支社
10	松元 哲雄	SP-2000-21					
11	室井 卓	TK-2001-95				研修対象	案内先拠点
12	酒井 桜琴花	HS-2000-17					
13	畑 和明	FK-2018-21					

まずは LEFT 関数を挿入して社員 ID を参照し、左から 2 文字抜き出すように指示する。

	A	B	C	D
1		従業員名簿		
2	氏名	社員ID	所属拠点	入社年度
3	高倉 荘志	TK-2020-81	=LEFT(B3,2	
4	大宮 貴子	HS-2006-87	LEFT(文字列, [文字数])	
5	小杉 祐二	OS-1999-26		

この数式を下へコピーすると、各メンバーが所属する拠点コードが抽出される。

	A	B	C	D
1		従業員名簿		
2	氏名	社員ID	所属拠点	入社年度
3	高倉 荘志	TK-2020-81	TK	
4	大宮 貴子	HS-2006-87	HS	
5	小杉 祐二	OS-1999-26	OS	

D 列の入社年度は、社員 ID の中間部分で判断できる。

ここでは MID 関数で、社員 ID の左から数えて 4 文字目から 4 文字分取り出すように指示する。

B	C	D	E	F
従業員名簿				
社員ID	所属拠点	入社年度		拠点コー
TK-2020-81	TK	=MID(B3,4,4		TK
HS-2006-87	HS	MID(文字列, 開始位置, 文字数)		OS
OS-1999-26	OS			NG

この数式を下へコピーすると、メンバーの入社年度が抽出される。

	A	B	C	D
1	従業員名簿			
2	氏名	社員ID	所属拠点	入社年度
3	高倉 荘志	TK-2020-81	TK	2020
4	大宮 貴子	HS-2006-87	HS	2006
5	小杉 祐二	OS-1999-26	OS	1999
6	岩城 達志	SP-2006-09	SP	2006
7	保坂 由良	SD-2010-06	SD	2010
8	畠山 実琴	TK-1992-70	TK	1992
9	三上 賢一	TK-2019-18	TK	2019
10	松元 哲雄	SP-2000-21	SP	2000
11	室井 卓	TK-2001-95	TK	2001
12	酒井 桜琴花	HS-2000-17	HS	2000
13	畑 和明	FK-2018-21	FK	2018

検索値に文字列操作関数を活用する

C 列の所属拠点に、拠点コードではなく拠点名を取り出していく。

ただし、拠点コードは社員 ID の中に混ざりこんでいて、検索する文字列として一致していない。そのため、このまま検索をかけてもエラーが返る。

fx =VLOOKUP($B3,$F$3:$G$9,2,0)

B	C	D	E	F	G
従業員名簿					
社員ID	所属拠点	入社年度		拠点コード	拠点
TK-2020-81	#N/A	2020		TK	東京本社
HS-2006-87		2006		OS	大阪支社
OS-1999-26		1999		NG	名古屋支社
SP-2006-09		2006		FK	福岡支社
SD-2010-06		2010		SP	札幌支社
TK-1992-70		1992		SD	仙台支社
TK-2019-18		2019		HS	広島支社
SP-2000-21		2000			

検索値が一致しない

そこで、先ほど LEFT 関数で取り出した文字列を VLOOKUP 関数に入れ込んで、第 1 引数「検索値」として活用する。

B	C	D	E	F	G
従業員名簿					
社員ID	所属拠点	入社年度		拠点コード	拠点
TK-2020-81	=VLOOKUP(LEFT($B3,2),$F$3:$G$9,2,0)				
HS-2006-87	VLOOKUP(検索値, 範囲, 列番号, [検索方法])			OS	大阪支社
OS-1999-26		1999		NG	名古屋支社
SP-2006-09		2006		FK	福岡支社

文字列操作関数で照合可能なデータに変換したことで、正しい情報を取り出せる。

=VLOOKUP(LEFT($B3,2),$F$3:$G$9,2,0)

B	C	D	E	F	G
従業員名簿					
社員ID	所属拠点	入社年度		拠点コード	拠点
TK-2020-81	東京本社	2020		TK	東京本社
HS-2006-87	広島支社	2006		OS	大阪支社
OS-1999-26	大阪支社	1999		NG	名古屋支社
SP-2006-09	札幌支社	2006		FK	福岡支社
SD-2010-06	仙台支社	2010		SP	札幌支社
TK-1992-70	東京本社	1992		SD	仙台支社
TK-2019-18	東京本社	2019		HS	広島支社
SP-2000-21	札幌支社	2000			

テクニック　検索は「別シート」から

本メソッドの冒頭に触れた通り、VLOOKUP関数の第２引数「範囲」は原則として**別シートからの参照を推奨する**。

マスターとデータの取得先が同じシートに存在すると様々な不都合が生じるため、VLOOKUP関数で情報を取り出す場所と検索対象範囲はシートを分けて管理しよう。

FT($B3,2),Sheet2!$A$2

A2　=VLOOKUP(LEFT($B3,2),Sheet2!$A$2:$B$8,2,0)

	A	B	C	D	E	F
1	拠点コード	拠点				
2	TK	東京本社				
3	OS	大阪支社				
4	NG	名古屋支社				
5	FK	福岡支社				
6	SP	札幌支社				
7	SD	仙台支社				
8	HS	広島支社				
9						
10						

VLOOKUP(検索値, 範囲, 列番号, [検索方法])

別シート

※右図は７行目のデータをまるごと削除し、拠点コードのマスター情報（札幌支社）まで消えてしまった状態。

	A	B	C	D	E	F	G
1		**従業員名簿**					
2	氏名	社員ID	所属拠点	入社年度		拠点コード	拠点
3	高倉 荘志	TK-2020-81	東京本社	2020		TK	東京本社
4	大宮 貴子	HS-2006-87	広島支社	2006		OS	大阪支社
5	小杉 祐二	OS-1999-26	大阪支社	1999		NG	名古屋支社
6	岩城 達志	SP-2006-09	#N/A	2006		FK	福岡支社
7	畠山 実琴	TK-1992-70	東京本社	1992		SD	仙台支社
8	三上 賢一	TK-2019-18	東京本社	2019		HS	広島支社
9	松元 哲雄	SP-2000-21	#N/A	2000			

検索先を別のシートではなく別のブックに設定すると、該当のブックで加工が行われたりファイルごと削除されたりした場合に連動して数式が破綻してしまうためおすすめしないぞ。

文字列データを値に変換する

2010年度入社の社員に集合研修の案内を出すために、その案内を通知する拠点名を調べていく。

※ VLOOKUP関数の検索が機能するように、従業員名簿の入社年度と所属拠点の列を入れ替えている。

	A	B	C	D	E	F	G
1		従業員名簿					
2	氏名	社員ID	入社年度	所属拠点		拠点コード	拠点
3	高倉 荘志	TK-2020-81	2020	東京本社		TK	東京本社
4	大宮 貴子	HS-2006-87	2006	広島支社		OS	大阪支社
5	小杉 祐二	OS-1999-26	1999	大阪支社		NG	名古屋支社
6	岩城 達志	SP-2006-09	2006	札幌支社		FK	福岡支社
7	保坂 由良	SD-2010-06	2010	仙台支社		SP	札幌支社
8	畠山 実琴	TK-1992-70	1992	東京本社		SD	仙台支社
9	三上 賢一	TK-2019-18	2019	東京本社		HS	広島支社
10	松元 哲雄	SP-2000-21	2000	札幌支社			
11	室井 卓	TK-2001-95	2001	東京本社		研修対象	案内先拠点
12	酒井 桜琴花	HS-2000-17	2000	広島支社		2010	
13	畑 和明	FK-2018-21	2018	福岡支社			
14	岩谷 涼子	FK-2012-84	2012	福岡支社			
15	田代 杏理	NG-2007-02	2007	名古屋支社			

VLOOKUP関数を挿入し、第1引数「検索値」には研修対象年度「2010」年度を参照する。

第2引数「範囲」は名簿において入社年度と所属拠点が並んだ範囲を選択し、2列目の所属拠点を完全一致で取り出す。

ただしこの数式の結果はエラーとなる。

B	C	D	E	F	G	H	I
従業員名簿							
員ID	入社年度	所属拠点		拠点コード	拠点		
020-81	2020	東京本社		TK	東京本社		
006-87	2006	広島支社		OS	大阪支社		
999-26	1999	大阪支社		NG	名古屋支社		
006-09	2006	札幌支社		FK	福岡支社		
010-06	2010	仙台支社		SP	札幌支社		
992-70	1992	東京本社		SD	仙台支社		
019-18	2019	東京本社		HS	広島支社		
000-21	2000	札幌支社					
001-95	2001	東京本社		研修対象	案内先拠点		
000-17	2000	広島支社		2010	=VLOOKUP($F12,$C$3:$D$31,2,0)		
018-21	2018	福岡支社					
012-84	2012	福岡支社					
007-02	2007	名古屋支社					

研修対象	案内先拠点
2010	#N/A

先ほどMID関数で返した入社年度を見るとわかる通り、数字がセルに左詰めで配置されている。

=MID(B3,4,4)

B	C	D
従業員名簿		
社員ID	入社年度	所属拠点
TK-2020-81	2020	東京本社
HS-2006-87	2006	広島支社
OS-1999-26	1999	大阪支社

このように、たとえ数字が対象であっても文字列操作関数で取り出したデータは文字列に変換される。
値を参照した検索値と、文字列に変換された検索対象範囲のデータは、一致しないものと判断されてしまうのだ。

対処法は大きく2つあるぞ！

▼検索値にシングルコーテーションをつけて第１引数「検索値」側を文字列データ化する。

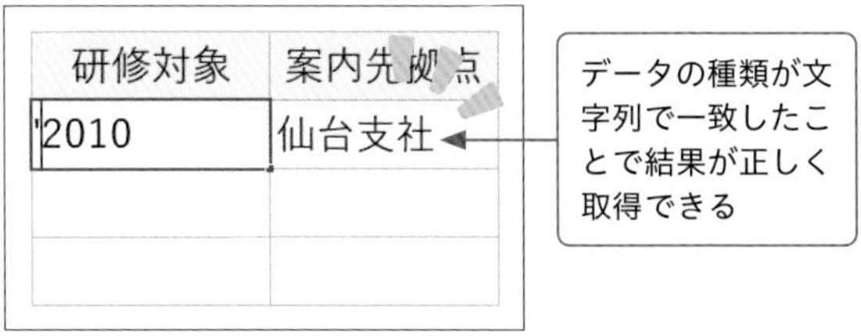

▼名簿のデータをVALUE関数でネストして第２引数「範囲」側を数値データ化する。

入社年度のデータが右詰めになったことで、文字列データが数値に変換されたことがわかる。

なお、VALUE関数を用いなくても、文字列操作関数の結果（数字）に「1」をかけたり「0」をたしたりすることでも文字列を数値データに変換できる。

参考までに覚えておこう。

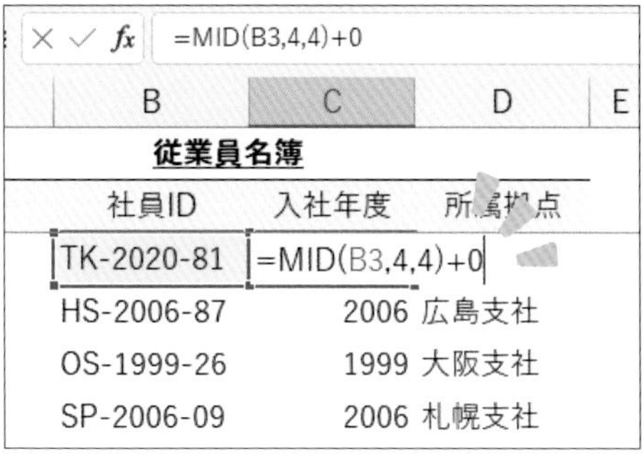

重複データのナンバリング

先ほど研修対象となる 2010 年度入社の社員が在籍する支社を 1 つ抽出したが、名簿をスクロールすると対象社員は他の拠点にもいることがわかる。

2	氏名	社員ID	入社年度	所属拠点
3	高倉 荘志	TK-2020-81	2020	東京本社
4	大宮 貴子	HS-2006-87	2006	広島支社
5	小杉 祐二	OS-1999-26	1999	大阪支社
6	岩城 達志	SP-2006-09	2006	札幌支社
7	保坂 由良	SD-2010-06	2010	仙台支社
8	畠山 実琴	TK-1992-70	1992	東京本社
9	三上 賢一	TK-2019-18	2019	東京本社

2	氏名	社員ID	入社年度	所属拠点
26	住田 夕菜	FK-2002-50	2002	福岡支社
27	長沢 千加子	OS-1996-25	1996	大阪支社
28	沖 遥菜	NG-2010-29	2010	名古屋支社
29	福島 政信	HS-1996-66	1996	広島支社
30	長野 喜作	SD-1993-52	1993	仙台支社
31	瀬川 信男	SD-1998-52	1998	仙台支社
32				

ただし、VLOOKUP 関数で抽出されるのは上から検索して最初にヒットしたデータだけで、複数データの取得ができない。こんなときは、**COUNTIF 関数を使って重複するデータをナンバリング**していく。

❶入社年度の右に 2 列追加し、見出しは「副番」「結合」としておく。

C	D	E	F
従業員名簿			
入社年度	副番	結合	所属拠点
2020			東京本社
2006			広島支社
1999			大阪支社
2006			札幌支社

❷副番の列に COUNTIF 関数を挿入する。

・第 1 引数「範囲」には、C3 セルから C3 セルを参照し、参照演算子（コロン）の左側だけ絶対参照にする。
・第 2 引数「検索条件」には、C3 セルを参照する。

C	D	E	F
従業員名簿			
入社年度	副番	結合	所属拠点
2020	=COUNTIF($C$3:C3,C3		
2006	COUNTIF(範囲, 検索条件)		広島支社
1999			大阪支社
2006			札幌支社

この数式を下へコピーすると、副番の列に数値が返される。

COUNTIF 関数は、第 1 引数「範囲」に参照した範囲の中で、第 2 引数「検索条件」がいくつ存在するか、その個数を返す関数だ。

今回第 1 引数のスタート位置だけを絶対参照にしたことで、下方向にコピーするにしたがい該当のデータ範囲が拡張されていく。
そして入社年度の列を上から見ていったときに、検索条件のデータがその時点で何回登場したかをカウントしている。

C	D	E	F
従業員名簿			
入社年度	副番	結合	所属拠点
2020	1		東京本社
2006	1		広島支社
1999	1		大阪支社
2006	2		札幌支社
2010	1		仙台支社
1992	=COUNTIF($C$3:C8,C8)		
2019	1		東京本社
2000	1		札幌支社
2001	1		東京本社
2000	2		広島支社
2018	1		福岡支社

たとえば、2006 年は 3 行目 4 行目を調べた段階では 1 回、6 行目までみてみると 2 回、登場するといったイメージだ。

	A	B	C	D	E	F	G
1	従業員名簿						
2	氏名	社員ID	入社年度	副番	結合	所属拠点	
3	高倉 荘志	TK-2020-81	2020	1		東京本社	
4	大宮 貴子	HS-2006-87	2006	1		広島支社	
5	小杉 祐二	OS-1999-26	1999	1		大阪支社	
6	岩城 達志	SP-2006-09	2006	2		札幌支社	
7	保坂 由良	SD-2010-06	2010	1		仙台支社	
8	畠山 実琴	TK-1992-70	1992	1		東京本社	

❸この副番を、入社年度と結合して検索値を生成する。

E 列に「C 列 &D 列」と入力するが、「&」（アンパサンド）で結合したデータは前述の通り文字列として認識されるため、ここでも VALUE 関数で数値データ化しておく。

C	D	E	F
従業員名簿			
入社年度	副番	結合	所属拠点
2020	1	=VALUE(C3&D3)	
2006	1	20061	広島支社
1999	1	19991	大阪支社
2006	2	20062	札幌支社

❹研修対象を 20101、20102 と入力して、研修案内の送付先拠点を取り出す VLOOKUP 関数を挿入する。

結合	所属拠点
20201	東京本社
20061	広島支社
19991	大阪支社
20062	札幌支社
20101	仙台支社
19921	東京本社
20191	東京本社
20001	札幌支社
20011	東京本社
20002	広島支社
20181	福岡支社
20121	福岡支社
20071	名古屋支社
20003	福岡支社

拠点コード	拠点
TK	東京本社
OS	大阪支社
NG	名古屋支社
FK	福岡支社
SP	札幌支社
SD	仙台支社
HS	広島支社

研修対象	案内先拠点
20101	仙台支社
20102	=VLOOKUP($H13,$E$3:$F$31,2,0)

研修対象	案内先拠点
20101	仙台支社
20102	名古屋支社

これにより、同じく 2010 年度入社の社員が在籍する名古屋支社を抽出できる。

なお、検索値を 20101、20102 などとしなくても、関数に一工夫加えることで複数のデータを柔軟に取り出せる。
検索値は「2010」とし、VLOOKUP 関数の第 1 引数「検索値」に ROW 関数をつなげる。
参照セルの行番号を返す ROW 関数は、今回のように連続して下方向にコピーするシーンで副番に成り代わってくれるのだ。

検索値に「&」（アンパサンド）で ROW 関数を結合し、ROW 関数の参照元は 1 行目のどこかを指定する。今回は I1 セルとしておく。

H	I	J	K	L
拠点コード	拠点			
TK	東京本社			
OS	大阪支社			
NG	名古屋支社			
FK	福岡支社			
SP	札幌支社			
SD	仙台支社			
HS	広島支社			
研修対象	案内先拠点			
2010	=VLOOKUP($H12&ROW(I1),$E$3:$F$31,2,0)			

VLOOKUP(検索値, 範囲, 列番号, [検索方法])

($H12&ROW(I1),$E

今回は ROW 関数で下方向に羅列するが、同じ要領で COLUMN 関数を使えば右方向に並べて取り出せるぞ！

& で結合したデータは文字列になるため、この部分は VALUE 関数で数値に変換する。

研修対象	案内先拠点
2010	=VLOOKUP(VALUE($H12&ROW(I1)),$E$3:$F$31,2,0)

VALUE(文字列)

最後に、この検索結果がエラーだった場合を想定して IFERROR 関数でネストする。

研修対象	案内先拠点
2010	=IFERROR(VLOOKUP(VALUE($H12&ROW(I1)),$E$3:$F$31,2,0),"")

IFERROR(値, エラーの場合の値)

この数式を下へコピーすると、2010 年度入社の社員が在籍する拠点として、「仙台」と「名古屋」が抽出される。

研修対象	案内先拠点
2010	仙台支社
2010	名古屋支社
2010	

試しに他の年度を検索してみると 2005 年度は「大阪」のみ、2000 年度は「札幌」「広島」「福岡」、2020 年度は「東京」「大阪」といったように返される。

研修対象	案内先拠点
2005	大阪支社
2005	
2005	

研修対象	案内先拠点
2000	札幌支社
2000	広島支社
2000	福岡支社

研修対象	案内先拠点
2020	東京本社
2020	大阪支社
2020	

同じ年度入社の社員が同じ拠点に複数在籍していると、「東京」「大阪」「大阪」や、「札幌」「名古屋」「札幌」のように抽出される。今回のような使用用途なら支障はないが、不都合があればさらに COUNTIF 関数で重複データをナンバリングして処理しよう。

近似一致検索

ここまでの演習では、VLOOKUP 関数の第 4 引数「検索方法」に完全一致の「0」を入力してきた。本メソッドの最後に**近似一致**で検索するケースにも触れておこう。

たとえば、年間の取引高に応じて取引先に販売奨励金を進呈する契約を結んでいて、一定の取引金額基準を超えると支払率が上昇していくテーブルが組まれているとする。
多くの場合で取引高実績と金額の基準は合致しないため、完全一致の「0」で検索してもヒットしない。

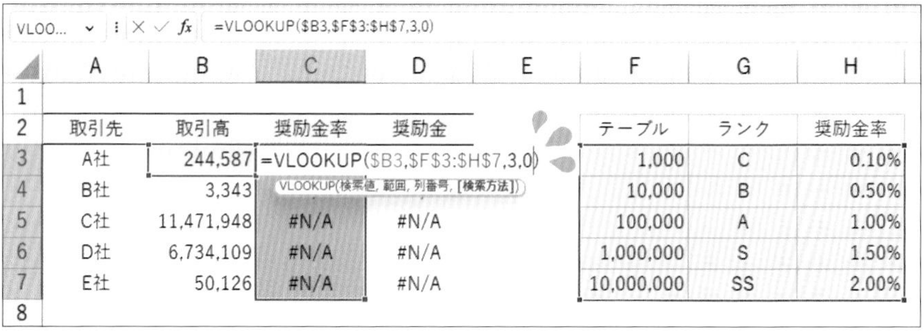

これを近似一致を表す「1」に変えて検索すると、該当の奨励金率が正しく返される。

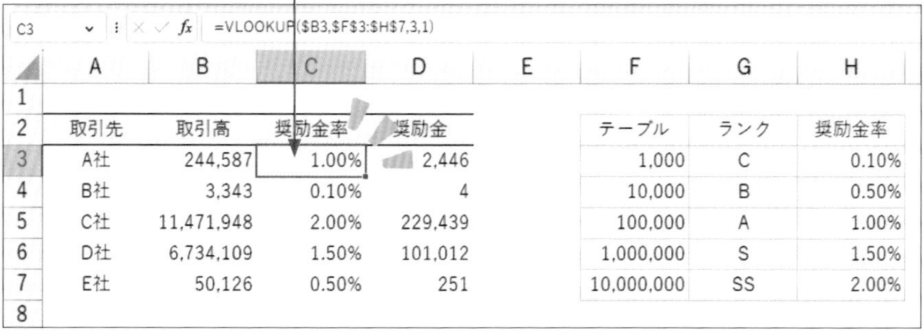

この近似一致という検索方法には、**検索値未満の最大値を見つける**という性質がある。「244,587」を検索した場合、それ未満で最も大きい数値「100,000」を拾い、そこから3列目の「1.00%」の奨励金率が抽出されたということだ。

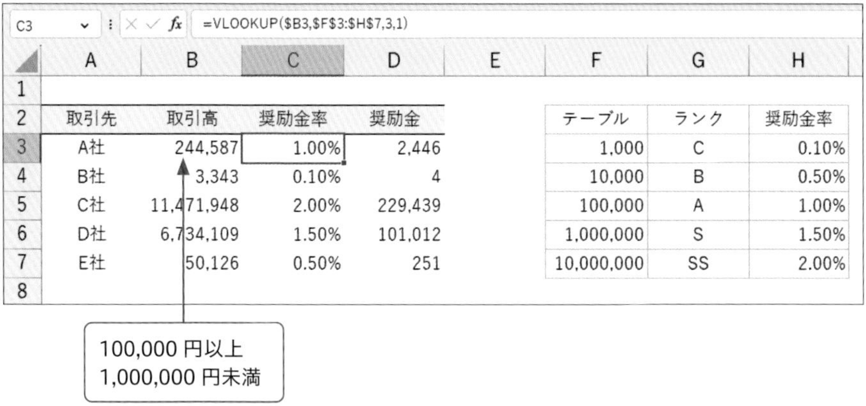
C3 =VLOOKUP($B3,$F$3:$H$7,3,1)

	A	B	C	D	E	F	G	H
1								
2	取引先	取引高	奨励金率	奨励金		テーブル	ランク	奨励金率
3	A社	244,587	1.00%	2,446		1,000	C	0.10%
4	B社	3,343	0.10%	4		10,000	B	0.50%
5	C社	11,471,948	2.00%	229,439		100,000	A	1.00%
6	D社	6,734,109	1.50%	101,012		1,000,000	S	1.50%
7	E社	50,126	0.50%	251		10,000,000	SS	2.00%
8								

同じ要領で、成約件数に応じた歩合の報酬や、一定の就業時間を超えた場合の給与体系などに応用できるが、無論、文字列の検索には向かない。値の場合も、**検索値が正の値であること、検索範囲が昇順で並んでいること**といった制約があるため、使いどころに注意しよう。

製品情報をもとに管理番号を取得する

VLOOKUP 関数の第 3 引数「列番号」に MATCH 関数を組み込むことで、取り出すデータの位置を柔軟に変更できることに触れました。検索対象の値や文字列が特定範囲内のどの位置にあるかが数値でわかると、他の関数で情報を検索したり参照したりするときに役立ちます。なかでも特定の領域において取得するデータの場所を行番号・列番号で指示する INDEX 関数と組み合わせることで絶大な効力を発揮してくれます。このメソッドでは、「INDEX&MATCH」と呼ばれる関数のペアを用いて実現できる検索手法を演習します。VLOOKUP 関数では対応できない方向へも縦横無尽にサーチすることが可能となります。

初出の関数

01 INDEX 関数

=INDEX(配列 , 行番号 ,[列番号])

配列内において行番号 (と列番号) で指示した位置のデータを返す

=INDEX(参照 , 行番号 ,[列番号],[領域番号])

選択した参照領域において行番号 (と列番号) で指示した位置のデータを返す

02 MATCH 関数 =MATCH(検査値 , 検査範囲 ,[照合の種類])

範囲内における検索データの位置を返す

関数の構成

INDEX 関数

index には、索引、指数、指標といったいくつかの意味があるが、Excel においては「索引」のニュアンスで使われる。

INDEX 関数を挿入してみると、通常の関数は引数のガイダンスが 1 つだけ表示されるが、INDEX 関数には 2 つの検索方法があることがわかる。

第１引数が「配列」となっている配列形式と、「参照」となっているセル範囲形式があり、ビジネスの現場でよく使われるのは配列形式だ。

第１引数「配列」は情報を見つけ出す検索対象範囲を示している。今回は左にあるマスターデータの範囲を選択する。

	A	B	C	D	E	F	G
1							
2	管理番号	商品名	登録時期	担当者	数量	単価	金額
3	HR001	A	2013年1月	青山	50	26,200	1,310,000
4	HR002	B	2013年7月	青山	190	17,700	3,363,000
5	HR003	C	2014年1月	青山	70	12,200	854,000
6	HR004	D	2014年7月	青山	100	23,500	2,350,000
7	HR005	E	2015年1月	赤井	100	11,100	1,110,000
8	HR006	F	2015年7月	赤井	40	29,000	1,160,000
9	HR007	G	2016年1月	赤井	130	16,000	2,080,000
10	HR008	H	2016年7月	赤井	90	14,000	1,260,000
11	HR009	I	2017年1月	赤井	70	27,600	1,932,000
12	HR010	J	2017年7月	赤井	100	24,100	2,410,000
13	HR011	K	2018年1月	黒田	50	26,200	1,310,000
14	HR012	L	2018年7月	黒田	200	17,700	3,540,000
15	HR013	M	2019年1月	黒田	140	12,200	1,708,000

I	J	K
管理番号	登録時期	単価
HR005	=INDEX(A3:G22	
HR013		
HR002		

第２引数「行番号」には、取り出したい情報が上から数えて何行目にあるか、その値を指示する。
ワークシートの最端からではなく、あくまで第１引数の「配列」内で何番目に位置しているかがポイントだ。

「HR005」は配列内で上から５番目にあるため、「5」と入力する。

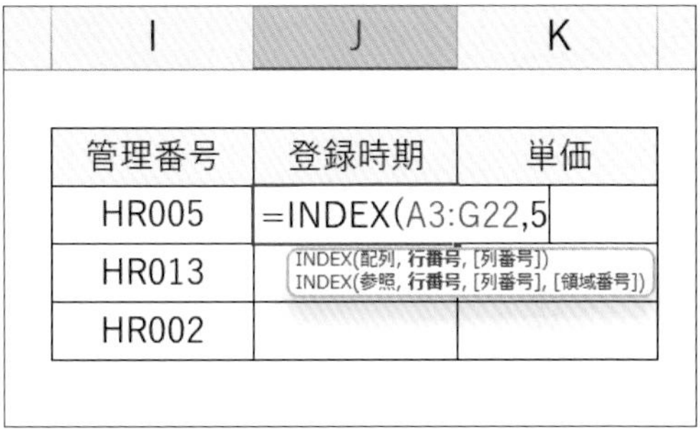

I	J	K
管理番号	登録時期	単価
HR005	=INDEX(A3:G22,5	
HR013		
HR002		

第３引数「列番号」には、取り出したい情報が左から数えて何列目にあるか、その値を指示する。
こちらもワークシートの最端からではなく、第１引数「配列」内で何番目に位置しているかがポイントだ。

今数式を入力しているセルに取り出したい「登録時期」は配列内で左から３番目にあるため、「3」と入力する。

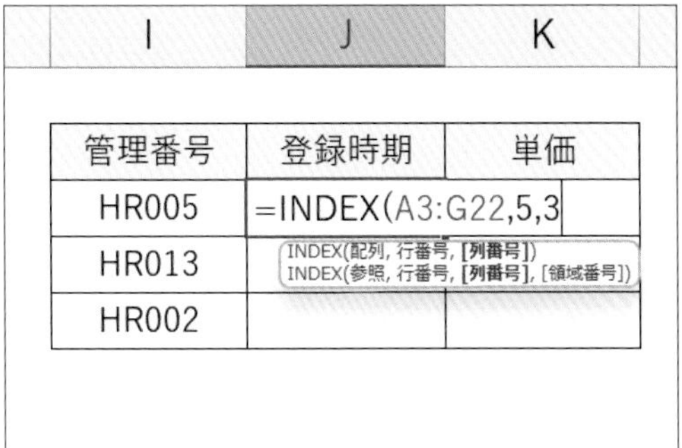

I	J	K
管理番号	登録時期	単価
HR005	=INDEX(A3:G22,5,3	
HR013		
HR002		

結果、「HR005」の「登録時期」である「2015年1月」が返る。

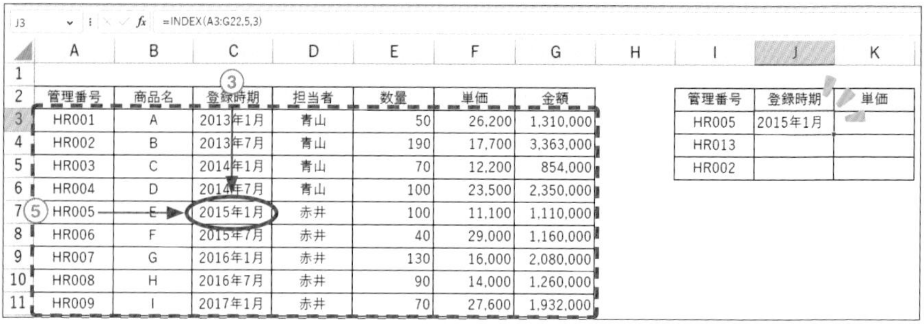

	A	B	C	D	E	F	G	H	I	J	K
1											
2	管理番号	商品名	登録時期	担当者	数量	単価	金額		管理番号	登録時期	単価
3	HR001	A	2013年1月	青山	50	26,200	1,310,000		HR005	2015年1月	
4	HR002	B	2013年7月	青山	190	17,700	3,363,000		HR013		
5	HR003	C	2014年1月	青山	70	12,200	854,000		HR002		
6	HR004	D	2014年7月	青山	100	23,500	2,350,000				
7	HR005	E	2015年1月	赤井	100	11,100	1,110,000				
8	HR006	F	2015年7月	赤井	40	29,000	1,160,000				
9	HR007	G	2016年1月	赤井	130	16,000	2,080,000				
10	HR008	H	2016年7月	赤井	90	14,000	1,260,000				
11	HR009	I	2017年1月	赤井	70	27,600	1,932,000				

ただし実務では、「何行目の何列目のデータ」という探し方はほとんどしない。
取り出したい情報の位置がわかっているのであれば、数式を使わずにお目当てのデータを目視でピックアップすれば良いだけである。

ビジネスの現場でのユースケースはどちらかというと、縦にも横にも膨大なデータ範囲のどこにあるかわからない情報を取り出したいシーンだ。今回直接入力した行番号や列番号を、固定値ではなく「HR005」の「登録時期」といった検索値で柔軟に指示できることが理想となる。ここで効力を発揮するのがMACTH関数だ。

MATCH関数

matchは、調和する、似合う、競合との試合、のように2つ以上のものが交わる関係を指すことが多い。Excelでは「一致する」のニュアンスでおさえておこう。

VLOOKUP関数を右へコピーする際、第3引数「列番号」を自動更新させるために使ったように、MATCH関数は検索範囲内で検索値が上または左から数えて何番目にあたるか、その位置を取り出す関数だ。

欄外にMATCH関数をテスト入力し、第1引数「検査値」には、位置情報を調べたいデータを指示する。
今回は「HR005」の場所を取得したいのでI3セルを参照する。

第２引数「検査範囲」は、第１引数「検査値」が含まれる範囲を指示する。
今回はマスターデータにおいて「HR005」が含まれる管理番号の範囲を参照する。

管理番号	商品名	登録時期	担当者	数量	単価	金額
HR001	A	2013年1月	青山	50	26,200	1,310,000
HR002	B	2013年7月	青山	190	17,700	3,363,000
HR003	C	2014年1月	青山	70	12,200	854,000
HR004	D	2014年7月	青山	100	23,500	2,350,000
HR005	E	2015年1月	赤井	100	11,100	1,110,000
HR006	F	2015年7月	赤井	40	29,000	1,160,000
HR007	G	2016年1月	赤井	130	16,000	2,080,000
HR008	H	2016年7月	赤井	90	14,000	1,260,000
HR009	I	2017年1月	赤井	70	27,600	1,932,000
HR010	J	2017年7月	赤井	100	24,100	2,410,000
HR011	K	2018年1月	黒田	50	26,200	1,310,000
HR012	L	2018年7月	黒田	200	17,700	3,540,000

第３引数「照合の種類」は、VLOOKUP関数の第４引数「検索方法」と同じだ。完全一致の「0」を入力する。

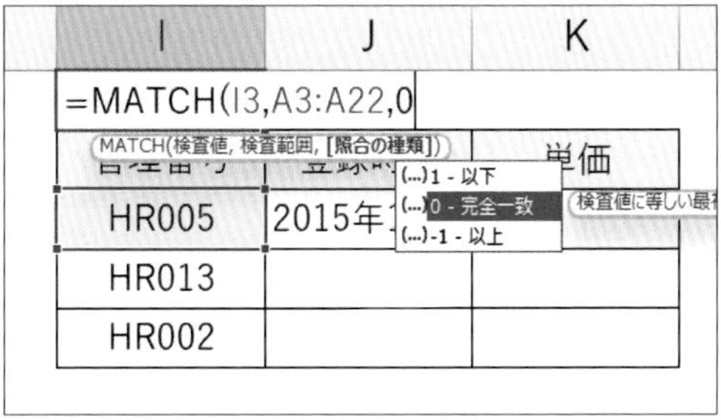

結果、管理番号の範囲で「HR005」が位置する「5」番目が返される。

管理番号	商品名	登録時期	担当者	数量	単価	金額
HR001	A	2013年1月	青山	50	26,200	1,310,000
HR002	B	2013年7月	青山	190	17,700	3,363,000
HR003	C	2014年1月	青山	70	12,200	854,000
HR004	D	2014年7月	青山	100	23,500	2,350,000
HR005	E	2015年1月	赤井	100	11,100	1,110,000
HR006	F	2015年7月	赤井	40	29,000	1,160,000
HR007	G	2016年1月	赤井	130	16,000	2,080,000
HR008	H	2016年7月	赤井	90	14,000	1,260,000
HR009	I	2017年1月	赤井	70	27,600	1,932,000
HR010	J	2017年7月	赤井	100	24,100	2,410,000
HR011	K	2018年1月	黒田	50	26,200	1,310,000
HR012	L	2018年7月	黒田	200	17,700	3,540,000

次に検索範囲を横方向に参照し、左から何番目にあるかを取り出していく。
第 1 引数「検査値」に J2 セルを参照し、「登録時期」の位置情報を検索する。

第 2 引数「検査範囲」にはマスターデータにおいて「登録時期」が含まれる見出しの範囲を参照し、第 3 引数「照合の種類」で完全一致の「0」を指示する。

結果、見出しの中で「登録時期」が位置する「3」番目が返される。

それぞれ「5」行目の「3」列目ということで、先ほど INDEX 関数に入力した固定値と同じ値が取得できている。**この MATCH 関数を INDEX 関数にネストすれば、固定の値ではなく取り出したい情報をもとに柔軟なサーチが実現する**ということだ。

INDEX & MATCH

欄外にテスト入力した MATCH 関数を、前述の INDEX 関数に入れ込んでいく。
「HR005」が管理番号の範囲で何行目にあるかを求めた MATCH 関数は、INDEX 関数における行番号の役割を担ってもらうため、INDEX 関数の第 2 引数にネストする。

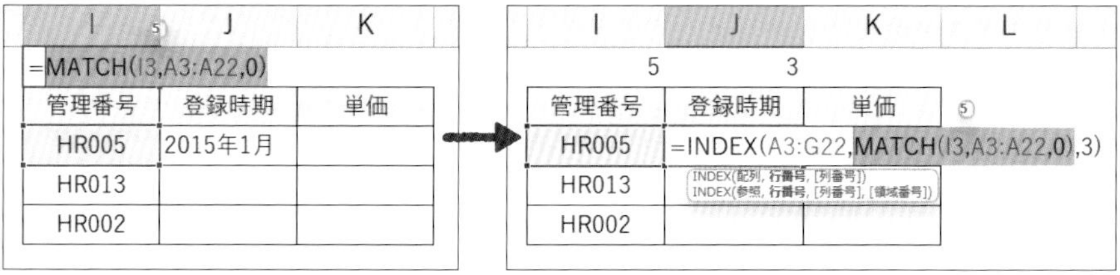

「登録時期」が見出しの範囲で何列目にあるかを求めたMATCH関数は、INDEX関数における列番号の役割を担ってもらうため、INDEX関数の第3引数にネストする。

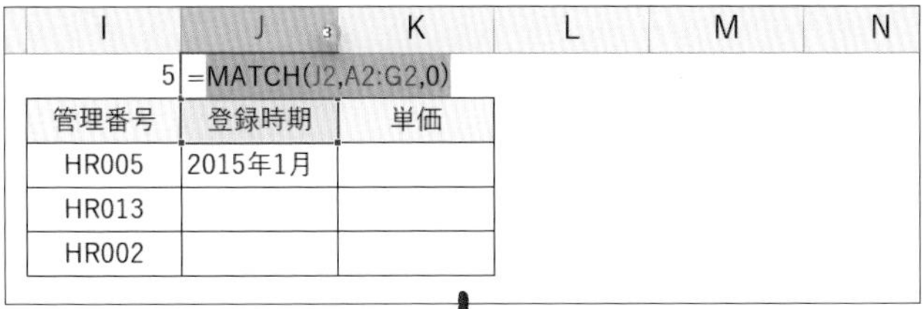

I	J	K
5	=MATCH(J2,A2:G2,0)	
管理番号	登録時期	単価
HR005	2015年1月	
HR013		
HR002		

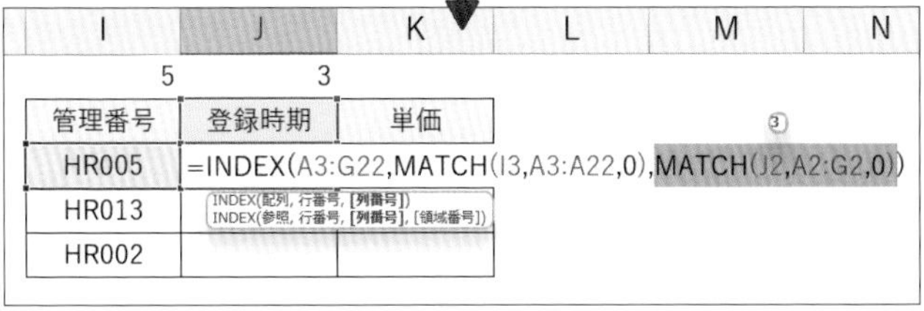

I	J	K
5	3	
管理番号	登録時期	単価
HR005	=INDEX(A3:G22,MATCH(I3,A3:A22,0),MATCH(J2,A2:G2,0))	
HR013		
HR002		

これにより、HR005の登録時期情報が取得できる。

I	J	K
5	3	
管理番号	登録時期	単価
HR005	2015年1月	
HR013		
HR002		

参照形式の変更

ここまでで構築した数式をこのまま他の範囲にコピーすると、VLOOKUP関数でも演習したように検索値や検索範囲がズレてしまう。

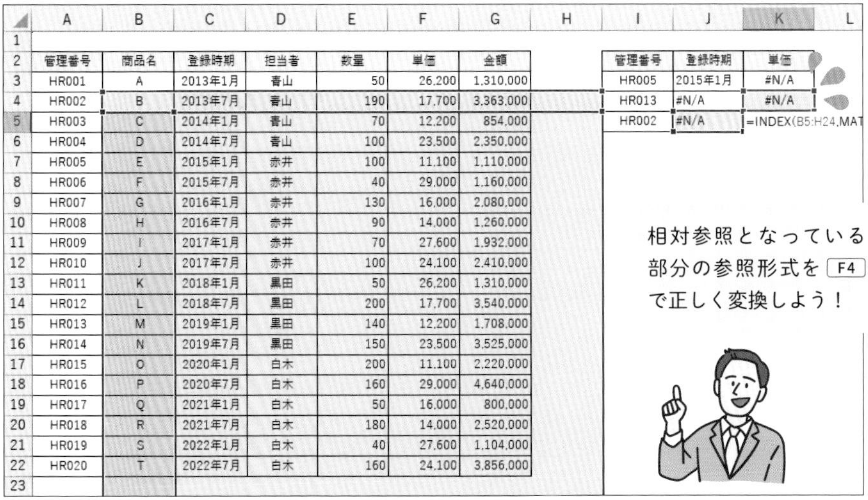

	A	B	C	D	E	F	G
1							
2	管理番号	商品名	登録時期	担当者	数量	単価	金額
3	HR001	A	2013年1月	青山	50	26,200	1,310,000
4	HR002	B	2013年7月	青山	190	17,700	3,363,000
5	HR003	C	2014年1月	青山	70	12,200	854,000
6	HR004	D	2014年7月	青山	100	23,500	2,350,000
7	HR005	E	2015年1月	赤井	100	11,100	1,110,000
8	HR006	F	2015年7月	赤井	40	29,000	1,160,000
9	HR007	G	2016年1月	赤井	130	16,000	2,080,000
10	HR008	H	2016年7月	赤井	90	14,000	1,260,000
11	HR009	I	2017年1月	赤井	70	27,600	1,932,000
12	HR010	J	2017年7月	赤井	100	24,100	2,410,000
13	HR011	K	2018年1月	黒田	50	26,200	1,310,000
14	HR012	L	2018年7月	黒田	200	17,700	3,540,000
15	HR013	M	2019年1月	黒田	140	12,200	1,708,000
16	HR014	N	2019年7月	黒田	150	23,500	3,525,000
17	HR015	O	2020年1月	白木	200	11,100	2,220,000
18	HR016	P	2020年7月	白木	160	29,000	4,640,000
19	HR017	Q	2021年1月	白木	50	16,000	800,000
20	HR018	R	2021年7月	白木	180	14,000	2,520,000
21	HR019	S	2022年1月	白木	40	27,600	1,104,000
22	HR020	T	2022年7月	白木	160	24,100	3,856,000
23							

	I	J	K
2	管理番号	登録時期	単価
3	HR005	2015年1月	#N/A
4	HR013	#N/A	#N/A
5	HR002	#N/A	=INDEX(B5:H24,MAT

参照演算子の「:」（コロン）を挟んでセル範囲を参照している引数は、縦横いずれにコピーしても一切ズレて欲しくないため、絶対参照にする。

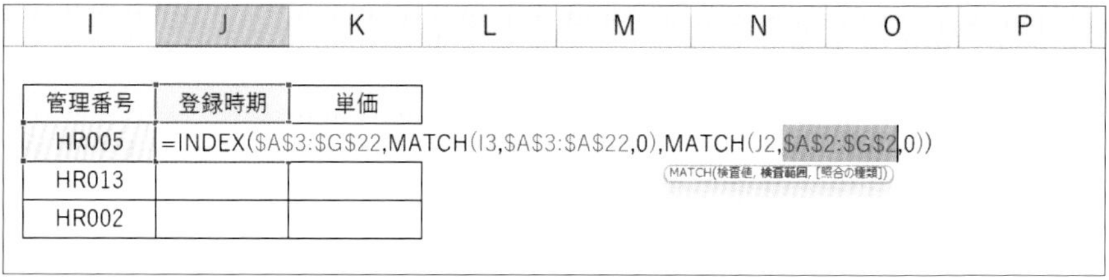

管理番号「HR005」を検索値としているI3セルの参照は、下へコピーする分にはスライドして良いが、右へコピーするときはズレて欲しくない。
そのため、列を固定する複合参照にする。

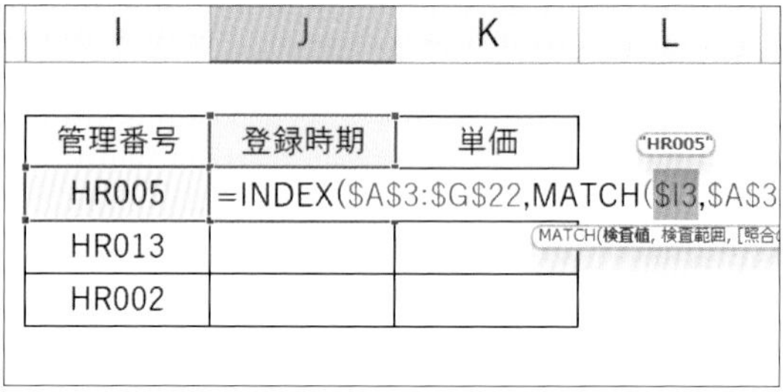

対して、見出し「登録時期」を検索値としているJ2セルの参照は、右へコピーする分にはスライドして良いが、下へコピーするときはズレて欲しくない。
そのため、行を固定する複合参照にする。

最後に、検索値が見当たらなかった場合のエラー対策としてIFERROR関数を追加する。検索データが見つからない場合は、ダブルコーテーションマーク2つ「""」で何も囲まず空白を返すか、「該当なし」といった任意の文字列を返す設定をしておく。

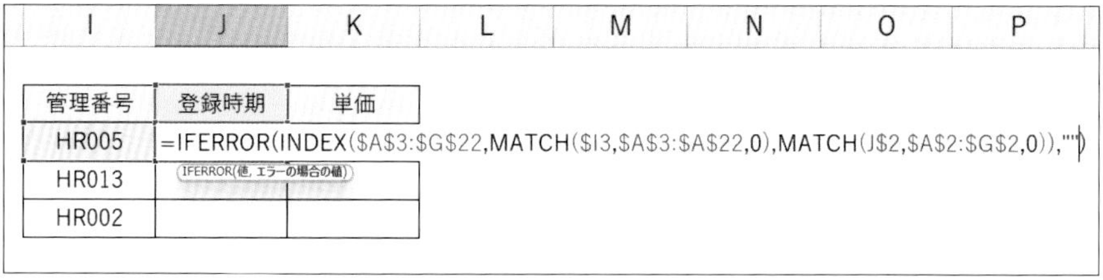

この数式を他の範囲にコピーすることで、それぞれ検索した情報を正しく取得できる。

H	I	J	K	L
	管理番号	登録時期	単価	
	HR005	2015年1月	11,100	
	HR013	2019年1月	12,200	
	HR002	2013年7月	17,700	

検索値の左側のデータを取得する

今回のサンプルにおいて管理番号を検索値に据え「登録時期」情報や「単価」情報を取り出すのであれば、VLOOKUP 関数でもできる。

	A	B	C	D	E	F	G	H	I	J	K
1											
2	管理番号	商品名	登録時期	担当者	数量	単価	金額		管理番号	登録時期	単価
3	HR001	A	2013年1月	青山	50	26,200	1,310,000		HR005	2015年1月	11,100
4	HR002	B	2013年7月	青山	190	17,700	3,363,000		HR013	2019年1月	12,200
5	HR003	C	2014年1月	青山	70	12,200	854,000		HR002	2013年7月	17,700
6	HR004	D	2014年7月	青山	100	23,500	2,350,000				
7	HR005	E	2015年1月	赤井	100	11,100	1,110,000				
8	HR006	F	2015年7月	赤井	40	29,000	1,160,000				
9	HR007	G	2016年1月	赤井	130	16,000	2,080,000				
10	HR008	H	2016年7月	赤井	90	14,000	1,260,000				
11	HR009	I	2017年1月	赤井	70	27,600	1,932,000				
12	HR010	J	2017年7月	赤井	100	24,100	2,410,000				
13	HR011	K	2018年1月	黒田	50	26,200	1,310,000				

さらに、ここまで 2 つの関数を用いて、指定の行と列が交差する場所のデータを抽出してきたが、INDEX 関数と MATCH 関数を組み合わせる用途として、必ずしも行と列が交差している必要はない。

INDEX 関数の第 1 引数「配列」に複数列ではなく単一列のみ参照している場合、あとはその範囲から何行目のデータを取り出すかを第 2 引数「行番号」で指示するだけで必要な情報を取得できる。

H	I	J	K	L
	管理番号	登録時期	単価	
	HR005	=INDEX(		
	HR013	INDEX(配列, 行番号, [列番号]) INDEX(参照, 行番号, [列番号], [領域番号])		
	HR002			

INDEX 関数の第 3 引数「列番号」はあくまで任意設定だ。

ここからは商品名を検索値として、管理番号を取得するサンプルで演習していく。

	A	B	C	D	E	F	G	H	I	J	K	L
1												
2	管理番号	商品名	登録時期	担当者	数量	単価	金額		商品名	管理番号		
3	HR001	A	2013年1月	青山	50	26,200	1,310,000		E			
4	HR002	B	2013年7月	青山	190	17,700	3,363,000		N			
5	HR003	C	2014年1月	青山	70	12,200	854,000		B			
6	HR004	D	2014年7月	青山	100	23,500	2,350,000					
7	HR005	E	2015年1月	赤井	100	11,100	1,110,000					
8	HR006	F	2015年7月	赤井	40	29,000	1,160,000					
9	HR007	G	2016年1月	赤井	130	16,000	2,080,000					
10	HR008	H	2016年7月	赤井	90	14,000	1,260,000					

❶INDEX 関数を挿入し、第 1 引数「配列」には管理番号の列を絶対参照で選択する。

	A	B	C	D	E	F	G	H	I	J	K	L
1												
2	管理番号	商品名	登録時期	担当者	数量	単価	金額		商品名	管理番号		
3	HR001	A	2013年1月	青山	50	26,200	1,310,000		E	=INDEX($A$3:$A$22		
4	HR002	B	2013年7月	青山	190	17,700	3,363,000		N			
5	HR003	C	2014年1月	青山	70	12,200	854,000		B			
6	HR004	D	2014年7月	青山	100	23,500	2,350,000					
7	HR005	E	2015年1月	赤井	100	11,100	1,110,000					
8	HR006	F	2015年7月	赤井	40	29,000	1,160,000					
9	HR007	G	2016年1月	赤井	130	16,000	2,080,000					
10	HR008	H	2016年7月	赤井	90	14,000	1,260,000					

INDEX(**配列**, 行番号, [列番号])
INDEX(**参照**, 行番号, [列番号], [領域番号])

❷第 2 引数「行番号」に MATCH 関数をネストする。MATCH 関数の第 1 引数「検査値」には、商品名の位置を調べるために I3 セルを列固定の複合参照で選択する。

H	I	J	K	L	M
	商品名	管理番号			
	E	=INDEX($A$3:$A$22,MATCH($I3			
	N				
	B				

MATCH(**検査値**, 検査範囲, [照合の種類])

❸MATCH 関数の第 2 引数「検査範囲」には、商品名の範囲を絶対参照で選択する。

	A	B	C	D	E	F	G	H	I	J	K	L	M
1													
2	管理番号	商品名	登録時期	担当者	数量	単価	金額		商品名	管理番号			
3	HR001	A	2013年1月	青山	50	26,200	1,310,000		E	=INDEX($A$3:$A$22,MATCH($I3,$B$3:$B$22			
4	HR002	B	2013年7月	青山	190	17,700	3,363,000		N				
5	HR003	C	2014年1月	青山	70	12,200	854,000		B				
6	HR004	D	2014年7月	青山	100	23,500	2,350,000						
7	HR005	E	2015年1月	赤井	100	11,100	1,110,000						
8	HR006	F	2015年7月	赤井	40	29,000	1,160,000						
9	HR007	G	2016年1月	赤井	130	16,000	2,080,000						
10	HR008	H	2016年7月	赤井	90	14,000	1,260,000						

MATCH(検査値, **検査範囲**, [照合の種類])

❹MATCH 関数の第 3 引数「照合の種類」は完全一致の「0」とし、エラー対策として IFERROR 関数でネストしておく。

H	I	J	K	L	M	N	O
	商品名	管理番号					
	E	=IFERROR(INDEX($A$3:$A$22,MATCH($I3,$B$3:$B$22,0)),""					
	N	IFERROR(値, エラーの場合の値)					
	B						

この数式を下へコピーすることで、各商品名に対応する管理番号が取得できる。

	A	B	C	D	E	F	G	H	I	J
1										
2	管理番号	商品名	登録時期	担当者	数量	単価	金額		商品名	管理番号
3	HR001	A	2013年1月	青山	50	26,200	1,310,000		E	HR005
4	HR002	B	2013年7月	青山	190	17,700	3,363,000		N	HR014
5	HR003	C	2014年1月	青山	70	12,200	854,000		B	HR002
6	HR004	D	2014年7月	青山	100	23,500	2,350,000			
7	HR005	E	2015年1月	赤井	100	11,100	1,110,000			
8	HR006	F	2015年7月	赤井	40	29,000	1,160,000			
9	HR007	G	2016年1月	赤井	130	16,000	2,080,000			
10	HR008	H	2016年7月	赤井	90	14,000	1,260,000			
11	HR009	I	2017年1月	赤井	70	27,600	1,932,000			
12	HR010	J	2017年7月	赤井	100	24,100	2,410,000			
13	HR011	K	2018年1月	黒田	50	26,200	1,310,000			
14	HR012	L	2018年7月	黒田	200	17,700	3,540,000			

VLOOKUP 関数の場合、検索値が検索範囲の中で一番左になければならず、検索列の右にある情報しか取り出せない。対して **INDEX 関数と MATCH 関数を組み合わせれば、検索値の左側のデータも取得できるのだ。**

単一列のみを参照しているため、列の挿入・削除といった表の整形作業が発生してもデータ抽出に支障はない。

	A	B	C	D	E	F	G	H	I	J	K	L
1												
2		管理番号		商品名	登録時期	担当者	数量	単価	金額		商品名	管理番号
3		HR001		A	2013年1月	青山	50	26,200	1,310,000		E	HR005
4		HR002		B	2013年7月	青山	190	17,700	3,363,000		N	HR014
5		HR003		C	2014年1月	青山	70	12,200	854,000		B	HR002
6		HR004		D	2014年7月	青山	100	23,500	2,350,000			
7		HR005		E	2015年1月	赤井	100	11,100	1,110,000			
8		HR006		F	2015年7月	赤井	40	29,000	1,160,000			
9		HR007		G	2016年1月	赤井	130	16,000	2,080,000			
10		HR008		H	2016年7月	赤井	90	14,000	1,260,000			
11		HR009		I	2017年1月	赤井	70	27,600	1,932,000			
12		HR010		J	2017年7月	赤井	100	24,100	2,410,000			
13		HR011		K	2018年1月	黒田	50	26,200	1,310,000			
14		HR012		L	2018年7月	黒田	200	17,700	3,540,000			

セル範囲形式の検索

前述の通り、INDEX 関数には配列形式とセル範囲形式の 2 つの検索方法がある。本メソッドの最後にセル範囲形式のユースケースについても触れておこう。
A 支店・B 支店と 2 つの検索対象範囲が存在する表をサンプルに見ていく。

	A	B	C	D	E	F	G	H	I	J	K
1											
2		A支店			B支店						
3		商品1	商品2	商品3	商品1	商品2	商品3				
4	1月	674	475	945	624	670	885		=INDEX(		
5	2月	269	421	378	972	42	338				
6	3月	352	105	448	25	213	682				
7	4月	331	423	922	699	481	157				
8	5月	326	248	57	572	962	78				

INDEX(配列, 行番号, [列番号])
INDEX(参照, 行番号, [列番号], [領域番号])

改めて引数を確認すると、配列形式との大きな違いは第 4 引数の「領域番号」だ。

=INDEX(
INDEX(**配列**, 行番号, [列番号])
INDEX(**参照**, 行番号, [列番号], [領域番号])

セル範囲形式の場合、INDEX 関数の第 1 引数「参照」の部分には複数の範囲を指定できる。
そのうちどの範囲からデータを抽出するか、という検索対象範囲の切り替えを、第 4 引数「領域番号」で指示する。

❶第 1 引数「参照」に複数の範囲を入力するときは、該当部分をカッコでくくる。A 支店の範囲を参照し、カンマで区切ったら続けて B 支店の範囲を参照する。

	A	B	C	D	E	F	G	H	I	J	K
1											
2		A支店			B支店						
3		商品1	商品2	商品3	商品1	商品2	商品3				
4	1月	674	475	945	624	670	885		=INDEX((B4:D15,E4:G15		
5	2月	269	421	378	972	42	338				
6	3月	352	105	448	25	213	682				
7	4月	331	423	922	699	481	157				
8	5月	326	248	57	572	962	78				
9	6月	926	552	53	291	93	651				
10	7月	795	357	774	732	308	145				
11	8月	106	861	255	434	865	619				
12	9月	743	36	32	719	796	42				
13	10月	146	144	598	775	335	786				

INDEX(配列, 行番号, [列番号])
INDEX(参照, 行番号, [列番号], [領域番号])

❷検索対象となり得る範囲をすべて選択したら、INDEX 関数の第 1 引数「参照」のカッコを閉じる。

この数式を他の範囲にコピーする必要があれば、しかるべき参照形式に変換しておこう。（今回は省略する）

```
=INDEX((B4:D15,E4:G15),
INDEX(配列, 行番号, [列番号])
INDEX(参照, 行番号, [列番号], [領域番号])
```

❸続く第 2 引数「行番号」、第 3 引数「列番号」ともに、実際には MATCH 関数を入れ込むが、今回は固定値で簡略化する。
※ここではあくまでセル範囲形式の動作を理解できれば OK だ。

	A	B	C	D	E	F	G	H	I	J	K
1											
2		A支店			B支店						
3		商品1	商品2	商品3	商品1	商品2	商品3				
4	1月	674	475	945	624	670	885		=INDEX((B4:D15,E4:G15),6,3		
5	2月	269	421	378	972	42	338		INDEX(配列, 行番号, [列番号])		
6	3月	352	105	448	25	213	682		INDEX(参照, 行番号, [列番号], [領域番号])		
7	4月	331	423	922	699	481	157				
8	5月	326	248	57	572	962	78				
9	6月	926	552	53	291	93	651				
10	7月	795	357	774	732	308	145				
11	8月	106	861	255	434	865	619				
12	9月	743	36	32	719	796	42				
13	10月	146	144	598	775	335	786				

試しに「6」行目（6 月）の、「3」列目（商品 3）の数量を取り出してみるぞ！

一旦、第 4 引数「領域番号」に何も入力せずに結果を見てみる。
すると、左側の参照範囲において 6 行目・3 列目にあるデータ「53」が取り出された。

	A	B	C	D	E	F	G	H	I	J	K
1											
2		A支店			B支店						
3		商品1	商品2	商品3	商品1	商品2	商品3				
4	1月	674	475	945	624	670	885		53		
5	2月	269	421	378	972	42	338				
6	3月	352	105	448	25	213	682				
7	4月	331	423	922	699	481	157				
8	5月	326	248	57	572	962	78				
9	6月	926	552	53	291	93	651				
10	7月	795	357	774	732	308	145				
11	8月	106	861	255	434	865	619				
12	9月	743	36	32	719	796	42				

続いて、領域番号に「1」を入れてみると、同じデータが返される。

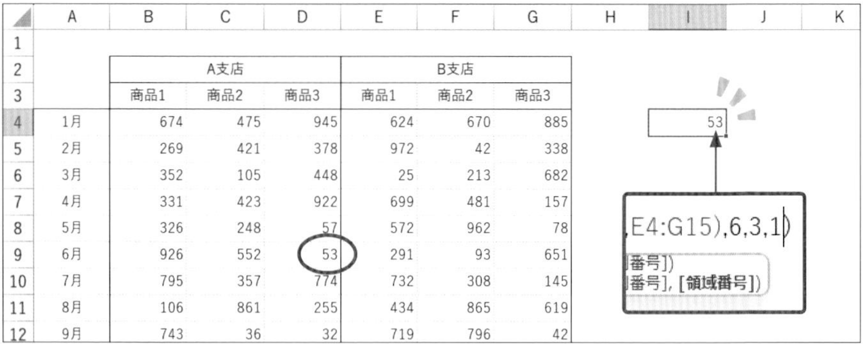

	A	B	C	D	E	F	G	H	I	J	K
1											
2		A支店			B支店						
3		商品1	商品2	商品3	商品1	商品2	商品3				
4	1月	674	475	945	624	670	885		53		
5	2月	269	421	378	972	42	338				
6	3月	352	105	448	25	213	682				
7	4月	331	423	922	699	481	157				
8	5月	326	248	57	572	962	78				
9	6月	926	552	53	291	93	651				
10	7月	795	357	774	732	308	145				
11	8月	106	861	255	434	865	619				
12	9月	743	36	32	719	796	42				

次に、領域番号を「2」に設定すると今度は、右側の参照範囲における6行目・3列目にあるデータ「651」が抽出される。

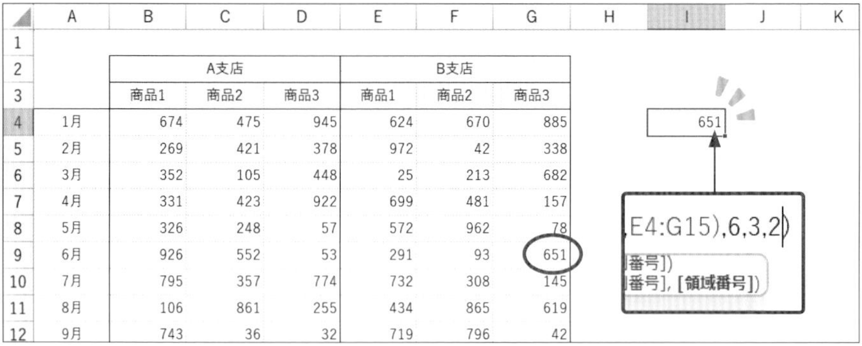

	A	B	C	D	E	F	G	H	I	J	K
1											
2		A支店			B支店						
3		商品1	商品2	商品3	商品1	商品2	商品3				
4	1月	674	475	945	624	670	885		651		
5	2月	269	421	378	972	42	338				
6	3月	352	105	448	25	213	682				
7	4月	331	423	922	699	481	157				
8	5月	326	248	57	572	962	78				
9	6月	926	552	53	291	93	651				
10	7月	795	357	774	732	308	145				
11	8月	106	861	255	434	865	619				
12	9月	743	36	32	719	796	42				

セル範囲形式はこのように、領域番号に何も入力しない、もしくは「1」とすることで、一番左または一番上に位置する範囲を検索対象範囲にし、「2」以降の数値を指示すると、その値に応じて検索対象範囲をスライドする。

＊天候や広告効果の大小に左右される季節商品の販売量を、パターンごとに予測する。
＊営業ブロックごとの拠点別成約件数実績をAブロック・Bブロックの単位に分ける。
＊部品の調達量に応じた生産可能数の幅をMAXケース・MINケースで見積もる。
etc.. といったように、いくつかの選択肢を設定し状況に応じてそれらを切り替えながらデータを取得したいシーンで、このセル範囲形式の概念が役に立つ。

method 32

サンプルファイル
シート No.32

商品別・向け先別・ロット別に輸送単価を調べる

ここまで解説してきた検索関数は、エラー対策に他の関数を組み合わせる必要があったり、複数条件での検索ができなかったりと、いくつかの弱点があります。このメソッドでは、こうした課題を解消しながら数式をシンプルに記述でき、かつExcelの新常識となる機能を兼ね備えたXLOOKUP関数を演習します。使えるバージョンが限られる比較的新しい関数ですが、今後、実務で活用される機会が確実に増えていくアイテムです。

ここで登場する「スピル」という機能は、Chapter.5の関数群につながるテーマです。どんな働きをするのか、今のうちに軽くイメージしておきましょう。

初出の関数

01 XLOOKUP関数

=XLOOKUP(検索値,検索範囲,戻り範囲,[見つからない場合],[一致モード],[検索モード])

検索値を検索範囲もしくは配列内で探し、一致したデータに対応する結果を戻り範囲から取得する

関数の構成

サンプルはINDEX関数・MATCH関数で使用した表だ。商品名を検索値として、該当の管理番号を取得する。

	A	B	C	D	E	F	G	H	I	J
1										
2	管理番号	商品名	登録時期	担当者	数量	単価	金額		商品名	管理番号
3	HR001	A	2013年1月	青山	50	26,200	1,310,000		E	
4	HR002	B	2013年7月	青山	190	17,700	3,363,000			
5	HR003	C	2014年1月	青山	70	12,200	854,000			
6	HR004	D	2014年7月	青山	100	23,500	2,350,000			
7	HR005	E	2015年1月	赤井	100	11,100	1,110,000			
8	HR006	F	2015年7月	赤井	40	29,000	1,160,000			
9	HR007	G	2016年1月	赤井	130	16,000	2,080,000			
10	HR008	H	2016年7月	赤井	90	14,000	1,260,000			
11	HR009	I	2017年1月	赤井	70	27,600	1,932,000			
12	HR010	J	2017年7月	赤井	100	24,100	2,410,000			
13	HR011	K	2018年1月	黒田	50	26,200	1,310,000			
14	HR012	L	2018年7月	黒田	200	17,700	3,540,000			

「=xl」と入力したら、XLOOKUP関数が候補として表示される。ここで「XLOOKUP」が出てこなければ、残念ながらXLOOKUP関数が使えないバージョンだ。

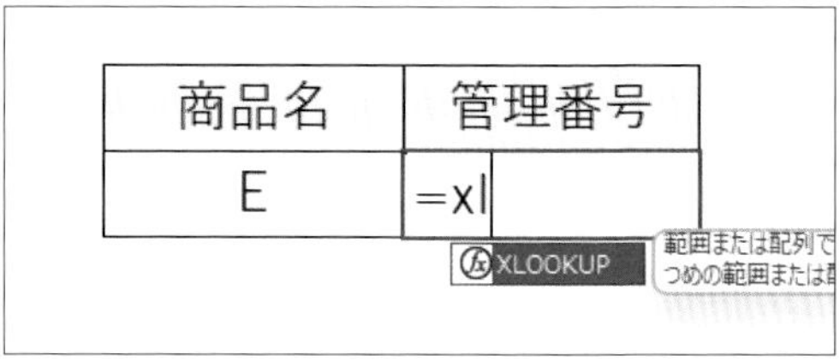

第1引数「検索値」はVLOOKUP関数やMATCH関数といったその他の検索関数の第1引数と同じだ。今回は商品名が検索値なので、I3セルを参照する。

第2引数「検索範囲」には、第1引数「検索値」が含まれる範囲を参照する。今回は商品名をサーチしたいので、マスターにおける商品名の列を選択する。

	A	B	C	D	E	F	G
1							
2	管理番号	商品名	登録時期	担当者	数量	単価	金額
3	HR001	A	2013年1月	青山	50	26,200	1,310,000
4	HR002	B	2013年7月	青山	190	17,700	3,363,000
5	HR003	C	2014年1月	青山	70	12,200	854,000
6	HR004	D	2014年7月	青山	100	23,500	2,350,000
7	HR005	E	2015年1月	赤井	100	11,100	1,110,000
8	HR006	F	2015年7月	赤井	40	29,000	1,160,000
9	HR007	G	2016年1月	赤井	130	16,000	2,080,000
10	HR008	H	2016年7月	赤井	90	14,000	1,260,000

I	J
商品名	管理番号
E	=XLOOKUP(I3,B3:B22

第3引数「戻り範囲」には、取得したいデータが含まれる範囲を参照する。今回は管理番号を返したいので、マスターにおける管理番号の列を選択する。

	A	B	C	D	E	F	G
1							
2	管理番号	商品名	登録時期	担当者	数量	単価	金額
3	HR001	A	2013年1月	青山	50	26,200	1,310,000
4	HR002	B	2013年7月	青山	190	17,700	3,363,000
5	HR003	C	2014年1月	青山	70	12,200	854,000
6	HR004	D	2014年7月	青山	100	23,500	2,350,000
7	HR005	E	2015年1月	赤井	100	11,100	1,110,000
8	HR006	F	2015年7月	赤井	40	29,000	1,160,000
9	HR007	G	2016年1月	赤井	130	16,000	2,080,000
10	HR008	H	2016年7月	赤井	90	14,000	1,260,000

I	J
商品名	管理番号
E	=XLOOKUP(I3,B3:B22,A3:A22

残りの3つの引数は任意設定だ。
後ほど詳しく触れるので、まずはここまでの結果を見てみよう。

商品Eの管理番号が抽出される。

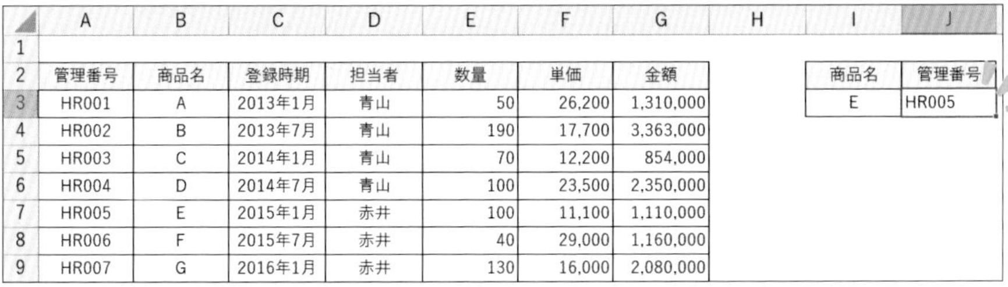

	A	B	C	D	E	F	G
1							
2	管理番号	商品名	登録時期	担当者	数量	単価	金額
3	HR001	A	2013年1月	青山	50	26,200	1,310,000
4	HR002	B	2013年7月	青山	190	17,700	3,363,000
5	HR003	C	2014年1月	青山	70	12,200	854,000
6	HR004	D	2014年7月	青山	100	23,500	2,350,000
7	HR005	E	2015年1月	赤井	100	11,100	1,110,000
8	HR006	F	2015年7月	赤井	40	29,000	1,160,000
9	HR007	G	2016年1月	赤井	130	16,000	2,080,000

	I	J
2	商品名	管理番号
3	E	HR005

改めておさらいしておくと、VLOOKUP関数では検索範囲全体を指定し、その中から●列目にある情報を取得するといったサーチをかける。この仕様により、検索値が検索範囲の中で一番左になくてはならず、検索値の右側の情報しか取り出せなかった。
この課題は、INDEX関数とMATCH関数を組み合わせることで解消した。

XLOOKUP関数の場合、今回のように第3引数「戻り範囲」を第2引数「検索範囲」よりも左側に設定すれば、検索値の左にあるデータを容易に取得できる。

もちろん検索値の右側も取り出せる。たとえば商品名を起点に単価を返したいとなったとき、第3引数「戻り範囲」を該当列にスライドさせるだけだ。

	A	B	C	D	E	F	G
1							
2	管理番号	商品名	登録時期	担当者	数量	単価	金額
3	HR001	A	2013年1月	青山	50	26,200	1,310,000
4	HR002	B	2013年7月	青山	190	17,700	3,363,000
5	HR003	C	2014年1月	青山	70	12,200	854,000
6	HR004	D	2014年7月	青山	100	23,500	2,350,000
7	HR005	E	2015年1月	赤井	100	11,100	1,110,000
8	HR006	F	2015年7月	赤井	40	29,000	1,160,000
9	HR007	G	2016年1月	赤井	130	16,000	2,080,000
10	HR008	H	2016年7月	赤井	90	14,000	1,260,000

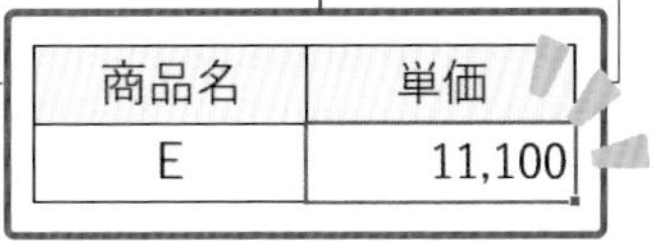

商品名	単価
E	11,100

これを1つの関数で完結できるのは
ありがたい！

横方向の検索

HLOOLUP 関数

データを縦方向に検索する VLOOKUP 関数に加えて、横方向に検索する HLOOKUP 関数がある。垂直に探す vertical **lookup** に対し、水平に探す **horizontal lookup** だ。たとえば先ほどのマスターデータの行列を入れ替えた表があったとして、指定商品の単価を取り出していく。

	A	B	C	D	E	F	G	H	I
1									
2	管理番号	HR001	HR002	HR003	HR004	HR005	HR006	HR007	HR008
3	商品名	A	B	C	D	E	F	G	H
4	登録時期	2013年1月	2013年7月	2014年1月	2014年7月	2015年1月	2015年7月	2016年1月	2016年7月
5	担当者	青山	青山	青山	青山	赤井	赤井	赤井	赤井
6	数量	50	190	70	100	100	40	130	90
7	単価	26,200	17,700	12,200	23,500	11,100	29,000	16,000	14,000
8	金額	1,310,000	3,363,000	854,000	2,350,000	1,110,000	1,160,000	2,080,000	1,260,000
9									
10	商品名	単価							
11	E								
12									
13									

HLOOKUP 関数の基本構成は VLOOKUP 関数と同じだ。
第 1 引数「検索値」には商品名のセルを参照する。

9		
10	商品名	単価
11	E	=HLOOKUP(A11
12		
13		

HLOOKUP(**検索値**, 範囲, 行番号, [検索方法])

第 2 引数「範囲」は商品名の行が一番上にくるようにマスターを参照する。

	A	B	C	D	E	F	G	H	I
1									
2	管理番号	HR001	HR002	HR003	HR004	HR005	HR006	HR007	HR008
3	商品名	A	B	C	D	E	F	G	H
4	登録時期	2013年1月	2013年7月	2014年1月	2014年7月	2015年1月	2015年7月	2016年1月	2016年7月
5	担当者	青山	青山	青山	青山	赤井	赤井	赤井	赤井
6	数量	50	190	70	100	100	40	130	90
7	単価	26,200	17,700	12,200	23,500	11,100	29,000	16,000	14,000
8	金額	1,310,000	3,363,000	854,000	2,350,000	1,110,000	1,160,000	2,080,000	1,260,000
9									
10	商品名	単価							
11	E	=HLOOKUP(A11,B3:U8							
12									
13									

HLOOKUP(検索値, **範囲**, 行番号, [検索方法])

第 3 引数「行番号」には、第 2 引数「範囲」の中で単価情報が位置する上から「5」行目を入力する。

第 4 引数「検索方法」は、完全一致の「0」とする。

	A	B	C	D	E
1					
2	管理番号	HR001	HR002	HR003	HR004
3	商品名	A	B	C	D
4	登録時期	2013年1月	2013年7月	2014年1月	2014年7月
5	担当者	青山	青山	青山	青山
6	数量	50	190	70	100
7	単価	26,200	17,700	12,200	23,500
8	金額	1,310,000	3,363,000	854,000	2,350,000
9					
10	商品名	単価			
11	E	=HLOOKUP(A11,B3:U8,5,0			
12		HLOOKUP(検索値, 範囲, 行番号, [検索方法])			
13				(...)TRUE - 近似一致 (...)FALSE - 完全一致	
14					

結果、商品 E の単価「11,100」円が取得できる。

	A	B	C	D	E	F	G
1							
2	管理番号	HR001	HR002	HR003	HR004	HR005	HR006
3	商品名	A	B	C	D	E	F
4	登録時期	2013年1月	2013年7月	2014年1月	2014年7月	2015年1月	2015年7月
5	担当者	青山	青山	青山	青山	赤井	赤井
6	数量	50	190	70	100	⑤ 100	40
7	単価	26,200	17,700	12,200	23,500	11,100	29,000
8	金額	1,310,000	3,363,000	854,000	2,350,000	1,110,000	1,160,000
9							
10	商品名	単価					
11	E	11,100					
12							

VLOOKUP 関数による縦方向の検索だけでなく、HLOOKUP 関数による横方向の検索も XLOOKUP 関数で代用できるぞ！

HLOOKUP関数の代用

XLOOKUP関数を挿入したら、第1引数「検索値」に商品名を参照する。
第2引数「検索範囲」には商品名の行、第3引数「戻り範囲」には単価の行を参照する。

	A	B	C	D	E	F	G	H	I	J
1										
2	管理番号	HR001	HR002	HR003	HR004	HR005	HR006	HR007	HR008	HR009
3	商品名	A	B	C	D	E	F	G	H	I
4	登録時期	2013年1月	2013年7月	2014年1月	2014年7月	2015年1月	2015年7月	2016年1月	2016年7月	2017年1月
5	担当者	青山	青山	青山	青山	赤井	赤井	赤井	赤井	赤井
6	数量	50	190	70	100	100	40	130	90	70
7	単価	26,200	17,700	12,200	23,500	11,100	29,000	16,000	14,000	27,600
8	金額	1,310,000	3,363,000	854,000	2,350,000	1,110,000	1,160,000	2,080,000	1,260,000	1,932,000
9										
10	商品名	単価								
11	E	=XLOOKUP(A11,B3:U3,B7:U7								
12		XLOOKUP(検索値, 検索範囲, 戻り範囲, [見つからない場合], [一致モード], [検索モード])								
13										

検索範囲も戻り範囲も、選択方向が横向きになっただけだ。これにより、HLOOKUP関数で取り出したのと同じ単価情報が正しく取得できる。

	A	B	C	D	E	F	G	H	I	J
1										
2	管理番号	HR001	HR002	HR003	HR004	HR005	HR006	HR007	HR008	HR009
3	商品名	A	B	C	D	E	F	G	H	I
4	登録時期	2013年1月	2013年7月	2014年1月	2014年7月	2015年1月	2015年7月	2016年1月	2016年7月	2017年1月
5	担当者	青山	青山	青山	青山	赤井	赤井	赤井	赤井	赤井
6	数量	50	190	70	100	100	40	130	90	70
7	単価	26,200	17,700	12,200	23,500	11,100	29,000	16,000	14,000	27,600
8	金額	1,310,000	3,363,000	854,000	2,350,000	1,110,000	1,160,000	2,080,000	1,260,000	1,932,000
9										
10	商品名	単価								
11	E	11,100								
12										
13										

単なるHLOOKUP関数の代替としてXLOOKUP関数を使うことは稀だが、次のStepで解説する機能と組み合わせることでより効力を発揮するぞ。

ここでは検索範囲を横方向に選択できることだけおさえておこう。

Excel の新常識「スピル」

マスターデータと検索結果の抽出先の見出しが間髪いれずに同じ順序で並んでいる場合、VLOOLUP 関数では下図のように入力した。

	A	B	C	D	E	F	G	H
1	管理番号	商品名	登録時期	担当者	数量	単価	金額	
2	HR005	=VLOOKUP($A2,$A$5:$G$24,2,0						
3		VLOOKUP(検索値, 範囲, 列番号, [検索方法])						
4	管理番号	商品名	登録時期	担当者	数量	単価	金額	
5	HR001	A	2013年1月	青山	50	26,200	1,310,000	
6	HR002	B	2013年7月	青山	190	17,700	3,363,000	
7	HR003	C	2014年1月	青山	70	12,200	854,000	
8	HR004	D	2014年7月	青山	100	23,500	2,350,000	
9	HR005	E	2015年1月	赤井	100	11,100	1,110,000	

ただこの数式をそのまま右へコピーすると、第 3 引数「列番号」に入力した固定値、今回の場合は「2」が複製されるため、すべての欄に商品名が返ってしまう。

	A	B	C	D	E	F	G	H
1	管理番号	商品名	登録時期	担当者	数量	単価	金額	
2	HR005	E	E	E	E	E	E	
3								
4	管理番号	商品名	登録時期	担当者	数量	単価	金額	
5	HR001	A	2013年1月	青山	50	26,200	1,310,000	
6	HR002	B	2013年7月	青山	190	17,700	3,363,000	
7	HR003	C	2014年1月	青山	70	12,200	854,000	
8	HR004	D	2014年7月	青山	100	23,500	2,350,000	
9	HR005	E	2015年1月	赤井	100	11,100	1,110,000	

こんなシーンでは、登録時期は 3 列目、担当者は 4 列目といったように、1 つずつ修正する必要があった。

VLOOKUP 関数のメソッドでは MATCH 関数や COLUMN 関数を活用して列番号を自動調整したが、極力シンプルな数式で済ませたいところだ。

	A	B	C	D	E	F	G	H
1	管理番号	商品名	登録時期	担当者	数量	単価	金額	
2	HR005	E	2015年1月	=VLOOKUP($A2,$A$5:$G$24,4,0)				
3				VLOOKUP(検索値, 範囲, 列番号, [検索方法])				
4	管理番号	商品名	登録時期	担当者	数量	単価	金額	
5	HR001	A	2013年1月	青山	50	26,200	1,310,000	
6	HR002	B	2013年7月	青山	190	17,700	3,363,000	
7	HR003	C	2014年1月	青山	70	12,200	854,000	
8	HR004	D	2014年7月	青山	100	23,500	2,350,000	
9	HR005	E	2015年1月	赤井	100	11,100	1,110,000	

XLOOKUP関数を挿入し、第1引数「検索値」には管理番号のセルを、第2引数「検索範囲」は管理番号が含まれる列を、それぞれ参照する。
そして、今回は第3引数「戻り範囲」の選択がポイントだ。これまでの単一列や単一行選択ではなく、情報を取得したい項目の数だけ複数列にまたがって参照する。

	A	B	C	D	E	F	G	H
1	管理番号	商品名	登録時期	担当者	数量	単価	金額	
2	HR005	=XLOOKUP(A2,A5:A24,B5:G24						
3		XLOOKUP(検索値, 検索範囲, 戻り範囲, [見つからない場合], [一致モード], [検索モード])						
4	管理番号	商品名	登録時期	担当者	数量	単価	金額	
5	HR001	A	2013年1月	青山	50	26,200	1,310,000	
6	HR002	B	2013年7月	青山	190	17,700	3,363,000	
7	HR003	C	2014年1月	青山	70	12,200	854,000	
8	HR004	D	2014年7月	青山	100	23,500	2,350,000	
9	HR005	E	2015年1月	赤井	100	11,100	1,110,000	
10	HR006	F	2015年7月	赤井	40	29,000	1,160,000	

戻り範囲として複数列を選択

結果、関数を入力したのはB2セルだけなのにそれ以外の欄にもデータが取得できる。

B2 =XLOOKUP(A2,A5:A24,B5:G24)

	A	B	C	D	E	F	G	H
1	管理番号	商品名	登録時期	担当者	数量	単価	金額	
2	HR005	E	2015年1月	赤井	100	11,100	1,110,000	
3								
4	管理番号	商品名	登録時期	担当者	数量	単価	金額	
5	HR001	A	2013年1月	青山	50	26,200	1,310,000	
6	HR002	B	2013年7月	青山	190	17,700	3,363,000	
7	HR003	C	2014年1月	青山	70	12,200	854,000	
8	HR004	D	2014年7月	青山	100	23,500	2,350,000	
9	HR005	E	2015年1月	赤井	100	11,100	1,110,000	
10	HR006	F	2015年7月	赤井	40	29,000	1,160,000	

数式バーを確認すると、自動反映されたC列以降のセルは、薄い文字で表示されている。

=XLOOKUP(A2,A5:A24,B5:G24)

B	C	D
商品名	登録時期	担当者
E	2015年1月	赤井

これが「**スピル**」という機能だ。(spill：あふれる、こぼれる)
スピルが発動する数式を**動的配列数式**と言い、条件を満たす数式を一度インプットしてしまえば、連動して該当範囲にも自動表示される画期的なアイテムである。

B2 =XLOOKUP(A2,A5:A24,B5:D24)

	A	B	C	D	E	F	G
1	管理番号	商品名	登録時期	担当者	数量	単価	金額
2	HR005	E	2015年1月	赤井			
3							
4	管理番号	商品名	登録時期	担当者	数量	単価	金額
5	HR001	A	2013年1月	青山	50	26,200	1,310,000

スピルにより、VLOOKUP 関数を右へコピーするときに必要だった検索値の複合参照や検索範囲の絶対参照も不要で、列番号の設定や自動調整の手間もかからないんだ。

今回は XLOOKUP 関数の第 3 引数「戻り範囲」を B 列から G 列まで選択したため、C 列～ G 列に結果が表示されている。戻り範囲をたとえば D 列までに変更した場合は、スピルの範囲が D 列で止まる。

=XLOOKUP(A2,A5:A24,B5:D24) ← B ～ D 列までが戻り範囲

B2 =XLOOKUP(A2,A5:A24,B5:D24)

	A	B	C	D	E	F	G
1	管理番号	商品名	登録時期	担当者	数量	単価	金額
2	HR005	E	2015年1月	赤井			
3							
4	管理番号	商品名	登録時期	担当者	数量	単価	金額
5	HR001	A	2013年1月	青山		6,200	1,310,000
6	HR002	B	2013年7月	青山		7,700	3,363,000
7	HR003	C	2014年1月	青山	70	12,200	854,000

スピルの終点もD 列となる

なお、スピルで自動表示されるはずの範囲に何らかのデータが入っていると、関数をインプットしたセルにスピルエラーが返る。(右図は D2 セルに「-」が入力されている状態)

	A	B	C	D
1	管理番号	商品名	登録時期	担当者
2	HR005	#スピル!		-
3				
4	管理番号	商品名	登録時期	担当者
5	HR001	A	2013年1月	青山
6	HR002	B	2013年7月	青山
7	HR003	C	2014年1月	青山
8	HR004	D	2014年7月	青山
9	HR005	E	2015年1月	赤井

スピルで数式の結果を自動表示させる範囲は、すべて空白セルにしておこう。

列単位でデータ抽出

たくさんの見出しが並んだ表から、特定の情報を列単位で取り出したいことがある。たとえば、マスターから「商品名」と「単価」のデータだけ抜き出す場合、ここまで演習してきたXLOOKUP関数の特長が効力を発揮する。

	A	B	C	D	E	F	G	H	I	J	K
1											
2	管理番号	商品名	登録時期	担当者	数量	単価	金額		商品名	単価	
3	HR001	A	2013年1月	青山	50	26,200	1,310,000				
4	HR002	B	2013年7月	青山	190	17,700	3,363,000				
5	HR003	C	2014年1月	青山	70	12,200	854,000				
6	HR004	D	2014年7月	青山	100	23,500	2,350,000				
7	HR005	E	2015年1月	赤井	100	11,100	1,110,000				
8	HR006	F	2015年7月	赤井	40	29,000	1,160,000				
9	HR007	G	2016年1月	赤井	130	16,000	2,080,000				

❶ XLOOKUP関数を挿入し、第1引数「検索値」に「商品名」と入力されたI4セルを参照する。

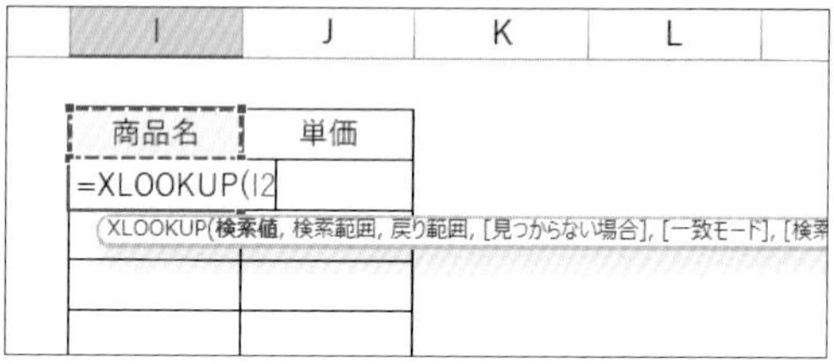

❷第2引数「検索範囲」には、その商品名の文字列が含まれる見出しの範囲を横方向に参照する。この数式は後で単価の欄にコピーするため、絶対参照にしておく。

	A	B	C	D	E	F	G	H	I	J	K
1											
2	管理番号	商品名	登録時期	担当者	数量	単価	金額		商品名	単価	
3	HR001	A	2013年1月	青山	50	26,200	1,310,000		=XLOOKUP(I2,$A$2:$G$2		
4	HR002	B	2013年7月	青山	190	17,700	3,363,000		XLOOKUP(検索値, 検索範囲, 戻り範囲, [見つから		
5	HR003	C	2014年1月	青山	70	12,200	854,000				
6	HR004	D	2014年7月	青山	100	23,500	2,350,000				
7	HR005	E	2015年1月	赤井	100	11,100	1,110,000				
8	HR006	F	2015年7月	赤井	40	29,000	1,160,000				
9	HR007	G	2016年1月	赤井	130	16,000	2,080,000				

❸第3引数「戻り範囲」では、第2引数「検索範囲」と同じ列数分、すべての範囲を選択する。こちらも絶対参照にしておく。

	A	B	C	D	E	F	G	H	I	J	K
1											
2	管理番号	商品名	登録時期	担当者	数量	単価	金額		商品名	単価	
3	HR001	A	2013年1月	青山	50	26,200	1,310,000		=XLOOKUP(I2,$A$2:$G$2,$A$3:$G		
4	HR002	B	2013年7月	青山	190	17,700	3,363,000		XLOOKUP(検索値, 検索範囲, 戻り範囲, [見つから		
5	HR003	C	2014年1月	青山	70	12,200	854,000				
6	HR004	D	2014年7月	青山	100	23,500	2,350,000				
7	HR005	E	2015年1月	赤井	100	11,100	1,110,000				
8	HR006	F	2015年7月	赤井	40	29,000	1,160,000				
9	HR007	G	2016年1月	赤井	130	16,000	2,080,000				

結果、戻り範囲における商品名の情報が列単位で取得できる。

	A	B	C	D	E	F	G	H	I	J
1										
2	管理番号	商品名	登録時期	担当者	数量	単価	金額		商品名	単価
3	HR001	A	2013年1月	青山	50	26,200	1,310,000		A	
4	HR002	B	2013年7月	青山	190	17,700	3,363,000		B	
5	HR003	C	2014年1月	青山	70	12,200	854,000		C	
6	HR004	D	2014年7月	青山	100	23,500	2,350,000		D	
7	HR005	E	2015年1月	赤井	100	11,100	1,110,000		E	
8	HR006	F	2015年7月	赤井	40	29,000	1,160,000		F	
9	HR007	G	2016年1月	赤井	130	16,000	2,080,000		G	
10	HR008	H	2016年7月	赤井	90	14,000	1,260,000		H	

スピル

この数式を右へコピーすると、単価の列も抽出できる。

	A	B	C	D	E	F	G	H	I	J
1										
2	管理番号	商品名	登録時期	担当者	数量	単価	金額		商品名	単価
3	HR001	A	2013年1月	青山	50	26,200	1,310,000		A	=XLOOKUP(J2,A
4	HR002	B	2013年7月	青山	190	17,700	3,363,000		B	17,700
5	HR003	C	2014年1月	青山	70	12,200	854,000		C	12,200
6	HR004	D	2014年7月	青山	100	23,500	2,350,000		D	23,500
7	HR005	E	2015年1月	赤井	100	11,100	1,110,000		E	11,100
8	HR006	F	2015年7月	赤井	40	29,000	1,160,000		F	29,000
9	HR007	G	2016年1月	赤井	130	16,000	2,080,000		G	16,000
10	HR008	H	2016年7月	赤井	90	14,000	1,260,000		H	14,000

これは、XLOOKUP 関数が HLOOKUP 関数に成り代われることと、スピル機能がポイントだ。
検索値をまず横方向に検索し、その検索値を見つけたら情報を縦に取りに行く。そこにスピルが発動し、縦方向のデータを一括取得できたということだ。

指定した見出しの情報だけを列単位で取り出し、隣接して並べられるのはとても便利だ！

複数条件で検索

商品別、向け先別、ロット別に異なる輸送単価をまとめた一覧表から、条件ごとに輸送単価を取り出していく。(各条件はドロップダウンリストから選択する)

	A	B	C	D	E	F
1						
2	物流コード	商品名	出荷先	ロット	輸送単価	登録時期
3	SG001	A	東京	50	13,000	2019年4月
4	SG002	A	東京	100	11,000	2019年4月
5	SG003	A	大阪	50	25,000	2019年4月
6	SG004	A	大阪	100	23,000	2019年4月
7	SG005	A	名古屋	50	14,000	2019年4月
8	SG006	A	名古屋	100	12,000	2019年4月
9	SG007	B	東京	50	27,000	2019年4月
10	SG008	B	東京	100	23,000	2019年4月

	H	I
2	商品名	A
3	出荷先	東京
4	ロット	100
5	輸送単価	

❶ XLOOKUP関数を挿入し、第1引数「検索値」を参照する。

複数条件で検索するときは、右図のように**検索値を「&」(アンパサンド)でつなげて指示する。**

H	I
商品名	A
出荷先	東京
ロット	100
輸送単価	=XLOOKUP(I2&I3&I4

XLOOKUP(検索値, 検索範囲, 戻り範囲, [見つからない場合], [一致モード], [検

❷第2引数「検索範囲」も第1引数「検索値」と同じ要領で参照する。
商品名の範囲、出荷先の範囲、ロットの範囲を「&」でつなげる。

	A	B	C	D	E	F
1						
2	物流コード	商品名	出荷先	ロット	輸送単価	登録時期
3	SG001	A	東京	50	13,000	2019年4月
4	SG002	A	東京	100	11,000	2019年4月
5	SG003	A	大阪	50	25,000	2019年4月
6	SG004	A	大阪	100	23,000	2019年4月
7	SG005	A	名古屋	50	14,000	2019年4月
8	SG006	A	名古屋	100	12,000	2019年4月
9	SG007	B	東京	50	27,000	2019年4月
10	SG008	B	東京	100	23,000	2019年4月
11	SG009	B	大阪	50	53,000	2019年4月

	H	I
2	商品名	A
3	出荷先	東京
4	ロット	100
5	輸送単価	=XLOOKUP(I2&I3&I4,B3:B22&C3:C22&D3:D22

I3&I4,B3:B22&C3:C22&D3:D22

❸第 3 引数「戻り範囲」には、輸送単価の範囲を参照する。

D	E	F	G	H	I	J	K	L	M
ロット	輸送単価	登録時期		商品名	A				
50	13,000	2019年4月		出荷先	東京				
100	11,000	2019年4月		ロット	100				
50	25,000	2019年4月		輸送単価	=XLOOKUP(I2&I3&I4,B3:B22&C3:C22&D3:D22,E3:E22				
100	23,000	2019年4月			XLOOKUP(検索値, 検索範囲, 戻り範囲, [見つからない場合], [一致モード], [検索モード])				
50	14,000	2019年4月							
100	12,000	2019年4月							
50	27,000	2019年4月							

結果、商品 A が東京方面に 100 ロット出荷された場合の輸送単価、「11,000」円が返る。

	A	B	C	D	E	F	G	H	I
1									
2	物流コード	商品名	出荷先	ロット	輸送単価	登録時期		商品名	A
3	SG001	A	東京	50	13,000	2019年4月		出荷先	東京
4	SG002	A	東京	100	11,000	2019年4月		ロット	100
5	SG003	A	大阪	50	25,000	2019年4月		輸送単価	11,000
6	SG004	A	大阪	100	23,000	2019年4月			
7	SG005	A	名古屋	50	14,000	2019年4月			
8	SG006	A	名古屋	100	12,000	2019年4月			
9	SG007	B	東京	50	27,000	2019年4月			
10	SG008	B	東京	100	23,000	2019年4月			

商品 B が名古屋方面に 50 ロット出荷された場合の輸送単価は「29,000」円である。

	A	B	C	D	E	F	G	H	I
1									
2	物流コード	商品名	出荷先	ロット	輸送単価	登録時期		商品名	B
3	SG001	A	東京	50	13,000	2019年4月		出荷先	名古屋
4	SG002	A	東京	100	11,000	2019年4月		ロット	50
5	SG003	A	大阪	50	25,000	2019年4月		輸送単価	29,000
6	SG004	A	大阪	100	23,000	2019年4月			
7	SG005	A	名古屋	50	14,000	2019年4月			
8	SG006	A	名古屋	100	12,000	2019年4月			
9	SG007	B	東京	50	27,000	2019年4月			
10	SG008	B	東京	100	23,000	2019年4月			
11	SG009	B	大阪	50	53,000	2019年4月			
12	SG010	B	大阪	100	48,000	2019年4月			
13	SG011	B	名古屋	50	29,000	2019年4月			
14	SG012	B	名古屋	100	25,000	2019年4月			
15	SG013	C	東京	50	33,000	2019年4月			

XLOOKUP 関数ならこのように、複数の検索値にマッチしたデータを取得できるぞ！

エラー対策

たとえば商品名の欄に、一覧表に存在しない商品 D を入力してみる。該当のデータがヒットしないため、エラーが返る。

G	H	I	J
	商品名	D	
	出荷先	名古屋	
	ロット	50	
	輸送単価	#N/A	

VLOOKUP 関数や INDEX 関数 & MATCH 関数では、こうしたエラー対策として IFERROR 関数でネストする必要があった。対して XLOOKUP 関数は、第 4 引数「見つからない場合」に「""」（ダブルコーテーションマーク）で空白を返したり「" 該当なし "」と入力したりして、検索データが存在しないことを表現できる。

G	H	I	J	K	L	M	N
	商品名	D					
	出荷先	名古屋					
	ロット	50					
	輸送単価	=XLOOKUP(I2&I3&I4,B3:B22&C3:C22&D3:D22,E3:E22,"該当なし")					

XLOOKUP(検索値, 検索範囲, 戻り範囲, [見つからない場合], [一致モード], [検索モード])

他の関数を組み合わせることなく XLOOKUP 関数だけでエラー対策が完結する

一致モード

第 5 引数「一致モード」は、VLOOKUP 関数の第 4 引数「検索方法」と同じ役割だ。VLOOKUP 関数のメソッドでは、取引高に応じた販売奨励金を支払うために、その奨励金率のテーブルを近似一致で検索する、というユースケースを取り上げた。

	A	B	C	D	E	F	G	H
1								
2	取引先	取引高	奨励金率	奨励金		テーブル	ランク	奨励金率
3	A社	244,587	=VLOOKUP($B3,$F$3:$H$7,3,1)			1,000	C	0.10%
4	B社	3,343	[illegible]	[illegible]		10,000	B	0.50%
5	C社	11,471,948	2.00%	229,439		100,000	A	1.00%
6	D社	6,734,109	1.50%	101,012		1,000,000	S	1.50%
7	E社	50,126	0.50%	251		10,000,000	SS	2.00%
8								
9								

VLOOKUP(検索値, 範囲, 列番号, [検索方法])

たとえば取引先Dの取引高は、10,000,000に届いてないが、1,000,000は超えているため、Sクラスの1.50%を返すといったイメージだ。

VLOOKUP関数の近似一致検索は、検索値以下の最大値（=**検索値よりも小さい近似値**）を返す仕様であり、XLOOKUP関数の「(-1) 完全一致または次に小さい項目」と同義である。

	A	B	C	D	E	F	G	H
1								
2	取引先	取引高	奨励金率	奨励金		テーブル	ランク	奨励金率
3	A社	244,587	=XLOOKUP($B3,$F$3:$F$7,$H$3:$H$7,"",-1)				C	0.10%
4	B社	3,343	[illegible]	[illegible]		[illegible]	[illegible]	[illegible]
5	C社	11,471,948	2.00%	229,439		[illegible]	[illegible]	1.00%
6	D社	6,734,109	1.50%	101,012		[illegible]	[illegible]	1.50%
7	E社	50,126	0.50%	251		10,000,000	SS	2.00%
8								

XLOOKUP(検索値, 検索範囲, 戻り範囲, [見つからない場合], [一致モード], [検索モード])

(...)0 - 完全一致
(...)-1 - 完全一致または次に小さい項目
(...)1 - 完全一致または次に大きい項目
(...)2 - ワイルドカード文字との一致

完全一致の項目を検索し、見

さらにXLOOKUP関数は、「完全一致または次に大きい項目」の指定も可能で、検索値以上の最小値（=**検索値よりも大きい近似値**）を返すこともできる。

検索モード

VLOOKUP関数などの検索関数は原則、上から検索をスタートし、最初に見つかったデータを照合する仕様になっている。ただし、情報がどんどん蓄積されていく構造の場合、下から検索をかけないと最新状況が取り出せないケースもある。
たとえば前述の輸送単価表を改めて確認すると、商品Bを名古屋方面に出荷した場合の輸送単価が2022年10月に改定されていることがわかる。

	A	B	C	D	E	F
1						
2	物流コード	商品名	出荷先	ロット	輸送単価	登録時期
3	SG001	A	東京	50	13,000	2019年4月
4	SG002	A	東京	100	11,000	2019年4月
5	SG003	A	大阪	50	25,000	2019年4月
6	SG004	A	大阪	100	23,000	2019年4月
7	SG005	A	名古屋	50	14,000	2019年4月
8	SG006	A	名古屋	100	12,000	2019年4月
9	SG007	B	東京	50	27,000	2019年4月
10	SG008	B	東京	100	23,000	2019年4月
11	SG009	B	大阪	50	53,000	2019年4月
12	SG010	B	大阪	100	48,000	2019年4月
13	SG011	B	名古屋	50	29,000	2019年4月
14	SG012	B	名古屋	100	25,000	2019年4月
15	SG013	C	東京	50	33,000	2019年4月
16	SG014	C	東京	100	28,000	2019年4月
17	SG015	C	大阪	50	63,000	2019年4月
18	SG016	C	大阪	100	58,000	2019年4月
19	SG017	C	名古屋	50	35,000	2019年4月
20	SG018	C	名古屋	100	30,000	2019年4月
21	SG019	B	名古屋	50	31,000	2022年10月
22	SG020	B	名古屋	100	27,000	2022年10月
23						

H	I
商品名	B
出荷先	名古屋
ロット	100
輸送単価	25,000

一覧表を上から検索した結果は「25,000円」

B	名古屋	50	31,000	2022年10月
B	名古屋	100	27,000	2022年10月

こうしたケースで古い情報を抽出してしまわないように、第6引数「検索モード」を「末尾から先頭へ検索」に設定する。

結果、下方向からサーチをかけ、検索条件と最初に合致した22行目のデータ「27,000」円が返される。

	A	B	C	D	E	F
1						
2	物流コード	商品名	出荷先	ロット	輸送単価	登録時期
3	SG001	A	東京	50	13,000	2019年4月
4	SG002	A	東京	100	11,000	2019年4月
5	SG003	A	大阪	50	25,000	2019年4月
6	SG004	A	大阪	100	23,000	2019年4月
7	SG005	A	名古屋	50	14,000	2019年4月
8	SG006	A	名古屋	100	12,000	2019年4月
9	SG007	B	東京	50	27,000	2019年4月
10	SG008	B	東京	100	23,000	2019年4月
11	SG009	B	大阪	50	53,000	2019年4月
12	SG010	B	大阪	100	48,000	2019年4月
13	SG011	B	名古屋	50	29,000	2019年4月
14	SG012	B	名古屋	100	25,000	2019年4月
15	SG013	C	東京	50	33,000	2019年4月
16	SG014	C	東京	100	28,000	2019年4月
17	SG015	C	大阪	50	63,000	2019年4月
18	SG016	C	大阪	100	58,000	2019年4月
19	SG017	C	名古屋	50	35,000	2019年4月
20	SG018	C	名古屋	100	30,000	2019年4月
21	SG019	B	名古屋	50	31,000	2022年10月
22	SG020	B	名古屋	100	27,000	2022年10月
23						

H	I
商品名	B
出荷先	名古屋
ロット	100
輸送単価	27,000

一覧表を下から検索した結果は「27,000円」

method 33

サンプルファイル
シート No.33

指定期間の出荷量合計を求める

関数を用いて演算や集計をするときは、対象となる特定の範囲を指示します。対して、こちらが指定した条件に応じて集計対象のデータを切り替えたり、検索範囲をスライドしたりしたいケースがあります。

たとえば10月の出荷量合計を求めた表において、10月4日～10月10日期間の出荷量だけを取得したいとなったとします。

関数を編集モードにし、カラーリファレンスを手動で伸縮させることもできますが、値を入力したりリストから選択したりした条件にしたがい対象範囲が自動で限定されるしくみが理想です。

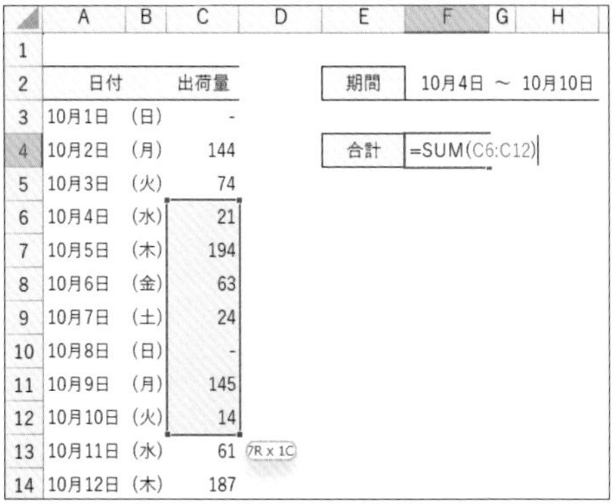

このメソッドでは、集計対象のデータ範囲を柔軟に変更するテクニックを演習します。

初出の関数

01 OFFSET関数 =OFFSET(参照,行数,列数,[高さ],[幅])

基準となるセルから指定の行数(列数)だけ移動した位置にあるセルを返す。
高さ(幅)の設定により、返されるセル範囲の大きさを指示できる。

関数の構成と挙動

集計対象範囲の切り替えには**OFFSET関数**を使う。
offsetにはもともと「埋め合わせる」「相殺する」「補正する」といった意味があるが、ITの分野では**基準となる位置からの差（距離、ズレ）を表す値**を示すことが多い。

まずはOFFSET関数の挙動をおさえよう。

基準となる地点から移動する

第 1 引数「参照」には、基準となるセルを選択する。
今回はあらかじめ色がけしている真ん中の D6 セルを参照する。

第 2 引数「行数」と第 3 引数「列数」に、それぞれ「3」と「2」をひとまず入力する。

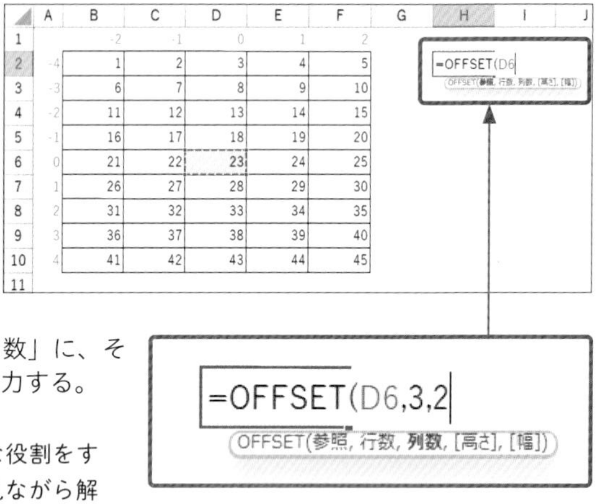

これがどのような役割をするのか、結果を見ながら解説するぞ。

OFFSET 関数で必ず指示する引数は第 3 引数までだ。この状態で結果を確認すると「40」と表示される。

第 1 引数「参照」で選択した D6 セルから、第 2 引数「行数」に入力した「3」行分、さらに第 3 引数「列数」に入力した「2」列分進んだ F9 セルの値が返されたのだ。

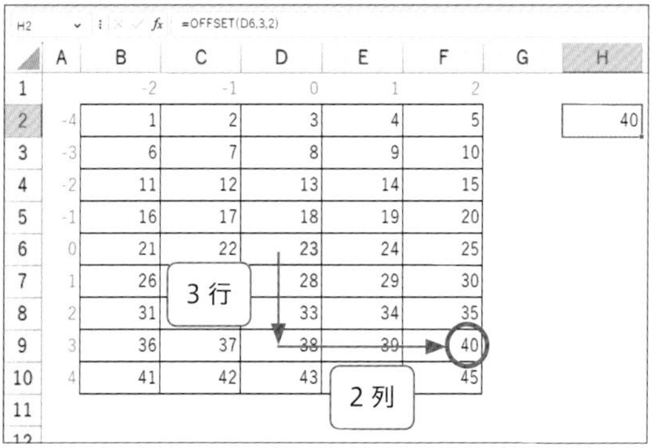

行数や列数にはマイナス値を入力することもできる。
行数を「-4」、列数を「1」とした場合、基準となるセルから4行戻り、1列進んだE2セルの値を返す。

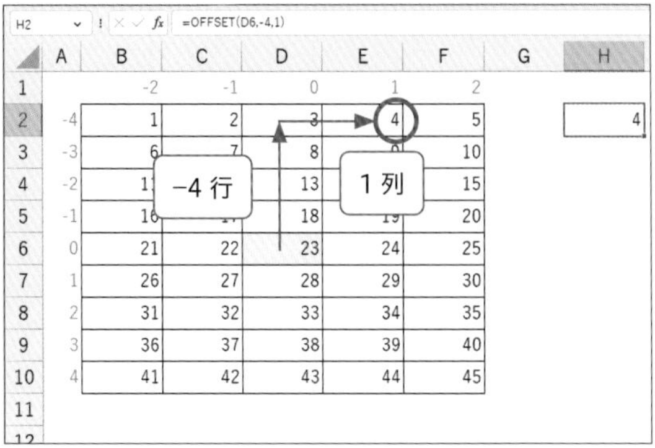

OFFSET関数はこのように、**第1引数で参照した基準セルから、第2引数・第3引数で指示した行数・列数分だけ移動した地点のデータを返すのだ。**

参照範囲を変える

第2引数「行数」に「2」、第3引数「列数」に「1」と入力し、続けて第4引数「高さ」に「3」、第5引数「幅」に「2」と入力する。

すると、D6セルから2行・1列進んだE8セルを基点に、高さ3行・幅2列分の範囲がスピルで表示される。

※行数・列数と同じく、高さ・幅についてもマイナス値を指示できる。

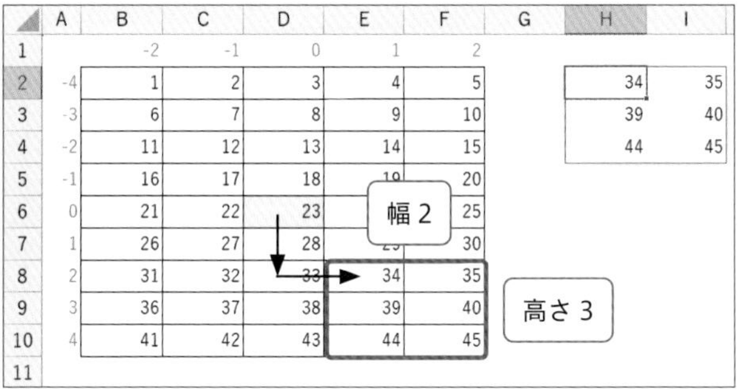

なお、行数や列数は必須入力の引数ではあるが、0と入力することで基準セルからの移動はせず、参照範囲の可変のみ適用することも可能だ。

（右図はD6セル～D10セル（＝D6セルから高さ5行・幅1列分）を取得した状態）

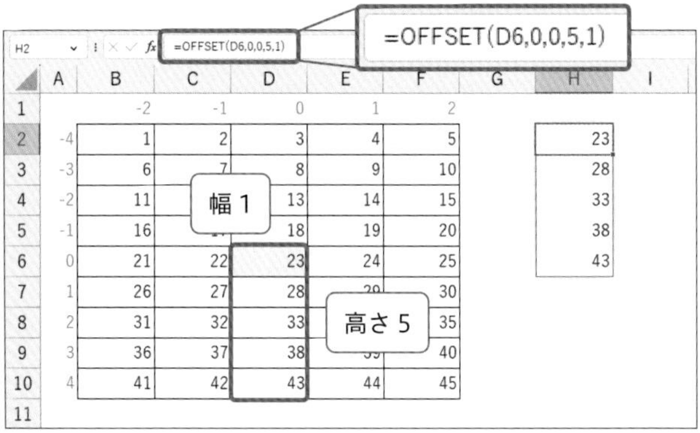

0 値を入力せず、カンマ区切りのみで済ませても結果は同じだ。

OFFSET 関数の使い方として、**行数・列数設定による移動はせずに基準セルから参照範囲だけを伸縮させる**ケースもあることをおさえておこう。

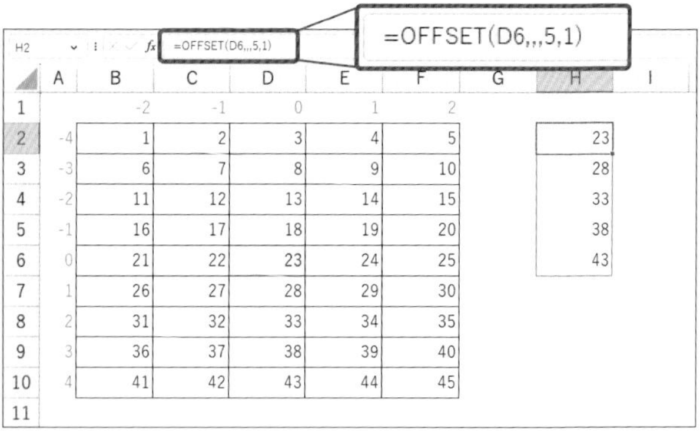

	A	B	C	D	E	F	G	H	I
1		-2	-1	0	1	2			
2	-4	1	2	3	4	5		23	
3	-3	6	7	8	9	10		28	
4	-2	11	12	13	14	15		33	
5	-1	16	17	18	19	20		38	
6	0	21	22	23	24	25		43	
7	1	26	27	28	29	30			
8	2	31	32	33	34	35			
9	3	36	37	38	39	40			
10	4	41	42	43	44	45			
11									

参照範囲を演算・集計する

OFFSET 関数で取得したセル範囲を他の関数にネストすることで、演算や集計ができる。

SUM 関数で合計値を求める

(D6 セル～ D10 セルのデータが合算された状態)

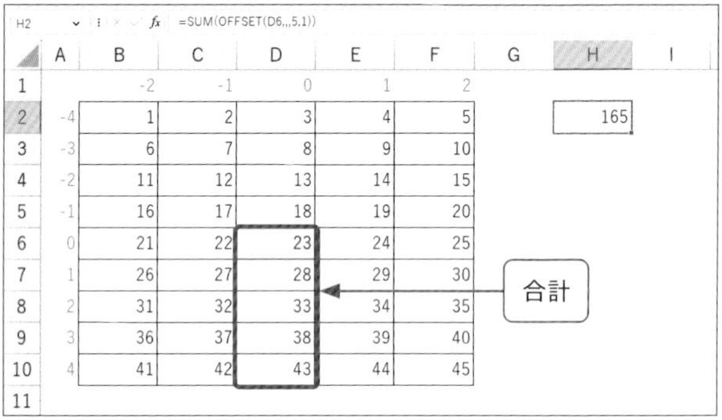

	A	B	C	D	E	F	G	H	I
1		-2	-1	0	1	2			
2	-4	1	2	3	4	5		165	
3	-3	6	7	8	9	10			
4	-2	11	12	13	14	15			
5	-1	16	17	18	19	20			
6	0	21	22	23	24	25			
7	1	26	27	28	29	30			
8	2	31	32	33	34	35			
9	3	36	37	38	39	40			
10	4	41	42	43	44	45			
11									

AVERAGE 関数で平均値を求める

(D6 セル～ D10 セルのデータの平均が取得された状態)

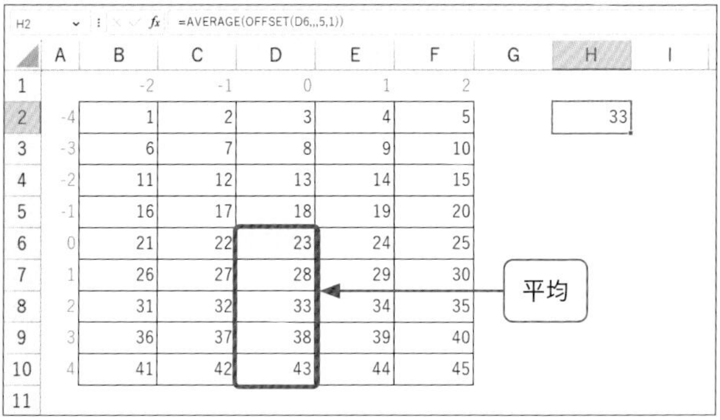

	A	B	C	D	E	F	G	H	I
1		-2	-1	0	1	2			
2	-4	1	2	3	4	5		33	
3	-3	6	7	8	9	10			
4	-2	11	12	13	14	15			
5	-1	16	17	18	19	20			
6	0	21	22	23	24	25			
7	1	26	27	28	29	30			
8	2	31	32	33	34	35			
9	3	36	37	38	39	40			
10	4	41	42	43	44	45			
11									

● COUNTA 関数で個数を求める

（D6 セル～ D10 セルのデータの個数が取得された状態）

OFFSET 関数の構成や基本動作をおさえたところで、実際のユースケースを次にみていこう。

H2 =COUNTA(OFFSET(D6,,,5,1))

	A	B	C	D	E	F	G	H
1		-2	-1	0	1	2		
2	-4	1	2	3	4	5		5
3	-3	6	7	8	9	10		
4	-2	11	12	13	14	15		
5	-1	16	17	18	19	20		
6	0	21	22	23	24	25		
7	1	26	27	28	29	30		
8	2	31	32	33	34	35		
9	3	36	37	38	39	40		
10	4	41	42	43	44	45		
11								

個数

指定期間の出荷量合計を求める

右図はとある商品の 10 月の出荷履歴だ。
指定した開始日から終了日までの出荷量を F4 セルに抜き出していく。

※開始日と終了日はあらかじめ設定したドロップダウンリストから選択する。

	A	B	C	D	E	F	G	H	I
1									
2	日付		出荷量		期間	10月4日	～	10月10日	
3	10月1日	(日)	-					10月10日	
4	10月2日	(月)	144		合計			10月11日	
5	10月3日	(火)	74					10月12日	
6	10月4日	(水)	21					10月13日	
7	10月5日	(木)	194					10月14日	
8	10月6日	(金)	63					10月15日	
9	10月7日	(土)	24					10月16日	
10	10月8日	(日)	-					10月17日	

❶ OFFSET 関数を挿入し、第 1 引数「参照」に出荷量の見出しを参照する。

これが計算対象範囲を自動伸縮させる基準セルの役割だ。

	A	B	C	D	E	F	G	H	I
1									
2	日付		出荷量		期間	10月4日	～	10月10日	
3	10月1日	(日)	-						
4	10月2日	(月)	144		合計	=OFFSET(C2			
5	10月3日	(火)	74			OFFSET(参照, 行数, 列数, [高さ], [幅])			
6	10月4日	(水)	21						
7	10月5日	(木)	194						

❷ 第 2 引数「行数」に MATCH 関数を挿入し、日付の範囲において開始日が上から何行目に位置するかを取得する。

ここでは、開始日に応じて参照範囲のスタート位置を自動変更する役割をもたせている。

	A	B	C	D	E	F	G	H	I
1									
2	日付		出荷量		期間	10月4日	～	10月10日	
3	10月1日	(日)	-						
4	10月2日	(月)	144		合計	=OFFSET(C2,MATCH(F2,A3:A33,0			
5	10月3日	(火)	74					MATCH(検査値, 検査範囲,	
6	10月4日	(水)	21						
7	10月5日	(木)	194						
8	10月6日	(金)	63						
9	10月7日	(土)	24						
10	10月8日	(日)	-						
11	10月9日	(月)	145						

❸第 3 引数「列数」には何も入力しない。
今回の合計対象範囲は C 列のみなので、列数を指示する必要がないためだ。
※同じ考え方で、後の第 5 引数「幅」にも何も入力しない。

❹第 4 引数「高さ」には、開始日から何日分を取り出すかを指示する。

まずは開始日と終了日の差分を求めるが、単に終了日から開始日を差し引くと計算対象にすべき日数が 1 日不足するため、「+1」の処理を追加する。

これにより、まずはリストから選択した開始日「10 月4 日」から終了日「10 月10 日」までのデータが取得できる。

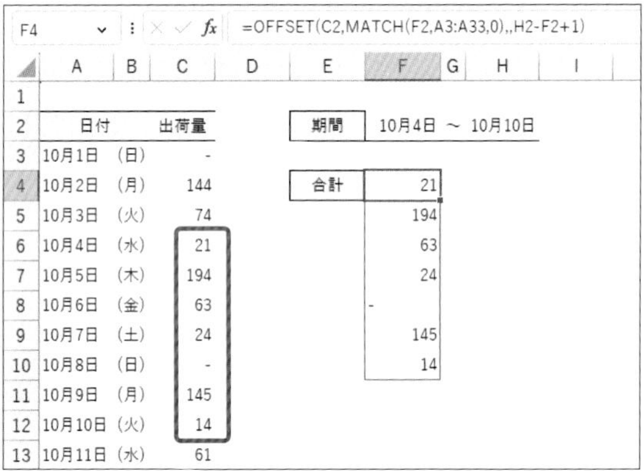

❺OFFSET 関数をSUM 関数でネストすると、指定期間の出荷量の合計が表示される。

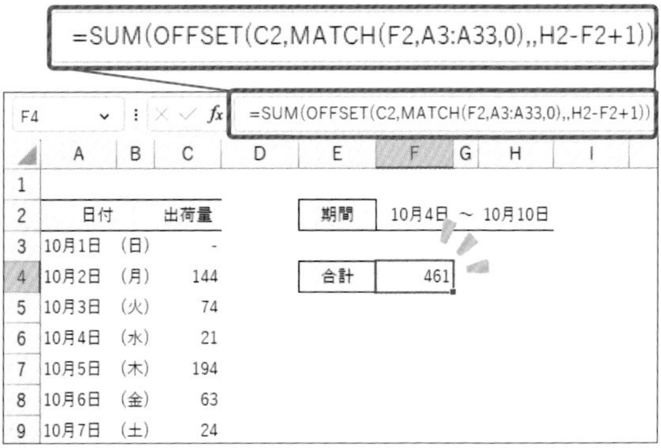

開始日と終了日を変更すると、計算対象範囲も自動更新される。

右図は開始日「10月7日」〜終了日「10月13日」を選択した状態。
→対象期間の合計「500」が返される。

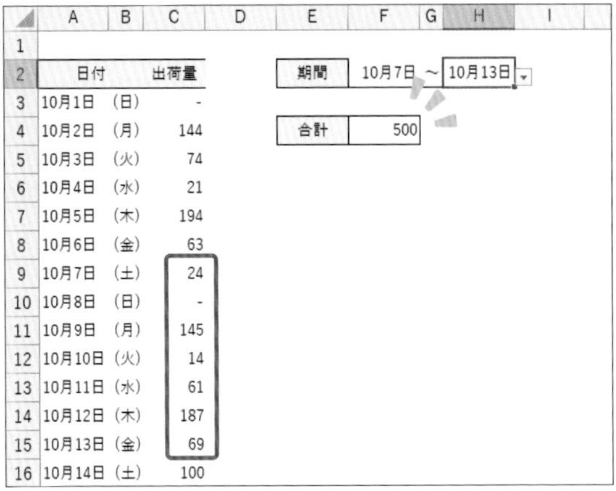

日付		出荷量
10月1日	(日)	-
10月2日	(月)	144
10月3日	(火)	74
10月4日	(水)	21
10月5日	(木)	194
10月6日	(金)	63
10月7日	(土)	24
10月8日	(日)	-
10月9日	(月)	145
10月10日	(火)	14
10月11日	(水)	61
10月12日	(木)	187
10月13日	(金)	69
10月14日	(土)	100

期間	10月7日	〜	10月13日
合計	500		

グラフの掲載対象期間を自動更新する

OFFSET関数による特定範囲のデータ取得をマスターすると、グラフの参照範囲も自在に変えられる。下図は元データに入力した週別の販売実績から、当週を含む直近5週分のデータをグラフ用に取得したものだ。

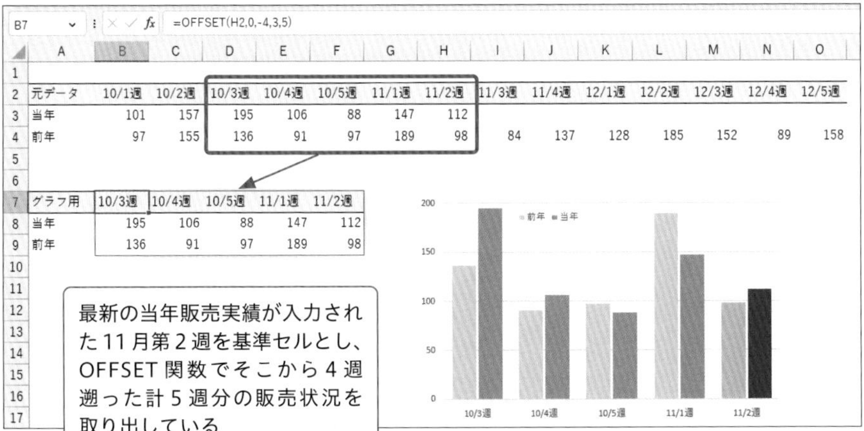

B7 =OFFSET(H2,0,-4,3,5)

元データ	10/1週	10/2週	10/3週	10/4週	10/5週	11/1週	11/2週	11/3週	11/4週	12/1週	12/2週	12/3週	12/4週	12/5週
当年	101	157	195	106	88	147	112							
前年	97	155	136	91	97	189	98	84	137	128	185	152	89	158

グラフ用	10/3週	10/4週	10/5週	11/1週	11/2週
当年	195	106	88	147	112
前年	136	91	97	189	98

最新の当年販売実績が入力された11月第2週を基準セルとし、OFFSET関数でそこから4週遡った計5週分の販売状況を取り出している

ここで11月第3週の実績が確定したため、グラフの掲載期間を更新する。
OFFSET関数の第1引数「参照」を11/3週のI2セルに変更する。

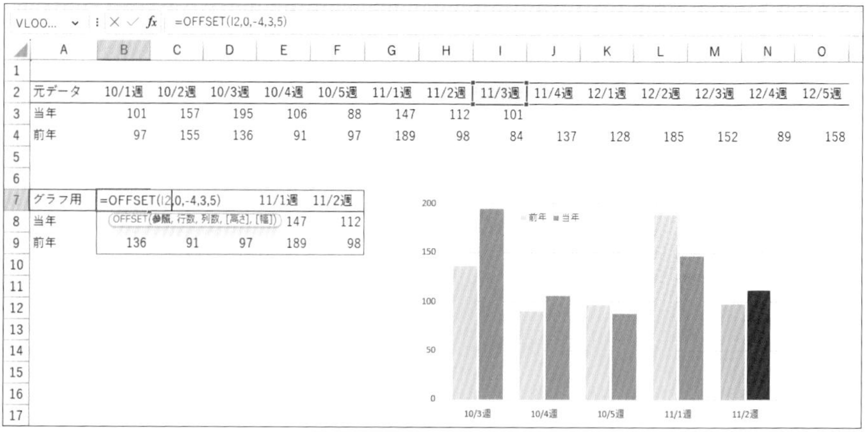

これにより対象のデータ範囲がスライドし、グラフも自動更新される。

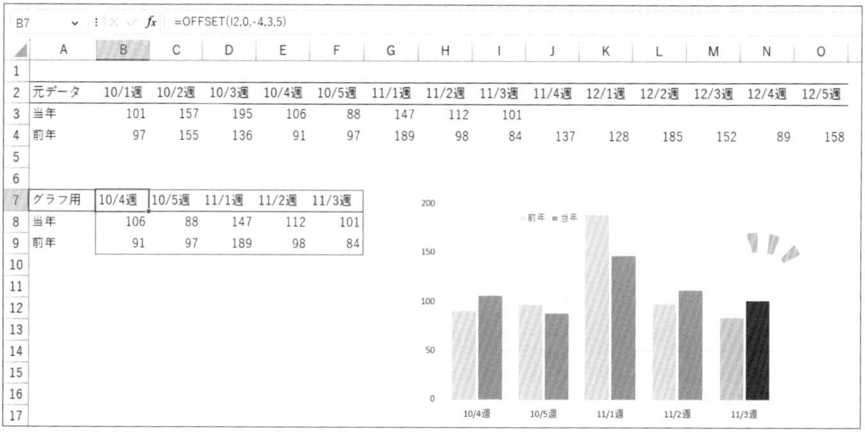

OFFSET関数で参照範囲を柔軟に可変させ、他の関数と組み合わせることで、データ集計や演算の幅が一気に広がるぞ。計算対象の期間や項目をシンプルな操作で切り替えたいシーンで活用していこう！

method 34

サンプルファイル
シート No.34

2段階／3段階ドロップダウンリストの構築

営業エリアのブロック名、販売拠点名、さらに各拠点に在籍している社員の氏名を入力していく表があったとします。こんなとき、B 列で特定のブロック名(営業本部名) を選択すると、C 列ではその営業本部が管轄する支店が選択でき、さらに D 列でその支店の構成メンバーを選択できるととても便利です。

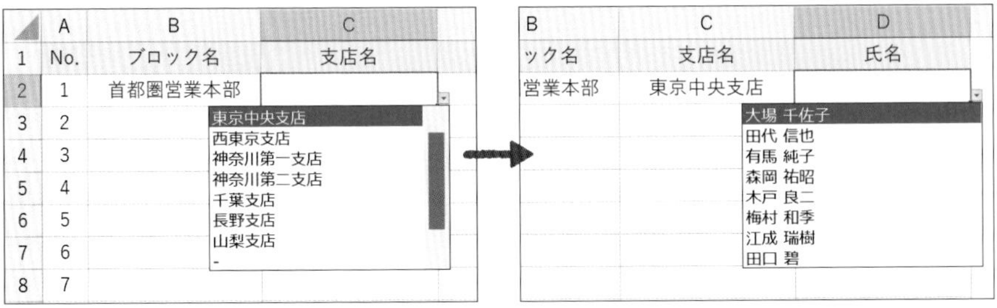

このメソッドでは INDIRECT 関数という特殊な役割を持つ関数を使って、表に設定したドロップダウンリストを、2 段階、3 段階と連動させていくテクニックを演習します。これまで解説してきた関数と一線を画す難解な挙動をするアイテムですが、基本動作をおさえてしまえば他の関数や機能と組み合わせることで絶大な効力を発揮してくれます。

連動するドロップダウンリストを作成する前にいくつか INDIRECT 関数の活用ケースに触れ、動作イメージを段階的にふくらませていきましょう。

初出の関数

01 INDIRECT 関数 =INDIRECT(参照文字列,[参照形式])

指定した文字列への参照結果を返す。

関数の構成と挙動

indirect は「間接の」「間接的な」を意味する。
Excel において何を「間接的に」扱うのか、まずは INDIRECT 関数の構成と挙動を見ていこう。

INDIRECT 関数の引数は 2 つで、第 2 引数「参照形式」は任意設定だ。実務では第 1 引数「参照文字列」のみ指示するケースがほとんどのため、関数の構成自体は非常にシンプルなことがわかる。

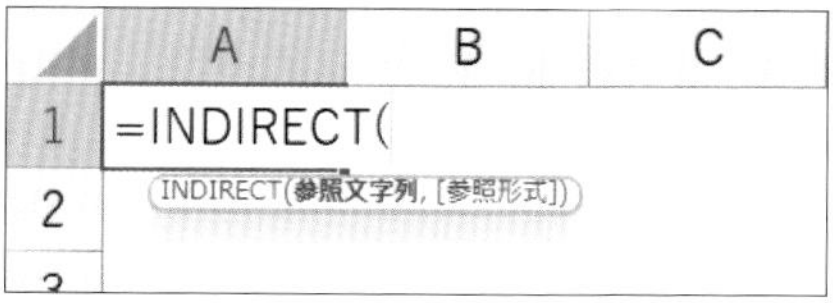

以下 8 パターンの結果を段階的に見ていくと、従来の参照と INDIRECT 関数による参照との違いを理解できる。
※サンプルは A1 セルに「東京」、C1 セルに「A1」と、それぞれ文字列が入力されている。

	A	B	C	D
1	東京		A1	
2				
3	No.	数式	結果	役割
4	1	=A1	東京	A1セルを参照する
5	2	="A1"	A1	文字列「A1」を返す
6	3	=INDIRECT("A1")	東京	文字列「A1」をセル番地に変換し、A1セルを参照する
7	4	=INDIRECT(A1)	#REF!	A1セルに入力されたセル番地を参照する
8	5	=C1	A1	C1セルを参照する
9	6	="C1"	C1	文字列「C1」を返す
10	7	=INDIRECT("C1")	A1	文字列「C1」をセル番地に変換し、C1セルを参照する
11	8	=INDIRECT(C1)	東京	C1セルに入力されたセル番地を参照する
12				

【1】「=A1」：A1 セルを参照することで、A1 セルに入力されている「東京」が返る。
【2】「="A1"」：文字列「A1」が返る。
【3】「INDIRECT("A1")」：**文字列「A1」がセル番地に変換され、A1 セルを参照することで「東京」が返る。**
【4】「INDIRECT(A1)」：**A1 セルに入力された文字列をセル番地に変換し、該当のセル番地を参照する。**今回 A1 セルにはセル番地になり得ない「東京」が入力されているため、参照元が見つからず「#REF!」エラーが返る。
【5】「=C1」：C1 セルを参照することで、C1 セルに入力されている「A1」が返る。
【6】「="C1"」：文字列「C1」が返る。
【7】「INDIRECT("C1")」：**文字列「C1」がセル番地に変換され、C1 セルを参照することで「A1」が返る。**
【8】「INDIRECT(C1)」：**C1 セルに入力された文字列をセル番地に変換し、該当のセル番地を参照する。**今回 C1 セルにはセル番地になり得る「A1」が入力されているため、A1 セルを参照することで「東京」が返る。

通常はパターン【1】【5】のように、特定のセルを直接参照するのが一般的だが、INDIRECT 関数は文字列をセル番地などに変換して参照元を指示する。

INDIRECT 関数のこの仕様は、「名前の定義」と組み合わせるとより効果的な働きをしてくれるぞ。実際のユースケースを次に見ていこう！

会員クラスに応じた料金体系の反映

名前の定義

特定のセル範囲や関数、テーブルに任意の名前をつけることで数式の構成がシンプルになり、その数式がどこを参照しているかが理解しやすくなる。この機能を「名前の定義」という。

下図は、利用金額に応じた割引率を会員クラス別にまとめた表だ。
表示形式で「円以上」と付記した値をそれぞれ昇順で並べている。

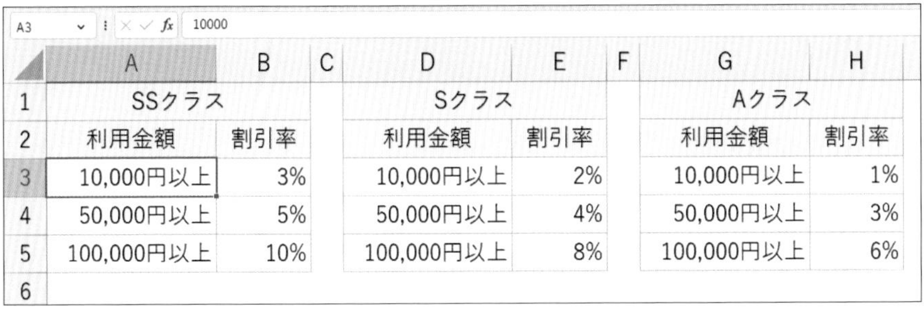

	A	B	C	D	E	F	G	H
1	SSクラス			Sクラス			Aクラス	
2	利用金額	割引率		利用金額	割引率		利用金額	割引率
3	10,000円以上	3%		10,000円以上	2%		10,000円以上	1%
4	50,000円以上	5%		50,000円以上	4%		50,000円以上	3%
5	100,000円以上	10%		100,000円以上	8%		100,000円以上	6%
6								

特定の範囲に名前を定義するには、対象範囲を選択した状態で［数式］タブ→［定義された名前］グループ→［名前の定義］にアクセスする。

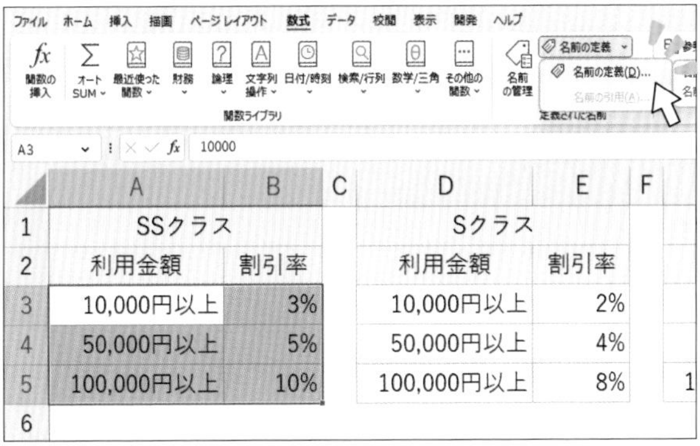

［新しい名前］ダイアログボックスが開いたら、名前の欄に対象範囲に付与する名前を入力し、Enter で決定する。

右図はSSクラスの割引率表に「SS」という名前をつけた状態。

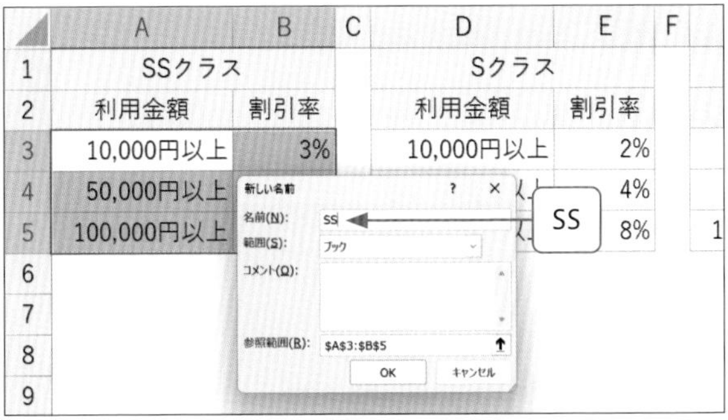

また、これと同じことをワークシート左上の名前ボックスでも実行できる。

対象範囲を選択した状態で名前ボックスに名前を入力し、Enter で決定する。
→すべての範囲に名前を設定する。

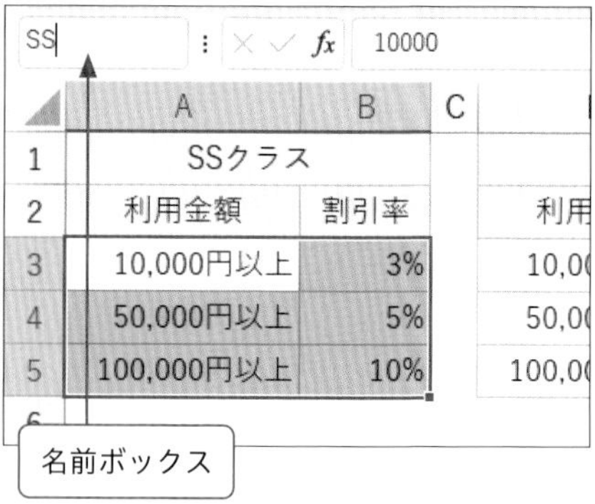

定義した名前は名前ボックスのリストに反映されるぞ。

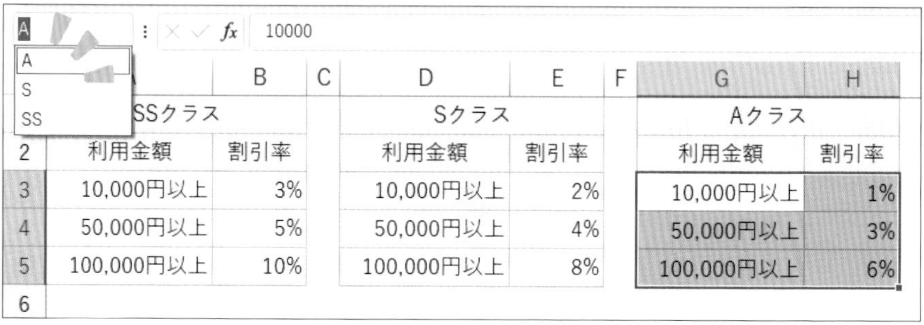

「=」(イコール)に続けて定義した名前を入力すると、対応する範囲が候補として表示され、決定するとスピルで返される。

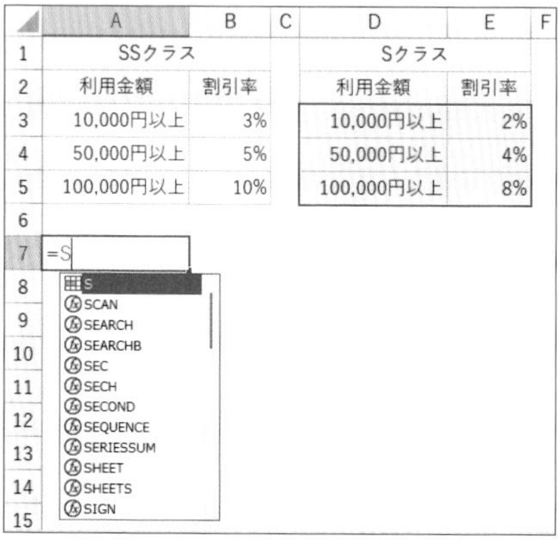

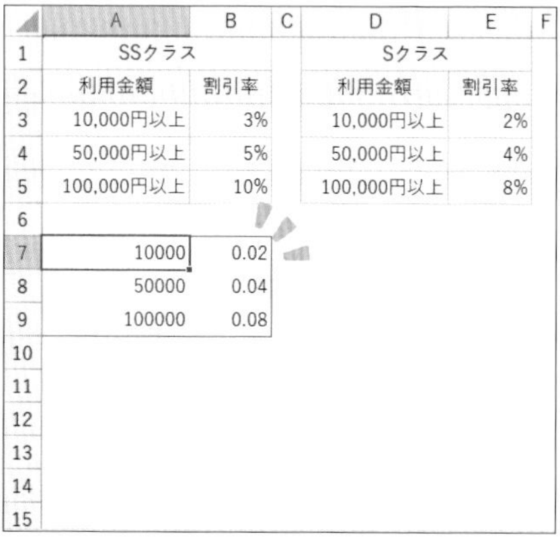

検索関数と組み合わせる

会員クラス別の割引率に名前を定義したブックの別のシートに、右図のような表があったとする。

C 列の利用金額に応じた割引率を取得してお支払い金額を求めていくが、前述の通り割引率は会員クラスごとに異なる。
そのため、B 列に入力されたクラスに応じて参照する割引率表を変化させる必要がある。

	A	B	C	D	E
1					
2	氏名	クラス	利用金額	割引率	お支払い
3	石黒 雅裕	A	100,761		
4	松島 有正	SS	138,202		
5	富永 愛	A	23,522		
6	久野 拓也	SS	42,607		
7	高村 晃一	SS	102,850		
8	宮川 美波	A	64,687		
9	嶋田 蒼	S	87,013		
10	小山 泰雄	SS	95,801		
11	川島 叶仁	SS	171,364		
12	黒田 諭	S	68,700		
13					

❶ VLOOKUP 関数を挿入し、第 1 引数「検索値」に利用金額を参照する。

	A	B	C	D	E	F
1						
2	氏名	クラス	利用金額	割引率	お支払い	
3	石黒 雅裕	A	100,761	=VLOOKUP(C3		
4	松島 有正	SS	138,202			
5	富永 愛	A	23,522			
6	久野 拓也	SS	42,607			
7	高村 晃一	SS	102,850			
8	宮川 美波	A	64,687			
9	嶋田 蒼	S	87,013			

VLOOKUP(検索値, 範囲, 列番号, [検索方法])

❷第 2 引数「範囲」に、会員クラスを参照する。

会員クラスごとに名前を定義した表はいずれも 2 列目に割引率が入力されており、かつ「～円以上」に該当する値を抽出するため、近似一致検索が求められる。

	A	B	C	D	E	F
1						
2	氏名	クラス	利用金額	割引率	お支払い	
3	石黒 雅裕	A	100,761	=VLOOKUP(C3,B3		
4	松島 有正	SS	138,202			
5	富永 愛	A	23,522			
6	久野 拓也	SS	42,607			
7	高村 晃一	SS	102,850			
8	宮川 美波	A	64,687			
9	嶋田 蒼	S	87,013			

VLOOKUP(検索値, 範囲, 列番号, [検索方法])

❸第 3 引数「列番号」は「2」、第 4 引数「検索方法」は近似一致の「TRUE」または「1」を入力する。

	A	B	C	D	E	F
1						
2	氏名	クラス	利用金額	割引率	お支払い	
3	石黒 雅裕	A	100,761	=VLOOKUP(C3,B3,2,TRUE		
4	松島 有正	SS	138,202			
5	富永 愛	A	23,522			
6	久野 拓也	SS	42,607			
7	高村 晃一	SS	102,850			
8	宮川 美波	A	64,687			
9	嶋田 蒼	S	87,013			

VLOOKUP(検索値, 範囲, 列番号, [検索方法])
(...)TRUE - 近似一致
(...)FALSE - 完全一致

ただしこのやり方ではエラーとなる。
第2引数「範囲」で単にB3セルそのものを参照しただけではB3セル自体が検索対象範囲と認識され、割引率に該当するデータが見つからないと判断されるためだ。

D3 =VLOOKUP(C3,B3,2,TRUE)

	A	B	C	D	E
1					
2	氏名	クラス	利用金額	割引率	お支払い
3	石黒 雅裕	A	100,761	#N/A	#N/A
4	松島 有正	SS	138,202		
5	富永 愛	A	23,522		
6	久野 拓也	SS	42,607		

そこで、第2引数「範囲」にINDIRECT関数を挿入し、B3セルそのものではなく、B3セルに入力された文字列を参照元に変換する。

	A	B	C	D	E	F	G	H
1								
2	氏名	クラス	利用金額	割引率	お支払い			
3	石黒 雅裕	A	100,761	=VLOOKUP(C3,INDIRECT(B3),2,TRUE)				
4	松島 有正	SS	138,202					
5	富永 愛	A	23,522					
6	久野 拓也	SS	42,607					

INDIRECT(**参照文字列**, [参照形式])

これにより、会員クラスAの方が100,761円(100,000円以上）利用した場合の割引率「6%」が返される。

D3 =VLOOKUP(C3,INDIRECT(B3),2,TRUE)

	A	B	C	D	E
1					
2	氏名	クラス	利用金額	割引率	お支払い
3	石黒 雅裕	A	100,761	6%	94,715
4	松島 有正	SS	138,202		
5	富永 愛	A	23,522		
6	久野 拓也	SS	42,607		

数式を下へコピーすると、それぞれの会員クラスと利用金額に応じた割引率が取得できる。

※今回E列にはあらかじめ、D列に割引率が入力された場合にお支払い金額を表示する数式を設定しているぞ。

2	氏名	クラス	利用金額	割引率	お支払い
3	石黒 雅裕	A	100,761	6%	94,715
4	松島 有正	SS	138,202	10%	124,382
5	富永 愛	A	23,522	1%	23,287
6	久野 拓也	SS	42,607	3%	41,329
7	高村 晃一	SS	102,850	10%	92,565
8	宮川 美波	A	64,687	3%	62,746
9	嶋田 蒼	S	87,013	4%	83,532
10	小山 泰雄	SS	95,801	5%	91,011
11	川島 叶仁	SS	171,364	10%	154,228
12	黒田 諭	S	68,700	4%	65,952
13					

INDIRECT 関数はこのように、**関数の中に入力した文字列をセル番地に変換したり、参照したセルに入力された文字列をセル番地や定義された名前に変換したりすることで、可変要素に応じて参照元を自在に操れるのだ。**

ここで、冒頭の基本構成で解説した 8 つのパターンのうち、INDIRECT 関数に関わる以下 2 つの違いを改めておさらいしておこう。

【3】「INDIRECT("A1")」：**文字列「A1」がセル番地に変換され、A1 セルを参照することで「東京」が返る。**
【4】「INDIRECT(A1)」：**A1 セルに入力された文字列をセル番地に変換し、該当のセル番地を参照する。**

INDIRECT 関数の中に文字列を指示する場合は、それが文字列であることを Excel に伝えるために「""」（ダブルコーテーションマーク）で囲む必要があり、セル番地や定義された名前に変換し得る文字列が入力されたセルを参照する場合はセル参照が目的なので、「""」は不要ということだ。

いずれの参照フローも「文字列からの変換」という「間接的な」ステップを挟んでいることが「indirect」たる所以であり、求められる引数が「参照文字列」と表現されているのも納得できる。

集計対象拠点の更新

ここまでの解説で、【= INDIRECT("A1")】のように INDIRECT 関数の中で文字列として認識させるパターンの存在に触れてきた。ただし実際は、参照元となる文字列を「A1」とズバリ入力するケースは少なく、条件に応じて柔軟に**作り上げる**ことがほとんどだ。

参照元を「作り上げる」とは？

各店舗の会員リストをシートごとに分けて管理しているブックがある。

「集計用」シートで店舗名を選択すると、その店舗の会員数と全会員の累計利用金額を取得できるしくみを構築していく。

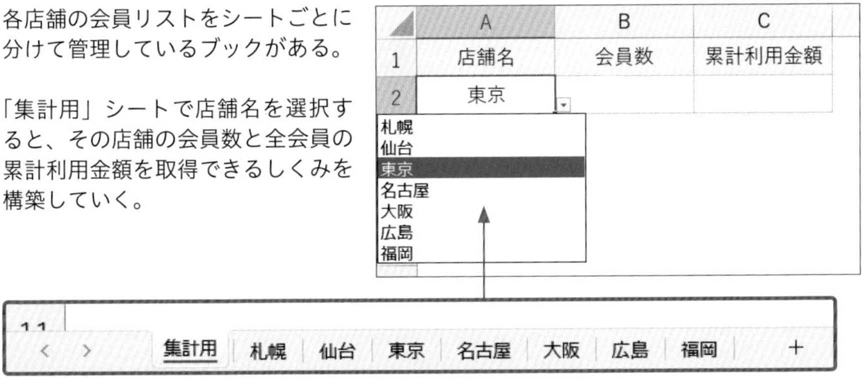

各シートは共通の構造となっており、会員の氏名はB列に、累計利用金額はF列に入力されている。

	A	B	C	D	E	F
1	会員No.	氏名	店舗	入会日	累計来店数	累計利用金額
2	A00001	石黒 雅裕	東京	2019/5/18	4	19,584
3	A00002	松島 有正	東京	2020/6/6	5	15,825
4	A00003	富永 愛	東京	2018/9/11	7	66,136
5	A00004	久野 拓也	東京	2019/4/6	7	60,676
6	A00005	高村 晃一	東京	2018/7/19	9	76,050
	00006	宮川 美波	東京	2018/5/13	4	18,456
8	A00007	嶋田 蒼	東京	2019/12/14	5	52,370
9	A00008	小山 泰雄	東京	2020/2/19	3	37,167

たとえば「東京」のシートから会員数を求めるとき、COUNTA関数で通常の参照を行うと右図の数式バーに入力された構成となる。

※B列全体を参照すると見出しのデータも個数としてカウントされるため、最後に「-1」の処理をしている。

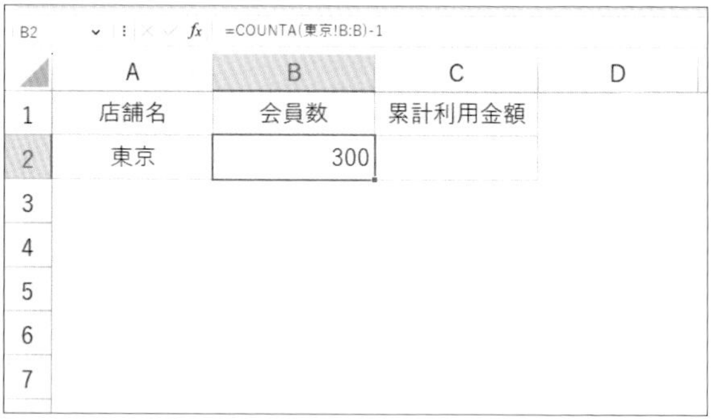

	A	B	C	D
1	店舗名	会員数	累計利用金額	
2	東京	300		
3				
4				
5				
6				
7				

今後も東京の店舗情報だけを固定で調べるならこれで良いが、選択した店舗名に応じて参照元を変えられるのが理想だ。A2セル（店舗名）を参照しながら、COUNTA関数の引数【東京!B:B】の部分をINDIRECT関数で作り上げていく。

A2セルを参照し、「&」（アンパサンド）に続けて「"!B:B"」と入力する。

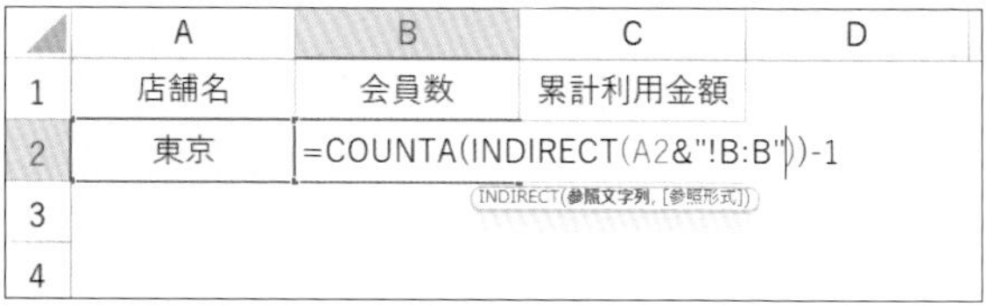

	A	B	C	D
1	店舗名	会員数	累計利用金額	
2	東京	=COUNTA(INDIRECT(A2&"!B:B"))-1		
3				
4				

COUNTA関数で通常の参照を行った場合と同じ結果が返る。
【東京!B:B】のうち、可変する店舗名の部分はセル参照とし、各シート共通の部分は固定の参照元として「"!B:B"」と指示したのだ。

	A	B	C	D
1	店舗名	会員数	累計利用金額	
2	東京	300		
3				
4				
5				
6				

これにより、リストから選択した店舗名に応じて該当の会員数を表示できる。

※右図は店舗名を「大阪」に変更した状態。

	A	B	C	D
1	店舗名	会員数	累計利用金額	
2	大阪	270		
3				
4				

累計利用金額の取得も考え方は同じだ。今回はデータの個数ではなく値の合計を求めるため、SUM 関数にネストする。

	A	B	C	D
1	店舗名	会員数	累計利用金額	
2	東京	300	=SUM(INDIRECT(A2&"!F:F"))	
3				
4				

INDIRECT(参照文字列, [参照形式])

東京シートの F 列の値を合算した結果が返される。

	A	B	C	D
1	店舗名	会員数	累計利用金額	
2	東京	300	12,751,556	
3				
4				

こちらも、リストから選択した店舗の累計利用金額に自動で切り替わる。

	A	B	C	D
1	店舗名	会員数	累計利用金額	
2	大阪	270	11,598,859	
3				
4				

一連のテクニックをおさえておけば、**数式の参照元を書き換える手間が省け、IF 関数などで複数パターンに応じた条件分岐を設定しておくよりシンプルに処理できる。**

次からいよいよ連動するドロップダウンリストを作っていくぞ！

2段階・3段階ドロップダウンリスト

リスト化するマスター情報の集約

2段階・3段階と連動するドロップダウンリストを構築するには、各営業本部がどの支店を管轄しているかをまとめた表（Sheet2）と、各支店にどのメンバーが在籍しているかをまとめた表（Sheet3）を用意する。

（Sheet2）営業本部名を見出しに置き、各営業本部が管轄する支店名をそれぞれの列に入力しておく。

A1 fx 北海道営業本部

	A	B	C	D	E	F	G	H	I
1	北海道営業本部	東北営業本部	関越営業本部	首都圏営業本部	東海営業本部	北陸営業本部	関西営業本部	中四国営業本部	九州営業本部
2	札幌第一支店	宮城支店	埼玉第一支店	東京中央支店	名古屋中央支店	石川支店	大阪中央支店	広島支店	福岡支店
3	札幌第二支店	福島支店	埼玉第二支店	西東京支店	岐阜支店	富山支店	大阪南支店	岡山支店	佐賀支店
4	旭川支店	岩手支店	群馬支店	神奈川第一支店	三重支店	福井支店	神戸支店	山口支店	大分支店
5	帯広支店	秋田支店	栃木支店	神奈川第二支店	南愛知支店	能登支所	京都支店	島根支店	熊本支店
6	函館支店	青森支所	茨城支店	千葉支店	静岡支店		奈良支店	鳥取支所	長崎支店
7	北見支所	山形支所	新潟支店	長野支店	浜松支店		滋賀支店	愛媛支店	宮崎支店
8	釧路支所			山梨支店	伊豆支所		和歌山支店	高知支店	鹿児島支店
9					高山支所		福知山支所	香川支店	沖縄支所
10								徳島支所	
11									

（Sheet3）支店名を見出しに置き、各支店に在籍しているメンバーをそれぞれの列に入力しておく。

A1 fx 札幌第一支店

	A	B	C	D	E	F	G	H	I	J	K
1	札幌第一支店	札幌第二支店	旭川支店	帯広支店	函館支店	北見支所	釧路支所	宮城支店	福島支店	岩手支店	秋田支
2	石黒 雅裕	松島 有正	富永 愛	久野 拓也	高村 晃一	宮川 美波	嶋田 蒼	小山 泰雄	川島 叶仁	黒田 諭	平良 竜
3	小暮 敬一	大林 浩次	日下 寿	山元 達也	井川 朱莉	中尾 涼子	石川 義彦	浅見 碧依	川上 颯太	重田 立哉	羽鳥 芽
4	土井 直治	坂野 達郎	吉澤 永二	花井 俊範	高坂 正和	川本 弥子	野中 純一	工藤 信	飯田 紬	三枝 長次郎	大河原
5	森山 久男	河村 覚	坪井 詩	緒方 雅信	北島 正好	南部 実		岩城 真春	橋本 恵利	大津 沙彩	重田 志
6	佐川 涼音	皆川 龍平	水谷 勝次	松浦 瑠璃	梅原 大地			川原 凪	野原 梨沙	岡山 雅也	池本 康
7	日高 徳雄	宮原 結凜	井川 萌花	角 祐司	山岸 良夫			横井 仁美	青野 砂登子	上山 秀樹	小畑 加
8	溝口 新吉	西村 麻紀	松浦 礼子					白石 紗菜	大澤 円		
9	安永 茂志	土屋 一朗	紺野 百恵					新垣 由衣香	森井 義光		
10											
11											

テーブル化

（Sheet2）表内のセルをアクティブにして、Ctrl+T で［テーブルの作成］を呼び出す。
［先頭行をテーブルの見出しとして使用する］にチェックが入っていることを確認したら Enter を押す。

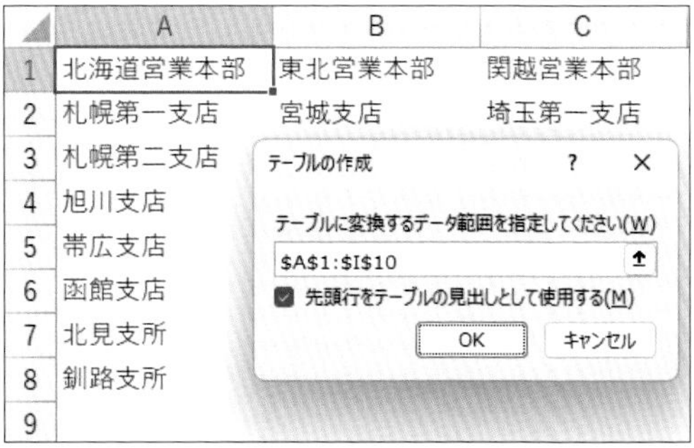

表がテーブル化される。※（Sheet3）でも同じ要領でテーブルを設定しておく。

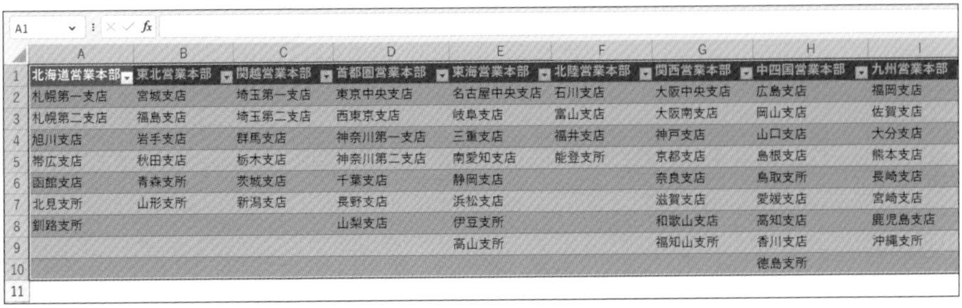

	A	B	C	D	E	F	G	H	I
1	北海道営業本部	東北営業本部	関越営業本部	首都圏営業本部	東海営業本部	北陸営業本部	関西営業本部	中四国営業本部	九州営業本部
2	札幌第一支店	宮城支店	埼玉第一支店	東京中央支店	名古屋中央支店	石川支店	大阪中央支店	広島支店	福岡支店
3	札幌第二支店	福島支店	埼玉第二支店	西東京支店	岐阜支店	富山支店	大阪南支店	岡山支店	佐賀支店
4	旭川支店	岩手支店	群馬支店	神奈川第一支店	三重支店	福井支店	神戸支店	山口支店	大分支店
5	帯広支店	秋田支店	栃木支店	神奈川第二支店	南愛知支店	能登支所	京都支店	島根支店	熊本支店
6	函館支店	青森支所	茨城支店	千葉支店	静岡支店		奈良支店	鳥取支所	長崎支店
7	北見支所	山形支所	新潟支店	長野支店	浜松支店		滋賀支店	愛媛支店	宮崎支店
8	釧路支所			山梨支店	伊豆支所		和歌山支店	高知支店	鹿児島支店
9					高山支所		福知山支所	香川支店	沖縄支所
10								徳島支所	
11									

名前の定義

テーブル化した表にあるいずれかのセルをアクティブにすると、［テーブルデザイン］タブが有効になる。［テーブル名］の欄でテーブルに名前をつける。

（Sheet2）支店一覧の名前は「拠点」としておく。

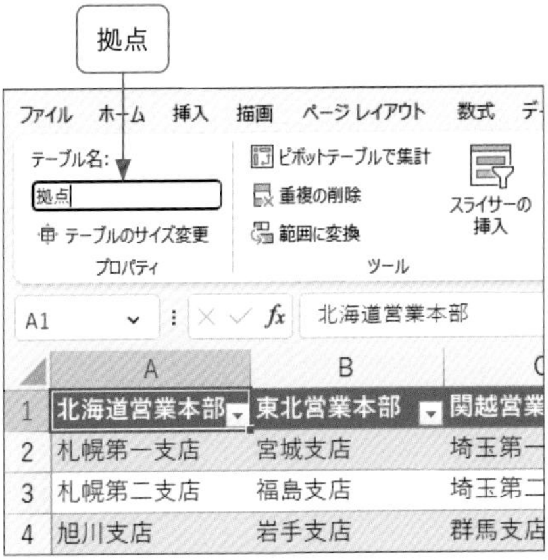

（Sheet3）支店ごとのメンバー一覧の名前は「氏名」としておく。

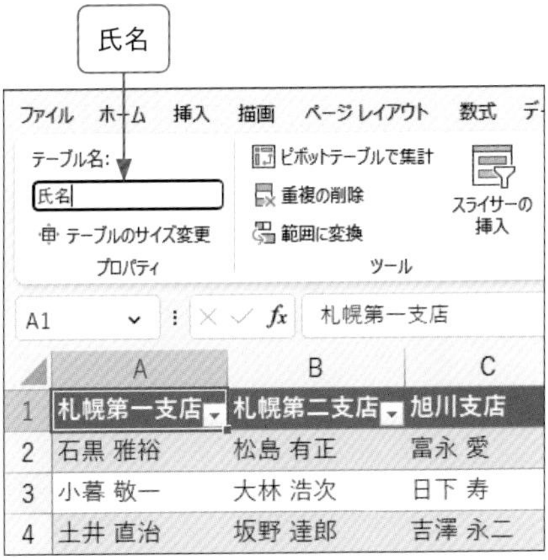

ワークシート左上の名前ボックスを開くと、「拠点」と「氏名」が追加されている。
これらをクリックすると、それぞれテーブル範囲が選択される。

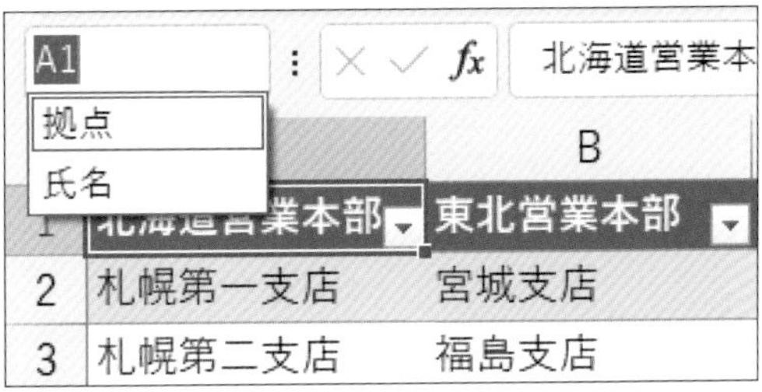

次に、(Sheet3) でメンバーを在籍拠点ごとにグループ化し、そのグループ名を各支店名にする。しかしすべての支店に１つずつ名前をつけるのは相当時間がかかるため、次の手順で一括設定しよう。

❶対象範囲（テーブル化した範囲）を選択する。

❷［数式］タブ→［定義された名前］グループ→［選択範囲から作成］をクリックする。
※このメニューは Ctrl + Shift + F3 でも開くことができる。

❸今回は見出しとなっている各支店ごとに名前をつけたいので、［上端行］にチェックし Enter で決定する。

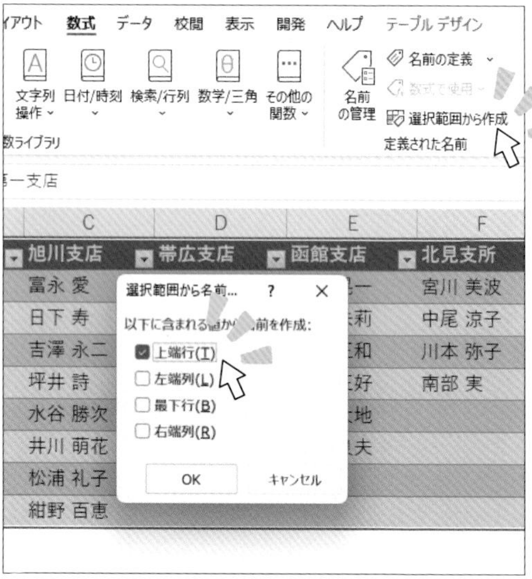

名前ボックスのリストを開くと、すべての支店名が定義されたことが確認できる。

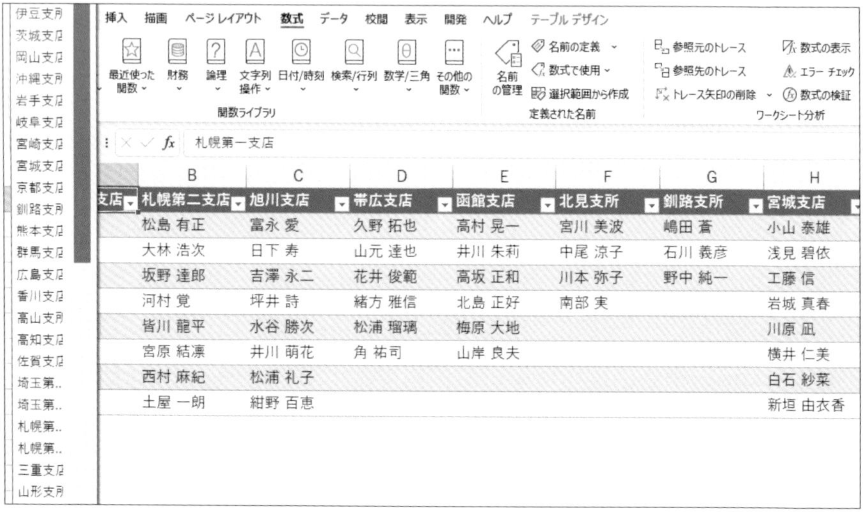

名前ボックスからたとえば「札幌第二支店」を選択すると、札幌第二支店にカテゴライズされたメンバーのデータにジャンプする。

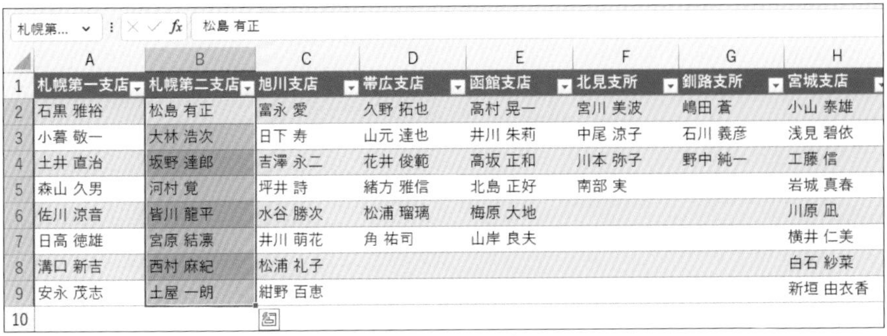

	A	B	C	D	E	F	G	H
1	札幌第一支店	札幌第二支店	旭川支店	帯広支店	函館支店	北見支所	釧路支所	宮城支店
2	石黒 雅裕	松島 有正	富永 愛	久野 拓也	高村 晃一	宮川 美波	嶋田 蒼	小山 泰雄
3	小暮 敬一	大林 浩次	日下 寿	山元 達也	井川 朱莉	中尾 涼子	石川 義彦	浅見 碧依
4	土井 直治	坂野 達郎	吉澤 永二	花井 俊範	高坂 正和	川本 弥子	野中 純一	工藤 信
5	森山 久男	河村 覚	坪井 詩	緒方 雅信	北島 正好	南部 実		岩城 真春
6	佐川 涼音	皆川 龍平	水谷 勝次	松浦 瑠璃	梅原 大地			川原 凪
7	日高 徳雄	宮原 結凛	井川 萌花	角 祐司	山岸 良夫			横井 仁美
8	溝口 新吉	西村 麻紀	松浦 礼子					白石 紗菜
9	安永 茂志	土屋 一朗	紺野 百恵					新垣 由衣香
10								

連動するドロップダウンリストの挿入

● 1段階ドロップダウンリスト

❶ブロック名を入力する範囲をすべて選択する。

❷リボンの［データ］タブ→［データの入力規則］のアイコンをクリックする。
※このメニューは Alt → D → L でも開くことができる。

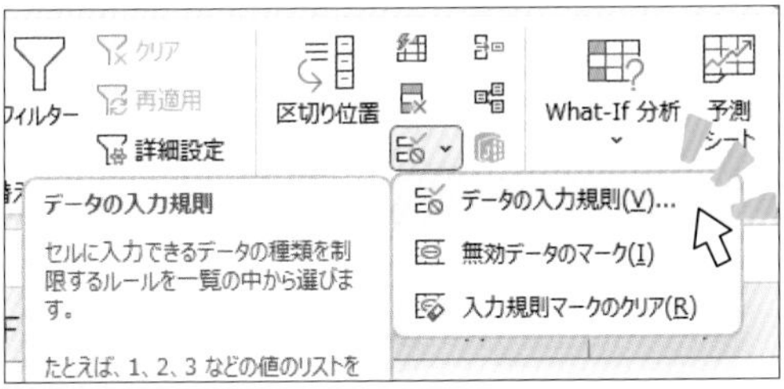

❸［設定］タブの［入力値の種類］から［リスト］を選択する。

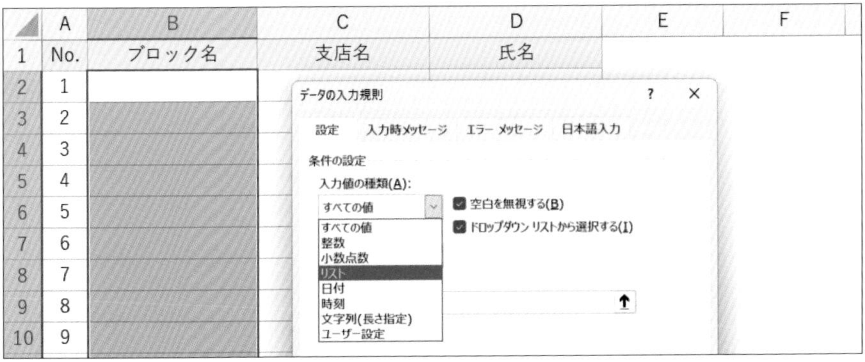

❹［元の値］の欄に次のように入力する。
【=INDIRECT(" 拠点 [# 見出し]")】

今回 INDIRECT 関数で参照しているのは、Sheet2 で「拠点」と名前をつけたテーブル範囲における「見出し」の部分だ。
要はブロック名（＝営業本部名）である。

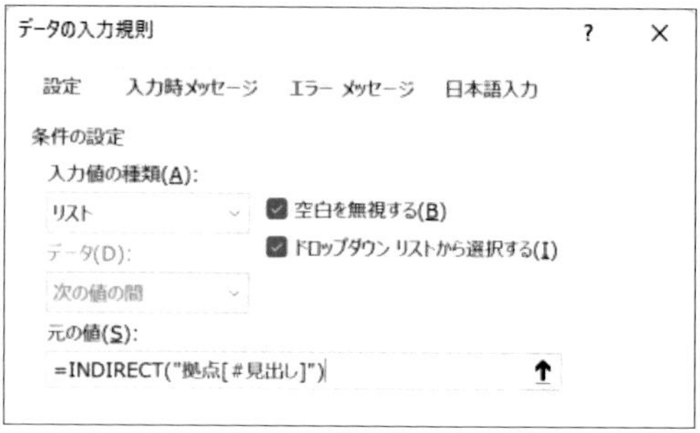

ここまで入力できたら、Enter で決定する。
B 列に各営業本部を選択できるドロップダウンリストが挿入された。

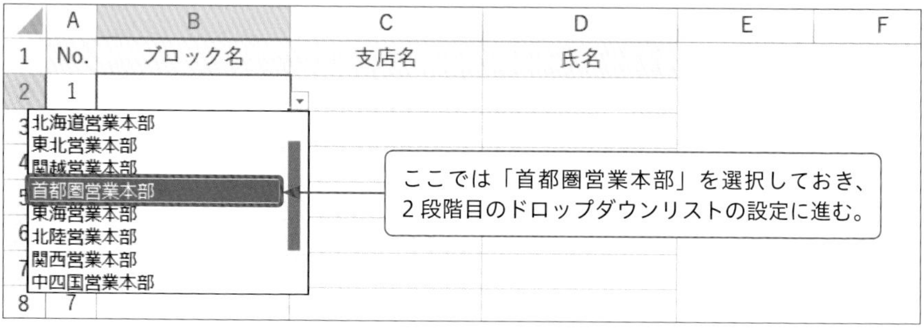

● 2 段階ドロップダウンリスト

❶支店名を入力する範囲を選択する。
❷［データの入力規則］を開く。
❸［設定］タブの［入力値の種類］から［リスト］を選択する。
❹［元の値］の欄に次のように入力する。
【=INDIRECT(" 拠点 ["&B2&"]")】

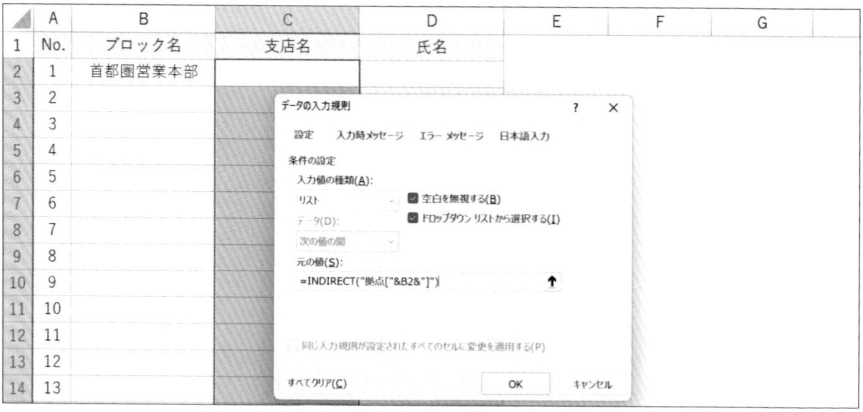

今回 INDIRECT 関数で参照しているのは、「拠点」と名前のつけた範囲における B2 セルの情報であり、1 段階目で選択した営業本部名が管轄する各支店のテーブルを指している。

呪文のように見えるが、「"拠点["&B2&"]"」も文字列とセル参照を組み合わせて、「拠点 [B2]」という参照元を「作り上げて」いるのだ。

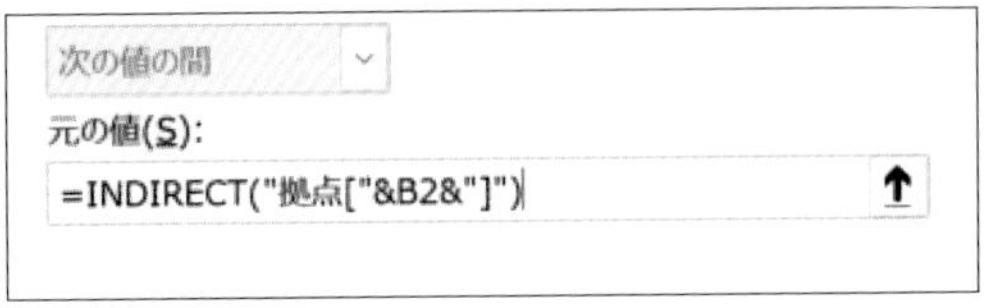

B2 セルだけを参照してしまうように見えるが、この入力規則を設定することで参照セルは B2 セル、B3 セル、B4 セルとスライドしていくぞ！

ここまで入力できたら、Enter で決定する。

これにより、C2 セルには首都圏営業本部が管轄する支店名が表示される。

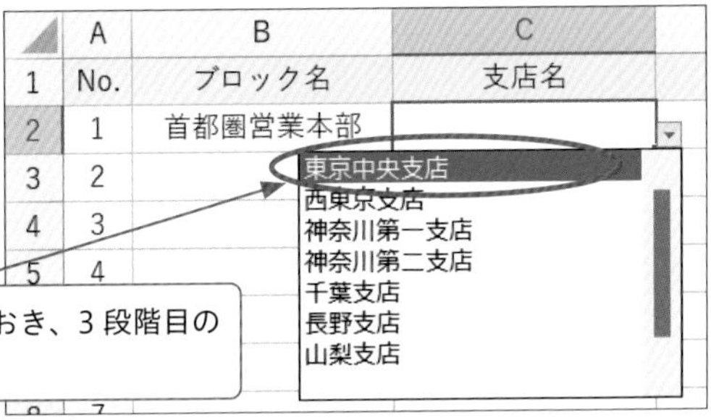

ここでは「東京中央支店」を選択しておき、3 段階目のドロップダウンリストの設定に進む。

● 3 段階ドロップダウンリスト

❶氏名を入力する範囲を選択する。
❷［データの入力規則］を開く。
❸［設定］タブの［入力値の種類］から［リスト］を選択する。
❹［元の値］の欄に次のように入力する。
【=INDIRECT(" 氏名 ["&C2&"]")】

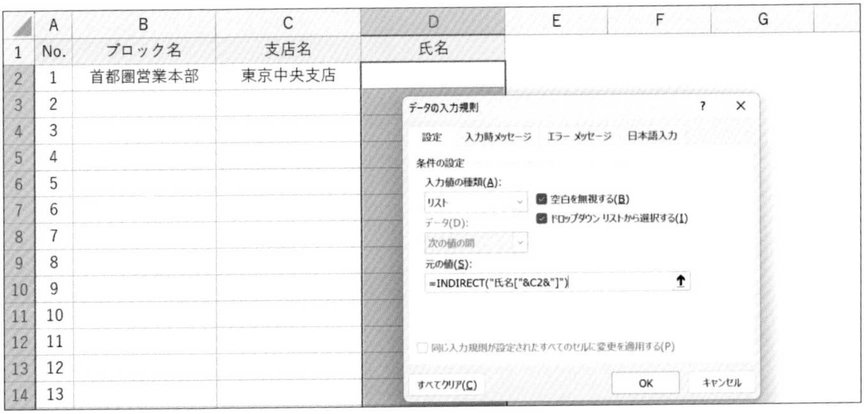

今回 INDIRECT 関数で参照しているのは、「氏名」と名前のつけた範囲における C2 セルの情報であり、2 段階目で選択した支店に在籍する各メンバーのテーブルを指している。

「" 氏名 ["&C2&"]"」も**文字列とセル参照を組み合わせて、「氏名 [C2]」という参照元を「作り上げて」**いる。

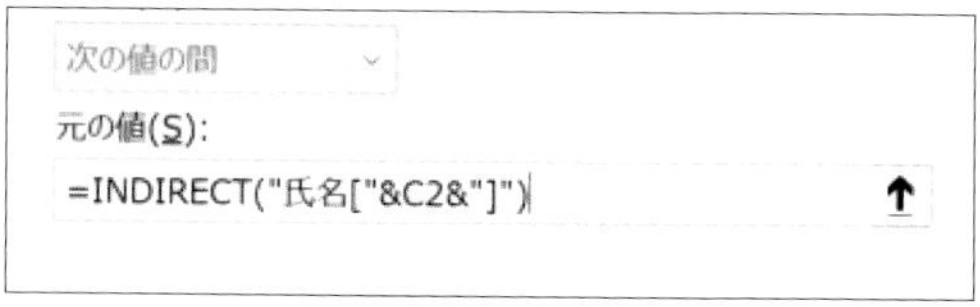

ここまで入力できたら、Enter で決定する。

これにより、D2 セルでは東京中央支店に在籍しているメンバーが表示される。

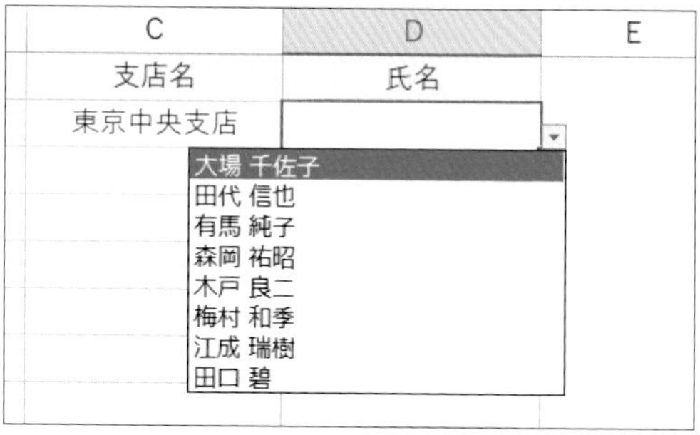

連動するドロップダウンリストはこれで完成だ。選択内容に応じて次段階のリストがどのように変化するか、色々と触れて試してみよう！

選択データの追加・削除

マスターデータにテーブルを設定したことで、販売拠点の拡大やメンバーの追加にも対応できる。

たとえば、ブロック名のリストに表示されている「九州営業本部」の情報を、(Sheet2) のマスターデータから削除する。

G	H	I
関西営業本部	中四国営業本部	
大阪中央支店	広島支店	
大阪南支店	岡山支店	
神戸支店	山口支店	
京都支店	島根支店	
奈良支店	鳥取支所	
滋賀支店	愛媛支店	
和歌山支店	高知支店	
福知山支所	香川支店	
	徳島支所	

これに連動して、ブロック名のリストから九州営業本部がなくなる。

そして、マスターデータに改めて九州営業本部の情報を追加すると、テーブル範囲が拡張され、リストの選択肢にも自動で追加される。

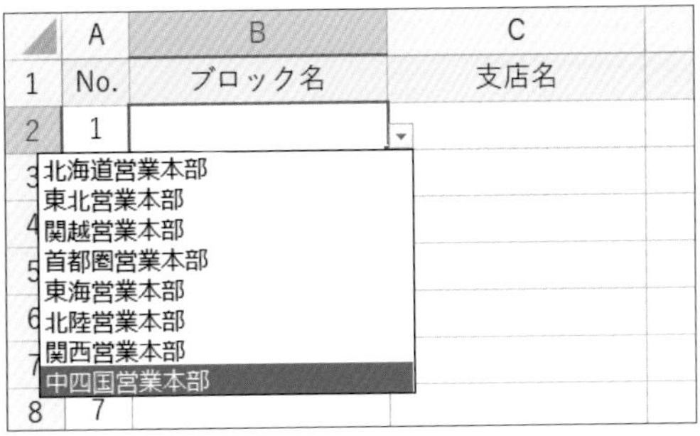

リストの空白を一括変換する

各営業本部が管轄する支店の数や各支店に在籍するメンバーの人数がバラバラのため、今回の手順で名前を定義すると一部のリストに空白が混ざる。

リストを開いたときに、デフォルトでこの空白データが選択されていることもしばしばだ。

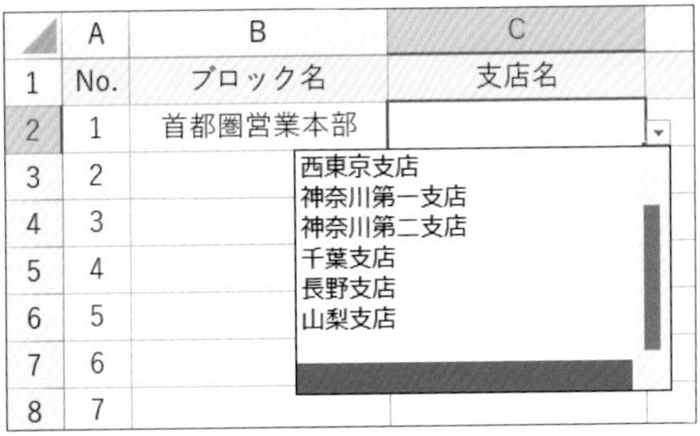

マスターデータが数種類であればそれぞれのデータ範囲に１つずつ名前をつけても良いが、サンプルのように情報量の多いリストは一括で設定した方が効率的である。

	A	B	C	D	E	F	G	H	I
1	北海道営業本部	東北営業本部	関越営業本部	首都圏営業本部	東海営業本部	北陸営業本部	関西営業本部	中四国営業本部	九州営業本部
2	札幌第一支店	宮城支店	埼玉第一支店	東京中央支店	名古屋中央支店	石川支店	大阪中央支店	広島支店	福岡支店
3	札幌第二支店	福島支店	埼玉第二支店	西東京支店	岐阜支店	富山支店	大阪南支店	岡山支店	佐賀支店
4	旭川支店	岩手支店	群馬支店	神奈川第一支店	三重支店	福井支店	神戸支店	山口支店	大分支店
5	帯広支店	秋田支店	栃木支店	神奈川第二支店	南愛知支店	能登支所	京都支店	島根支店	熊本支店
6	函館支店	青森支所	茨城支店	千葉支店	静岡支店		奈良支店	鳥取支所	長崎支店
7	北見支所	山形支所	新潟支店	長野支店	浜松支店		滋賀支店	愛媛支店	宮崎支店
8	釧路支所			山梨支店	伊豆支所		和歌山支店	高知支店	鹿児島支店
9					高山支所		福知山支所	香川支店	沖縄支所
10								徳島支所	
11									
12									

この副作用で生じるリストの空白が気になるときは、マスターデータの空白セルを「-」（ハイフン）や「*」（アスタリスク）などのダミーの文字列で埋めておこう。

❶マスターデータの範囲を選択する。
❷キーボードの Ctrl + G → Alt + S を順に押して［選択オプション］ダイアログボックスを開く。
❸ K で［空白セル］にチェックし、 Enter で決定する。

これにより、対象範囲に散在する空白セルをまとめて選択できる。

❹アクティブセルに「-」（ハイフン）を入力し、 Ctrl + Enter を押す。

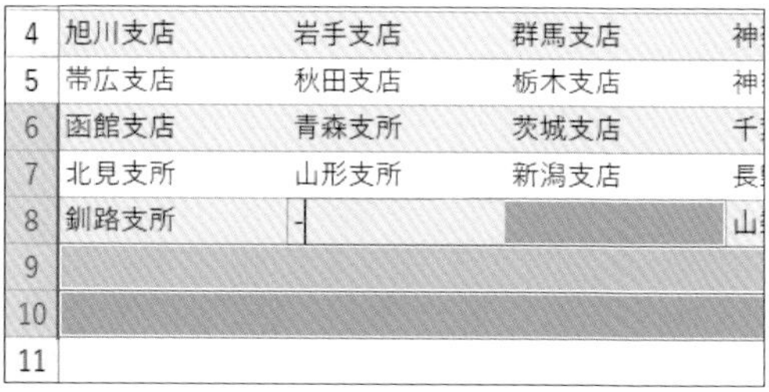

選択していたすべての空白セルに、「-」（ハイフン）が一括入力される。

	A	B	C	D	E	F	G	H	I
1	北海道営業本部	東北営業本部	関越営業本部	首都圏営業本部	東海営業本部	北陸営業本部	関西営業本部	中四国営業本部	九州営業本部
2	札幌第一支店	宮城支店	埼玉第一支店	東京中央支店	名古屋中央支店	石川支店	大阪中央支店	広島支店	福岡支店
3	札幌第二支店	福島支店	埼玉第二支店	西東京支店	岐阜支店	富山支店	大阪南支店	岡山支店	佐賀支店
4	旭川支店	岩手支店	群馬支店	神奈川第一支店	三重支店	福井支店	神戸支店	山口支店	大分支店
5	帯広支店	秋田支店	栃木支店	神奈川第二支店	南愛知支店	能登支所	京都支店	島根支店	熊本支店
6	函館支店	青森支所	茨城支店	千葉支店	静岡支店	-	奈良支店	鳥取支所	長崎支店
7	北見支所	山形支所	新潟支店	長野支店	浜松支店	-	滋賀支店	愛媛支店	宮崎支店
8	釧路支所	-	-	山梨支店	伊豆支所	-	和歌山支店	高知支店	鹿児島支店
9	-	-	-	-	高山支所	-	福知山支所	香川支店	沖縄支所
10	-	-	-	-	-	-	-	徳島支所	-
11									
12									

これにより、リストの余白に「-」（ハイフン）が表示される。

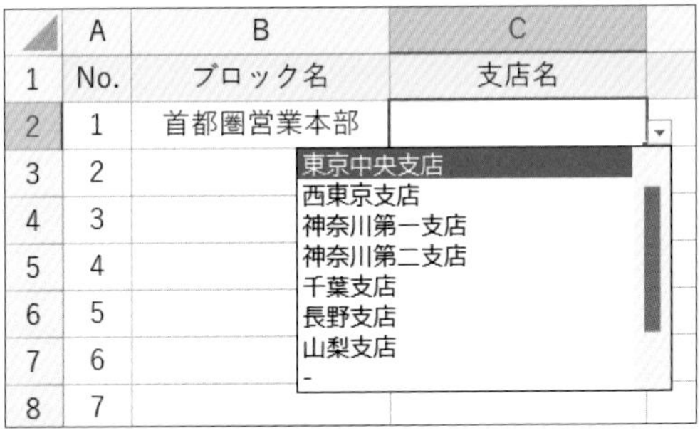

テクニック　**テーブルと構造化参照**

連動するドロップダウンリストを構築する際に、データの入力規則で「元の値」にそれぞれ以下のように指示した。

- 1段階目【=INDIRECT(“拠点[#見出し]”)】→拠点[#見出し]
- 2段階目【=INDIRECT(“拠点[”&B2&“]”)】→拠点[B2]
- 3段階目【=INDIRECT(“氏名[”&C2&“]”)】→氏名[C2]

特に2段階目と3段階目は難解な印象を受けるが、これらは前述の通り文字列とセル参照を”&”(アンパサンド)でつなげて参照元を作り上げている。
それでは、「拠点[#見出し]」「拠点[B2]」「氏名[C2]」という、**設定したテーブル名に“[]”(角カッコ)をつけた参照**にどのような役割があるのかを次に見ていこう。
下図は、A1セルに拠点マスターの見出し部分を参照した結果だ。通常の範囲を参照したときは「=A3:I3」と表示されるが、テーブルの見出しは「=拠点[#見出し]」と表現される。

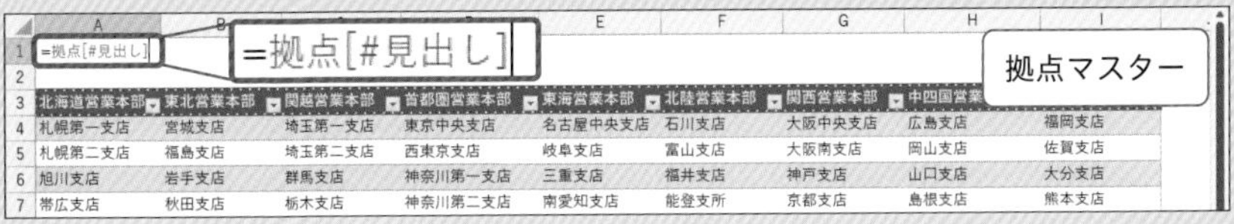

このように、テーブルと各列のヘッダーに割り当てた名前の組み合わせを「**構造化参照**」といい、該当箇所を参照するとデータ範囲の名前が“[]”(角カッコ)にくくられて表示される。

1段階目の入力規則で以下のように入力したのは、拠点マスターの見出し範囲を参照するためだ。

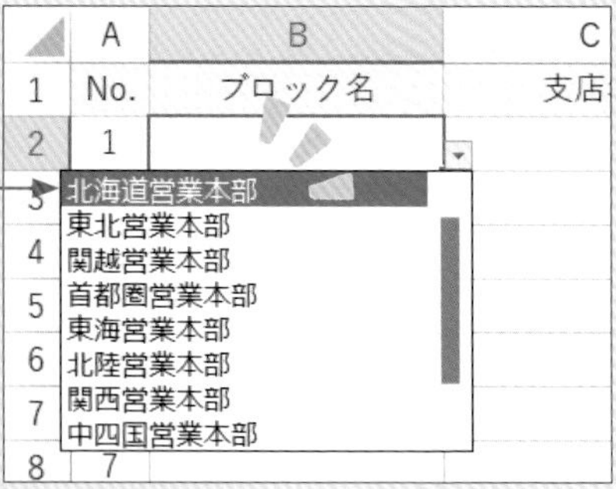

これにより構造化参照が機能し、最初のドロップダウンリストでブロック名（営業本部名）を選択できるようになる。

2段階目・3段階目のリストも考え方は同じだ。たとえば拠点マスターで首都圏営業本部が管轄する支店の範囲を参照すると「= 拠点［首都圏営業本部］」となり、氏名マスターで東京中央支店に在籍するメンバーの範囲を参照すると「= 氏名［東京中央支店］」となる。**これらが前列の選択内容に応じて柔軟に変化する構造化参照を INDIRECT 関数で生成しているのだ。**

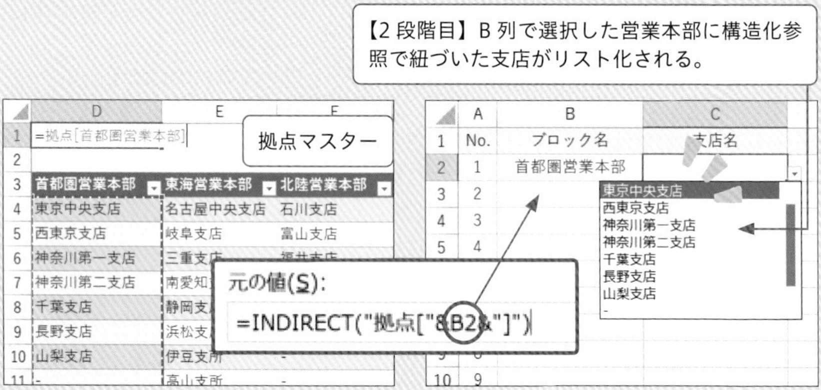

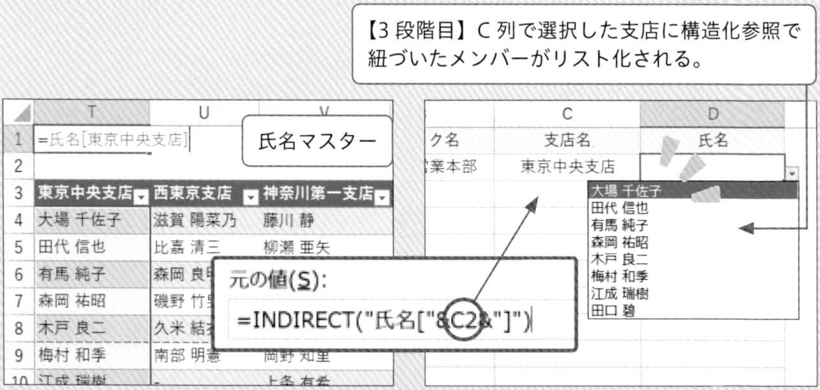

Chapter 5

数式が
セルから飛び出す！

動的配列数式の極意と活用術編

Excelの新常識「スピル」の基本動作
配列操作の景色が変わる次世代関数群

Chapter.5では本書の最終章として、これまでの表計算の常識を覆す「スピル」の挙動について解説します。そして、その「スピル」の効力を最大限に発揮する関数の活用術を演習します。使えるバージョンは限られますが、これからのExcelのスタンダードになっていく画期的なアイテムです。実務でのユースケースとともに、今のうちに予習しておきましょう。

Excel の新常識「スピル」を徹底理解する

これからのビジネスシーンで「Excel が使える」人財になるためには、スピルは避けては通れないテーマです。

スピルは 2018 年 9 月に Microsoft 365 向けに実装された「動的配列数式」で発動する機能で、使えるバージョンは限られますが、対象のバージョンの普及率は拡大傾向にあります。

B2 =SUMIFS(M2:M101,J2:J101,A2#,L2:L101,B1#)

	A	B	C	D	E	F	G	H
1		東京	大阪	名古屋	札幌	仙台	広島	福岡
2	7月1日	720	770	570	380	440	340	0
3	7月2日	290	70	210	490	280	480	470
4	7月3日	490	390	0	410	660	1,080	0
5	7月4日	890	590	220	40	0	590	450
6	7月5日	920	0	460	0	0	0	610
7	7月6日	0	0	60	160	980	750	0
8	7月7日	510	50	240	0	800	760	360
9	7月8日	540	440	790	0	250	0	0
10	7月9日	0	420	660	610	630	1,120	0
11	7月10日	710	240	450	0	500	500	350
12								

まずはこのメソッドでスピルの挙動を徹底的に理解し、使用環境が整った段階で即時的に実践できるように準備しておきましょう。

スピルの挙動とスピル範囲演算子

スピルの挙動

A1 セルから A5 セルに、1 から 5 の数値が直接入力されている。通常、これと同じ値を別のセルに返すには、=A1 と入力する。

この段階では数式を入力していないセルには何も入力されていない。

B1 =A1

	A	B	C	D	E
1	1	1			
2	2				
3	3				
4	4				
5	5				

そのためこれまでは、最初に入力した数式を下へコピー＆ペーストしたり、オートフィルで引き延ばしたり、VBA で一括代入したりする必要があった。

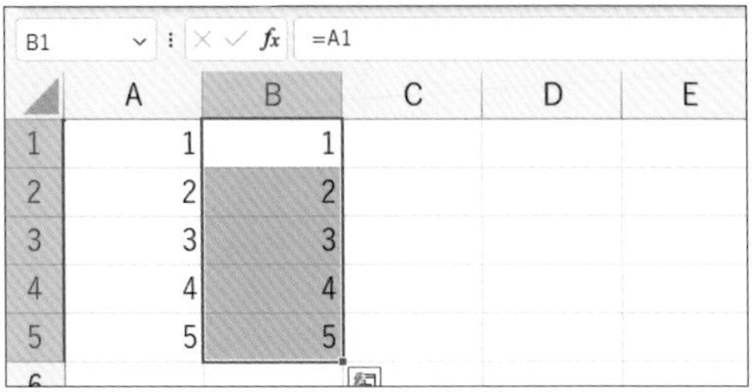

対して、A1 セルから A5 セルをまとめて参照すると、数式を入力した B1 セル以外にも、参照した範囲と同じ行数だけ、値が表示される。

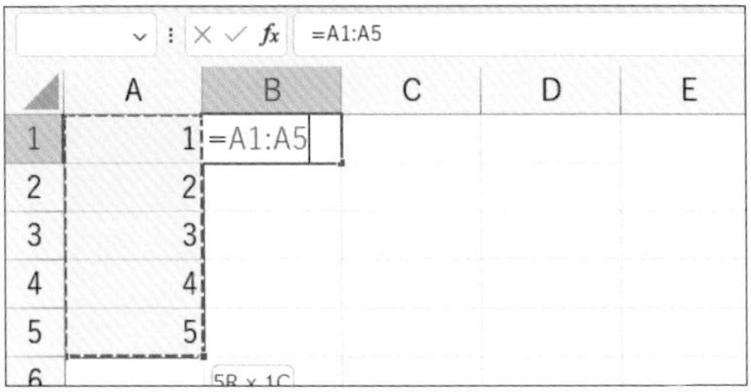

これが**スピル**である。

先頭に入力した数式が冒頭に触れた「**動的配列数式**」で、これにより別のセルへあふれるように結果が返される機能を「**スピル**」という。

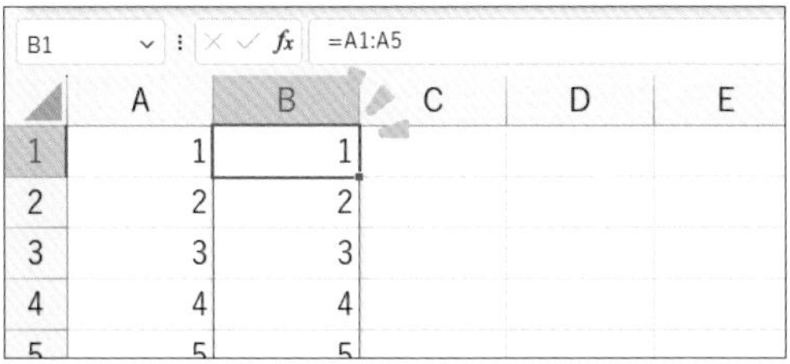

スピル（spill）は「あふれる」「こぼれる」「流れ出る」を意味するぞ！

数式バーを見てみると、数式を入力したセルはいつも通りの色味だが、スピル範囲のその他のセルは薄い字で表現されている。

これは「ゴースト」といって、先頭の動的配列数式によって生成されたデータではあるが、そのセル自体には何も入力されていないことを示している。

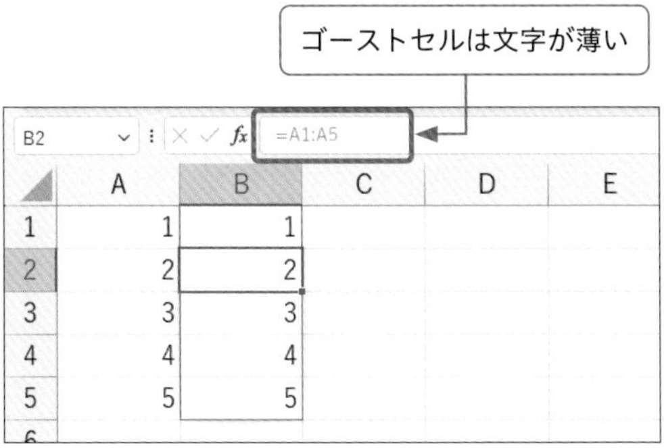

ゴーストセルを編集モードにしても何も表示されず、Delete や Back space を押しても全体に影響はない。（右図はゴーストセルを編集モードにした状態）

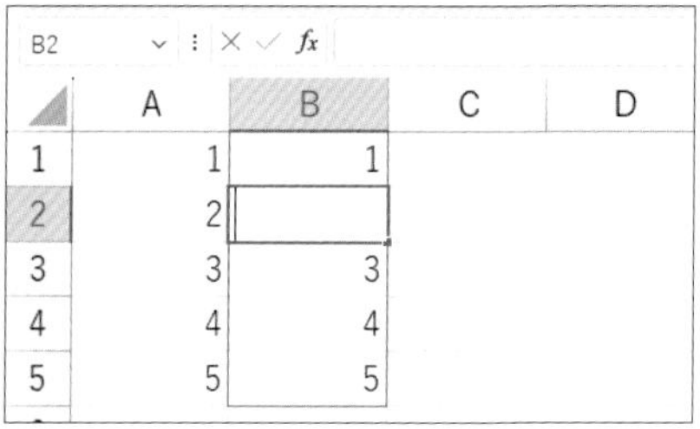

スピル範囲の内容が更新または削除されるのは、先頭の数式を変更したときだけだ。

ただし、スピル対象の範囲に何らかのデータが入力されていると、数式を入力したセルにスピルエラーが返る。
（右図は B2 セルに「-」（ハイフン）が入力されている状態）

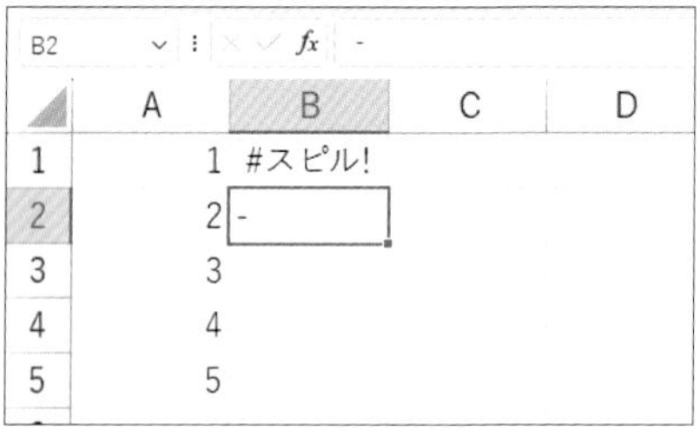

スピルの行く手を阻むことのないように、対象のセルはあらかじめ空白にしておこう。

なお、ゴーストセル自体には何も入っていないが、スピルで表示された内容を別の場所で参照するとそのデータが取得できる。（右図は C3 セルで B3 セルを参照した状態）

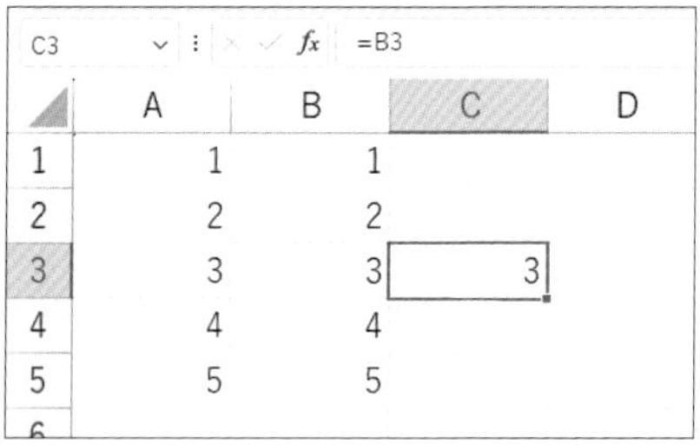

ゴーストセルを範囲選択すれば、ステータスバーで合計や平均、データの個数などもわかるぞ！

スピル範囲演算子

元のデータとスピルで取得した範囲をそれぞれ SUM 関数で合算してみる。

元のデータは各セルに値が入っているため、SUM 関数で範囲選択すると、「:」（コロン）でつながれたよく見る参照形式になる。

対してスピルで生成された範囲をすべて参照すると、数式が入力された先頭のセル番地に「#」（ハッシュ）記号がつく。

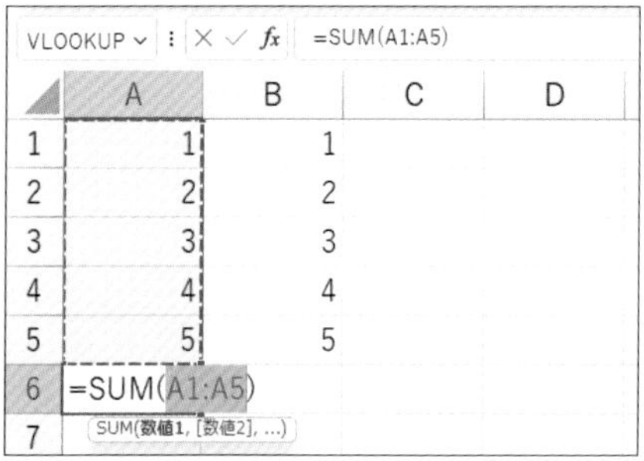

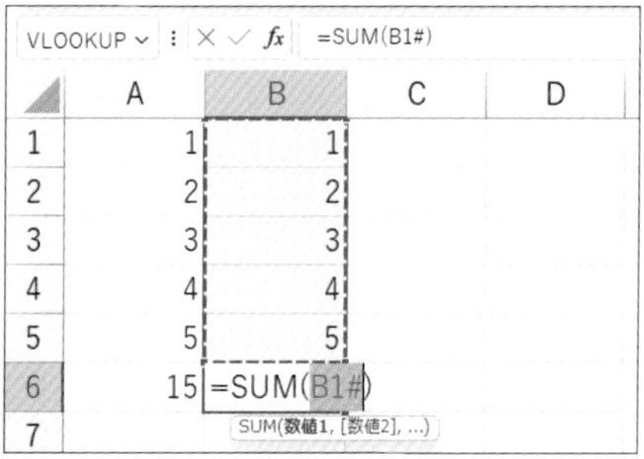

このハッシュを「**スピル範囲演算子**」といい、数式内でスピル範囲をすべて選択した瞬間、この表記に変換される。このスピル範囲演算子は直接記述することでも機能する。別の場所に「=B1#」と入力すれば、B1セルを先頭に生成されたスピル範囲が参照されるのだ。

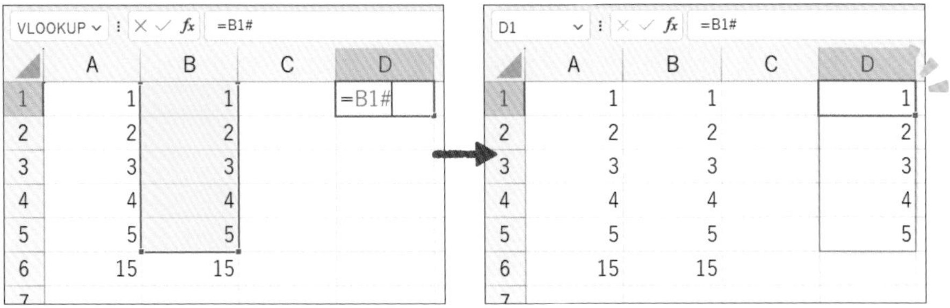

なお、ゴーストセルのセル番地に#を付与しても、スピル範囲全体を参照することはできない。あくまで動的配列数式が入力された先頭のセル番地を指示することで効力を発揮する演算子だ。

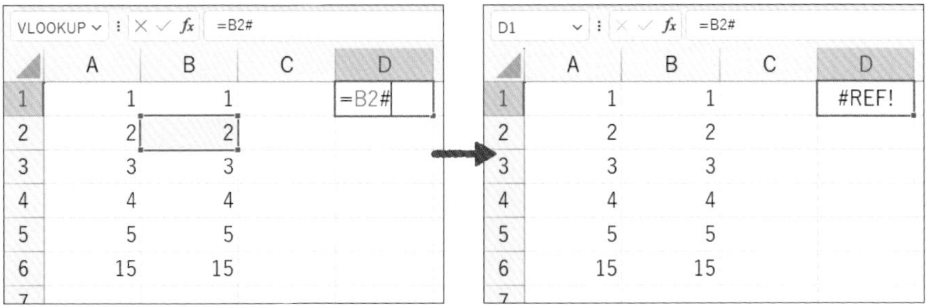

テクニック　スピルに関わる5つの基礎知識

①「**動的配列数式**」：セル範囲（配列）を参照することで生成される数式
②「**スピル**」：動的配列数式を先頭に、対応する他のセルにも結果が表示される機能
③「**ゴースト**」：スピル範囲における先頭以外のセル（データ）
④「**スピルエラー**」：スピル対象範囲にデータが存在することで発生するエラー
⑤「**スピル範囲演算子**」：動的配列数式が入力されたセル番地に「#」をつけることで該当のスピル範囲を参照できる演算子

ここから、具体的なユースケースを見ていこう！

参照のしくみ

1 つ目のサンプルは商品毎の単価と数量をかけて金額を求める表だ。
これまでは、単価のセルと数量のセルをアスタリスクでつなげて値を求めてから、この数式を下へコピーする、といったアクションをしていた。

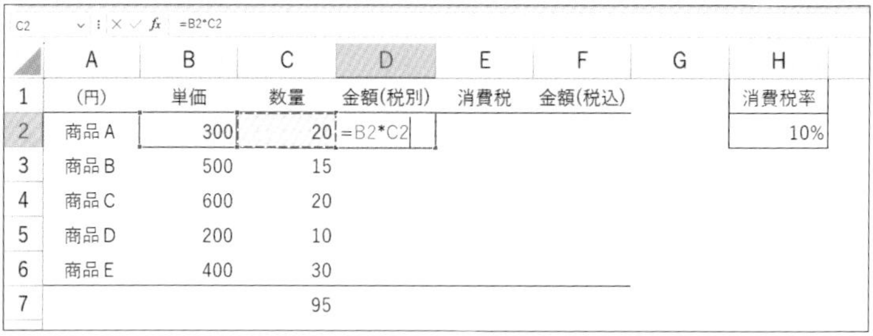
C2 fx =B2*C2

	A	B	C	D	E	F	G	H
1	(円)	単価	数量	金額(税別)	消費税	金額(税込)		消費税率
2	商品 A	300	20	=B2*C2				10%
3	商品 B	500	15					
4	商品 C	600	20					
5	商品 D	200	10					
6	商品 E	400	30					
7			95					

コピーが不要

スピルの場合は、単価の範囲と数量の範囲をまとめて乗じる。

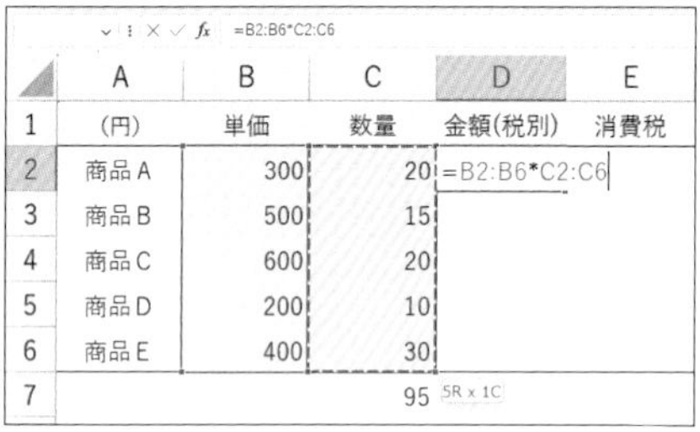
fx =B2:B6*C2:C6

	A	B	C	D	E
1	(円)	単価	数量	金額(税別)	消費税
2	商品 A	300	20	=B2:B6*C2:C6	
3	商品 B	500	15		
4	商品 C	600	20		
5	商品 D	200	10		
6	商品 E	400	30		
7			95 5R x 1C		

これにより、同じ行数同士をかけ算した結果が一気に表示される。

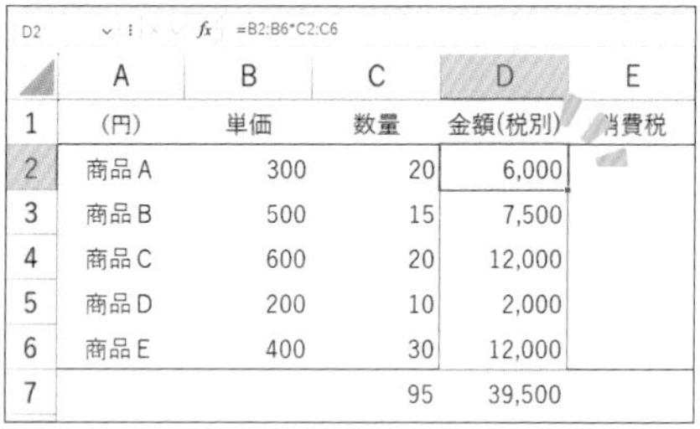
D2 fx =B2:B6*C2:C6

	A	B	C	D	E
1	(円)	単価	数量	金額(税別)	消費税
2	商品 A	300	20	6,000	
3	商品 B	500	15	7,500	
4	商品 C	600	20	12,000	
5	商品 D	200	10	2,000	
6	商品 E	400	30	12,000	
7			95	39,500	

※**動的配列数式で特定範囲を参照したとき、書式設定等のセル情報をすべて取得するのではなく、入力されたデータのみを表示する。**今回はあらかじめ D 列以降の範囲を桁区切りの表示形式にしておいたが、実際には**スピル範囲の表示形式を設定する必要がある。**

さて、計算対象となる複数の参照範囲は、同じ行数であることがポイントだ。たとえば単価の範囲は 5 行分、数量は 4 行分選択すると、単価の 5 行目の演算対象が見つからずエラーが返る。

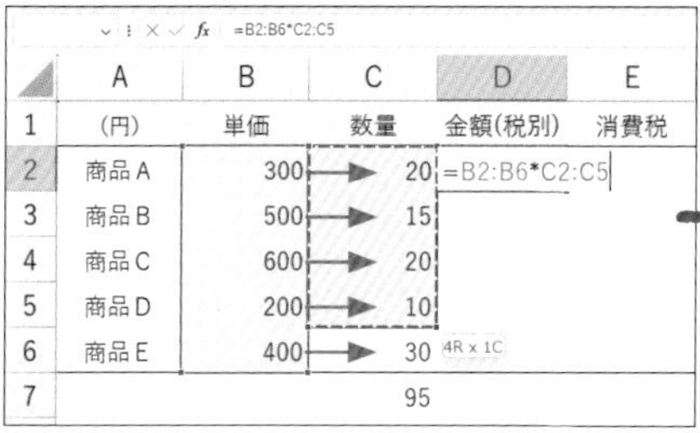
fx =B2:B6*C2:C5

	A	B	C	D	E
1	(円)	単価	数量	金額(税別)	消費税
2	商品 A	300	20	=B2:B6*C2:C5	
3	商品 B	500	15		
4	商品 C	600	20		
5	商品 D	200	10		
6	商品 E	400	30 4R x 1C		
7			95		

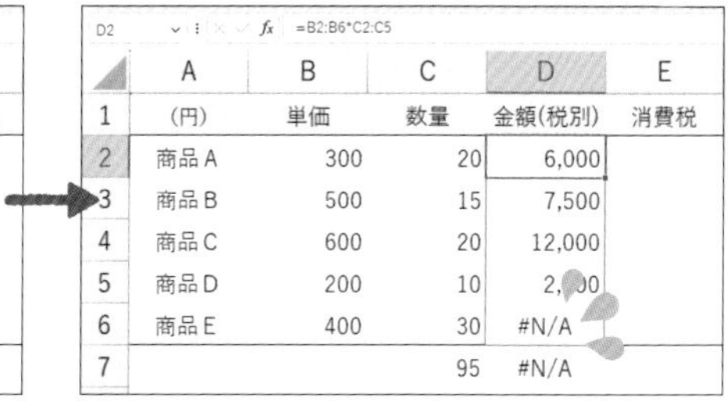
D2 fx =B2:B6*C2:C5

	A	B	C	D	E
1	(円)	単価	数量	金額(税別)	消費税
2	商品 A	300	20	6,000	
3	商品 B	500	15	7,500	
4	商品 C	600	20	12,000	
5	商品 D	200	10	2,000	
6	商品 E	400	30	#N/A	
7			95	#N/A	

対して開始位置を1つズラして参照しても、行数が同じであれば計算は成り立つ。

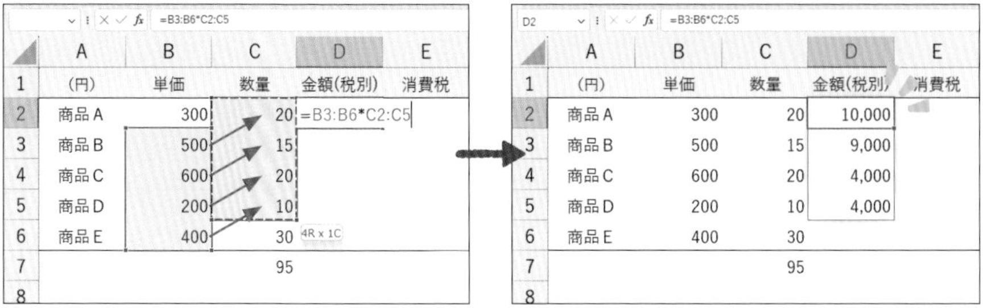

先頭は500×20で10000、2行目は600×15で9000、といったように参照範囲内の上から順に演算していく。こうした参照の仕方は稀だが、同じ行数または列数が選択できていれば正常に機能することだけ、参考までに知っておこう。

絶対参照が不要

次に消費税を求める。従来は先頭の金額に税率をかけ、共通の参照元である税率のセルを絶対参照にした上で他の範囲へコピーしていた。

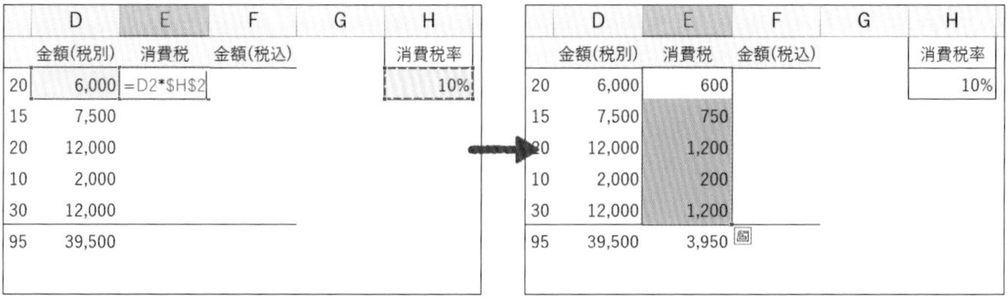

対してスピル範囲となっている税別金額は「D2#」ですべて選択できる。
また、税率が入力されているセルを1つだけ選択することで、絶対参照にせずすべての金額に共通の値「10%」が乗じられる。

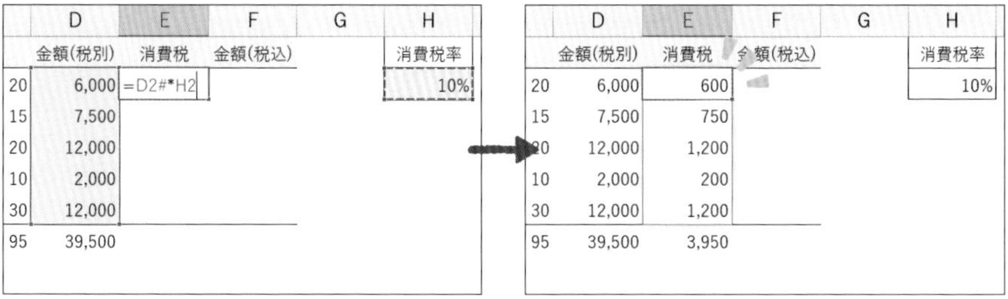

先ほど単価と数量で異なる行数を参照したときに、5 行目だけは計算対象が見つからずエラーとなった。

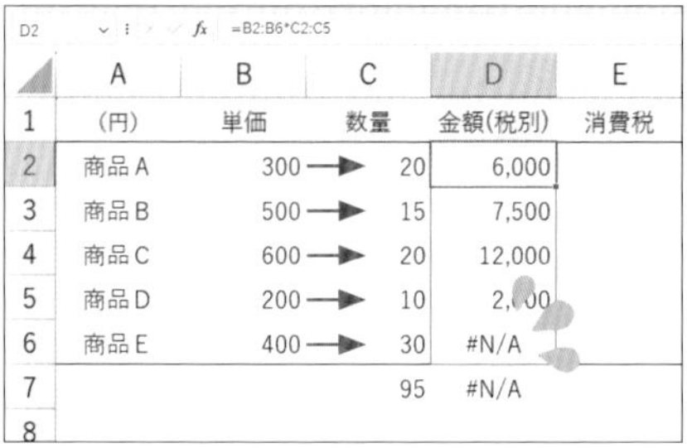

D2 =B2:B6*C2:C5

	A	B	C	D	E
1	(円)	単価	数量	金額(税別)	消費税
2	商品A	300	20	6,000	
3	商品B	500	15	7,500	
4	商品C	600	20	12,000	
5	商品D	200	10	2,[illegible]00	
6	商品E	400	30	#N/A	
7			95	#N/A	
8					

単価 5 つに対して数量 3 つであっても、5 つに対して 2 つでかけてもエラーが返る。

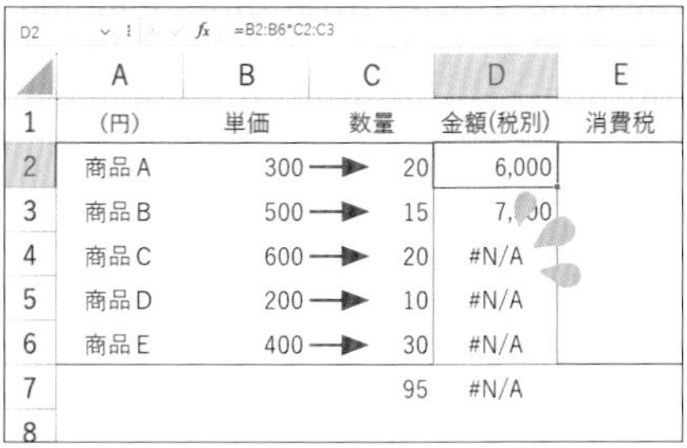

D2 =B2:B6*C2:C3

	A	B	C	D	E
1	(円)	単価	数量	金額(税別)	消費税
2	商品A	300	20	6,000	
3	商品B	500	15	7,[illegible]00	
4	商品C	600	20	#N/A	
5	商品D	200	10	#N/A	
6	商品E	400	30	#N/A	
7			95	#N/A	
8					

ただし単一セルを参照したときはそこにスピルが発動せず、すべての単価に共通の値が乗じられる。

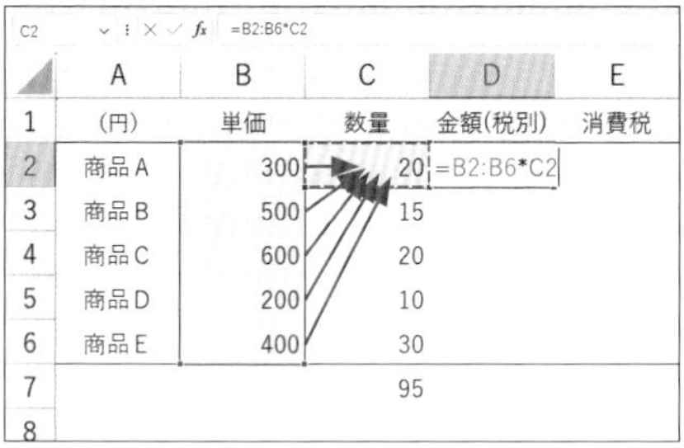

C2 =B2:B6*C2

	A	B	C	D	E
1	(円)	単価	数量	金額(税別)	消費税
2	商品A	300	20	=B2:B6*C2	
3	商品B	500	15		
4	商品C	600	20		
5	商品D	200	10		
6	商品E	400	30		
7			95		
8					

一番上の 6,000 は 300×20 の結果であり、続けて 500×20 で 10,000、600×20 で 12,000 といったイメージで、共通の値「20」が計算対象となり替わるのだ。

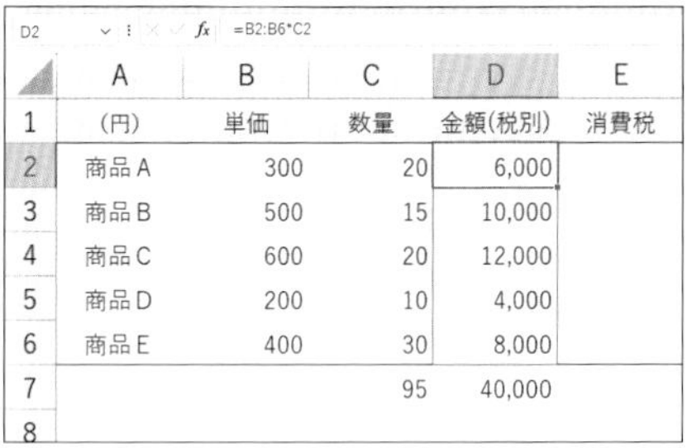

D2 =B2:B6*C2

	A	B	C	D	E
1	(円)	単価	数量	金額(税別)	消費税
2	商品A	300	20	6,000	
3	商品B	500	15	10,000	
4	商品C	600	20	12,000	
5	商品D	200	10	4,000	
6	商品E	400	30	8,000	
7			95	40,000	
8					

最後の税込金額は税別金額と消費税のたし算だから、=D2#+E2# だけで OK だ。

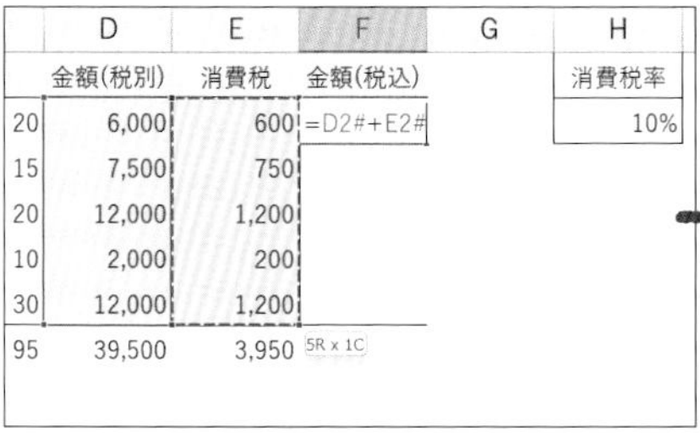

	D	E	F	G	H
	金額(税別)	消費税	金額(税込)		消費税率
20	6,000	600	=D2#+E2#		10%
15	7,500	750			
20	12,000	1,200			
10	2,000	200			
30	12,000	1,200			
95	39,500	3,950	5R x 1C		

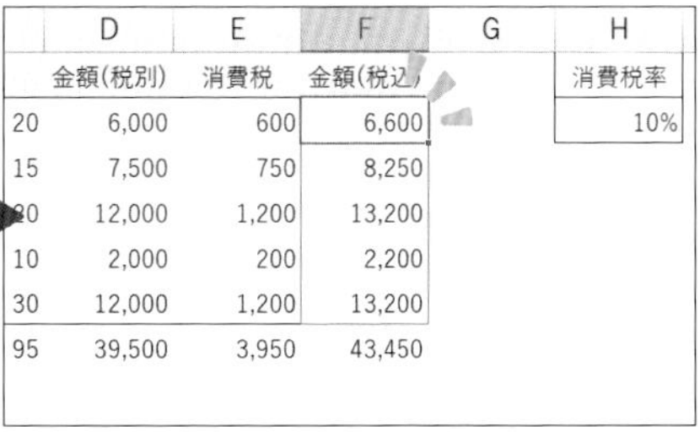

	D	E	F	G	H
	金額(税別)	消費税	金額(税込[illegible]		消費税率
20	6,000	600	6,600		10%
15	7,500	750	8,250		
20	12,000	1,200	13,200		
10	2,000	200	2,200		
30	12,000	1,200	13,200		
95	39,500	3,950	43,450		

スピルをマトリクス表の見出しに

	A	B	C	D
1	出荷日	商品名	向け先	数量
2	7月1日	A	東京	30
3	7月1日	C	大阪	480
4	7月1日	A	名古屋	380
5	7月1日	C	札幌	380
6	7月1日	B	東京	290
7	7月1日	B	名古屋	190
8	7月1日	C	仙台	300
9	7月1日	A	広島	340
10	7月1日	C	東京	400
11	7月1日	A	仙台	140
12	7月1日	A	大阪	290
13	7月2日	B	広島	70
14	7月2日	C	福岡	30
15	7月2日	B	名古屋	60
16	7月2日	B	東京	110
17	7月2日	A	福岡	430

次のサンプルは、日別、商品別、向け先別の出荷量が無造作に蓄積された表だ。

今回はこの元データから、縦に「日付」、横に「向け先」を並べて、商品に限らず各向け先にどれだけの出荷量があったかを日ごとに求めていく。

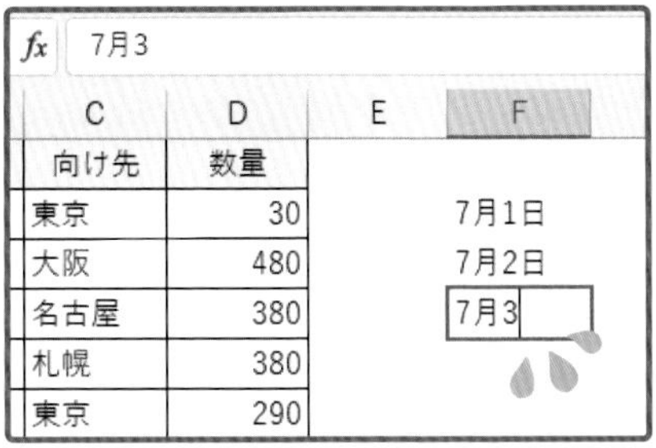

C	D	E	F
向け先	数量		
東京	30		7月1日
大阪	480		7月2日
名古屋	380		7月3
札幌	380		
東京	290		

なお、欄外に表を作る際に、1つずつ日付や都市名を入力していっても良いが、必要な情報は元のデータに揃っている。これらを見出しとして並べられたら便利だ。

そこで、スピル機能が実装されたあとにリリースされた関数の1つ、「UNIQUE関数」について軽く触れる。
ダブりデータが存在する範囲を参照すると、複数回登場するデータを重複なく取得できる関数だ。

ここではまず、UNIQUE関数で日付の範囲を参照する。

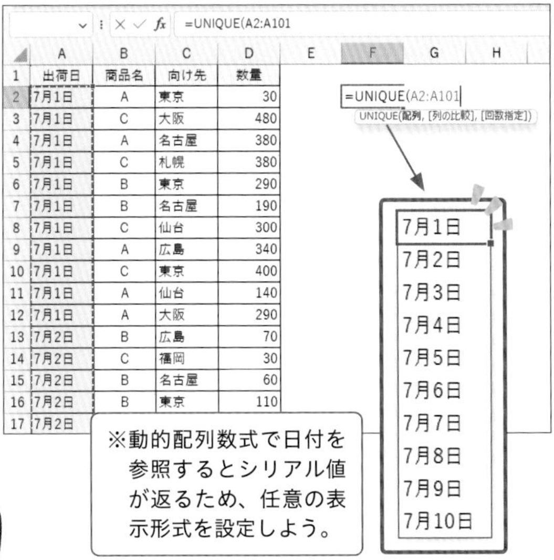

	A	B	C	D
1	出荷日	商品名	向け先	数量
2	7月1日	A	東京	30
3	7月1日	C	大阪	480
4	7月1日	A	名古屋	380
5	7月1日	C	札幌	380
6	7月1日	B	東京	290
7	7月1日	B	名古屋	190
8	7月1日	C	仙台	300
9	7月1日	A	広島	340
10	7月1日	C	東京	400
11	7月1日	A	仙台	140
12	7月1日	A	大阪	290
13	7月2日	B	広島	70
14	7月2日	C	福岡	30
15	7月2日	B	名古屋	60
16	7月2日	B	東京	110
17	7月2日			

UNIQUE関数の詳細はメソッド38で解説するぞ！

次に、向け先を横に並べる。UNIQUE 関数で向け先の範囲を選択する。

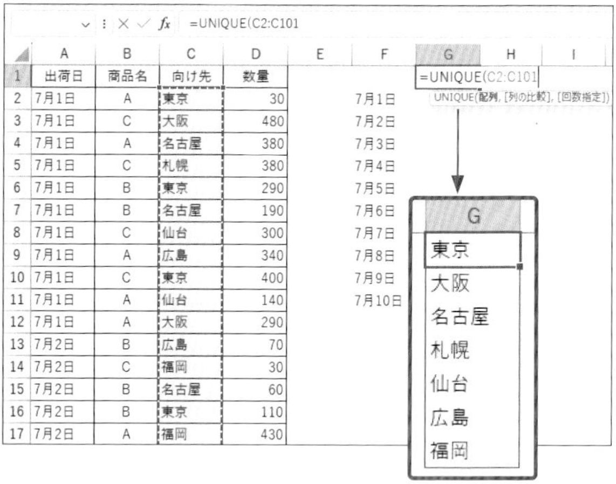

すべての向け先が取り出せたが、縦にスピルしている。

これを横に変換するため、参照範囲の行と列を入れ替える TRANSPOSE 関数にネストする。(transpose：置き換える、入れ替える)

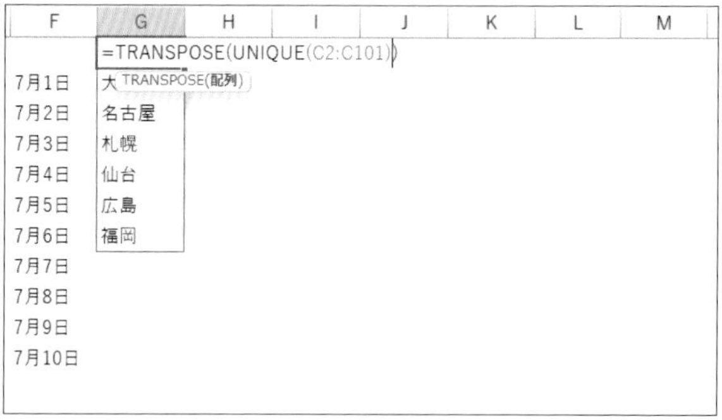

これにより、縦に日付、横に向け先を並べたマトリクス表ができる。

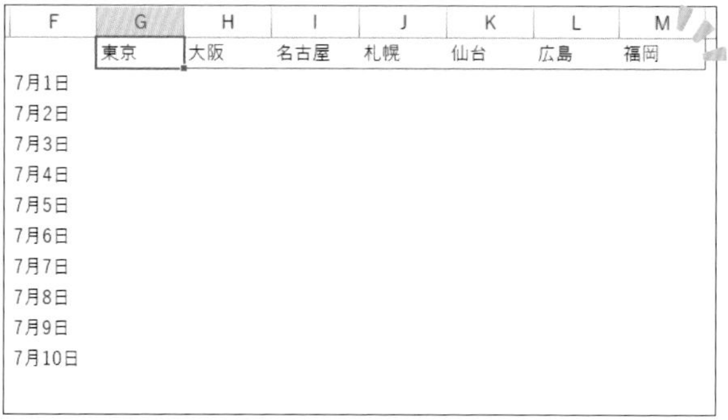

複合参照が不要

今回のように日付・向け先といった複数条件にマッチするデータの合計を求めるには、SUMIFS 関数を用いる。

● 従来のステップ

❶SUMIFS 関数を挿入する。
❷第 1 引数「合計対象範囲」に数量の範囲を選択する。（数式を縦横にコピーするため絶対参照にしておく）
❸第 2 引数「条件範囲 1」に日付の範囲を選択する。（絶対参照にしておく）
❹第 3 引数「条件 1」に日付の見出しを選択する。（数式を下へコピーするに従い参照をスライドさせたいが、右へコピーするときは動いてほしくないため、列だけ固定する複合参照にする）
❺第 4 引数「条件範囲 2」に向け先の範囲を選択する。（絶対参照にしておく）
❻第 5 引数「条件 2」に向け先の見出しを選択する。（数式を右へコピーするに従い参照をスライドさせたいが、下へコピーするときは動いてほしくないため、行だけ固定する複合参照にする）

VLOOKUP　=SUMIFS($D$2:$D$101,$A$2:$A$101,$F2,$C$2:$C$101,G$1

	A	B	C	D	E	F	G	H	I	J	K	L	M
1	出荷日	商品名	向け先	数量			東京	大阪	名古屋	札幌	仙台	広島	福岡
2	7月1日	A	東京	30		7月1日	=SUMIFS($D$2:$D$101,$A$2:$A$101,$F2,$C$2:$C$101,G$1						
3	7月1日	C	大阪	480		7月2日							
4	7月1日	A	名古屋	380		7月3日							
5	7月1日	C	札幌	380		7月4日							
6	7月1日	B	東京	290		7月5日							
7	7月1日	B	名古屋	190		7月6日							
8	7月1日	C	仙台	300		7月7日							
9	7月1日	A	広島	340		7月8日							
10	7月1日	C	東京	400		7月9日							
11	7月1日	A	仙台	140		7月10日							
12	7月1日	A	大阪	290									
13	7月2日	B	広島	70									
14	7月2日	C	福岡	30									
15	7月2日	B	名古屋	60									
16	7月2日	B	東京	110									

SUMIFS(合計対象範囲, 条件範囲1, 条件1, [条件範囲2, **条件2**], [条件範囲3, 条件3], ...)

❼対象範囲を選択し、下方向、右方向へコピーする。

F	G	H	I	J	K	L	M
	東京	大阪	名古屋	札幌	仙台	広島	福岡
7月1日	720	770	570	380	440	340	0
7月2日	290	70	210	490	280	480	470
7月3日	490	390	0	410	660	1,080	0
7月4日	890	590	220	40	0	590	450
7月5日	920	0	460	0	0	0	610
7月6日	0	0	60	160	980	750	0
7月7日	510	50	240	0	800	760	360
7月8日	540	440	790	0	250	0	0
7月9日	0	420	660	610	630	1,120	0
7月10日	710	240	450	0	500	500	350

これと同じことを、スピルでやってみる。

● スピルの場合

❶ SUMIFS 関数を挿入する。
❷第 1 引数「合計対象範囲」に数量の範囲を選択する。（コピーする必要がないため相対参照のままとする）
❸第 2 引数「条件範囲 1」に日付の範囲を選択する。（相対参照のまま）
❹第 3 引数「条件 1」は日付の見出しをすべて選択するか、直接「F2#」と記述しスピル範囲を参照する。
❺第 4 引数「条件範囲 2」に向け先の範囲を選択する。（相対参照のまま）
❻第 5 引数「条件 2」は向け先の見出しをすべて選択するか、直接「G1#」と記述しスピル範囲を参照する。

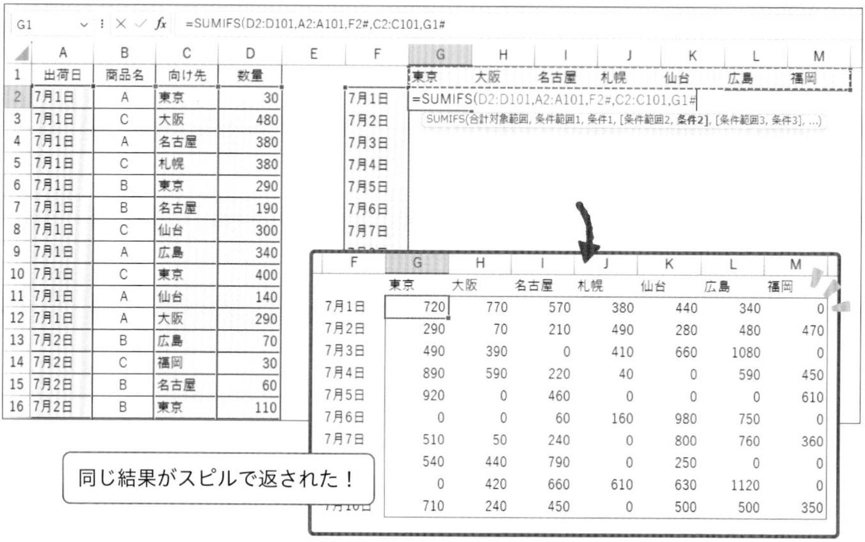

【従来】 =SUMIFS($D$2:$D$101,$A$2:$A$101,$F2,$C$2:$C$101,G$1)

【スピル】 =SUMIFS(D2:D101,A2:A101,F2#,C2:C101,G1#)

これくらいのデータ分析であればピボットテーブルなどでもできるが、これまで関数で処理していたケースで他の範囲へのコピーや参照形式を意識しなくて済むのはありがたいぞ！

スピル範囲演算子でリスト化

スピル範囲の参照は、ドロップダウンリストにも活用できる。
ここでたとえば、すべての向け先を並べるのではなくリストから選択した向け先の出荷量を都度表示させる形式にしたいとなったとする。

❶キーボードの Alt → D → L を順に押し、［データの入力規則］を開く。
❷入力値の種類から［リスト］を選択し、元の値に向け先見出しの先頭である「=G1」に「#」をつけて決定する。

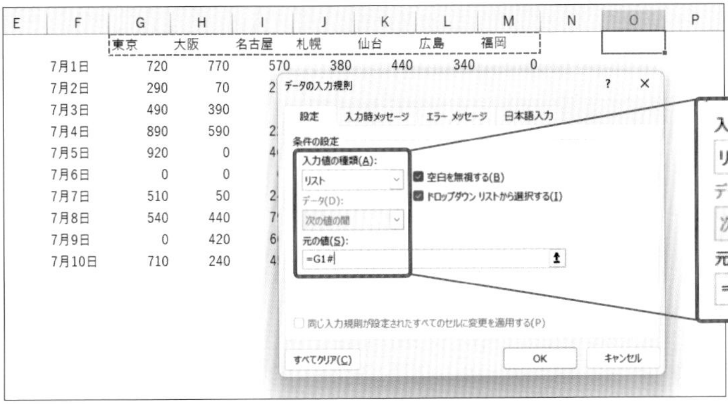

これにより、G1 セルから M1 セルに生成されているスピル範囲のデータをリスト化できる。

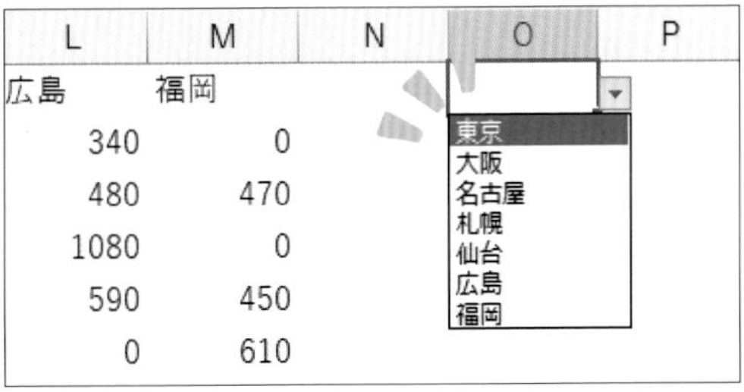

前述のスピル範囲を参照した手順で SUMIFS 関数を構築していき、最後の「条件 2」のみこのドロップダウンリストを参照する。

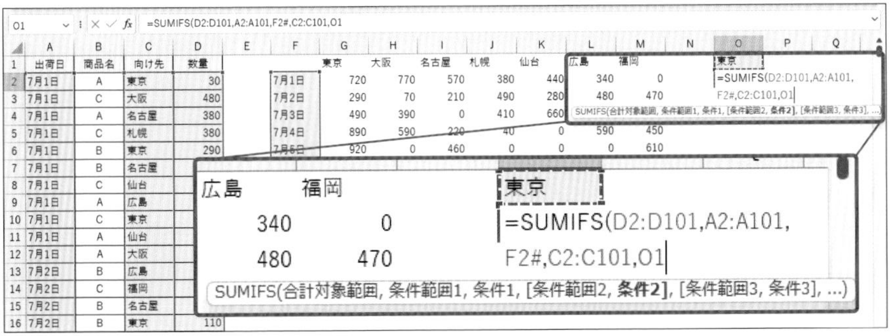

リストから選択した都市名に応じて、向け先別のデータを単体で返すことができる。

このようにスピル範囲演算子は、ドロップダウンリストの元の値としても有効活用できる。

M	N	O	P	Q
福岡		東京		
0		720		
470		290		
0		490		
450		890		
610		920		
0		0		
360		510		
0		540		
0		0		
350		710		

UNIQUE 関数などを入力規則の「元の値」に直接記述してもエラーとなるから、ワークシート上に一度スピル範囲を生成してから参照しよう。

スピルの解除とスピル範囲内の移動

スピルの解除

1つ1つのセルに数式を入力しているケースと異なり、スピルは個々のセルがどの値を参照しているかがたどりにくいという性質がある。

● 従来の参照形式ですべてのセルに数式をコピーした場合

	A	B	C	D	E	F	G	H	I	J	K	L	M
1	出荷日	商品名	向け先	数量			東京	大阪	名古屋	札幌	仙台	広島	福岡
2	7月1日	A	東京	30		7月1日	720	770	570	380	440	340	0
3	7月1日	C	大阪	480		7月2日	290	70	210	490	280	480	470
4	7月1日	A	名古屋	380		7月3日	490	390	0	410	660	1,080	0
5	7月1日	C	札幌	380		7月4日	890	590	220	40	0	590	450
6	7月1日	B	東京	290		7月5日	920	0	460	0	0	0	610
7	7月1日	B	名古屋	190		7月6日	0	0	60	=SUMIFS($D$2:$D$101,$A$2:$A$101,$F7			
8	7月1日	C	仙台	300		7月7日	510	50	240	0	800	760	360
9	7月1日	A	広島	340		7月8日	540	440	790	0	250	0	0
10	7月1日	C	東京	400		7月9日	0	420	660	610	630	1,120	0
11	7月1日	A	仙台	140		7月10日	710	240	450	0	500	500	350
12	7月1日	A	大阪	290									
13	7月2日	B	広島	70									
14	7月2日	C	福岡	30									
15	7月2日	B	名古屋	60									
16	7月2日	B	東京	110									
17	7月2日	A	福岡	430									

● スピルの場合

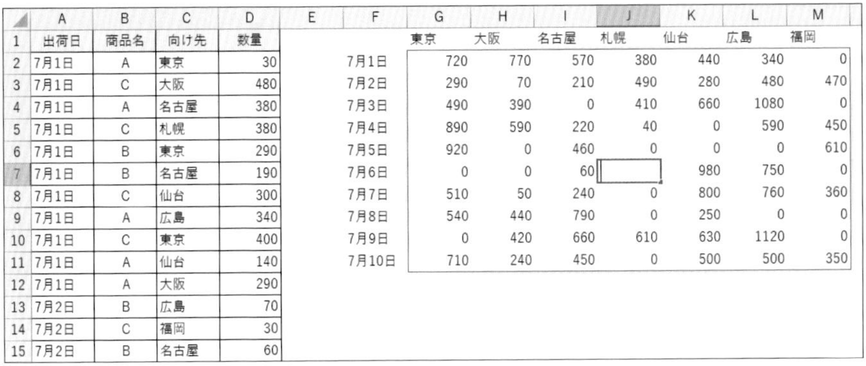

	A	B	C	D	E	F	G	H	I	J	K	L	M
1	出荷日	商品名	向け先	数量			東京	大阪	名古屋	札幌	仙台	広島	福岡
2	7月1日	A	東京	30		7月1日	720	770	570	380	440	340	0
3	7月1日	C	大阪	480		7月2日	290	70	210	490	280	480	470
4	7月1日	A	名古屋	380		7月3日	490	390	0	410	660	1080	0
5	7月1日	C	札幌	380		7月4日	890	590	220	40	0	590	450
6	7月1日	B	東京	290		7月5日	920	0	460	0	0	0	610
7	7月1日	B	名古屋	190		7月6日	0	0	60		980	750	0
8	7月1日	C	仙台	300		7月7日	510	50	240	0	800	760	360
9	7月1日	A	広島	340		7月8日	540	440	790	0	250	0	0
10	7月1日	C	東京	400		7月9日	0	420	660	610	630	1120	0
11	7月1日	A	仙台	140		7月10日	710	240	450	0	500	500	350
12	7月1日	A	大阪	290									
13	7月2日	B	広島	70									
14	7月2日	C	福岡	30									
15	7月2日	B	名古屋	60									

共有先の Excel でスピルが使えない可能性も考慮し、実務ではシーンに応じて使い分けよう。

スピル機能が実装されているバージョンでスピルを発動させたくないときは、動的配列数式の先頭やスピル範囲演算子の前に@マークをつける。

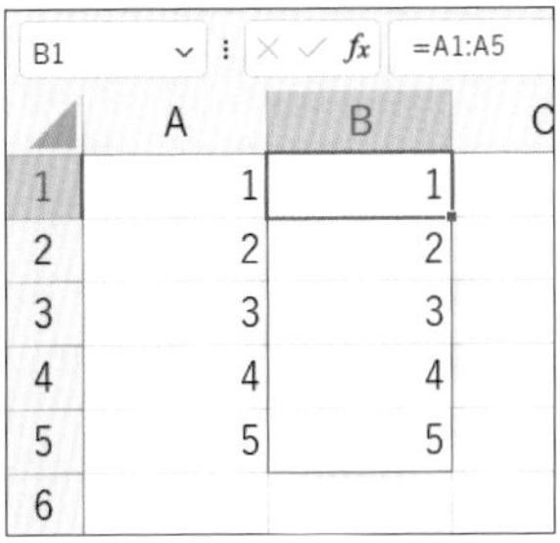

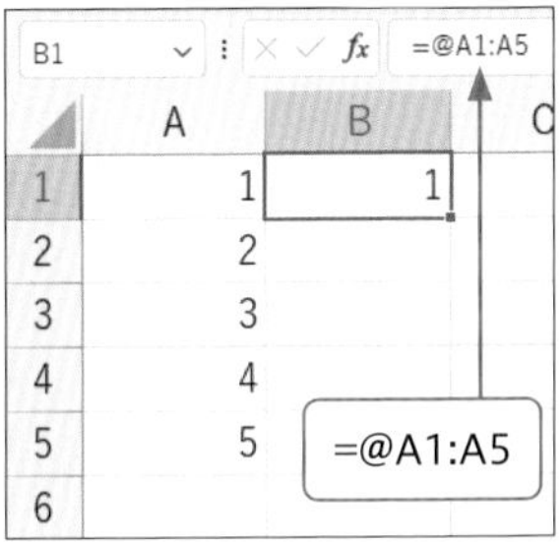

スピル範囲内の移動

また、先頭の動的配列数式を素早くメンテナンスするために、スピル範囲内の移動方法についてもおさえよう。

通常の表であれば、Ctrl+A で選択したときと、Ctrl+Shift+:（*）で選択したときの差は、アクティブセルがその操作を行ったセルに留まるか、アクティブセル領域内の先頭になるか、の違いだけだ。

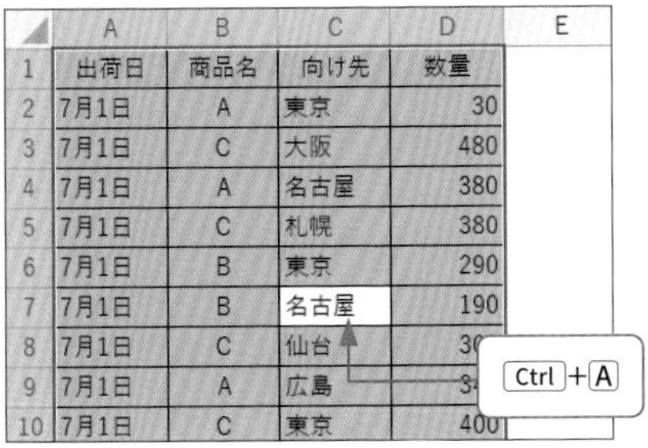

	A	B	C	D	E
1	出荷日	商品名	向け先	数量	
2	7月1日	A	東京	30	
3	7月1日	C	大阪	480	
4	7月1日	A	名古屋	380	
5	7月1日	C	札幌	380	
6	7月1日	B	東京	290	
7	7月1日	B	名古屋	190	
8	7月1日	C	仙台	3	
9	7月1日	A	広島	3	
10	7月1日	C	東京	400	

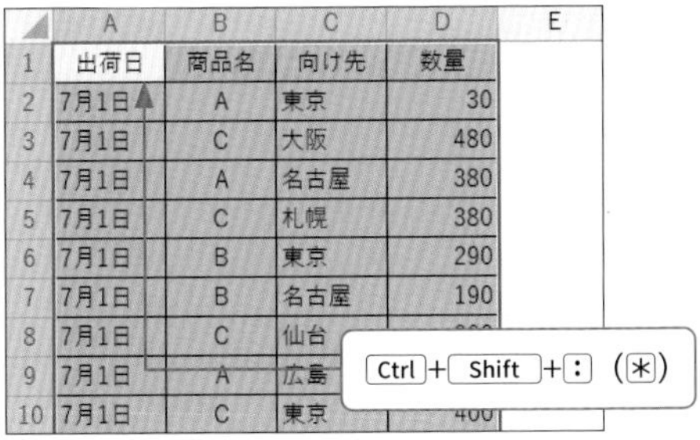

	A	B	C	D	E
1	出荷日	商品名	向け先	数量	
2	7月1日	A	東京	30	
3	7月1日	C	大阪	480	
4	7月1日	A	名古屋	380	
5	7月1日	C	札幌	380	
6	7月1日	B	東京	290	
7	7月1日	B	名古屋	190	
8	7月1日	C	仙台		
9	7月1日	A	広島		
10	7月1日	C	東京	400	

スピル範囲の場合、Ctrl+A を押したときの選択領域が❶スピル範囲で一度止まる。

次に、❷アクティブセル領域、→❸ワークシート全体、と段階的に選択していく。

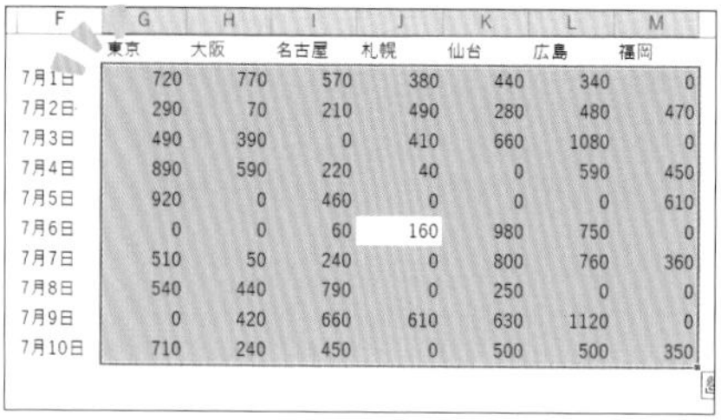

F	G 東京	H 大阪	I 名古屋	J 札幌	K 仙台	L 広島	M 福岡
7月1日	720	770	570	380	440	340	0
7月2日	290	70	210	490	280	480	470
7月3日	490	390	0	410	660	1080	0
7月4日	890	590	220	40	0	590	450
7月5日	920	0	460	0	0	0	610
7月6日	0	0	60	160	980	750	0
7月7日	510	50	240	0	800	760	360
7月8日	540	440	790	0	250	0	0
7月9日	0	420	660	610	630	1120	0
7月10日	710	240	450	0	500	500	350

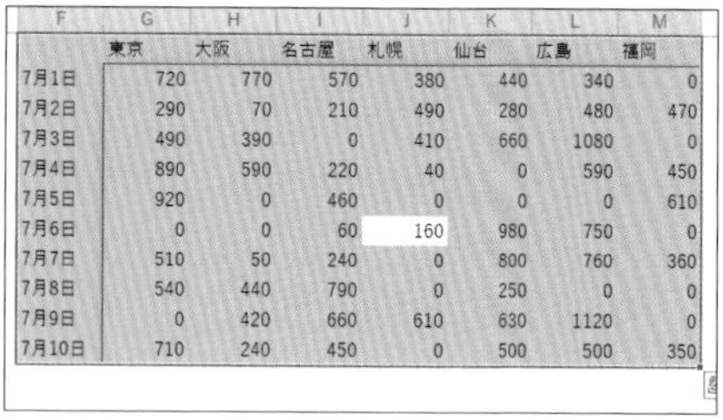

F	G 東京	H 大阪	I 名古屋	J 札幌	K 仙台	L 広島	M 福岡
7月1日	720	770	570	380	440	340	0
7月2日	290	70	210	490	280	480	470
7月3日	490	390	0	410	660	1080	0
7月4日	890	590	220	40	0	590	450
7月5日	920	0	460	0	0	0	610
7月6日	0	0	60	160	980	750	0
7月7日	510	50	240	0	800	760	360
7月8日	540	440	790	0	250	0	0
7月9日	0	420	660	610	630	1120	0
7月10日	710	240	450	0	500	500	350

Ctrl+A でスピル範囲を選択したあと、選択範囲内の 4 隅をまわる Ctrl+. を押すことで、動的配列数式が入力されている先頭のセルにジャンプできる。

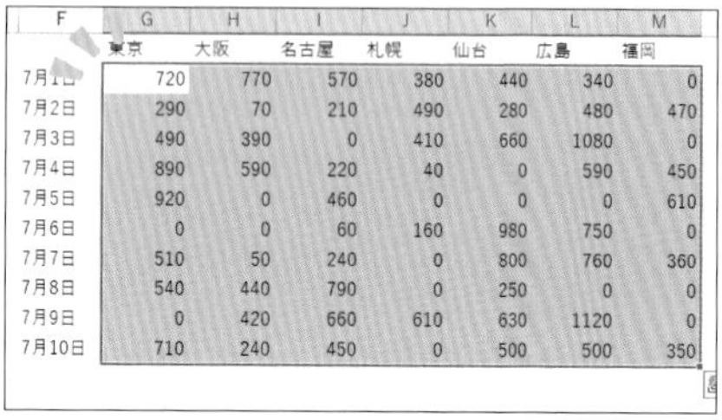

F	G 東京	H 大阪	I 名古屋	J 札幌	K 仙台	L 広島	M 福岡
7月1日	720	770	570	380	440	340	0
7月2日	290	70	210	490	280	480	470
7月3日	490	390	0	410	660	1080	0
7月4日	890	590	220	40	0	590	450
7月5日	920	0	460	0	0	0	610
7月6日	0	0	60	160	980	750	0
7月7日	510	50	240	0	800	760	360
7月8日	540	440	790	0	250	0	0
7月9日	0	420	660	610	630	1120	0
7月10日	710	240	450	0	500	500	350

スピル範囲の各セルが、どの参照元から演算・集計されたデータなのかはここでチェックしよう。

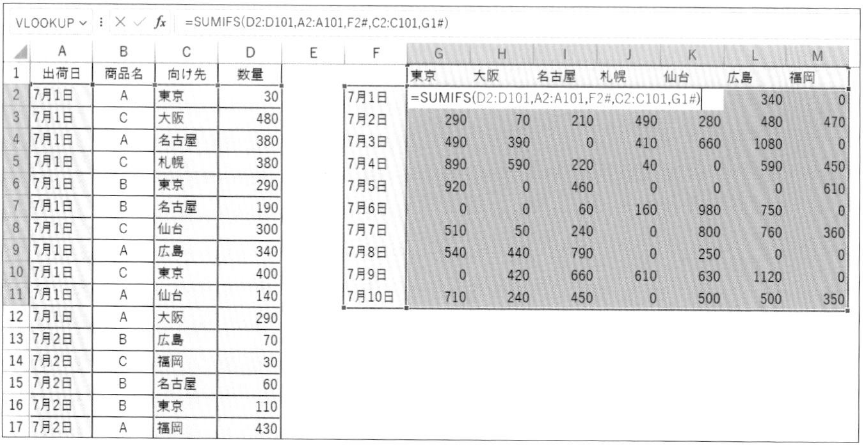

VLOOKUP ⌄ ⋮ × ✓ fx =SUMIFS(D2:D101,A2:A101,F2#,C2:C101,G1#)

	A	B	C	D
1	出荷日	商品名	向け先	数量
2	7月1日	A	東京	30
3	7月1日	C	大阪	480
4	7月1日	A	名古屋	380
5	7月1日	C	札幌	380
6	7月1日	B	東京	290
7	7月1日	B	名古屋	190
8	7月1日	C	仙台	300
9	7月1日	A	広島	340
10	7月1日	C	東京	400
11	7月1日	A	仙台	140
12	7月1日	A	大阪	290
13	7月2日	B	広島	70
14	7月2日	C	福岡	30
15	7月2日	B	名古屋	60
16	7月2日	B	東京	110
17	7月2日	A	福岡	430

F	G 東京	H 大阪	I 名古屋	J 札幌	K 仙台	L 広島	M 福岡
7月1日	=SUMIFS(D2:D101,A2:A101,F2#,C2:C101,G1#)					340	0
7月2日	290	70	210	490	280	480	470
7月3日	490	390	0	410	660	1080	0
7月4日	890	590	220	40	0	590	450
7月5日	920	0	460	0	0	0	610
7月6日	0	0	60	160	980	750	0
7月7日	510	50	240	0	800	760	360
7月8日	540	440	790	0	250	0	0
7月9日	0	420	660	610	630	1120	0
7月10日	710	240	450	0	500	500	350

テクニック　スピルのメリット

①連続する対象範囲への数式コピーが不要
②上記①に従い、参照形式の変更が不要
③スピル範囲演算子でスピルデータの参照が容易
④スピル範囲の参照により元データの増減や変更内容を参照先に自動反映
（元データのテーブル化でもっと便利に！）
⑤メンテナンスの対象は先頭の動的配列数式だけ

先ほど触れたUNIQUE関数のように、スピルの効力を活かした関数が段階的に実装されているぞ。このあとのメソッドでそれぞれの関数の使用例を見ていこう！

本書で解説する「スピル機能実装後にリリースされた関数」

（○：使用可、△：一部環境で使用可、－：使用不可）

		Excel 2019	Excel 2021	Microsoft 365
XLOOKUP関数	Chapter.4	－	○	○
SEQUENCE関数	Chapter.5	－	○	○
RANDARRAY関数	Chapter.5	－	○	○
FILTER関数	Chapter.5	－	○	○
UNIQUE関数	Chapter.5	－	○	○
SORT関数	Chapter.5	－	○	○
SORTBY関数	Chapter.5	－	○	○
VSTACK関数	Chapter.5	－	－	△
HSTACK関数	Chapter.5	－	－	△
CHOOSEROWS関数	Chapter.5	－	－	△
CHOOSECOLS関数	Chapter.5	－	－	△
TOROW関数	Chapter.5	－	－	△
TOCOL関数	Chapter.5	－	－	△
WRAPROWS関数	Chapter.5	－	－	△
WRAPCOLS関数	Chapter.5	－	－	△
TEXTBEFORE関数	(Chapter.3)	－	－	△
TEXTAFTER関数	(Chapter.3)	－	－	△
TEXTSPLIT関数	(Chapter.3)	－	－	△

method 36

サンプルファイル
シート No.36

連続データのかんたん作成

名簿やスケジュール表などの用途で連続データを並べたいことがあります。対象のデータが10件や20件程度なら順に手入力してもさほど手間ではありませんが、1000件、10000件、100000件と増えていくと、気が遠くなるほど相当な時間がかかります。

このメソッドではChapter.3で触れた「数値」の連番に加え、日付・時刻表記、アルファベットや記号との組み合わせなど、連続データのバリエーションを増やして演習していきます。

	A	B	C	D	E	F
1	No.	コード	型番	価格	仕様書	閲覧Pass
2	1	Y001	DX-453Y	208,400	No.583	6633
3	2	Y002	GF-275A	116,600	No.046	3126
4	3	Y003	WY-494S	152,500	No.425	8125
5	4	Y004	YL-090J	48,700	No.017	0494
6	5	Y005	AW-781U	186,600	No.216	1688
7	6	Y006	NP-959G	264,000	No.474	4088
8	7	Y007	EP-029F	49,300	No.851	2700
9	8	Y008	YD-702U	286,800	No.517	8619
10	9	Y009	TS-813R	63,900	No.389	6634
11	10	Y010	DK-445G	103,100	No.414	6082
12	11	Y011	HK-231O	113,300	No.501	0564
13	12	Y012	RS-744G	253,100	No.295	7122
14	13	Y013	UD-066U	247,300	No.185	5184

初出の関数

01 SEQUENCE 関数 =SEQUENCE(行,[列],[開始],[目盛り])

連続した数値の一覧を生成する

02 RANDARRAY 関数 =RANDARRAY([行],[列],[最小],[最大],[整数])

ランダムな数値の一覧を生成する

SEQUENCE 関数の基本動作

規則的な連続データの生成には**SEQUENCE関数**を使う。(sequence:連続、一続きの、順序)

SEQUENCE関数の必須引数は第1引数のみだ。
第1引数「行」に「10」と入力すると、行単位で10件の連番がスピルで表示される。

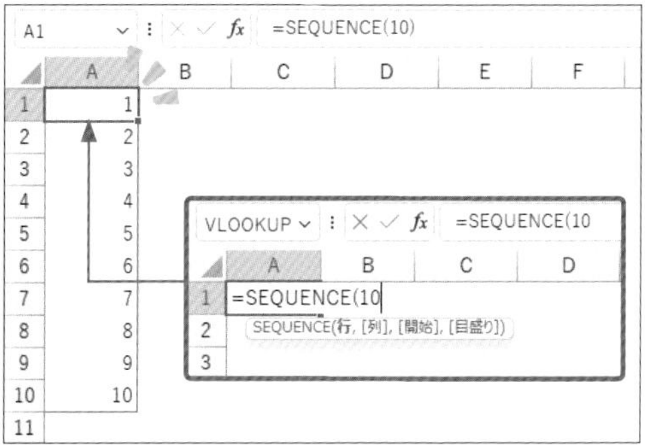

第1引数「行」は必須引数だが、「0」と入力したり、何も入力せずにカンマで区切ることで省略可能だ。
この状態で第2引数「列」に「3」と入力すると、列単位で3件の連番が生成される。

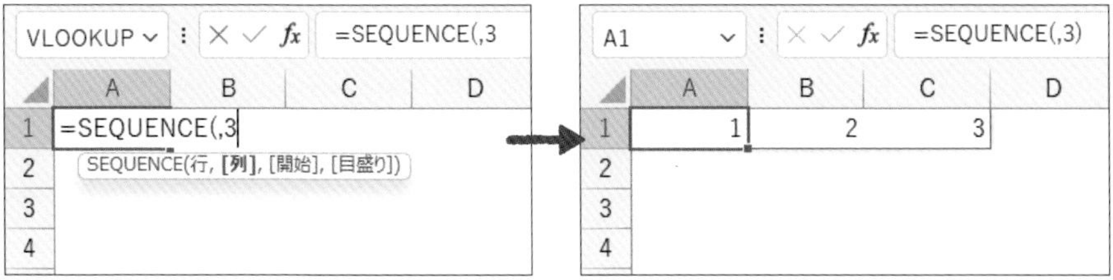

なお「行」「列」は値を返すセル数を指示するため、1未満の小数値やマイナス値を入力するとエラーが返る。必ず1以上の値を設定しよう。

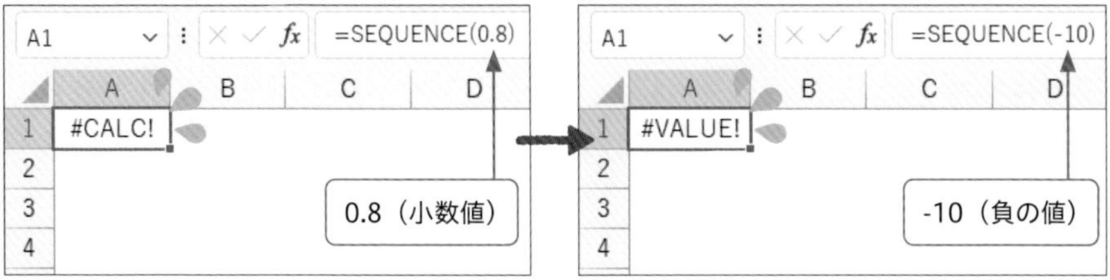

▶ 行・列の複合設定

第1引数「行」に「10」、第2引数「列」に「3」と入力すると、行単位で10件、列単位で3件の連番が生成される。

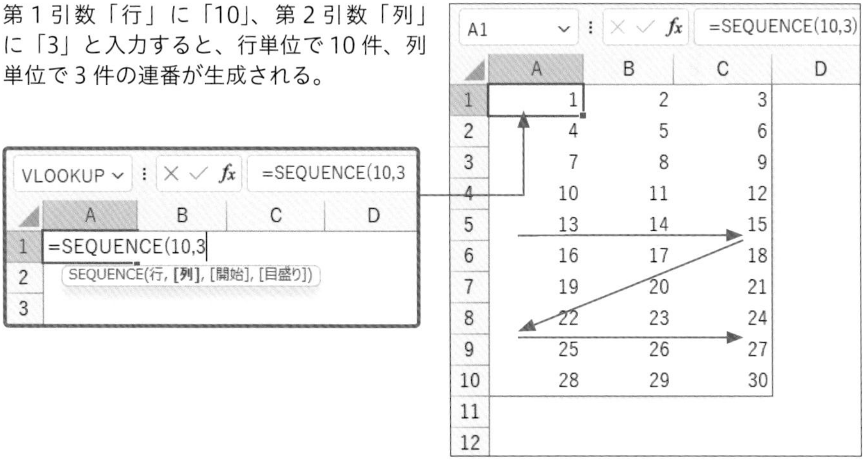

この場合、連番は横→縦のZ型に並ぶぞ！

SEQUENCE 関数単体では生成方向を変えることはできないため、参照範囲の行列を入れ替える TRANSPOSE 関数にネストする。

そして、SEQUENCE 関数の第 1 引数「行」と第 2 引数「列」で指示する値を入れ替える。(今回の場合、「行」を「3」、「列」を「10」とする)

これにより、連番が縦→横の方向に並ぶ。

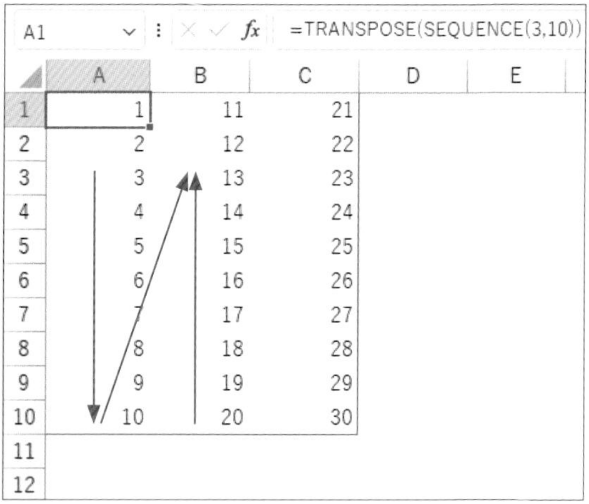

開始位置

第 3 引数「開始」で連番の開始位置を指示できる。「0」や負の値、小数値の設定も可能だ。

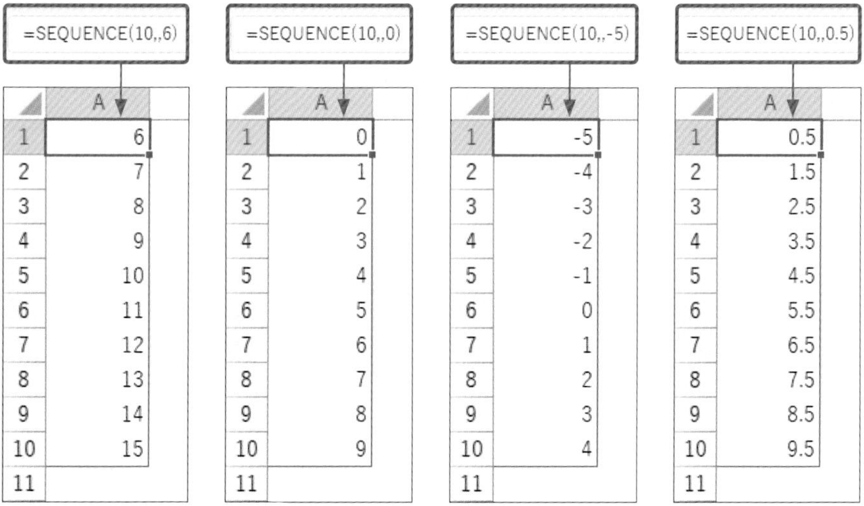

間隔

第 4 引数「目盛り」で連続データの間隔を指示できる。これも「0」や負の値、小数値の設定が可能だ。

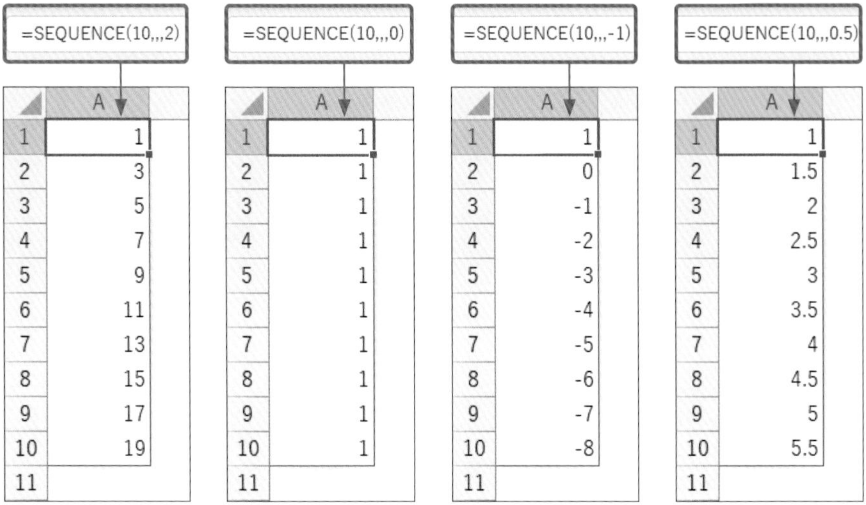

それぞれの引数をお好みで設定することで、データ生成の幅が広がる。（右図は行 10、列 2、開始 5、目盛り 5 とした状態）

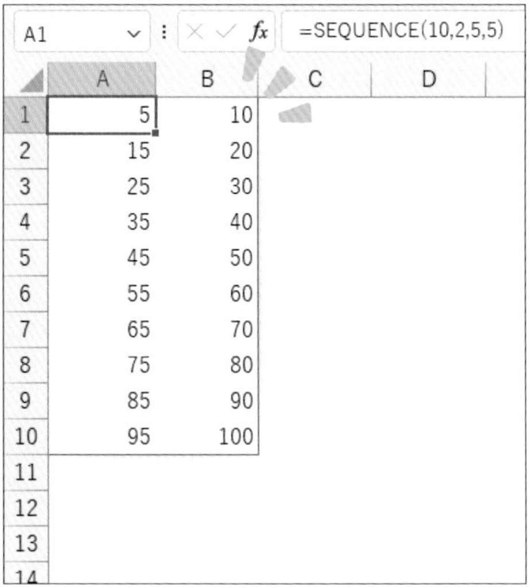

一連の基本動作により、**SEQUENCE 関数では規則的な数値データを任意の数量だけ生成できることがわかった。**デフォルトでは 1 ずつ加算されていき、第 4 引数「目盛り」に負の値を設定することで減算させることも可能だ。

ここで、指定の数だけ**規則的な連番**を返す SEQUENCE 関数に加え、指定の数だけ**不規則な乱数**を返す関数も解説する。

RANDARRAY 関数の基本動作

ランダムな数値の一覧を返すには、RANDARRAY 関数を使う。
(「rand：乱数、ランダム」「array：配列」)

基本構成

RANDARRAY 関数には必須の引数がなく、何も入力しなければランダムで 1 未満の小数値が 1 つ表示される。

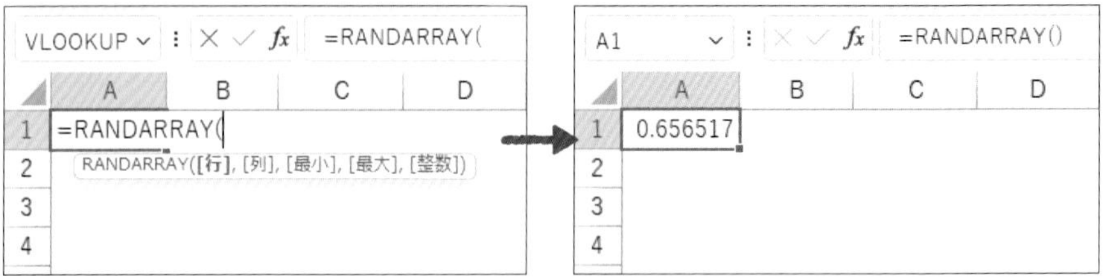

セルを編集したり戻る・進むの操作をしたりすると返される値が更新される。また、F9 を押すことでも再計算が実行される。

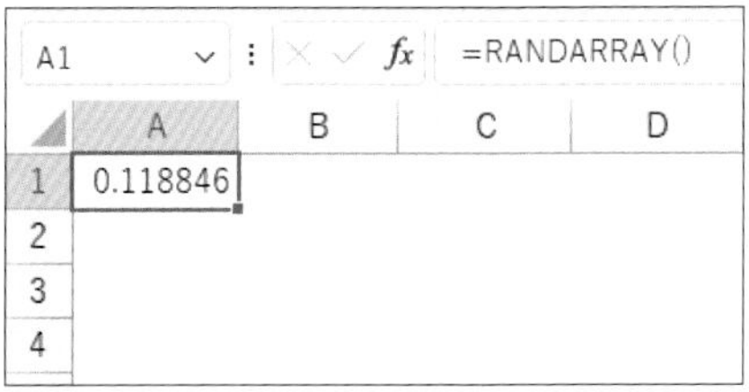

第 1 引数「行」、第 2 引数「列」は SEQUENCE 関数と同じで、それぞれに指示した数だけ乱数が生成される。

右図は行「10」、列「3」と設定した状態。

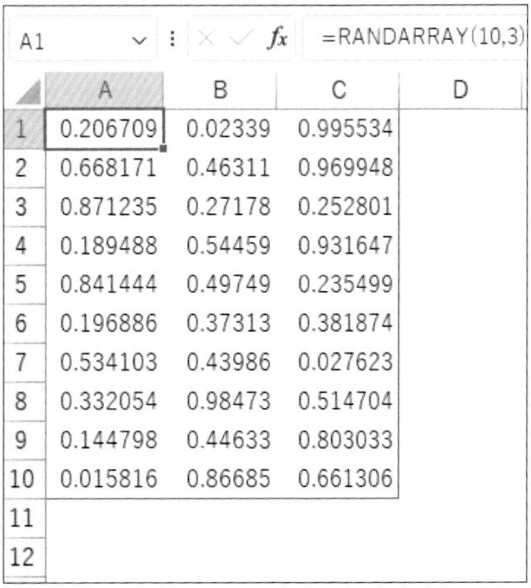

第 3 引数「最小」、第 4 引数「最大」には、乱数をどの範囲の値で発生させるかを指示する。

最小を「1」、最大を「100」とした場合、その範囲の小数値がランダムで表示される。

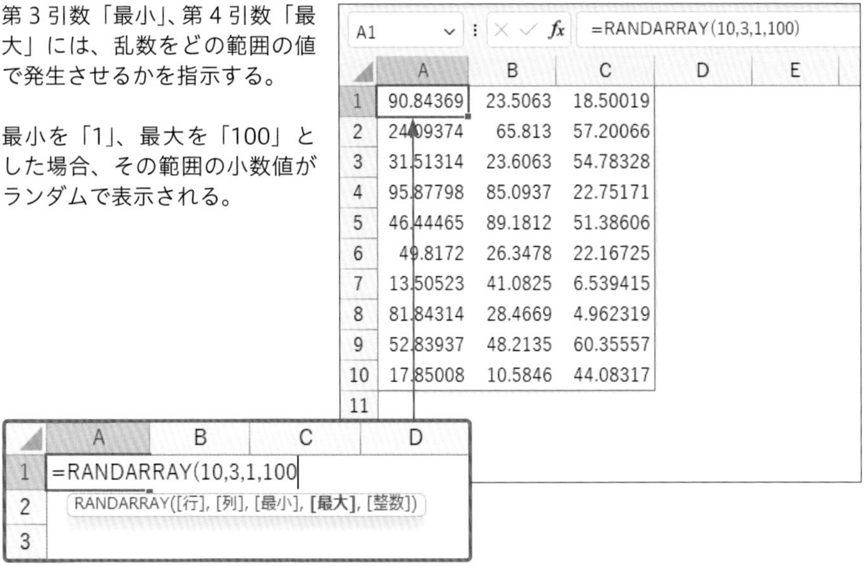

デフォルトで小数値が返される RANDARRAY 関数でも、第 5 引数「整数」で整数値を設定できる。

整数値を選択した場合、返される値が整数となる。

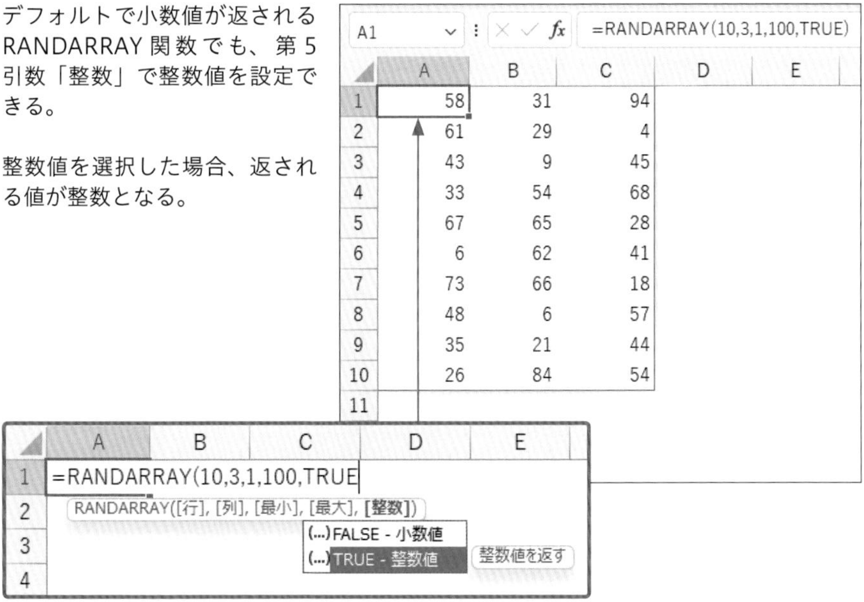

連続データの生成例

SEQUENCE 関数と RANDARRAY 関数の仕様を活かし、いくつかの連続データを生成してみよう。

管理コード

特定の文字列と連番を組み合わせることで、管理コードや文書登録番号などの規則的な連続データを作成できる。

❶ SEQUENCE 関数で 100 件の連番を生成する。

❷ 1 桁や 2 桁の数値でも「001」の 3 桁表示となるよう、TEXT 関数でネストし、TEXT 関数の第 2 引数「表示形式」を「"000"」とする。

❸ 上記❶❷の先頭に「&」（アンパサンド）でアルファベットを連結する。

="Y"&TEXT(SEQUENCE(100),"000")

B2 | ="Y"&TEXT(SEQUENCE(100),"000")

	A	B	C	D	E	F	G
1	No.	コード	型番	価格	仕様書	閲覧Pass	
2	1	Y001	DX-453Y	208,400	No.583	5414	
3	2	Y002	GF-275A	116,600	No.046	9051	
4	3	Y003	WY-494S	152,500	No.425	7356	
5	4	Y004	YL-090J	48,700	No.017	4843	
6	5	Y005	AW-781U	186,600	No.216	7853	
7	6	Y006	NP-959G	264,000	No.474	6141	
8	7	Y007	EP-029F	49,300	No.851	1862	
9	8	Y008	YD-702U	286,800	No.517	1259	
10	9	Y009	TS-813R	63,900	No.389	4660	
11	10	Y010	DK-445G	103,100	No.414	9931	
12	11	Y011	HK-231O	113,300	No.501	6030	

パスコード

桁数のみが指定されている認証番号やパスワードなど、値をランダムで採番したいケースで活用できる。

❶ RANDARRAY 関数で 1 ～ 9999 の乱数を 100 件生成する。

❷ どの桁数の値が返っても 4 桁表示となるよう、TEXT 関数でネストし、TEXT 関数の第 2 引数「表示形式」を「"0000"」とする。

=TEXT(RANDARRAY(100,,1,9999,TRUE),"0000")

F2 | =TEXT(RANDARRAY(100,,1,9999,TRUE),"0000")

	A	B	C	D	E	F	G
1	No.	コード	型番	価格	仕様書	閲覧Pass	
2	1	Y001	DX-453Y	208,400	No.583	5414	
3	2	Y002	GF-275A	116,600	No.046	9051	
4	3	Y003	WY-494S	152,500	No.425	7356	
5	4	Y004	YL-090J	48,700	No.017	4843	
6	5	Y005	AW-781U	186,600	No.216	7853	
7	6	Y006	NP-959G	264,000	No.474	6141	
8	7	Y007	EP-029F	49,300	No.851	1862	
9	8	Y008	YD-702U	286,800	No.517	1259	
10	9	Y009	TS-813R	63,900	No.389	4660	
11	10	Y010	DK-445G	103,100	No.414	9931	
12	11	Y011	HK-231O	113,300	No.501	6030	

料金体系

レンタルスペースやアクティビティ施設の利用料金表など、最低使用時間（開始）と料金の変動単位（目盛り）を設定することで、一定間隔の料金体系を作成できる。

=SEQUENCE(16,,3,3)&"時間"

A2 | =SEQUENCE(16,,3,3)&"時間"

	A	B	C	D
1	ご利用時間	常価格	会員価格	
2	3時間	1,550	¥1,500	
3	6時間	¥1,900	¥1,800	
4	9時間	¥2,250	¥2,100	
5	12時間	¥2,600	¥2,400	
6	15時間	¥2,950	¥2,700	
7	18時間	¥3,300	¥3,000	
8	21時間	¥3,650	¥3,300	
9	24時間	¥4,000	¥3,600	
10	27時間	¥4,350	¥3,900	
11	30時間	¥4,700	¥4,200	
12	33時間	¥5,050	¥4,500	
13	36時間	¥5,400	¥4,800	
14	39時間	¥5,750	¥5,100	
15	42時間	¥6,100	¥5,400	
16	45時間	¥6,450	¥5,700	
17	48時間	¥6,800	¥6,000	
18				

❶ SEQUENCE関数で、「3」時間を最低使用時間とし、料金を「3」時間ずつ増加させる連番を「16」件（48時間分）生成する。

❷ &で「"時間"」と連結する。
※表示形式で「"時間"」を表記してもOK。

=SEQUENCE(16,,1550,350)

B2 | =SEQUENCE(16,,1550,350)

	A	B	C	D
1	ご利用時間	通常価格	員価格	
2	3時間	¥1,550	¥1,500	
3	6時間	¥1,900	¥1,800	
4	9時間	¥2,250	¥2,100	
5	12時間	¥2,600	¥2,400	
6	15時間	¥2,950	¥2,700	
7	18時間	¥3,300	¥3,000	
8	21時間	¥3,650	¥3,300	
9	24時間	¥4,000	¥3,600	
10	27時間	¥4,350	¥3,900	
11	30時間	¥4,700	¥4,200	
12	33時間	¥5,050	¥4,500	
13	36時間	¥5,400	¥4,800	
14	39時間	¥5,750	¥5,100	
15	42時間	¥6,100	¥5,400	
16	45時間	¥6,450	¥5,700	
17	48時間	¥6,800	¥6,000	
18				

❶ SEQUENCE関数で通常価格を1,550円から350円ずつ加算し、会員価格は1,500円から300円ずつ加算する。

❷表示形式を通貨（¥記号）に変更する。
※通貨（¥記号）の表示形式は Ctrl + Shift + 4 で設定する。

時間帯ごとの来店人数

規則的に値が増減するSEQUENCE関数は日付や時刻との相性がよく、指定の日数や時間間隔でデータ分析やスケジュール管理を行いたいときに重宝する。

❶DATE関数で2023年7月1日のシリアル値を取得する。

❷上記❶のDATE関数をSEQUENCE関数の第3引数「開始」に入れ込み、これを開始位置とする連番を31件生成する。

❸表示形式を「●月●日」に設定する。

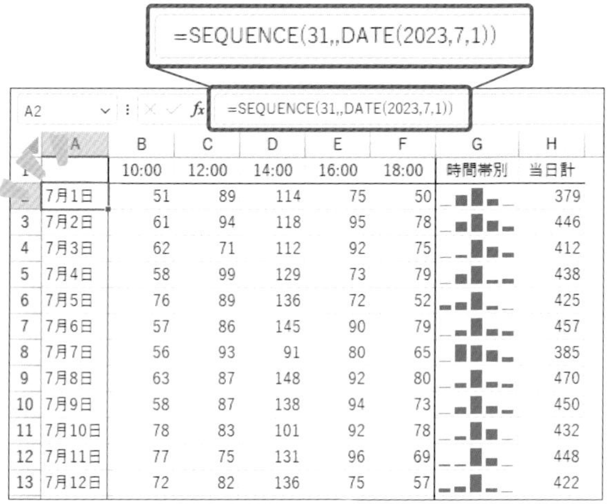

	A	B	C	D	E	F	G	H
1		10:00	12:00	14:00	16:00	18:00	時間帯別	当日計
2	7月1日	51	89	114	75	50		379
3	7月2日	61	94	118	95	78		446
4	7月3日	62	71	112	92	75		412
5	7月4日	58	99	129	73	79		438
6	7月5日	76	89	136	72	52		425
7	7月6日	57	86	145	90	79		457
8	7月7日	56	93	91	80	65		385
9	7月8日	63	87	148	92	80		470
10	7月9日	58	87	138	94	73		450
11	7月10日	78	83	101	92	78		432
12	7月11日	77	75	131	96	69		448
13	7月12日	72	82	136	75	57		422

❹SEQUENCE関数で、「10」時から「2」時間おきの値を「5」件返す。

❺上記❹をTIME関数の第1引数「hour」にネストし、時刻として認識させる。

❻表示形式を「●●：●●」に設定する。

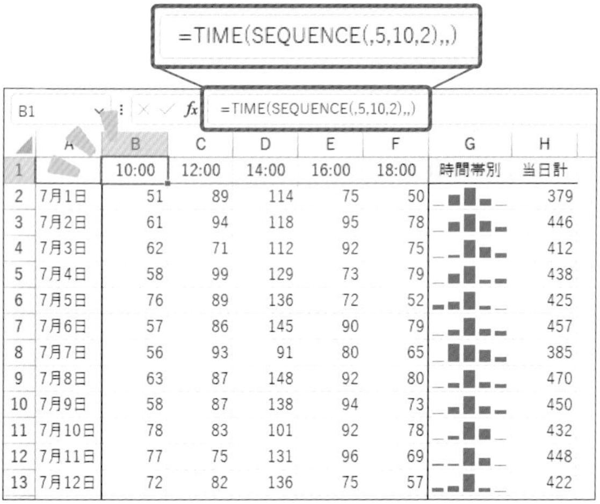

	A	B	C	D	E	F	G	H
1		10:00	12:00	14:00	16:00	18:00	時間帯別	当日計
2	7月1日	51	89	114	75	50		379
3	7月2日	61	94	118	95	78		446
4	7月3日	62	71	112	92	75		412
5	7月4日	58	99	129	73	79		438
6	7月5日	76	89	136	72	52		425
7	7月6日	57	86	145	90	79		457
8	7月7日	56	93	91	80	65		385
9	7月8日	63	87	148	92	80		470
10	7月9日	58	87	138	94	73		450
11	7月10日	78	83	101	92	78		432
12	7月11日	77	75	131	96	69		448
13	7月12日	72	82	136	75	57		422

RANDARRAY関数の活用シーンは限定的かもしれないが、SEQUENCE関数とはセットでおさえておこう。
ちなみに著者は講座収録用のダミーデータ作成でRANDARRAY関数をフル活用しているぞ。今回サンプルとした製品の価格や仕様書No.、時間帯別の来店人数などもすべてRANDARRAY関数で生成した値だ。Excel操作の練習や関数の動作確認用の素材作成にも役立てよう！

method 37

サンプルファイル
シート No.37

メールの目的にあわせて TO・CC をすみ分ける

Excel にまとめた表から特定の条件を満たすデータだけを表示するには、「オートフィルター」機能を使います。（下図は東京の拠点に在籍する担当者の売上実績に絞り込んだ状態）オートフィルターはとても便利な機能ですが、フィルターメニューの操作に工数がかかったり、複数条件のいずれかに該当する OR 条件での絞り込みはカスタム設定が必要だったりします。

B2 所属拠点

	A	B	C	D	E
1					
2	担当者名	所属拠点	販売数量	売上金額	売上単価
3	笠原 理紗	東京	105	2,106,510	20,062
5	永瀬 務	東京	70	1,498,420	21,406
7	板垣 力	東京	117	2,617,758	22,374
10	小幡 裕美子	東京	75	2,093,700	27,916
14	阿久津 桃華	東京	114	1,396,044	12,246
18	松浦 瑠璃	東京	37	554,815	14,995
19	梅原 大地	東京	169	4,489,654	26,566
21	山中 良昭	東京	54	926,964	17,166
24	岡山 雅也	東京	24	281,664	11,736
25	池本 康生	東京	133	2,098,341	15,777
29	浜口 俊文	東京	28	723,800	25,850
32					

このメソッドでは、様々な条件に該当するデータだけを一覧化してくれる「**FILTER 関数**」について解説します。

FILTER 関数をおさえておけば、これまでのフィルター操作では成し得なかった複雑な絞り込みとデータの抽出作業をたった 1 件の数式を構築するだけで実現できます。

初出の関数

01 FILTER 関数 =FILTER(配列 , 含む , [空の場合])

指示した条件に基づきデータ範囲をフィルター処理する

02 CHOOSEROWS 関数 =CHOOSEROWS(array,row_num1,[row_num2],...)

配列から指定された行を返す

03 CHOOSECOLS 関数 =CHOOSECOLS(array,col_num1,[col_num2],...)

配列から指定された列を返す

本書執筆時点で試験運用中の関数は引数が英語表記となっているから、それぞれ意訳付きで解説するぞ！

FILTER関数の基本動作

タイトルにある「メールのTO・CC設定」の実践例に入る前に、担当者別の売上実績がまとまった表を使って基本動作を確認していく。

FILTER関数の入力

まずは東京の販売拠点に在籍するメンバーの情報を抽出する。

❶FILTER関数を挿入し、第1引数「配列」に取得したいデータが含まれる範囲をすべて参照する。

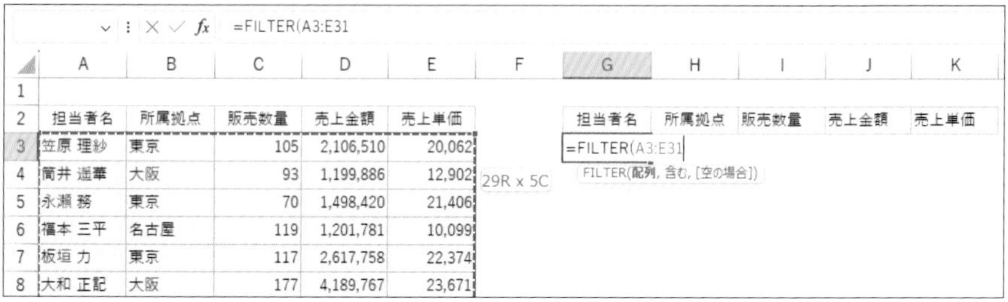

=FILTER(A3:E31

	A	B	C	D	E	F	G	H	I	J	K
1											
2	担当者名	所属拠点	販売数量	売上金額	売上単価		担当者名	所属拠点	販売数量	売上金額	売上単価
3	笠原 理紗	東京	105	2,106,510	20,062		=FILTER(A3:E31				
4	筒井 遥華	大阪	93	1,199,886	12,902	29R x 5C	FILTER(配列, 含む, [空の場合])				
5	永瀬 務	東京	70	1,498,420	21,406						
6	福本 三平	名古屋	119	1,201,781	10,099						
7	板垣 力	東京	117	2,617,758	22,374						
8	大和 正記	大阪	177	4,189,767	23,671						

❷第2引数「含む」で、絞り込みの条件を指示する。
今回は所属拠点の列から東京を取得するので、下図のように入力する。

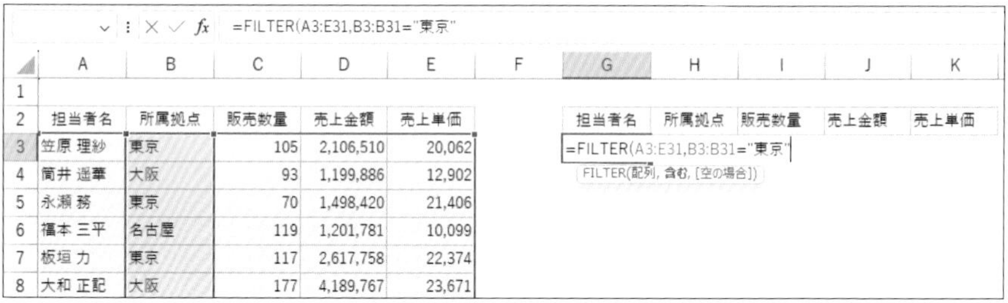

=FILTER(A3:E31,B3:B31="東京"

	A	B	C	D	E	F	G	H	I	J	K
1											
2	担当者名	所属拠点	販売数量	売上金額	売上単価		担当者名	所属拠点	販売数量	売上金額	売上単価
3	笠原 理紗	東京	105	2,106,510	20,062		=FILTER(A3:E31,B3:B31="東京"				
4	筒井 遥華	大阪	93	1,199,886	12,902		FILTER(配列, 含む, [空の場合])				
5	永瀬 務	東京	70	1,498,420	21,406						
6	福本 三平	名古屋	119	1,201,781	10,099						
7	板垣 力	東京	117	2,617,758	22,374						
8	大和 正記	大阪	177	4,189,767	23,671						

❸第3引数「空の場合」では、該当のデータが見つからなかったときの表記を指示する。
今回は「""」と入力し、条件を満たすデータがない場合に空白を返す設定とする。

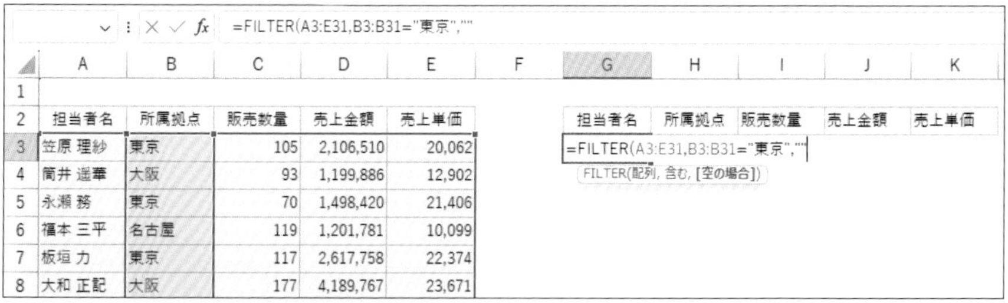

=FILTER(A3:E31,B3:B31="東京",""

	A	B	C	D	E	F	G	H	I	J	K
1											
2	担当者名	所属拠点	販売数量	売上金額	売上単価		担当者名	所属拠点	販売数量	売上金額	売上単価
3	笠原 理紗	東京	105	2,106,510	20,062		=FILTER(A3:E31,B3:B31="東京",""				
4	筒井 遥華	大阪	93	1,199,886	12,902		FILTER(配列, 含む, [空の場合])				
5	永瀬 務	東京	70	1,498,420	21,406						
6	福本 三平	名古屋	119	1,201,781	10,099						
7	板垣 力	東京	117	2,617,758	22,374						
8	大和 正記	大阪	177	4,189,767	23,671						

結果、東京の販売拠点に所属する担当者の売上実績がスピルで表示される。

G3 =FILTER(A3:E31,B3:B31="東京","")

	A	B	C	D	E	F	G	H	I	J	K
1											
2	担当者名	所属拠点	販売数量	売上金額	売上単価		担当者名	所属拠点	販売数量	売上金額	売上単価
3	笠原 理紗	東京	105	2,106,510	20,062		笠原 理紗	東京	105	2106510	20062
4	筒井 遥華	大阪	93	1,199,886	12,902		永瀬 務	東京	70	1498420	21406
5	永瀬 務	東京	70	1,498,420	21,406		板垣 力	東京	117	2617758	22374
6	福本 三平	名古屋	119	1,201,781	10,099		小幡 裕美子	東京	75	2093700	27916
7	板垣 力	東京	117	2,617,758	22,374		阿久津 桃華	東京	114	1396044	12246
8	大和 正記	大阪	177	4,189,767	23,671		松浦 瑠璃	東京	37	554815	14995
9	豊島 浩幸	名古屋	187	3,298,306	17,638		梅原 大地	東京	169	4489654	26566
10	小幡 裕美子	東京	75	2,093,700	27,916		山中 良昭	東京	54	926964	17166
11	矢野 博信	名古屋	53	715,818	13,506		岡山 雅也	東京	24	281664	11736
12	西山 幸子	名古屋	46	1,003,214	21,809		池本 康生	東京	133	2098341	15777
13	江崎 灯	大阪	149	3,078,787	20,663		浜口 俊文	東京	28	723800	25850
14	阿久津 桃華	東京	114	1,396,044	12,246						
15	佐川 涼音	大阪	152	3,888,160	25,580						
16	皆川 龍平	名古屋	46	860,936	18,716						
17	水谷 勝次	名古屋	72	2,001,888	27,804						

「スピル」のメソッドで触れた通り、FILTER関数を含む動的配列数式は、**書式設定などのセル情報をすべて取得するのではなく、セルに入力されたデータを返す。**

通貨や日付の表記など値の表示形式がリセットされるため、データを取り出す範囲には任意の表示形式を設定しておこう。
（右図は販売数量、売上金額、売上単価の列を、Ctrl+Shift+1で桁区切りの通貨表記にした状態）

G	H	I	J	K
担当者名	所属拠点	販売数量	売上金額	売上単価
笠原 理紗	東京	105	2,106,510	20,062
永瀬 務	東京	70	1,498,420	21,406
板垣 力	東京	117	2,617,758	22,374
小幡 裕美子	東京	75	2,093,700	27,916
阿久津 桃華	東京	114	1,396,044	12,246
松浦 瑠璃	東京	37	554,815	14,995
梅原 大地	東京	169	4,489,654	26,566
山中 良昭	東京	54	926,964	17,166
岡山 雅也	東京	24	281,664	11,736
池本 康生	東京	133	2,098,341	15,777
浜口 俊文	東京	28	723,800	25,850

以降の解説はスピル範囲にあらかじめ値の表示形式や条件付き書式などを設定した前提で進めていくぞ！

ドロップダウンリストの参照

先ほどは「"東京"」を数式に直接記述したが、ドロップダウンリストから対象の拠点名を選択し、それに連動して取得するデータが切り替わると便利だ。ここでは重複データをダブりなく取り出す「UNIQUE 関数」をリストの値として活用しよう。

❶表の欄外に UNIQUE 関数を挿入し、所属拠点のデータが含まれる範囲を選択する。(下図は UNIQUE 関数を M3 セルに入力した状態)

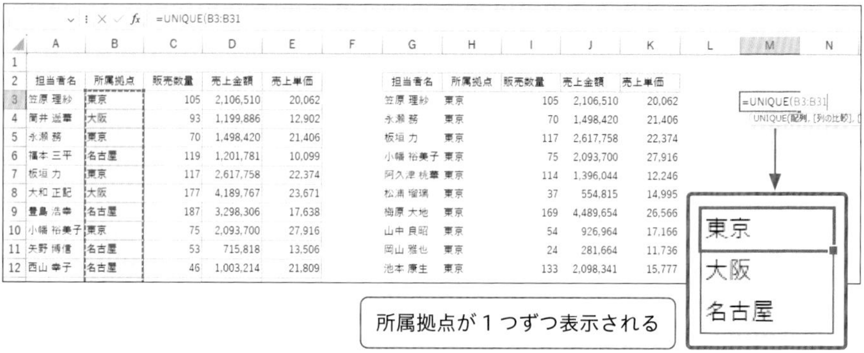

❷ドロップダウンリストを挿入するセルをアクティブにした状態で、Alt → D → L と順に押し［データの入力規則］を呼び出す。

❸入力値の種類から「リスト」を選択する。

❹「元の値」の欄に UNIQUE 関数を入力したセル番地と # 記号（スピル範囲演算子）を入力する。

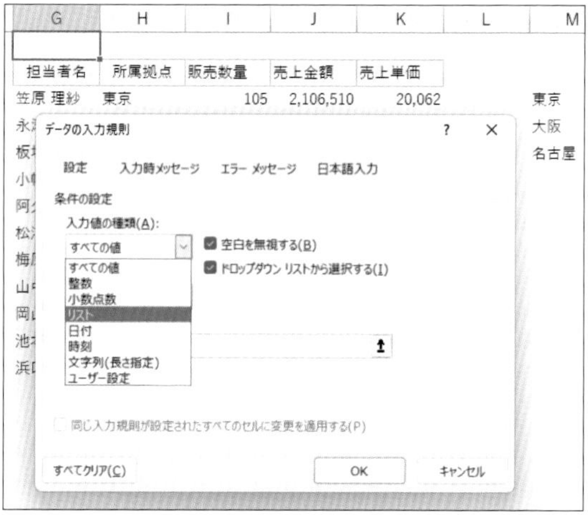

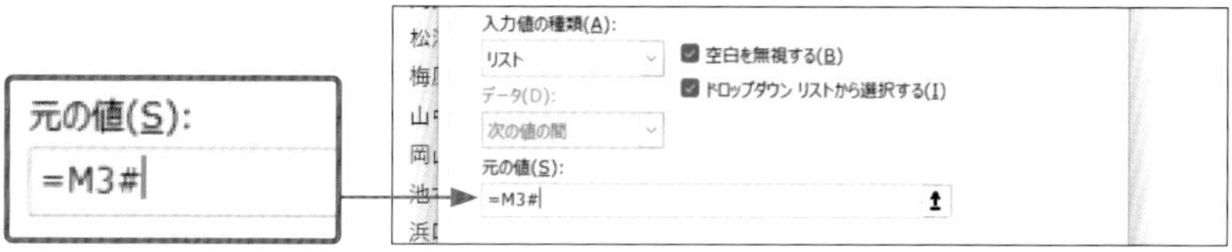

❺所属拠点を選択できるリストが挿入されるので、FILTER関数に直接拠点名を入力していた部分をドロップダウンリストのセル参照に変更する。

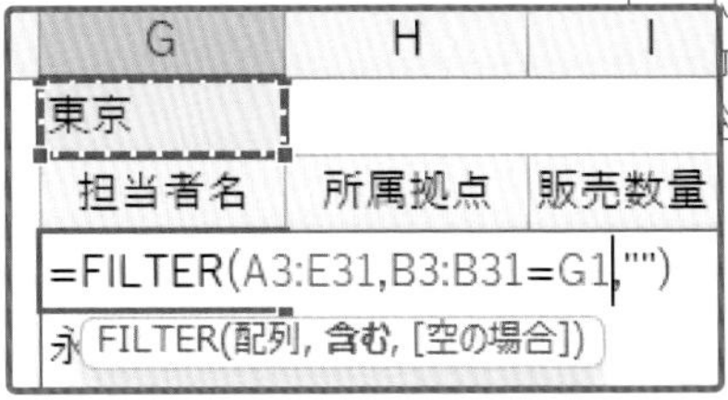

これにより、リストとFILTER関数で取得する条件が連動する。（右図はリストから「大阪」を選択した状態）

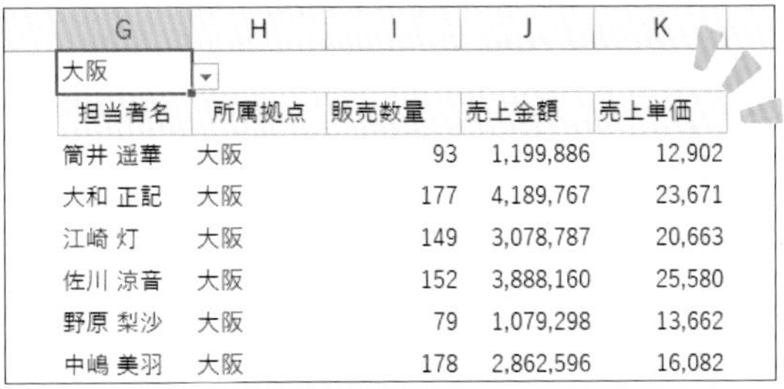

G	H	I	J	K
大阪				
担当者名	所属拠点	販売数量	売上金額	売上単価
简井 遥華	大阪	93	1,199,886	12,902
大和 正記	大阪	177	4,189,767	23,671
江崎 灯	大阪	149	3,078,787	20,663
佐川 涼音	大阪	152	3,888,160	25,580
野原 梨沙	大阪	79	1,079,298	13,662
中嶋 美羽	大阪	178	2,862,596	16,082

▶ 単一の列のみを表示する

FILTER関数の第2引数「含む」で指示するデータ範囲は、必ずしも第1引数「配列」の中に含まれている必要はない。たとえば指定の拠点に所属する担当者名だけを表示したいとき、第1引数「配列」には担当者名が含まれる範囲のみを参照する。

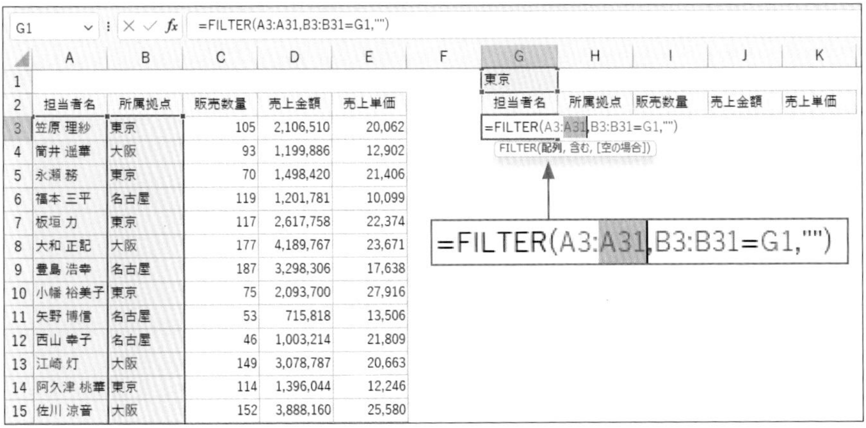

	A	B	C	D	E	F	G	H	I	J	K
1							東京				
2	担当者名	所属拠点	販売数量	売上金額	売上単価		担当者名	所属拠点	販売数量	売上金額	売上単価
3	笠原 理紗	東京	105	2,106,510	20,062		=FILTER(A3:A31,B3:B31=G1,"")				
4	简井 遥華	大阪	93	1,199,886	12,902		FILTER(配列, 含む, [空の場合])				
5	永瀬 務	東京	70	1,498,420	21,406						
6	福本 三平	名古屋	119	1,201,781	10,099						
7	板垣 力	東京	117	2,617,758	22,374						
8	大和 正記	大阪	177	4,189,767	23,671						
9	豊島 浩幸	名古屋	187	3,298,306	17,638						
10	小幡 裕美子	東京	75	2,093,700	27,916						
11	矢野 博信	名古屋	53	715,818	13,506						
12	西山 幸子	名古屋	46	1,003,214	21,809						
13	江崎 灯	大阪	149	3,078,787	20,663						
14	阿久津 桃華	東京	114	1,396,044	12,246						
15	佐川 涼音	大阪	152	3,888,160	25,580						

=FILTER(A3:A31,B3:B31=G1,"")

これにより、東京の拠点に所属する担当者名だけを取得できる。

条件に合致するデータの項目をすべて表示する必要がないケースは意外と多いため、こうした参照方法も積極的に活用していこう。

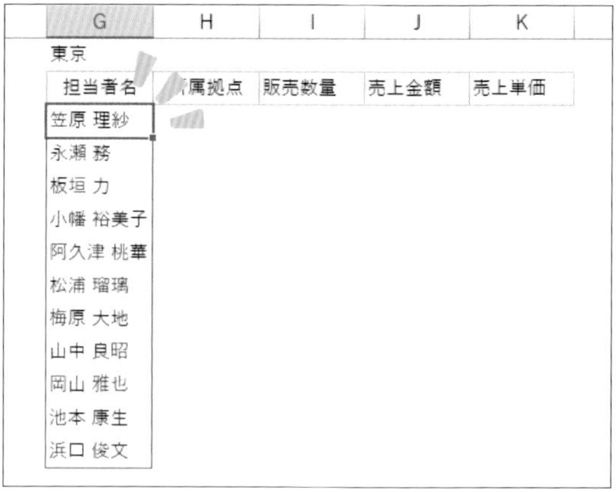

離れている複数の列を表示する

たとえば、東京に在籍する担当者の「担当者名」「販売数量」「売上金額」の列を並べて表示したいとなったとする。ここまでと同じように第1引数「配列」を参照すると、「所属拠点」も含んで抽出される。

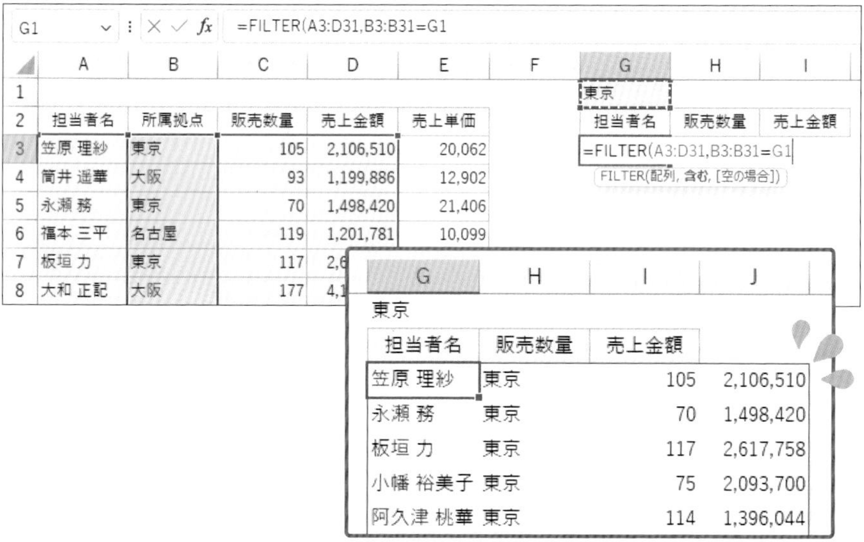

こんなときは、FILTER関数の第1引数「配列」に**CHOOSECOLS関数**を入れ込む。CHOOSECOLS関数はCHOOSEROWS関数とともにFILTER関数より後に実装された関数で、それぞれ指示した位置にある列または行のデータを返す。（「選ぶ」を意味する**choose**に、複数の列または行を指す**columns**・**rows**を組み合わせた造語）

❶第 1 引数「array」は「配列」を意味する。そのため、元データの範囲をまとめて参照する。

G1　=FILTER(CHOOSECOLS(A3:E31),B3:B31=G1)

	A	B	C	D	E	F	G	H	I	J
1							東京			
2	担当者名	所属拠点	販売数量	売上金額	売上単価		担当者名	販売数量	売上金額	
3	笠原 理紗	東京	105	2,106,510	20,062		=FILTER(CHOOSECOLS(A3:E31),B3:B31=G1)			
4	筒井 遥華	大阪	93	1,199,886	12,902		CHOOSECOLS(array, col_num1, [col_num2], ...)			
5	永瀬 務	東京	70	1,498,420	21,406					
6	福本 三平	名古屋	119	1,201,781	10,099					
7	板垣 力	東京	117	2,617,758	22,374					
8	大和 正記	大阪	177	4,189,767	23,671					

❷第 2 引数以降の「col_num1」、「col_num2」……は、「列番号 1」「列番号 2」……を意味しており、配列内で何番目のデータを返すか指示する。

今回は配列内で左から「1」列目、「3」列目、「4」列目を取得したいため、以下のように入力する。

G	H	I	J	K	L	M
東京						
担当者名	販売数量	売上金額				
=FILTER(CHOOSECOLS(A3:E31,1,3,4),B3:B31=G1)						東京
	CHOOSECOLS(array, col_num1, [col_num2], **[col_num3]**, [col_num4], [col_num5], ...)					
						名古屋

これにより、指定項目のデータだけを並べて表示できる。

	A	B	C	D	E	F	G	H	I
1							東京		
2	担当者名	所属拠点	販売数量	売上金額	売上単価		担当者名	販売数量	売上金額
3	笠原 理紗	東京	105	2,106,510	20,062		笠原 理紗	105	2,106,510
4	筒井 遥華	大阪	93	1,199,886	12,902		永瀬 務	70	1,498,420
5	永瀬 務	東京	70	1,498,420	21,406		板垣 力	117	2,617,758
6	福本 三平	名古屋	119	1,201,781	10,099		小幡 裕美子	75	2,093,700
7	板垣 力	東京	117	2,617,758	22,374		阿久津 桃華	114	1,396,044
8	大和 正記	大阪	177	4,189,767	23,671		松浦 瑠璃	37	554,815
9	豊島 浩幸	名古屋	187	3,298,306	17,638		梅原 大地	169	4,489,654
10	小幡 裕美子	東京	75	2,093,700	27,916		山中 良昭	54	926,964
11	矢野 博信	名古屋	53	715,818	13,506		岡山 雅也	24	281,664
12	西山 幸子	名古屋	46	1,003,214	21,809		池本 康生	133	2,098,341
13	江崎 灯	大阪	149	3,078,787	20,663		浜口 俊文	28	723,800

列番号の値は直接記述するのではなく、MATCH 関数などで見出しを参照し半自動化するのもおすすめだ。

複数条件に該当するデータの抽出

絞り込む条件が複数ある場合も、FILTER 関数だけで柔軟に対応できる。

● AND 条件（A かつ B）

まずは東京の拠点に所属していて、かつ販売数量が 100 個以上の担当者データを取得する。

❶FILTER 関数を挿入し、第 1 引数「配列」に対象のデータ範囲を参照する。

❷第 2 引数「含む」に所属拠点を含む列を選択し、先に設定したドロップダウンリストを参照する。

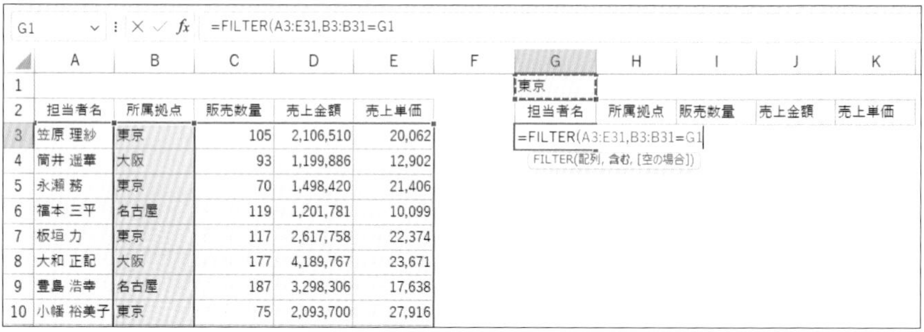

G1 =FILTER(A3:E31,B3:B31=G1

	A	B	C	D	E	F	G	H	I	J	K
1							東京				
2	担当者名	所属拠点	販売数量	売上金額	売上単価		担当者名	所属拠点	販売数量	売上金額	売上単価
3	笠原 理紗	東京	105	2,106,510	20,062		=FILTER(A3:E31,B3:B31=G1				
4	簡井 遥華	大阪	93	1,199,886	12,902		FILTER(配列, 含む, [空の場合])				
5	永瀬 務	東京	70	1,498,420	21,406						
6	福本 三平	名古屋	119	1,201,781	10,099						
7	板垣 力	東京	117	2,617,758	22,374						
8	大和 正記	大阪	177	4,189,767	23,671						
9	豊島 浩幸	名古屋	187	3,298,306	17,638						
10	小幡 裕美子	東京	75	2,093,700	27,916						

❸これが 1 つ目の条件であると認識させるためにカッコで囲む。

=FILTER(A3:E31,(B3:B31=G1)

❹*（アスタリスク）をつけて 2 つ目の条件となる販売数量の範囲を参照し、「>=100」で 100 以上であるかを判定する。

※ 2 つ目の条件もカッコで囲む。

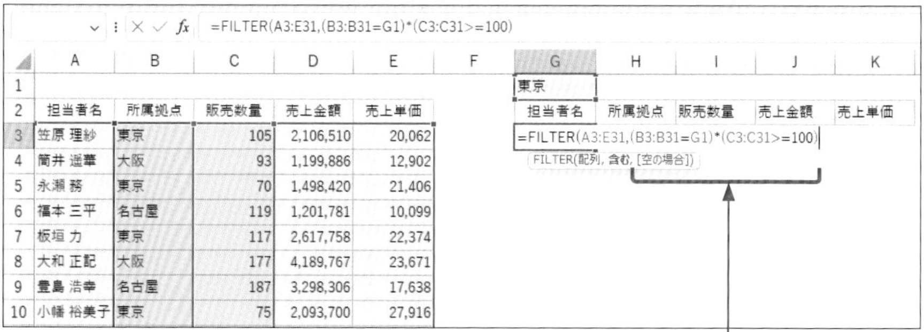

=FILTER(A3:E31,(B3:B31=G1)*(C3:C31>=100)

	A	B	C	D	E	F	G	H	I	J	K
1							東京				
2	担当者名	所属拠点	販売数量	売上金額	売上単価		担当者名	所属拠点	販売数量	売上金額	売上単価
3	笠原 理紗	東京	105	2,106,510	20,062		=FILTER(A3:E31,(B3:B31=G1)*(C3:C31>=100)				
4	簡井 遥華	大阪	93	1,199,886	12,902		FILTER(配列, 含む, [空の場合])				
5	永瀬 務	東京	70	1,498,420	21,406						
6	福本 三平	名古屋	119	1,201,781	10,099						
7	板垣 力	東京	117	2,617,758	22,374						
8	大和 正記	大阪	177	4,189,767	23,671						
9	豊島 浩幸	名古屋	187	3,298,306	17,638						
10	小幡 裕美子	東京	75	2,093,700	27,916						

(B3:B31=G1)*(C3:C31>=100)

これにより、東京に在籍する販売数量100個以上の担当者情報が表示される。

G	H	I	J	K
東京				
担当者名	所属拠点	販売数量	売上金額	売上単価
笠原 理紗	東京	105	2,106,510	20,062
板垣 力	東京	117	2,617,758	22,374
阿久津 桃華	東京	114	1,396,044	12,246
梅原 大地	東京	169	4,489,654	26,566
池本 康生	東京	133	2,098,341	15,777

もちろん今回の「100」以上のような判定となる基準値も、欄外のセルに入力した値を参照して指示する形でもOKだ。

● OR条件（AまたはB）

次に販売数量が100個以上、または売上金額が200万円以上のデータを取得する。

❶前述と同じ要領で、1つ目の条件（販売数量100個以上）を指示して**カッコで囲む。**

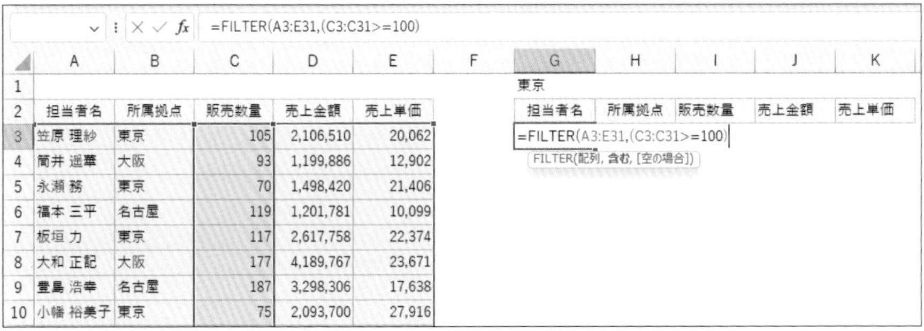

=FILTER(A3:E31,(C3:C31>=100)

	A	B	C	D	E	F	G	H	I	J	K
1							東京				
2	担当者名	所属拠点	販売数量	売上金額	売上単価		担当者名	所属拠点	販売数量	売上金額	売上単価
3	笠原 理紗	東京	105	2,106,510	20,062		=FILTER(A3:E31,(C3:C31>=100)				
4	简井 遥華	大阪	93	1,199,886	12,902		FILTER(配列, 含む, [空の場合])				
5	永瀬 務	東京	70	1,498,420	21,406						
6	福本 三平	名古屋	119	1,201,781	10,099						
7	板垣 力	東京	117	2,617,758	22,374						
8	大和 正記	大阪	177	4,189,767	23,671						
9	豊島 浩幸	名古屋	187	3,298,306	17,638						
10	小幡 裕美子	東京	75	2,093,700	27,916						

❷"+"（プラス）をつけて2つ目の条件となる売上金額の範囲を参照し、2000000以上であるかを判定する。

※**2つ目の条件もカッコで囲む。**

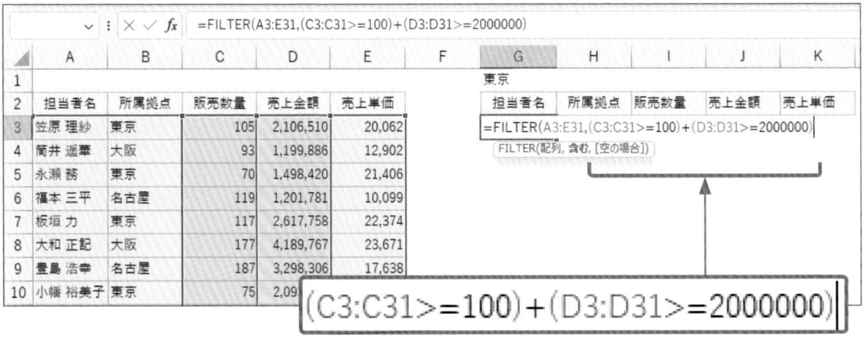

=FILTER(A3:E31,(C3:C31>=100)+(D3:D31>=2000000)

	A	B	C	D	E	F	G	H	I	J	K
1							東京				
2	担当者名	所属拠点	販売数量	売上金額	売上単価		担当者名	所属拠点	販売数量	売上金額	売上単価
3	笠原 理紗	東京	105	2,106,510	20,062		=FILTER(A3:E31,(C3:C31>=100)+(D3:D31>=2000000)				
4	简井 遥華	大阪	93	1,199,886	12,902		FILTER(配列, 含む, [空の場合])				
5	永瀬 務	東京	70	1,498,420	21,406						
6	福本 三平	名古屋	119	1,201,781	10,099						
7	板垣 力	東京	117	2,617,758	22,374						
8	大和 正記	大阪	177	4,189,767	23,671						
9	豊島 浩幸	名古屋	187	3,298,306	17,638						
10	小幡 裕美子	東京	75	2,09							

これにより、販売数量 100 個以上、売上金額 200 万円以上のいずれかに該当するデータが表示される。

オートフィルター機能で複数条件を指示するとデフォルトで「A かつ B」の AND 条件で絞り込まれ、「A または B」の OR 条件での抽出はカスタム設定が必要だ。

対して FILTER 関数なら、**AND 条件と OR 条件を容易に切り替えながらデータを取得できる。**

G	H	I	J	K
東京				
担当者名	所属拠点	販売数量	売上金額	売上単価
笠原 理紗	東京	105	2,106,510	20,062
福本 三平	名古屋	119	1,201,781	10,099
板垣 力	東京	117	2,617,758	22,374
大和 正記	大阪	177	4,189,767	23,671
豊島 浩幸	名古屋	187	3,298,306	17,638
小幡 裕美子	東京	75	2,093,700	27,916
江崎 灯	大阪	149	3,078,787	20,663
阿久津 桃華	東京	114	1,396,044	12,246
佐川 涼音	大阪	152	3,888,160	25,580
水谷 勝次	名古屋	72	2,001,888	27,804
梅原 大地	東京	169	4,489,654	26,566
池本 康生	東京	133	2,098,341	15,777
中嶋 美羽	大阪	178	2,862,596	16,082
塚田 美奈江	大阪	194	2,275,814	11,731
畑 四郎	名古屋	111	2,457,762	22,142

AND 条件と OR 条件の融合

ここまでで、**「A かつ B」の場合は条件を「*」（＝かけ算）でつなぎ、「A または B」の場合は条件を「+」（＝たし算）でつなぐことがわかった。**

次に東京の拠点において、販売数量 100 個以上または売上金額 200 万円以上に該当する担当者情報を取得する。試しに下図のように FILTER 関数を構築し、結果を見てみる。

=FILTER(A3:E31,(B3:B31=G1)*(C3:C31>=100)+(D3:D31>=2000000)

	A	B	C	D	E	F	G	H	I	J	K	L
1							東京					
2	担当者名	所属拠点	販売数量	売上金額	売上単価		担当者名	所属拠点	販売数量	売上金額	売上単価	
3	笠原 理紗	東京	105	2,106,510	20,062		=FILTER(A3:E31,(B3:B31=G1)*(C3:C31>=100)+(D3:D31>=2000000)					
4	簡井 遥華	大阪	93	1,199,886	12,902		FILTER(配列, 含む, [空の場合])					
5	永瀬 務	東京	70	1,498,420	21,406							
6	福本 三平	名古屋	119	1,201,781	10,099							
7	板垣 力	東京	117	2,617,758	22,374							
8	大和 正記	大阪	177	4,189,767	23,671							
9	豊島 浩幸	名古屋	187	3,298,306	17,638							
10	小幡 裕美子	東京	75	2,093,700	27,916							
11	矢野 博信	名古屋	53	715,818	13,506							

(B3:B31=G1)*(C3:C31>=100)+(D3:D31>=2000000)

すると、東京以外の拠点や販売数量100個以下のデータまで表示されてしまった。

こうなってしまう背景には、四則演算（たし算、ひき算、かけ算、わり算）が処理されるときの優先順位が影響している。

G	H	I	J	K
東京				
担当者名	所属拠点	販売数量	売上金額	売上単価
笠原 理紗	東京	105	2,106,510	20,062
板垣 力	東京	117	2,617,758	22,374
大和 正記	大阪	177	4,189,767	23,671
豊島 浩幸	名古屋	187	3,298,306	17,638
小幡 裕美子	東京	75	2,093,700	27,916
江崎 灯	大阪	149	3,078,787	20,663
阿久津 桃華	東京	114	1,396,044	12,246
佐川 涼音	大阪	152	3,888,160	25,580
水谷 勝次	名古屋	72	2,001,888	27,804
梅原 大地	東京	169	4,489,654	26,566
池本 康生	東京	133	2,098,341	15,777
中嶋 美羽	大阪	178	2,862,596	16,082
塚田 美奈江	大阪	194	2,275,814	11,731
畑 四郎	名古屋	111	2,457,762	22,142

テクニック　突然だがここで、算数の問題だ！

問題【30 × 5 + 1 = ？】

……この答えは「151」となる。
数式に四則演算が混在している場合、**たし算・ひき算よりも、かけ算・わり算の方が優先して処理される。**
サンプルの場合、30 × 5 を実行したあとに 1 が加算されるということだ。

では、先に 5 + 1 を実行してからその結果に 30 をかけるように指示するにはどのように記述すればよいか。

……【30 ×（5 + 1）】そう、重要なのは優先して演算する部分を**カッコで囲む**こと。これにより、5 + 1 で得られる 6 に 30 をかけ、答えは「180」となる。

配列における条件判定の優先順位も、考え方はこれと同じなんだ。

前述のFILTER関数に戻り、先に判定したい「販売数量100個以上または売上金額200万円以上」の部分をさらにカッコで囲む。

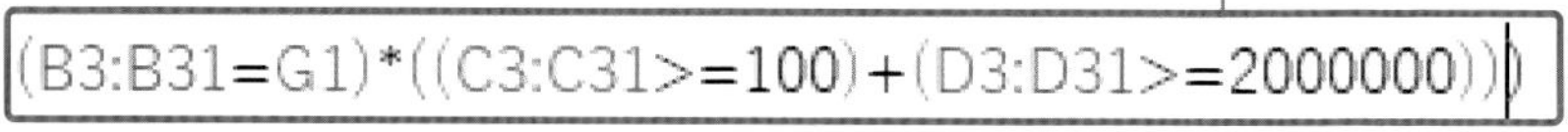

結果、求めていたデータだけを取得できた。

東京

担当者名	所属拠点	販売数量	売上金額	売上単価
笠原 理紗	東京	105	2,106,510	20,062
板垣 力	東京	117	2,617,758	22,374
小幡 裕美子	東京	75	2,093,700	27,916
阿久津 桃華	東京	114	1,396,044	12,246
梅原 大地	東京	169	4,489,654	26,566
池本 康生	東京	133	2,098,341	15,777

補足

（①東京）×（②数量100個以上）＋（③売上200万以上）とした場合、①×②が先に処理されたあとに③の条件が加わることで、①②条件に合致するかは関係なく売上200万以上のデータが単純追加されてしまう。

そのためこのようなケースでは以下のように指示する。
【（①東京）×（（②数量100個以上）＋（③売上200万以上））】

先に②③のいずれかに当てはまるかを判定したあとにその結果と「所属拠点：東京」を照合することがポイントだ。

● 指定条件「以外」の抽出

実務では、指示した条件に該当しないデータをすべて表示させたいことがある。たとえばここまでのサンプルで所属拠点が東京「以外」のデータを取得したいとなったとする。
今回は東京の他に大阪・名古屋しかないため、前述の要領で「AまたはB」（所属拠点：大阪）＋（所属拠点：名古屋）と指示しても良い。ただし指定条件「以外」のデータが増えれば増えるほど、記述に膨大な手間がかかる。

こんなときは「所属拠点が東京であること」を指示した条件の部分から、1を差し引く。

G	H	I	J	K
東京				
担当者名	所属拠点	販売数量	売上金額	売上単価
筒井 遥華	大阪	93	1,199,886	12,902
福本 三平	名古屋	119	1,201,781	10,099
大和 正記	大阪	177	4,189,767	23,671
豊島 浩幸	名[illegible]屋	187	3,298,306	17,638
		53	715,818	13,506
		46	1,003,214	21,809
江崎 灯	大阪	149	3,078,787	20,663
佐川 涼音	大阪	152	3,888,160	25,580
皆川 龍平	名古屋	46	860,936	18,716
水谷 勝次	名古屋	72	2,001,888	27,804
滋賀 聖	名古屋	83	1,076,676	12,972

=FILTER(A3:E31,(B3:B31=G1)-1

これにより、東京以外データがすべて表示される。

メールの目的にあわせてTO・CCをすみ分ける

組織内のメンバー（数十人～数百人）向けに特定の情報を一斉メールでアナウンスすることがある。

ただし、人事関連情報や製品の技術的な仕様情報、商品の販売に関わる情報では対象となる階層や部門が異なり、それぞれ宛先とするか写しとするかの情報展開強度もすみ分ける必要がある。

	A	B	C
1	氏名	役職（所属）	メールアドレス
2	北川 健司	ITサービス事業本部長	Kitagawa.Kenji@haru.co.jp
3	片山 大樹	ITサービス事業本部 副本部長	Katayama.Daiki@haru.co.jp
4	高村 莉紗	ITサービス事業本部 副本部長	Takamura.Risa@haru.co.jp
5	小嶋 雪子	ITサービス事業本部 事業企画部長	Kojima.Yukiko@haru.co.jp
6	国分 彦太郎	ITサービス事業本部 事業企画部 次長	Kokubun.Hikotaro@haru.co.jp
7	丹羽 萌衣	ITサービス事業本部 事業企画部 企画課長	Niwa.Moe@haru.co.jp
8	土田 義男	ITサービス事業本部 事業企画部 企画課	Tsuchida.Yoshio@haru.co.jp
9	金丸 玲二	ITサービス事業本部 事業企画部 企画課	Kanamaru.Reiji@haru.co.jp
10	中原 浩幸	ITサービス事業本部 事業企画部 企画課	Nakahara.Hiroyuki@haru.co.jp
11	冨永 玲	ITサービス事業本部 事業企画部 企画課	Tominaga.Rei@haru.co.jp
12	松元 綾華	ITサービス事業本部 事業企画部 業務課長	Matsumoto.Ayaka@haru.co.jp
13	鹿野 亜希子	ITサービス事業本部 事業企画部 業務課	Shikano.Akiko@haru.co.jp
14	梶原 知花	ITサービス事業本部 事業企画部 業務課	Kajiwara.Chika@haru.co.jp
15	森田 華音	ITサービス事業本部 事業企画部 業務課	Morita.Hanon@haru.co.jp
16	小暮 敬一	ITサービス事業本部 事業企画部 業務課	Kogure.Keiichi@haru.co.jp
17	大林 浩次	ITサービス事業本部 事業企画部 業務課	Obayashi.Koji@haru.co.jp
18	日下 寿	ITサービス事業本部 メディア開発部長	Kusaka.Hisashi@haru.co.jp
19	山元 達也	ITサービス事業本部 メディア開発部 次長	Yamamoto.Tatsuya@haru.co.jp
20	井川 朱莉	ITサービス事業本部 メディア開発部 設計課長	Igawa.Akari@haru.co.jp
21	中尾 涼子	ITサービス事業本部 メディア開発部 設計課	Nakao.Ryoko@haru.co.jp
22	石川 義彦	ITサービス事業本部 メディア開発部 設計課	Ishikawa.Yoshihiko@haru.co.jp
23	浅見 碧依	ITサービス事業本部 メディア開発部 設計課	Asami.Aoi@haru.co.jp
24	川上 颯太	ITサービス事業本部 メディア開発部 設計課	Kawakami.Sota@haru.co.jp
25	重田 立哉	ITサービス事業本部 メディア開発部 設計課	Shigeta.Tatsuya@haru.co.jp

マスターの宛先リストから1つずつ対象アドレスをピックアップし、宛先・写しの判断をしながらメールアプリや社内の基幹ワークフローシステムのアドレスボックスにインプットしていくのは相当時間がかかってしまう。

こんなときは次のステップで柔軟に対応しよう。

❶メールの種別ごとに宛先の種類（TO、CC、－（送付不要））がわかるように追記する。

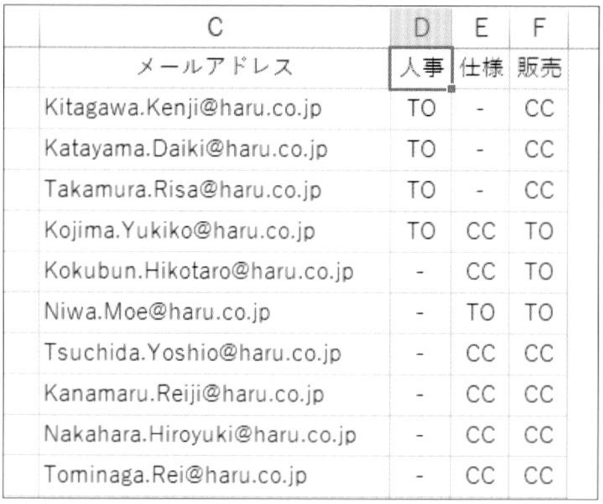

❷表の欄外に、メールの種別と宛先の種類をそれぞれリスト化する。

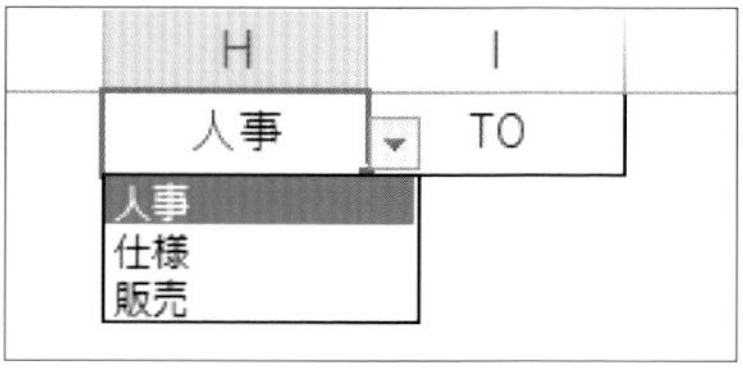

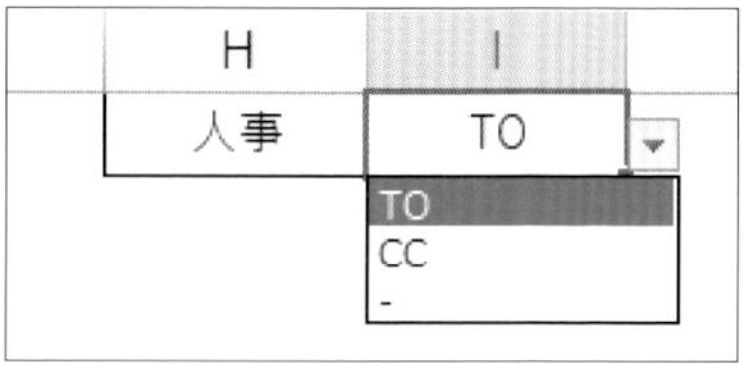

❸ FILTER 関数を挿入し、第 1 引数「配列」にメールアドレスの範囲を参照する。

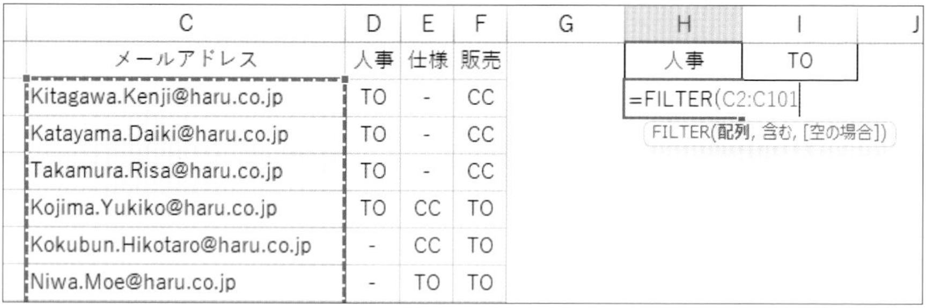

❹第 2 引数「含む」に XLOOKUP 関数を挿入し、検索値としてメール種別のリストを参照する。

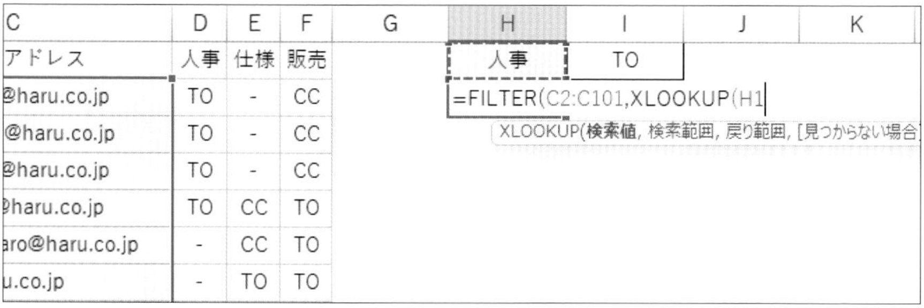

❺ XLOOKUP 関数の第 2 引数「検索範囲」に表中のメール種別見出しを参照し、第 3 引数「戻り範囲」に宛先種類の範囲を参照する。

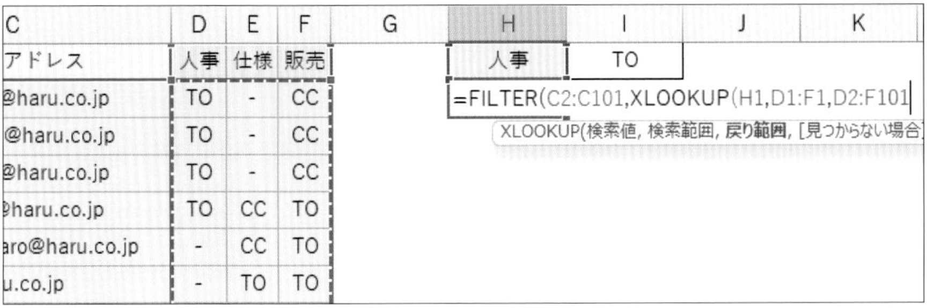

Chapter.4 の XLOOKUP 関数で指定の列だけを抽出表示するときに、見出しを検索範囲とし、取得したい情報を戻り範囲としたね。今回サーチする方向もそれと同じなんだ！

❻ XLOOKUP 関数のカッコを閉じ、=（イコール）に続けて宛先種類のリストを参照する。

❼ FILTER 関数の第 3 引数「空の場合」に該当データがないときに表示する値や文字列を指示する。（下図は「""」で空白を返すよう設定した状態）

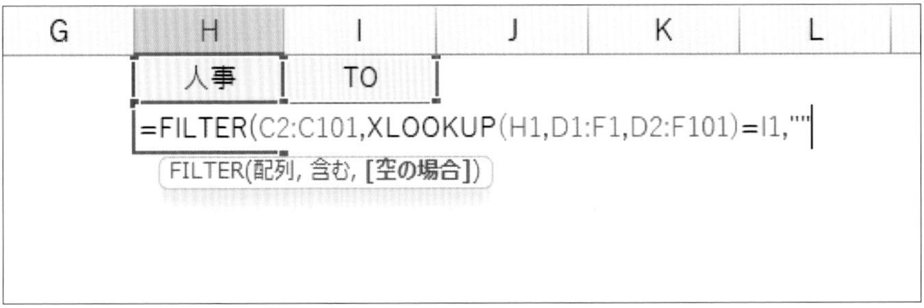

これにより、指定したメールの種別と宛先の種類に該当するアドレスが抽出できる。

D	E	F	G	H	I	J
人事	仕様	販売		人事	TO	
TO	-	CC		Kitagawa.Kenji@haru.co.jp		
TO	-	CC		Katayama.Daiki@haru.co.jp		
TO	-	CC		Takamura.Risa@haru.co.jp		
TO	CC	TO		Kojima.Yukiko@haru.co.jp		
-	CC	TO		Kusaka.Hisashi@haru.co.jp		
-	TO	TO		Tsutsumi.Moe@haru.co.jp		
-	CC	CC		Nitta.Kihachiro@haru.co.jp		
-	CC	CC		Otaki.Mamiko@haru.co.jp		
-	CC	CC		Inomata.Kazuma@haru.co.jp		
-	CC	CC		Katsumata.Sakura@haru.co.jp		
-	TO	TO		Kodaira.Yuri@haru.co.jp		
-	CC	CC		Taira.Ayako@haru.co.jp		
-	CC	CC		Nagasaki.Haruhiko@haru.co.jp		
-	CC	CC		Kitamura.Kokone@haru.co.jp		
-	CC	CC		Nambu.Yoshio@haru.co.jp		
-	CC	CC		Takasaka.Masakazu@haru.co.jp		
TO	-	TO		Kawamoto.Miko@haru.co.jp		
-	-	TO		Nonaka.Junichi@haru.co.jp		
-	TO	TO		Okawara.Neon@haru.co.jp		
-	TO	CC		Umezawa.Tsukasa@haru.co.jp		

リスト選択だけで対象のアドレスが瞬時に切り替わる。

D	E	F	G	H	I	J
人事	仕様	販売		仕様	CC	
TO	-	CC		Kojima.Yukiko@haru.co.jp		
TO	-	CC		Kokubun.Hikotaro@haru.co.jp		
TO	-	CC		Tsuchida.Yoshio@haru.co.jp		
TO	CC	TO		Kanamaru.Reiji@haru.co.jp		
-	CC	TO		Nakahara.Hiroyuki@haru.co.jp		
-	TO	TO		Tominaga.Rei@haru.co.jp		
-	CC	CC		Shikano.Akiko@haru.co.jp		
-	CC	CC		Kajiwara.Chika@haru.co.jp		
-	CC	CC		Morita.Hanon@haru.co.jp		
-	CC	CC		Kogure.Keiichi@haru.co.jp		
-	TO	TO		Obayashi.Koji@haru.co.jp		
-	CC	CC		Nakazawa.Toshio@haru.co.jp		
-	CC	CC		Umezawa.Tsukasa@haru.co.jp		
-	CC	CC		Nishiwaki.Hidemitsu@haru.co.jp		
-	CC	CC		Morioka.Yoshiaki@haru.co.jp		
-	CC	CC		Umemura.Taisuke@haru.co.jp		
TO	-	TO		Yaguchi.Mikiko@haru.co.jp		
-	-	TO				
-	TO	TO				
-	TO	CC				

抽出されたアドレスの範囲を選択してコピーし、メールアプリや社内一斉送信用のワークフローシステムのアドレスボックスにペーストする。

※社内宛の発信はメーリングリストの活用がおすすめだが、今回の手順をおさえておけばメーリングリスト自体のメンテナンスにも有効だ。

※取引先など組織外のメンバーに発信する場合は、BCCで対象者がわからないようにする、社名・役職を含めて基幹システムで一元管理する等、コンプライアンスに十分注意しよう。

もちろん表にオートフィルターを設定し、メールの種別ごとにつど宛先種別を絞り込んでも良い。ただしフィルターメニュー操作が求められたり、表示されたアドレスだけをコピーするために可視セル選択のステップを踏む必要があったりする。
FILTER関数ならこうした工程をも簡略化できるということだ。

テクニック **オートフィルターとFILTER関数の違いを理解しておこう！**

	オートフィルター	FILTER関数
絞り込み操作	△ フィルターメニュー操作が必要	○ リスト選択や他の関数と組み合わせて半自動化できる
複数条件への対応	△ 複数条件の絞り込みは「AかつB」のAND条件がデフォルト（OR条件はカスタム設定が必要）	○ 「AかつB」「AまたはB」の複数条件抽出を容易に切替／両立できる
元データ更新時	△ データが更新された際にフィルターをかけ直す必要がある	○ 元データが更新されても動的配列数式に自動反映される
コピー＆ペースト	△ コピー＆ペーストする際に可視セルだけを選択する必要がある	○ 抽出されたスピル範囲をそのままコピーできる

テクニック　なぜ「*」と「+」を使うのか

FILTER関数で複数条件を指示するとき、条件同士を「*」（アスタリスク）や「+」（プラス）でつなげた。

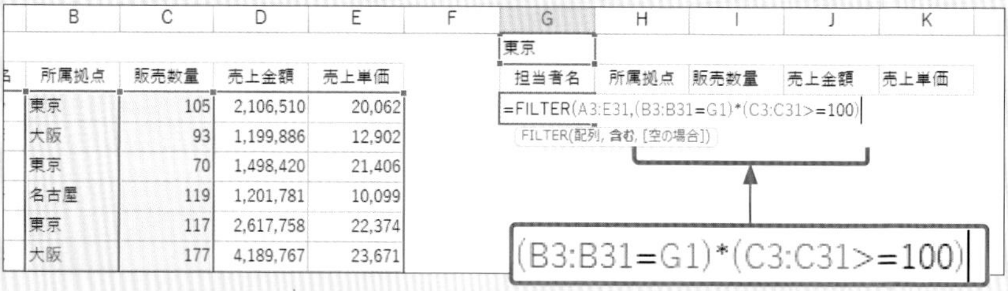

さらに指定条件「以外」のデータをすべて取得したいときに、設定した条件から「1」を差し引いた。

なぜこのようなしくみが採用されているのか、背景に踏み込んでいく。

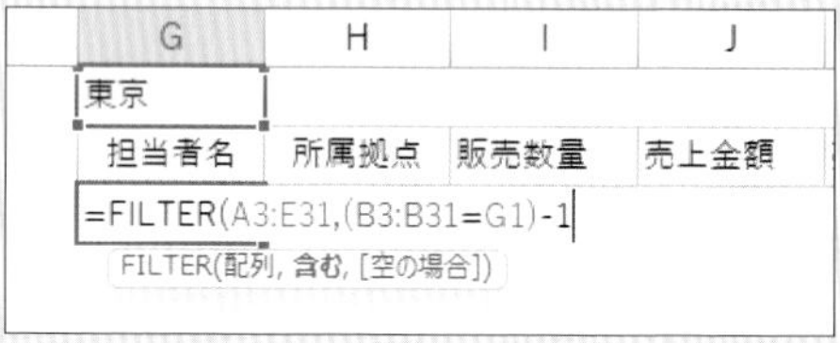

特定の関数で検索や演算の対象となる条件を指示したとき、Excelは検証範囲のすべてのデータにおいて、ユーザー指定の条件にマッチするかどうかをものすごいスピードで判定している。IF関数の引数が「値が真の場合」「値が偽の場合」となっている通り、判定のポイントは「正しいか」「正しくないか」の2択だ。

判定	意味	結果	
真	正しい、合っている、条件を満たしている	TRUE	1（0以外）
偽	正しくない、間違っている、条件を満たしていない	FALSE	0

プログラム上はそれぞれ「1（0以外）」「0」の値で処理され、結果として真偽を表す「TRUE」「FALSE」が返される。

この前提知識をおさえた上で、以下を判定条件に設定したとする。

❶東京の拠点に在籍している

❷販売数量が100個以上である

	A	B	C	D	E
1					
2	担当者名	所属拠点	販売数量	売上金額	売上単価
3	笠原 理紗	東京	105	2,106,510	20,062
4	筒井 遥華	大阪	93	1,199,886	12,902
5	永瀬 務	東京	70	1,498,420	21,406
6	福本 三平	名古屋	119	1,201,781	10,099
7	板垣 力	東京	117	2,617,758	22,374
8	大和 正記	大阪	177	4,189,767	23,671

もし、**東京の拠点に在籍しているが販売数量が 100 個に満たないデータの場合**、それぞれの処理は以下のようになる。

(①東京) ×（②数量 100 個以上） ←【AND 条件】A かつ B
(①東京) +（②数量 100 個以上） ←【OR 条件】A または B

⬇

(①：1) ×（②：0）←【AND 条件】A かつ B
(①：1) +（②：0）←【OR 条件】A または B

東京の拠点に在籍しているという条件を満たしているため、①は TRUE（1）、販売数量が 100 個に満たないため、②は FALSE（0）だ。

これを踏まえて、それぞれの計算結果を見てみる。
(①：1) ×（②：0） **= 0** ←【AND 条件】A かつ B
(①：1) +（②：0） **= 1** ←【OR 条件】A または B

【A かつ B】設定した複数条件のうち 1 つでも該当しなければ、たとえ他の条件にマッチしていても対象外のデータとしてはじかれる。結果、「東京の拠点に在籍しているが販売数量が 100 個に満たないデータ」は**対象外**となる。
0 に何をかけても 0 のため、すべての条件を満たす必要がある AND 条件での絞り込みに「*（かけ算）」が用いられるのだ。

【A または B】設定した複数条件のうち 1 つでも該当していれば、たとえ他の条件にマッチしていなくても対象のデータとして判定する。結果、「東京の拠点に在籍しており販売数量が 100 個に満たないデータ」は**対象**となる。
0 + 1 = 1 であり、1 + 1 = 2 のため 0 以外に該当する。そのため、いずれかの条件を満たせばよい OR 条件での絞り込みに「+（たし算）」が用いられるのだ。

以上のことから、指定条件「以外」のデータをすべて取得するときに条件から「1」を差し引いた理由も見えてくる。

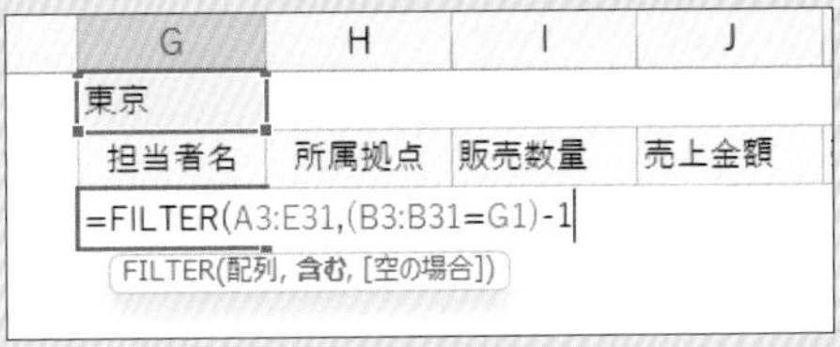

東京に該当するかどうかを条件とした場合、本来なら「1（TURE）」判定となる東京のデータが抽出されるが、そこから**「1」を引くことで 1 − 1 = 0 となる**。これにより、東京に該当するという条件を満たさず**「0（FALSE）」判定となる東京「以外」のデータが、すべて取得できるということだ。**

Chapter.1「SUMPRODUCT 関数」のコラムで紹介したあの数式も今なら読み解ける！

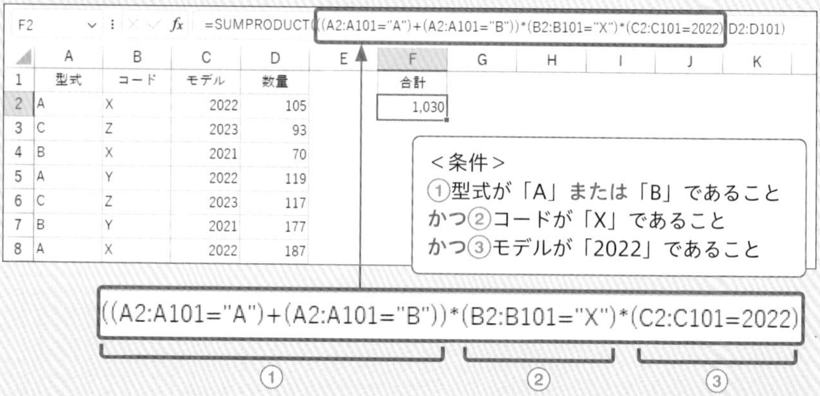

SUMPRODUCT 関数は配列同士の同じ位置にある値をまずかけ算（product）し、その結果をたし算（sum）してくれる関数だった。（Chapter.1　メソッド 5 参照）

今回は各データで上記の条件を判定し、合致すれば TRUE（1）、合致しなければ FALSE（0）と処理する。その結果に合計対象範囲となる値（サンプルの場合「数量」）をかけ合わせる。
TRUE（1）とかければそのまま数量として残り、FALSE（0）とかければゼロとなる。

それぞれの結果を合計すると、条件に合う数量のみが合算されるというカラクリだ。

型式	コード	モデル	論理値		数量		合計
A	X	2022	TRUE	1×	105	=	105
C	Z	2023	FALSE	0×	93	=	0
B	X	2021	FALSE	0×	70	=	0
	～				～		
A	Z	2022	FALSE	0×	137	=	0
B	X	2022	TRUE	1×	76	=	76
B	Y	2023	FALSE	0×	199	=	0

複数条件に該当する値を合計する SUMIFS 関数は、それ単体では OR 条件での判定や AND 条件 /OR 条件が混在したケースに対応できず、ひと工夫もふた工夫も必要となる。
対して SUMPRODUCT 関数なら**複雑な判定も関数 1 つで完結でき、引数を見れば何を条件としているかも読み取りやすい。**

method 38

サンプルファイル
シート No.38

リピーターと新規顧客を分けて表示する

店舗や施設の来店者や売上実績を確認するために、リピーターと新規顧客を分けてターゲティングしたり、購入金額や購入単価順に並び変えて分析したりすることがあります。

たとえば下図のようなマスターデータがあったとして、いずれかの店舗を複数回利用しているリピーターと1度きりしか購入履歴がない新規顧客を1つずつピックアップするのは大変です。また購入金額等で並び変えるにしても、せっかく蓄積した表のデータ順序が変化するのはできれば避けたいですよね。

そこでこのメソッドでは、重複データのすみ分けや元データを崩さずに並び替えを実現する関数を演習します。

	A	B	C	D	E
1	日付	氏名	店名	購入金額	購入単価
2	9月11日	坂下 彩香	B	170,931	11,395
3	9月11日	大津 沙彩	C	117,603	5,880
4	9月11日	南 修子	A	48,313	3,020
5	9月11日	筒井 遥華	A	20,436	4,087
6	9月12日	筒井 遥華	B	113,647	10,332
7	9月13日	古賀 琴美	A	89,337	5,255
8	9月13日	諏訪 和子	C	346,729	20,396
9	9月13日	窪田 華弥子	B	242,651	14,274
10	9月13日	諏訪 和子	C	60,249	8,607
11	9月13日	上原 詠美	A	11,330	1,416
12	9月13日	南 修子	B	221,048	11,052
13	9月13日	窪田 華弥子	B	28,866	1,443
14	9月14日	福永 杏奈	C	54,936	6,867

初出の関数

01 UNIQUE 関数 =UNIQUE(配列 ,[列の比較],[回数指定])

配列内の一意の値の一覧を返す

02 SORT 関数 =SORT(配列 ,[並べ替えインデックス],[並べ替え順序],[並べ替え基準])

指定した位置のデータで配列を並べ替える

03 SORTBY 関数 =SORTBY(配列 , 基準配列 1,[並べ替え順序 1],…)

指定した範囲（配列）の値に基づいて配列を並べ替える

UNIQUE 関数

UNIQUE 関数のデフォルトの仕様では、重複しているデータは 1 つに絞り、ダブりなく取得できる。(unique：一意、唯一、個性的)

新規顧客と複数回来店しているリピーターが混在する元データから、対象の氏名を取り出していく。

	G	H	I	J	K
	氏名	新規	リピーター	店名	

UNIQUE 関数の基本動作

● すべてのデータを重複なく取得

新規・リピーター関係なく、1 度でも商品を購入している氏名をダブりなく表示する。

UNIQUE 関数を挿入し、第 1 引数「配列」に氏名の範囲を参照する。

	A	B	C	D	E	F	G	H	I
1	日付	氏名	店名	購入金額	購入単価		氏名	新規	リピーター
2	9月11日	坂下 彩香	B	170,931	11,395		=UNIQUE(B2:B21		
3	9月11日	大津 沙彩	C	117,603	5,880				
4	9月11日	南 修子	A	48,313	3,020				
5	9月11日	筒井 遥華	A	20,436	4,087				
6	9月12日	筒井 遥華	B	113,647	10,332				

UNIQUE(配列, [列の比較], [回数指定])

UNIQUE 関数の必須引数はこれだけだ。
結果、すべての氏名をダブりなくスピルで取り出せる。

なお、UNIQUE 関数の第 2 引数「列の比較」は、横に並んだデータを重複なく取得するときに使う。

	A	B	C	D	E	F	G
1	日付	氏名	店名	購入金額	購入単価		氏名
2	9月11日	坂下 彩香	B	170,931	11,395		坂下 彩香
3	9月11日	大津 沙彩	C	117,603	5,880		大津 沙彩
4	9月11日	南 修子	A	48,313	3,020		南 修子
5	9月11日	筒井 遥華	A	20,436	4,087		筒井 遥華
6	9月12日	筒井 遥華	B	113,647	10,332		古賀 琴美
7	9月13日	古賀 琴美	A	89,337	5,255		諏訪 和子
8	9月13日	諏訪 和子	C	346,729	20,396		窪田 華弥子
9	9月13日	窪田 華弥子	B	242,651	14,274		上原 詠美
10	9月13日	諏訪 和子	C	60,249	8,607		福永 杏奈
11	9月13日	上原 詠美	A	11,330	1,416		大崎 双葉
12	9月13日	南 修子	B	221,048	11,052		笠原 理紗
13	9月13日	窪田 華弥子	B	28,866	1,443		岩谷 愛花理
14	9月14日	福永 杏奈	C	54,936	6,867		平沢 凪紗
15	9月14日	大崎 双葉	A	43,433	2,896		

下図は UNIQUE 関数の第 2 引数を設定せずに参照した状態で、すべてのデータがそのまま表示されていることがわかる。

B3 =UNIQUE(B1:U1)

	A	B	C	D	E	F	G	H	I	J	K	L	M	N	O	P	
1	氏名	坂下 彩香	大津 沙彩	南 修子	筒井 遥華	筒井 遥華	古賀 琴美	諏訪 和子	窪田 華弥子	諏訪 和子	上原 詠美	南 修子	窪田 華弥子	福永 杏奈	大崎 双葉	諏訪 和子	大津
2																	
3	氏名	坂下 彩香	大津 沙彩	南 修子	筒井 遥華	筒井 遥華	古賀 琴美	諏訪 和子	窪田 華弥子	諏訪 和子	上原 詠美	南 修子	窪田 華弥子	福永 杏奈	大崎 双葉	諏訪 和子	大津
4																	
5																	

そこで「列の比較」をTRUE（一意の列を返す）にすると、UNIQUE関数が横方向（列単位）で機能する。

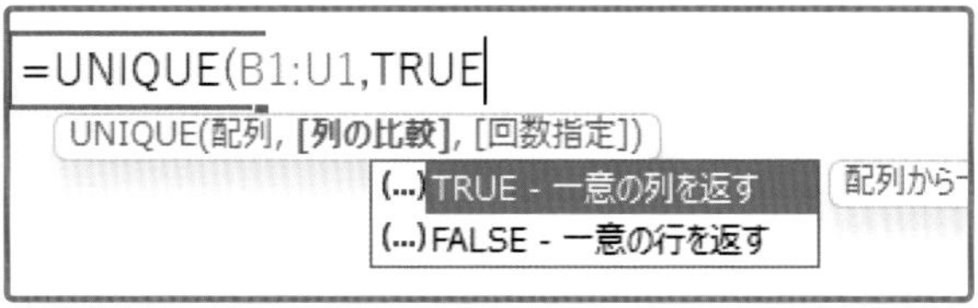

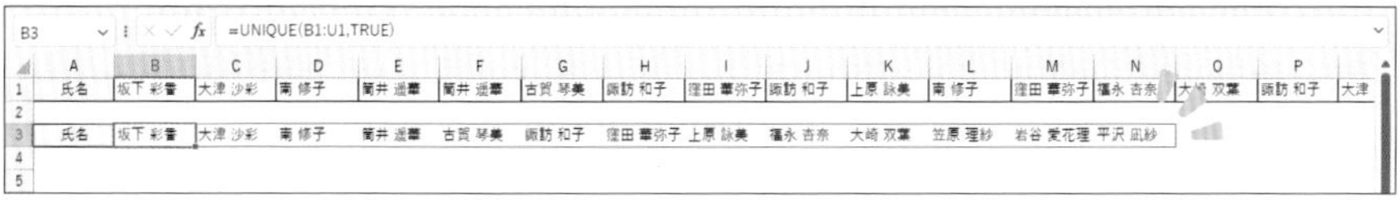

● 1件だけ存在するデータの取得

過去に来店記録がなく、初めて商品を購入した新規顧客を表示する。

❶UNIQUE関数を挿入し、第1引数「配列」に氏名の範囲を参照する。
❷第2引数「列の単位」はスキップする。
❸第3引数「回数指定」に、TRUE（1回だけ出現するアイテムを返す）にする。

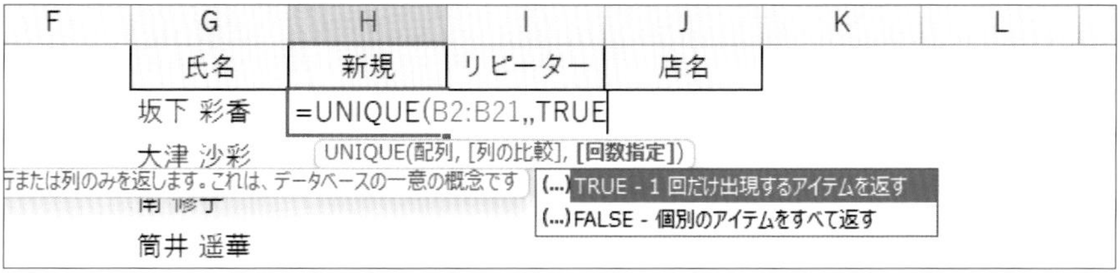

これにより、対象範囲に一度だけ登場した氏名を取得できる。

	A	B	C	D	E	F	G	H
1	日付	氏名	店名	購入金額	購入単価		氏名	新規
2	9月11日	坂下 彩香	B	170,931	11,395		坂下 彩香	坂下 彩香
3	9月11日	大津 沙彩	C	117,603	5,880		大津 沙彩	古賀 琴美
4	9月11日	南 修子	A	48,313	3,020		南 修子	上原 詠美
5	9月11日	筒井 遥華	A	20,436	4,087		筒井 遥華	福永 杏奈
6	9月12日	筒井 遥華	B	113,647	10,332		古賀 琴美	大崎 双葉
7	9月13日	古賀 琴美	A	89,337	5,255		諏訪 和子	笠原 理紗
8	9月13日	諏訪 和子	C	346,729	20,396		窪田 華弥子	岩谷 愛花理
9	9月13日	窪田 華弥子	B	242,651	14,274		上原 詠美	平沢 凪紗
10	9月13日	諏訪 和子	C	60,249	8,607		福永 杏奈	
11	9月13日	上原 詠美	A	11,330	1,416		大崎 双葉	
12	9月13日	南 修子	B	221,048	11,052		笠原 理紗	
13	9月13日	窪田 華弥子	B	28,866	1,443		岩谷 愛花理	
14	9月14日	福永 杏奈	C	54,936	6,867		平沢 凪紗	
15	9月14日	大崎 双葉	A	43,433	2,896			
16	9月15日	諏訪 和子	B	227,672	22,767			

● 複数件存在するデータの取得

すでに2回以上購入記録があるリピーターを表示する。

Chapter.4 の VLOOKUP 関数で重複データをナンバリングしたのと同じだ！

❶表の欄外に COUNTIF 関数を挿入し、その時点の過去購入回数を数える。

これにより、**商品を複数回購入しているデータには2以上の値が返される。**

	A	B	C	D	E	F	G	H
1	日付	氏名	店名	購入金額	購入単価		氏名	新規
2	9月11日	坂下 彩香	B	170,931	11,395	1	坂下 彩香	坂下 彩香
3	9月11日	大津 沙彩	C	117,603	5,880	1	大津 沙彩	古賀 琴美
4	9月11日	南 修子	A	48,313	3,020	=COUNTIF($B$2:B4,B4)		
5	9月11日	筒井 遥華	A	20,436	4,087	1	筒井 遥華	福永 杏奈
6	9月12日	筒井 遥華	B	113,647	10,332	2	古賀 琴美	大崎 双葉
7	9月13日	古賀 琴美	A	89,337	5,255	1	諏訪 和子	笠原 理紗
8	9月13日	諏訪 和子	C	346,729	20,396	1	窪田 華弥子	岩谷 愛花理
9	9月13日	窪田 華弥子	B	242,651	14,274	1	上原 詠美	平沢 凪紗
10	9月13日	諏訪 和子	C	60,249	8,607	2	福永 杏奈	
11	9月13日	上原 詠美	A	11,330	1,416	1	大崎 双葉	
12	9月13日	南 修子	B	221,048	11,052	2	笠原 理紗	
13	9月13日	窪田 華弥子	B	28,866	1,443	2	岩谷 愛花理	
14	9月14日	福永 杏奈	C	54,936	6,867	1	平沢 凪紗	

❷FILTER 関数を挿入し、第1引数「配列」に氏名の範囲を参照する。

❸第2引数「含む」に氏名の登場回数をカウントした❶の範囲を参照し、その値が1を超えているか（複数回購入しているか）を判定する。

C	D	E	F	G	H	I	J
店名	購入金額	購入単価		氏名	新規	リピーター	店名
	170,931	11,395	1	坂下 彩香	坂下 彩香	=FILTER(B2:B21,F2:F21>1 FILTER(配列, 含む, [空の場合])	
	117,603	5,880	1	大津 沙彩	古賀 琴美		
	48,313	3,020	1	南 修子	上原 詠美		
	20,436	4,087	1	筒井 遥華	福永 杏奈		
	113,647	10,332	2	古賀 琴美	大崎 双葉		
	89,337	5,255	1	諏訪 和子	笠原 理紗		
	346,729	20,396	1	窪田 華弥子	岩谷 愛花理		
	242,651	14,274	1	上原 詠美	平沢 凪紗		
	60,249	8,607	2	福永 杏奈			
	11,330	1,416	1	大崎 双葉			
	221,048	11,052	2	笠原 理紗			
	28,866	1,443	2	岩谷 愛花理			
	54,936	6,867	1	平沢 凪紗			

これにより、リピーターの氏名が取得できる。
ただし3回以上購入履歴のあるデータはリピートした数だけ氏名が表示されるため、最後にこれをUNIQUE関数で絞っていく。

	G	H	I	J
	氏名	新規	リピーター	店名
1	坂下 彩香	坂下 彩香	筒井 遥華	
1	大津 沙彩	古賀 琴美	諏訪 和子	
1	南 修子	上原 詠美	南 修子	
1	筒井 遥華	福永 杏奈	窪田 華弥子	
2	古賀 琴美	大崎 双葉	諏訪 和子	
1	諏訪 和子	笠原 理紗	大津 沙彩	
1	窪田 華弥子	岩谷 愛花理	諏訪 和子	
1	上原 詠美	平沢 凪紗		
2	福永 杏奈			
1	大崎 双葉			

❹ UNIQUE関数でFILTER関数をネストする。

```
=UNIQUE(FILTER(B2:B21,F2:F21>1))
```

これにより、対象範囲に複数回登場した氏名を取得できる。

	G	H	I	J
	氏名	新規	リピーター	店名
1	坂下 彩香	坂下 彩香	筒井 遥華	
1	大津 沙彩	古賀 琴美	諏訪 和子	
1	南 修子	上原 詠美	南 修子	
1	筒井 遥華	福永 杏奈	窪田 華弥子	
2	古賀 琴美	大崎 双葉	大津 沙彩	
1	諏訪 和子	笠原 理紗		
1	窪田 華弥子	岩谷 愛花理		
1	上原 詠美	平沢 凪紗		
2	福永 杏奈			
1	大崎 双葉			

ちなみに、UNIQUE関数の第1引数「配列」もFILTER関数のように複数列にまたがって指示できる。（下図は元データにおいて氏名と店名の範囲を参照した状態）

=UNIQUE(FILTER(B2:C21,F2:F21>1))

B	C	D	E	F	G	H	I	J	K
氏名	店名	購入金額	購入単価		氏名	新規	リピーター	店名	
坂下 彩香	B	170,931	11,395	1	坂下 彩香	坂下 彩香	=UNIQUE(FILTER(B2:C21,F2:F21>1))		
大津 沙彩	C	117,603	5,880	1	大津 沙彩	古賀 琴美	諏訪 和子		
南 修子	A	48,313	3,020	1	南 修子	上原 詠美	南 修子		
筒井 遥華	A	20,436	4,087	1	筒井 遥華	福永 杏奈	窪田 華弥子		
筒井 遥華	B	113,647	10,332	2	古賀 琴美	大崎 双葉	大津 沙彩		
古賀 琴美	A	89,337	5,255	1	諏訪 和子	笠原 理紗			
諏訪 和子	C	346,729	20,396	1	窪田 華弥子	岩谷 愛花理			
窪田 華弥子	B	242,651	14,274	1	上原 詠美	平沢 凪紗			
諏訪 和子	C	60,249	8,607	2	福永 杏奈				

複数列を参照

この場合は氏名単体でなく、氏名と店名の組み合わせとしてユニークな値が返される。

たとえばこの中で諏訪さんが3回登場しているが、諏訪さんと店舗C、諏訪さんと店舗B、諏訪さんと店舗Aの組み合わせはそれぞれが一意のため、右図のように表示されるのだ。

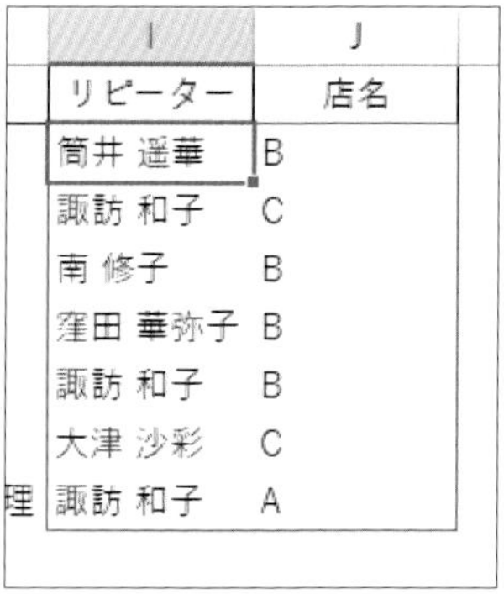

UNIQUE関数の活用例

スピルやFILTER関数のメソッドでも触れた通り、重複するデータが見つかった場合に「1件ずつ」残してくれるUNIQUE関数はドロップダウンリストやマトリクス表との相性が良い。

● ドロップダウンリストに

❶UNIQUE関数で店名の範囲を参照する。

❷「データの入力規則」を呼び出し、入力値の種類から「リスト」を選択する。

❸元の値に、UNIQUE関数を挿入したセル番地とスピル範囲演算子を付与する。

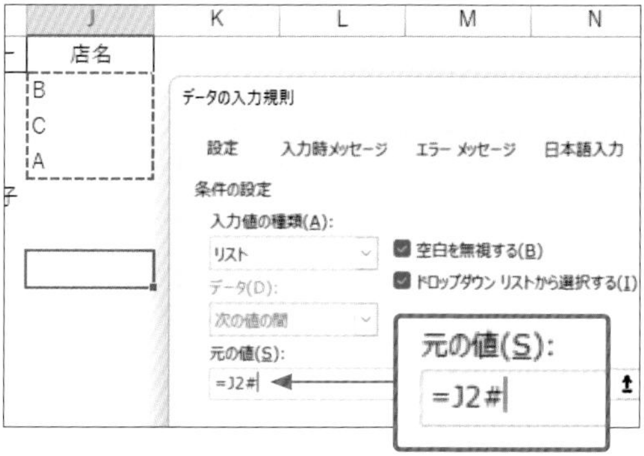

これにより、店名をモレなくダブりなくドロップダウンリストに反映できる。

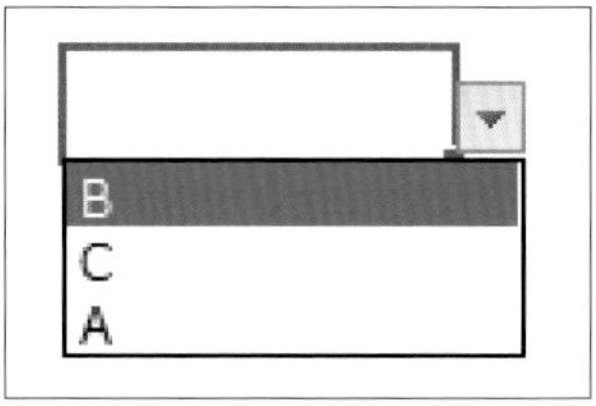

● マトリクス表にしてデータ分析

UNIQUE 関数で取得した重複のないデータを見出しとすることで、縦に日付、横に向け先を並べるなど、マトリクス形式でのデータ分析を効率的に行える。

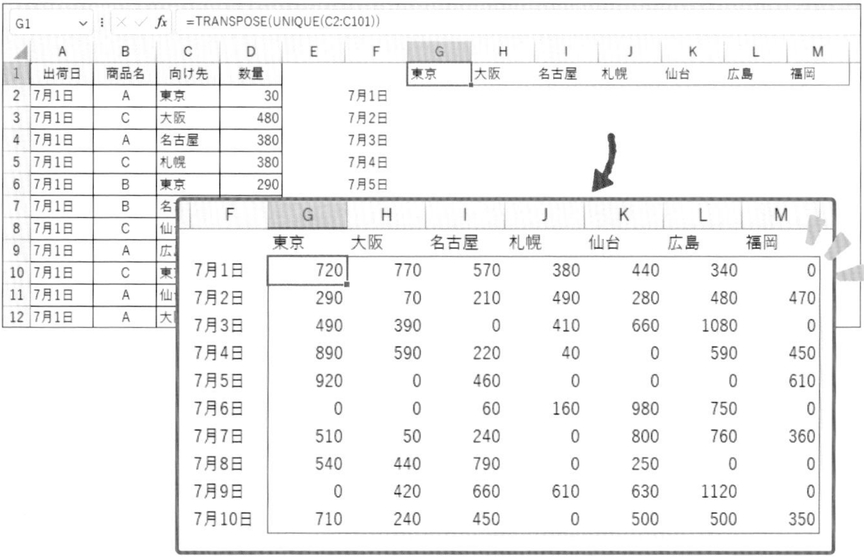

	東京	大阪	名古屋	札幌	仙台	広島	福岡
7月1日	720	770	570	380	440	340	0
7月2日	290	70	210	490	280	480	470
7月3日	490	390	0	410	660	1080	0
7月4日	890	590	220	40	0	590	450
7月5日	920	0	460	0	0	0	610
7月6日	0	0	60	160	980	750	0
7月7日	510	50	240	0	800	760	360
7月8日	540	440	790	0	250	0	0
7月9日	0	420	660	610	630	1120	0
7月10日	710	240	450	0	500	500	350

なお、先ほど生成した店名のドロップダウンリスト（アルファベット）の順番が気になるときは、次ページから解説する SORT 関数を使おう。

店名を取得した UNIQUE 関数を SORT 関数の第 1 引数「配列」に入れ込む。
これにより、元のスピル範囲とドロップダウンリストのアルファベット順序が揃う。

SORT 関数

数値やアルファベットなどの規則的なデータを指定の順序で並び替えるときは、**SORT 関数**を使う。（sort：種類、分別、並べ替え）

SORT 関数の基本動作

下図の表に集められたデータを、年齢や金額に応じて並べ替えていく。

F2 ⌄ ⁝ × ✓ *fx*

	A	B	C	D	E	F	G	H	I
1	氏名	年齢	購入金額	購入単価		氏名	年齢	購入金額	購入単価
2	坂下 彩香	42	170,931	11,395					
3	大津 沙彩	50	318,891	39,428					
4	南 修子	46	269,361	14,072					
5	筒井 遥華	43	134,083	14,419					
6	古賀 琴美	48	89,337	5,255					
7	諏訪 和子	42	824,105	67,558					
8	窪田 華弥子	40	271,517	15,717					
9	上原 詠美	41	11,330	1,416					
10	福永 杏奈	50	54,936	6,867					
11	大崎 双葉	41	43,433	2,896					
12	笠原 理紗	41	62,523	5,684					
13	岩谷 愛花理	45	269,661	19,262					
14	平沢 凪紗	49	238,277	21,662					
15									

まずはシンプルに年齢の若い順に並び変える。

❶ SORT 関数を挿入し、第 1 引数「配列」に元データの範囲を参照する。

⌄ ⁝ × ✓ *fx* =SORT(A2:D14

	A	B	C	D	E	F	G	H	I
1	氏名	年齢	購入金額	購入単価		氏名	年齢	購入金額	購入単価
2	坂下 彩香	42	170,931	11,395		=SORT(A2:D14			
3	大津 沙彩	50	318,891	39,428		SORT(配列, [並べ替えインデックス], [並べ替え順序], [並べ替え基準])			
4	南 修子	46	269,361	14,072					
5	筒井 遥華	43	134,083	14,419					
6	古賀 琴美	48	89,337	5,255					
7	諏訪 和子	42	824,105	67,558					
8	窪田 華弥子	40	271,517	15,717					
9	上原 詠美	41	11,330	1,416					
10	福永 杏奈	50	54,936	6,867					
11	大崎 双葉	41	43,433	2,896					
12	笠原 理紗	41	62,523	5,684					
13	岩谷 愛花理	45	269,661	19,262					
14	平沢 凪紗	49	238,277	21,662					
15					13R x 4C				

❷第2引数「並べ替えインデックス」に、第1引数「配列」内のどの列にあるデータで並び変えるかを値で指示する。今回は年齢でソートするため左から「2」列目を入力する。

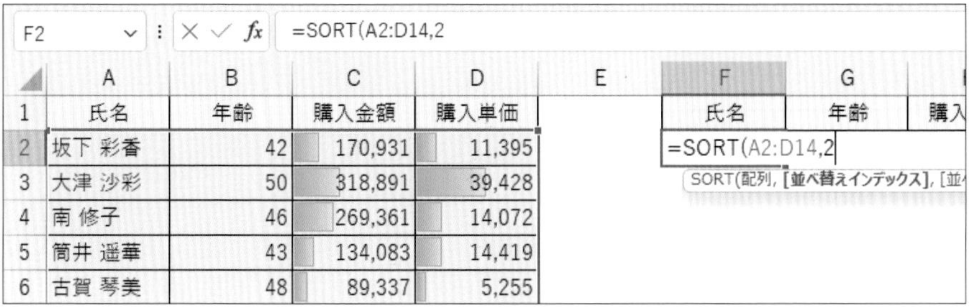

	A	B	C	D	E	F	G
1	氏名	年齢	購入金額	購入単価		氏名	年齢
2	坂下 彩香	42	170,931	11,395		=SORT(A2:D14,2	
3	大津 沙彩	50	318,891	39,428			
4	南 修子	46	269,361	14,072			
5	筒井 遥華	43	134,083	14,419			
6	古賀 琴美	48	89,337	5,255			

❸第3引数「並べ替え順序」にどの方向から並べ替えるかを指示する。
今回は年齢の若い順にソートするため、値が小さい方から大きい方へ並ぶ「1 - 昇順」を入力する。

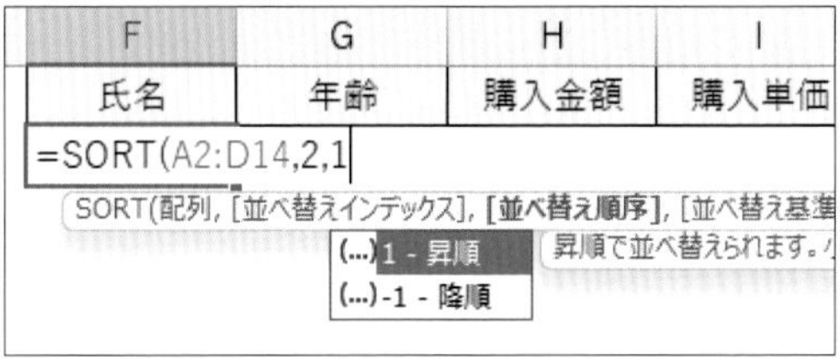

❹第4引数「並べ替え基準」は、UNIQUE関数の第2引数「列の単位」で横方向（列単位）にユニークデータを取得したのと同じだ。
今回のように縦方向（行単位）でデータが蓄積されている表を並び替えるときは無視する。

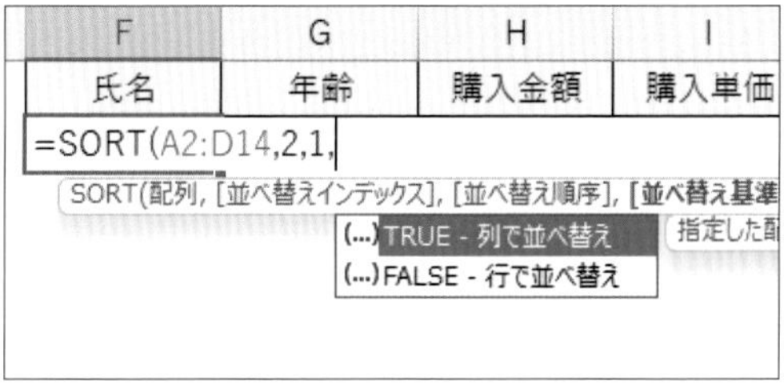

これにより、年齢の若い順にデータが入れ替わる。

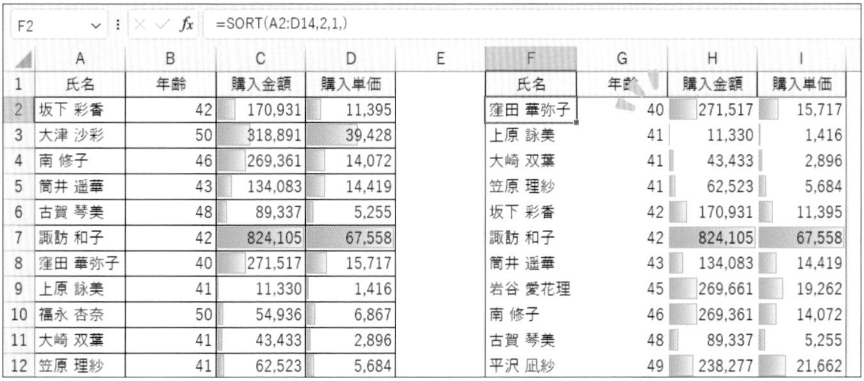

	A	B	C	D	E	F	G	H	I
1	氏名	年齢	購入金額	購入単価		氏名	年齢	購入金額	購入単価
2	坂下 彩香	42	170,931	11,395		窪田 華弥子	40	271,517	15,717
3	大津 沙彩	50	318,891	39,428		上原 詠美	41	11,330	1,416
4	南 修子	46	269,361	14,072		大崎 双葉	41	43,433	2,896
5	筒井 遥華	43	134,083	14,419		笠原 理紗	41	62,523	5,684
6	古賀 琴美	48	89,337	5,255		坂下 彩香	42	170,931	11,395
7	諏訪 和子	42	824,105	67,558		諏訪 和子	42	824,105	67,558
8	窪田 華弥子	40	271,517	15,717		筒井 遥華	43	134,083	14,419
9	上原 詠美	41	11,330	1,416		岩谷 愛花理	45	269,661	19,262
10	福永 杏奈	50	54,936	6,867		南 修子	46	269,361	14,072
11	大崎 双葉	41	43,433	2,896		古賀 琴美	48	89,337	5,255
12	笠原 理紗	41	62,523	5,684		平沢 凪紗	49	238,277	21,662

試しに第 2 引数「並べ替えインデックス」を「3」列目とし、第 3 引数「並べ替え順序」を「-1 - 降順」にすると、購入金額が大きい順に並び替わる。

F2 =SORT(A2:D14,3,-1)

	A	B	C	D	E	F	G	H	I
1	氏名	年齢	購入金額	購入単価		氏名	年齢	購入金額	購入単価
2	坂下 彩香	42	170,931	11,395		諏訪 和子	42	824,105	67,558
3	大津 沙彩	50	318,891	39,428		大津 沙彩	50	318,891	39,428
4	南 修子	46	269,361	14,072		窪田 華弥子	40	271,517	15,717
5	筒井 遥華	43	134,083	14,419		岩谷 愛花理	45	269,661	19,262
6	古賀 琴美	48	89,337	5,255		南 修子	46	269,361	14,072
7	諏訪 和子	42	824,105	67,558		平沢 凪紗	49	238,277	21,662
8	窪田 華弥子	40	271,517	15,717		坂下 彩香	42	170,931	11,395
9	上原 詠美	41	11,330	1,416		筒井 遥華	43	134,083	14,419
10	福永 杏奈	50	54,936	6,867		古賀 琴美	48	89,337	5,255
11	大崎 双葉	41	43,433	2,896		笠原 理紗	41	62,523	5,684
12	笠原 理紗	41	62,523	5,684		福永 杏奈	50	54,936	6,867
13	岩谷 愛花理	45	269,661	19,262		大崎 双葉	41	43,433	2,896
14	平沢 凪紗	49	238,277	21,662		上原 詠美	41	11,330	1,416
15									

複数条件で並び替え（SORTBY 関数）

年齢を若い順に並べ、購入金額を大きい順に並べるなど複数条件でソートするときは SORTBY 関数を使う。

❶ SORTBY 関数を挿入し、第 1 引数「配列」に元データの範囲を参照する。

=SORTBY(A2:D14

	A	B	C	D	E	F	G	H	I
1	氏名	年齢	購入金額	購入単価		氏名	年齢	購入金額	購入単価
2	坂下 彩香	42	170,931	11,395		=SORTBY(A2:D14			
3	大津 沙彩	50	318,891	39,428					
4	南 修子	46	269,361	14,072					
5	筒井 遥華	43	134,083	14,419					
6	古賀 琴美	48	89,337	5,255					
7	諏訪 和子	42	824,105	67,558					

SORTBY(配列, 基準配列1, [並べ替え順序1], ...)

❷第 2 引数「基準配列 1」に年齢の範囲を参照し、第 3 引数「並べ替え順序 1」を昇順にする。

F2 =SORTBY(A2:D14,B2:B14,1

	A	B	C	D	E	F	G	H	I
1	氏名	年齢	購入金額	購入単価		氏名	年齢	購入金額	購入単価
2	坂下 彩香	42	170,931	11,395		=SORTBY(A2:D14,B2:B14,1			
3	大津 沙彩	50	318,891	39,428					
4	南 修子	46	269,361	14,072					
5	筒井 遥華	43	134,083	14,419					
6	古賀 琴美	48	89,337	5,255					
7	諏訪 和子	42	824,105	67,558					

SORTBY(配列, 基準配列1, [並べ替え順序1], [基準配列2, 並べ替え順

(...)1 - 昇順

(...)-1 - 降順

昇順で並べ替えら

❸第 4 引数「基準配列 2」に購入金額の範囲を参照し、第 5 引数「並べ替え順序 2」を降順にする。

F2 =SORTBY(A2:D14,B2:B14,1,C2:C14,-1

	A	B	C	D	E	F	G	H	I
1	氏名	年齢	購入金額	購入単価		氏名	年齢	購入金額	購入単価
2	坂下 彩香	42	170,931	11,395		=SORTBY(A2:D14,B2:B14,1,C2:C14,-1			
3	大津 沙彩	50	318,891	39,428		SORTBY(配列, 基準配列1, [並べ替え順序1], [基準配列2, 並べ替え順序			
4	南 修子	46	269,361	14,072					
5	筒井 遥華	43	134,083	14,419					
6	古賀 琴美	48	89,337	5,255					
7	諏訪 和子	42	824,105	67,558					

これにより年齢が若い順にソートされ、同じ年齢の場合は購入金額が大きい順に並ぶ。

F	G	H	I
氏名	年齢	購入金額	購入単価
窪田 華弥子	40	271,517	15,717
笠原 理紗	41	62,523	5,684
大崎 双葉	41	43,433	2,896
上原 詠美	41	11,330	1,416
諏訪 和子	42	824,105	67,558
坂下 彩香	42	170,931	11,395
筒井 遥華	43	134,083	14,419
岩谷 愛花理	45	269,661	19,262
南 修子	46	269,361	14,072
古賀 琴美	48	89,337	5,255
平沢 凪紗	49	238,277	21,662
大津 沙彩	50	318,891	39,428
福永 杏奈	50	54,936	6,867

第 5 引数「並べ替え順序 2」を昇順にすると、同じ年齢の場合に購入金額の小さい順に並ぶ。

F	G	H	I
氏名	年齢	購入金額	購入単価
窪田 華弥子	40	271,517	15,717
上原 詠美	41	11,330	1,416
大崎 双葉	41	43,433	2,896
笠原 理紗	41	62,523	5,684
坂下 彩香	42	170,931	11,395
諏訪 和子	42	824,105	67,558
筒井 遥華	43	134,083	14,419
岩谷 愛花理	45	269,661	19,262
南 修子	46	269,361	14,072
古賀 琴美	48	89,337	5,255
平沢 凪紗	49	238,277	21,662
福永 杏奈	50	54,936	6,867
大津 沙彩	50	318,891	39,428

なお、SORTBY 関数で指示した複数条件は、関数の中に記述した順に優先的に処理される。
今回は「年齢が若いこと」→「購入金額が大きいこと」の順に入力（参照）したが、「購入金額が大きいこと」→「年齢が若いこと」の順に記述すると購入金額順のソートが優先される。

SORT 関数で行う単一条件での並び替えも SORTBY 関数でできるため、はなから SORTBY 関数だけを使うのもおすすめだ。

ちなみに、SORT 関数や SORTBY 関数は日本語の並び替えには対応していない。
（下図はふりがなが認識された氏名を基準にソートした状態）

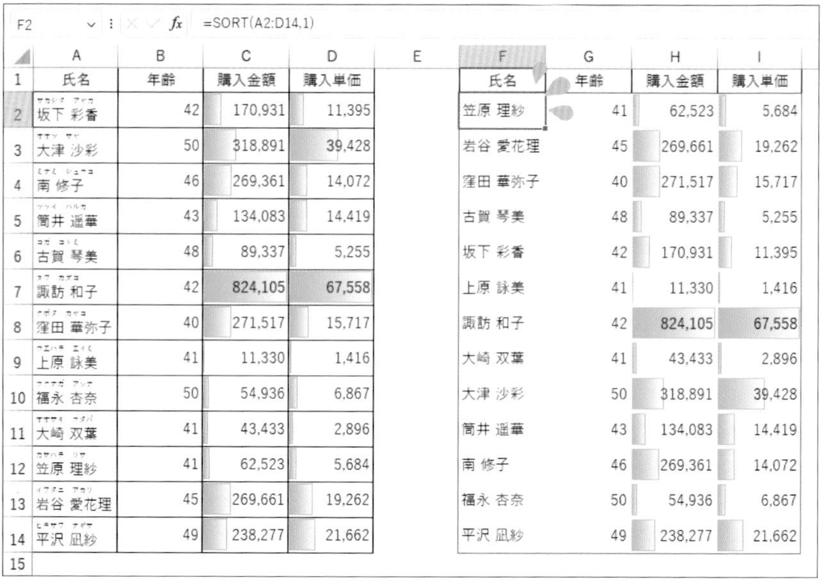

F2 　fx　=SORT(A2:D14,1)

	A	B	C	D	E	F	G	H	I
1	氏名	年齢	購入金額	購入単価		氏名	年齢	購入金額	購入単価
2	坂下《サカシタ》 彩香《アヤカ》	42	170,931	11,395		笠原 理紗	41	62,523	5,684
3	大津《オオツ》 沙彩《サヤ》	50	318,891	39,428		岩谷 愛花理	45	269,661	19,262
4	南《ミナミ》 修子《シュウコ》	46	269,361	14,072		窪田 華弥子	40	271,517	15,717
5	筒井《ツツイ》 遥華《ハルカ》	43	134,083	14,419		古賀 琴美	48	89,337	5,255
6	古賀《コガ》 琴美《コトミ》	48	89,337	5,255		坂下 彩香	42	170,931	11,395
7	諏訪《スワ》 和子《カズコ》	42	824,105	67,558		上原 詠美	41	11,330	1,416
8	窪田《クボタ》 華弥子《カヤコ》	40	271,517	15,717		諏訪 和子	42	824,105	67,558
9	上原《ウエハラ》 詠美《エイミ》	41	11,330	1,416		大崎 双葉	41	43,433	2,896
10	福永《フクナガ》 杏奈《アンナ》	50	54,936	6,867		大津 沙彩	50	318,891	39,428
11	大崎《オオサキ》 双葉《フタバ》	41	43,433	2,896		筒井 遥華	43	134,083	14,419
12	笠原《カサハラ》 理紗《リサ》	41	62,523	5,684		南 修子	46	269,361	14,072
13	岩谷《イワタニ》 愛花理《アカリ》	45	269,661	19,262		福永 杏奈	50	54,936	6,867
14	平沢《ヒラサワ》 凪紗《ナギサ》	49	238,277	21,662		平沢 凪紗	49	238,277	21,662
15									

本来は、岩谷（イワタニ）さん、上原（ウエハラ）さん、大崎（オオサキ）さん……の順に並んでほしいところだが、まちまちになっている。

あくまで数値やアルファベットを並び替えるときに活用していこう。

method 39

サンプルファイル
シート No.39

全店舗の会員名簿を集結させる

実務ではよく、拠点別、商品別、年度別、部門別といった情報のカテゴリごとにシートを分けて管理します。ここで、店舗ごとに分かれている各シートの会員名簿を特定のシートに集約したいとなったとします。

数枚のシートなら1つずつコピー&ペーストして連結させても良いですが、対象数が増えていくと時間がかかりますし、情報が追加されるたびに転記する必要があります。

このメソッドでは、複数のデータ範囲をかんたんに結合して一括表示するテクニックを演習します。元データの増減や更新内容を自動反映させる方法とあわせて、しっかり身に付けておきましょう。

初出の関数

01 VSTACK 関数 =VSTACK(array1,[array2],...)

配列を縦方向に順番に追加する

02 HSTACK 関数 =HSTACK(array1,[array2],...)

配列を横方向に順番に追加する

データ範囲を積み重ねる

今回のようなケースでは、**VSTACK** 関数を使う。(stack：積み重ねる)
データを縦方向に見つける VLOOOKP 関数(vertical **lookup**)と同じく、データを縦方向に積み重ねる「vertical **stack**」を指す。

VSTACK 関数の基本動作

いくつかの表に分かれている担当者別の販売実績表を、E 列以降にまとめて表示する。

❶ VSTACK 関数を挿入する。

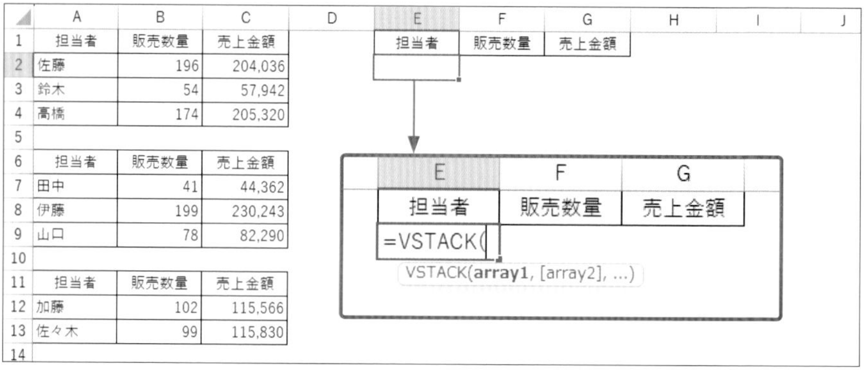

	A	B	C	D	E	F	G	H	I	J
1	担当者	販売数量	売上金額		担当者	販売数量	売上金額			
2	佐藤	196	204,036							
3	鈴木	54	57,942							
4	高橋	174	205,320							
5										
6	担当者	販売数量	売上金額							
7	田中	41	44,362							
8	伊藤	199	230,243							
9	山口	78	82,290							
10										
11	担当者	販売数量	売上金額							
12	加藤	102	115,566							
13	佐々木	99	115,830							
14										

❷引数「array（配列）」に元データの範囲を順に参照する。

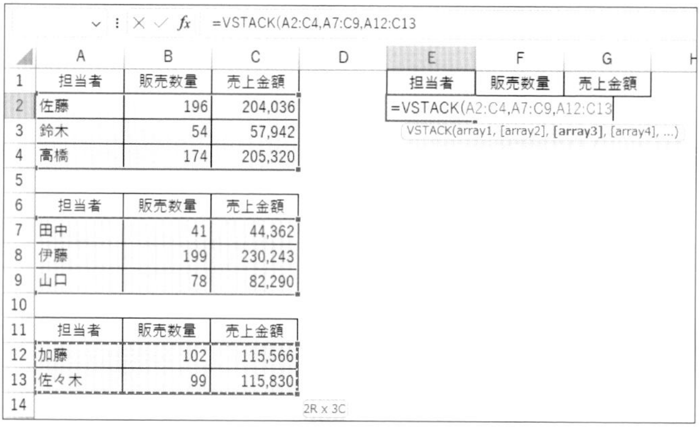

=VSTACK(A2:C4,A7:C9,A12:C13

	A	B	C	D	E	F	G
1	担当者	販売数量	売上金額		担当者	販売数量	売上金額
2	佐藤	196	204,036		=VSTACK(A2:C4,A7:C9,A12:C13		
3	鈴木	54	57,942				
4	高橋	174	205,320				
5							
6	担当者	販売数量	売上金額				
7	田中	41	44,362				
8	伊藤	199	230,243				
9	山口	78	82,290				
10							
11	担当者	販売数量	売上金額				
12	加藤	102	115,566				
13	佐々木	99	115,830				
14							

これにより、分かれていた複数の表をひとまとまりで取得できる。

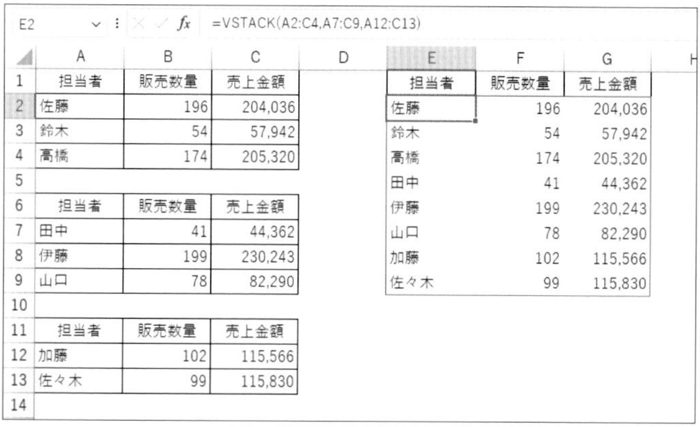

E2 =VSTACK(A2:C4,A7:C9,A12:C13)

	A	B	C	D	E	F	G
1	担当者	販売数量	売上金額		担当者	販売数量	売上金額
2	佐藤	196	204,036		佐藤	196	204,036
3	鈴木	54	57,942		鈴木	54	57,942
4	高橋	174	205,320		高橋	174	205,320
5					田中	41	44,362
6	担当者	販売数量	売上金額		伊藤	199	230,243
7	田中	41	44,362		山口	78	82,290
8	伊藤	199	230,243		加藤	102	115,566
9	山口	78	82,290		佐々木	99	115,830
10							
11	担当者	販売数量	売上金額				
12	加藤	102	115,566				
13	佐々木	99	115,830				
14							

なお、縦方向につなげるVSTACK関数に加えて、横方向につなげるHSTACK関数（**horizontal stack**）がある。引数の構成は同じで、データを列単位で集約したいときに便利だ。

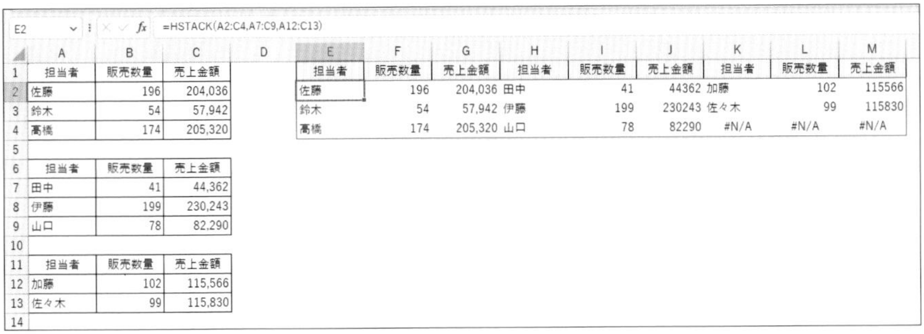

E2　=HSTACK(A2:C4,A7:C9,A12:C13)

	A	B	C	D	E	F	G	H	I	J	K	L	M
1	担当者	販売数量	売上金額		担当者	販売数量	売上金額	担当者	販売数量	売上金額	担当者	販売数量	売上金額
2	佐藤	196	204,036		佐藤	196	204,036	田中	41	44362	加藤	102	115566
3	鈴木	54	57,942		鈴木	54	57,942	伊藤	199	230243	佐々木	99	115830
4	高橋	174	205,320		高橋	174	205,320	山口	78	82290	#N/A	#N/A	#N/A
5													
6	担当者	販売数量	売上金額										
7	田中	41	44,362										
8	伊藤	199	230,243										
9	山口	78	82,290										
10													
11	担当者	販売数量	売上金額										
12	加藤	102	115,566										
13	佐々木	99	115,830										
14													

テーブルの適用

ここで元の表に新しいデータが追加されたとする。しかし、最初に入力したVSTACK関数の参照範囲から外れているため、即時的にはスピル範囲に含まれない。

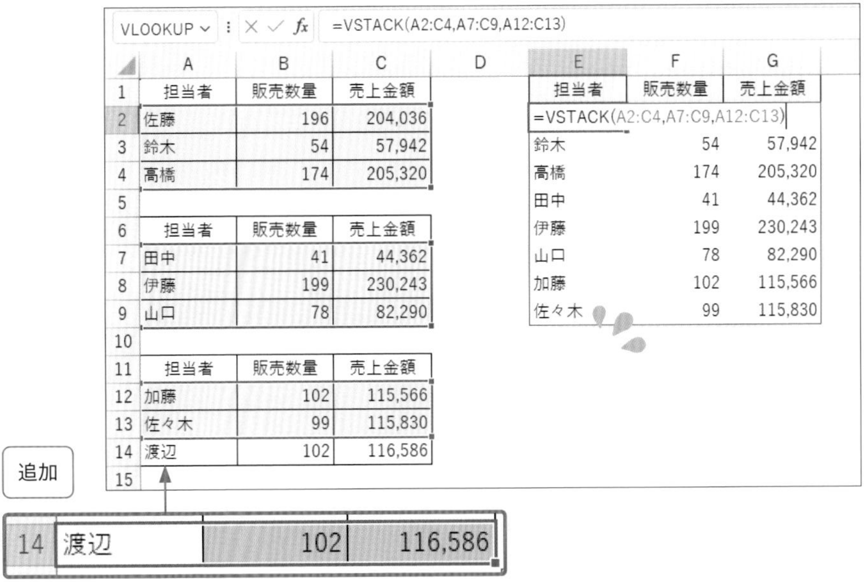

VLOOKUP　=VSTACK(A2:C4,A7:C9,A12:C13)

	A	B	C	D	E	F	G
1	担当者	販売数量	売上金額		担当者	販売数量	売上金額
2	佐藤	196	204,036		=VSTACK(A2:C4,A7:C9,A12:C13)		
3	鈴木	54	57,942		鈴木	54	57,942
4	高橋	174	205,320		高橋	174	205,320
5					田中	41	44,362
6	担当者	販売数量	売上金額		伊藤	199	230,243
7	田中	41	44,362		山口	78	82,290
8	伊藤	199	230,243		加藤	102	115,566
9	山口	78	82,290		佐々木	99	115,830
10							
11	担当者	販売数量	売上金額				
12	加藤	102	115,566				
13	佐々木	99	115,830				
14	渡辺	102	116,586				
15							

こんなときはあらかじめ、元のデータ範囲にテーブルを適用しておく。

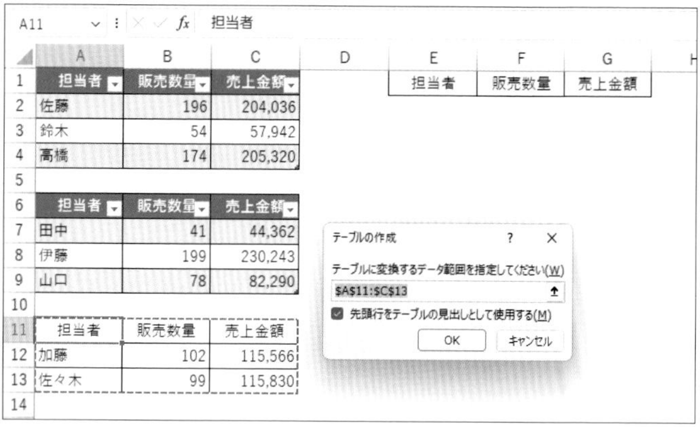

再度VSTACK関数でそれぞれの範囲を参照すると、対象の配列がテーブルとして認識されたことがわかる。

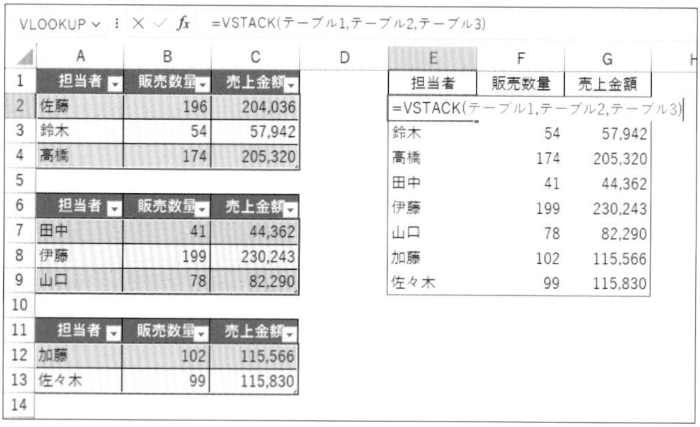

これにより、新たなデータが追加されてもVSTACK関数のスピル範囲へ瞬時に反映される。

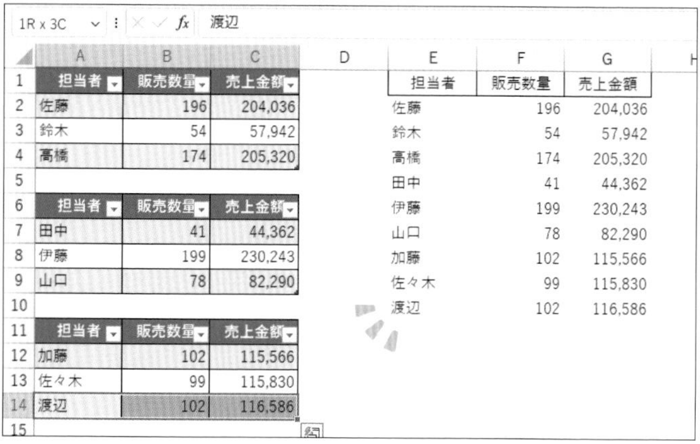

VSTACK関数に限らず、数式で参照する範囲は原則テーブル化されていることが理想だ。

複数シートのデータを集結させる

冒頭に触れた店舗別の会員名簿をサンプルにして、各シートのデータを「統合データ」シートに集約する。

すべての項目を集約する

❶各シートのデータをテーブル化し、テーブル名を各店舗名にしておく。

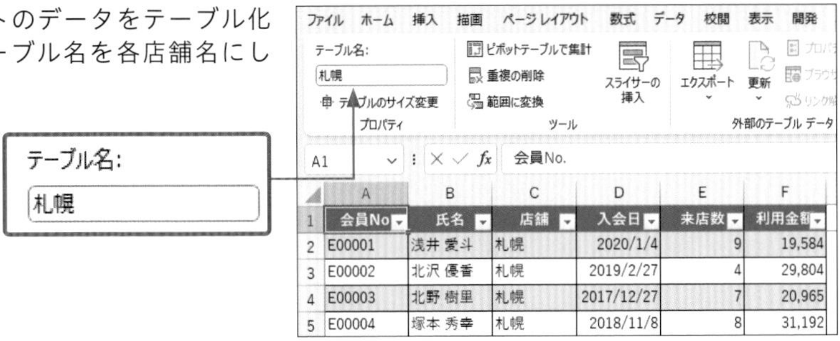

❷「統合データ」シートにVSTACK関数を挿入し、引数としてテーブル名を入力する。

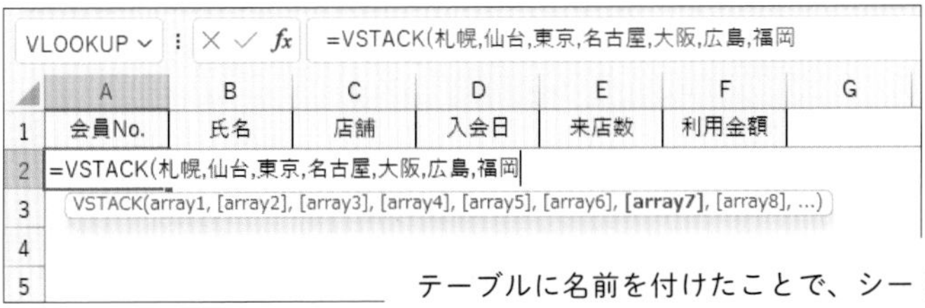

テーブルに名前を付けたことで、シート間を移動して範囲選択する手間もなく直接記述するだけで処理できるぞ！

これにより、各シートのデータを瞬時に一覧化できる。

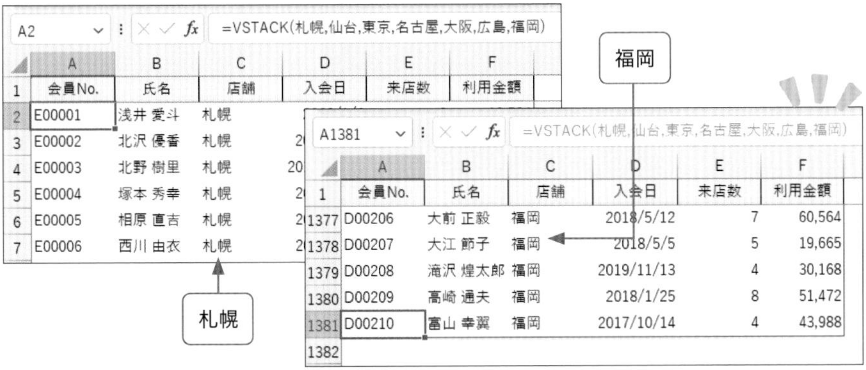

試しに仙台のシートで新しい会員情報を追加する。

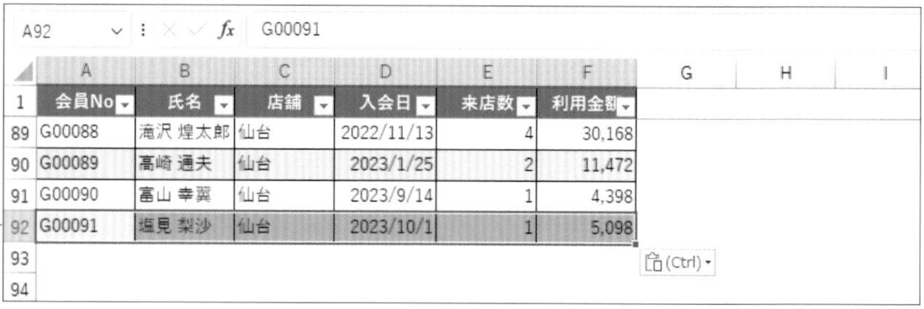

各シートの表をテーブル化しておくことで、「統合データ」シートのスピル範囲も連動して更新されていることがわかる。

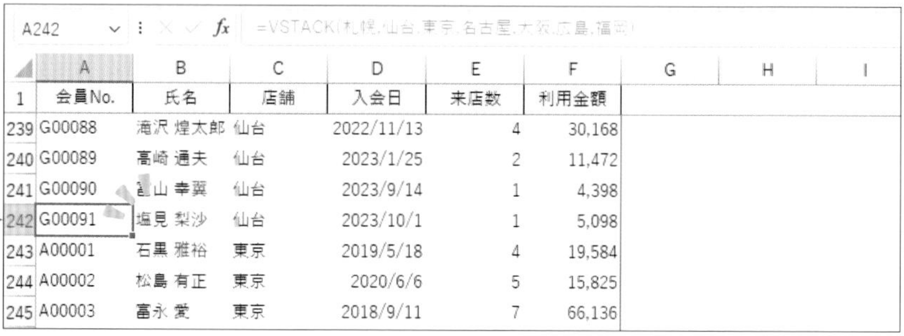

特定の項目のみ集約する

各シート共通項目のうち、「氏名」「店舗」「利用金額」のみを抜き出して表示したいとなったとする。こんなときは、FILTER 関数のメソッドで取り上げた CHOOSECOLS 関数を使う。

❶ CHOOSECOLS 関数を挿入し、第 1 引数「array（配列）」に前述の VSATCK 関数をそのまま入力する。

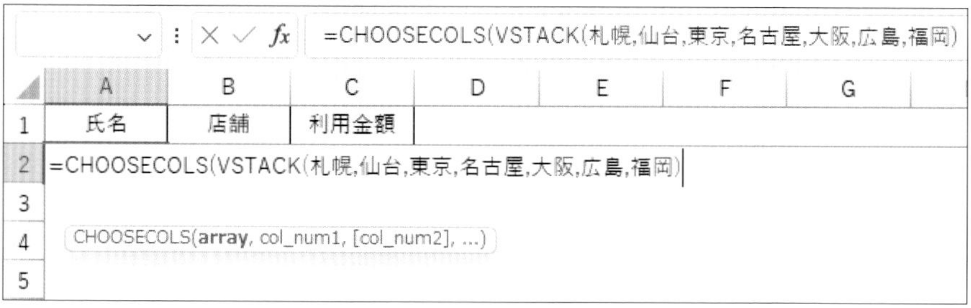

❷ 第 2 引数以降「col_num（列番号）」に、配列内で何番目にある項目を取得したいか指示する。

今回の場合、VSTACK関数で取得した範囲において「氏名」「店舗」「利用金額」が位置する「2」列目、「3」列目、「6」列目を入力する。

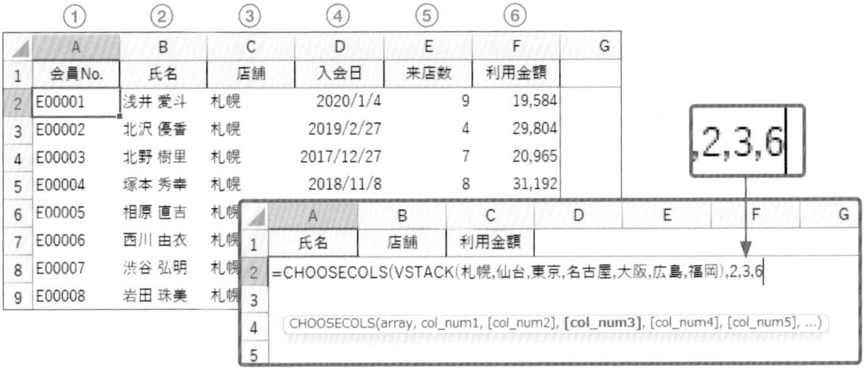

これにより、指定した項目だけを並べて表示できる。
なお、「氏名」→「店舗」→「利用金額」ではなく、「店舗」→「氏名」→「利用金額」の順で取り出したいときは、CHOOSECOLS関数の列番号を「3」→「2」→「6」の順で入力する。結果、列の順番が入れ替わる。

サンプルファイル
シート No.40

２段構造の表を１行１件のデータベース形式に整形する

名簿や商品リストなど、1件の情報が2段ずつや3段ずつに積み上がった表に出くわすことがあります。もちろん、Excel上では手入力以外の加工や集計が行われず、印刷したりPDFに変換したりPowerPointなどに貼り付けたりしたときの見やすさを優先するならこれでもまったく問題ありません。

	A	B	C
1	氏名	社員番号	英字氏名
2	ふりがな	連絡先	メールアドレス
3	北川　拓馬	HA950807	Takuma Kitagawa
4	きたがわ　たくま	090-0960-7468	Kitagawa.Takuma@haru.c
5	中野　美玲	HA758866	Mirei Nakano
6	なかの　みれい	090-9965-6824	Nakano.Mirei@haru.co.jp
7	小高　龍三	HA210885	Ryuzo Odaka
8	おだか　りゅうぞう	090-8657-2530	Odaka.Ryuzo@haru.co.jp
9	若山　真緒	HA794983	Mao Wakayama
10	わかやま　まお	090-4948-5112	Wakayama.Mao@haru.co.j
11	竹中　正二郎	HA135785	Shojiro Takenaka
12	たけなか　しょうじろう	090-5715-8738	Takenaka.Shojiro@haru.co
13	塩田　篤憲	HA109272	Atsunori Shiota

	A	B	C	D
1	氏名	社員番号	英字氏名	ふりがな
2	北川　拓馬	HA950807	Takuma Kitagawa	きたがわ　たくま
3	中野　美玲	HA758866	Mirei Nakano	なかの　みれい
4	小高　龍三	HA210885	Ryuzo Odaka	おだか　りゅうぞう
5	若山　真緒	HA794983	Mao Wakayama	わかやま　まお
6	竹中　正二郎	HA135785	Shojiro Takenaka	たけなか　しょうじろう
7	塩田　篤憲	HA109272	Atsunori Shiota	しおた　あつのり
8	矢沢　紗耶香	HA367525	Sayaka Yazawa	やざわ　さやか
9	郡司　啓子	HA724097	Keiko Gunji	ぐんじ　けいこ
10	橘　義雄	HA564331	Yoshio Tachibana	たちばな　よしお
11	百瀬　詠一	HA343257	Shoichi Momose	ももせ　えいいち
12	松島　理緒	HA313911	Rio Matsushima	まつしま　りお

しかし、いざこの表のデータをまとめて整形したいとなったときは、1行1件のデータベース形式になっていることが理想です。とはいえこれを1つずつ加工していくのは相当面倒ですよね。このメソッドでは、複数段の表を一瞬でデータベース構造に変換するテクニックを解説します。

初出の関数

01 TOROW 関数 =TOROW(array,[ignore],[scan_by_column])

配列内のデータを 1 行に並べる

02 TOCOL 関数 =TOCOL(array,[ignore],[scan_by_column])

配列内のデータを 1 列に並べる

03 WRAPROWS 関数 =WRAPROWS(vector,wrap_count,[pad_with])

1 列（行）に並んだデータを指定の列数で改行する

04 WRAPCOLS 関数 =WRAPCOLS(vector,wrap_count,[pad_with])

1 列（行）に並んだデータを指定の行数で改列する

基本動作

4 つのグループで構成される営業課の人員表をサンプルに、それぞれの関数の基本動作を見ていこう。

TOROW 関数

TOROW 関数を挿入し、第 1 引数「array（配列）」に対象のデータ範囲を参照する。

残りの引数は省略可能だ。
結果を見てみると、元々 4 行 4 列だったデータが 1 行に並ぶ。

ただし、元の表で空白セルとなっている部分は「0」が返される。

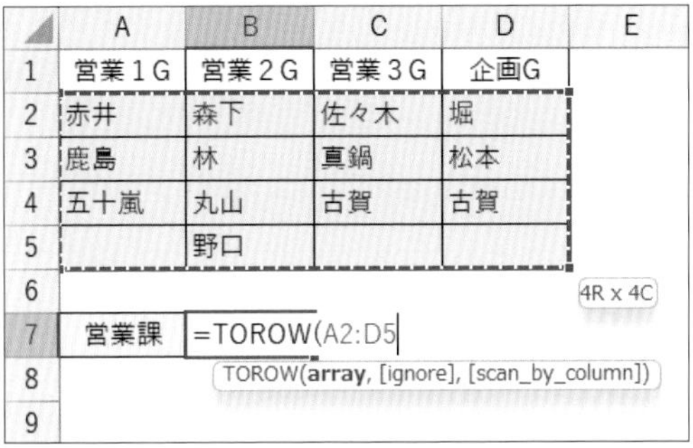

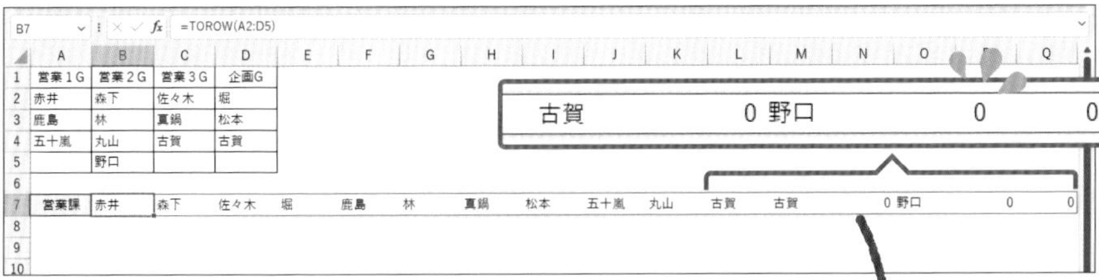

「0」を返さずにデータを詰めて並べる場合は、TOROW 関数の第 2 引数「ignore（無視）」で、「1」（空白を無視する）を選択する。

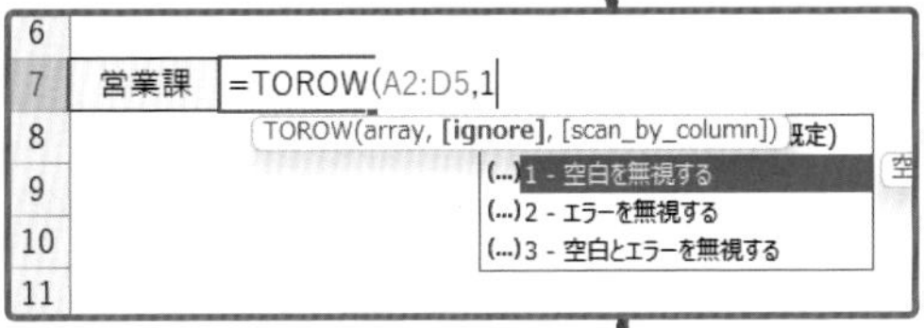

これにより、空白セルを無視してデータを並べられる。

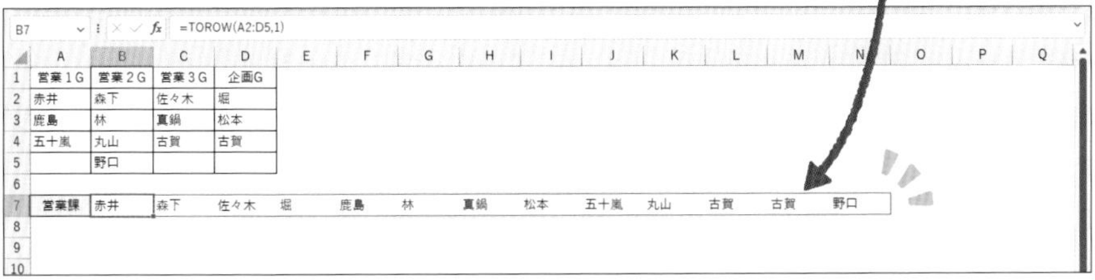

デフォルトの設定では「赤井」→「森下」→「佐々木」のように、元データを横方向に見て並べる。
対して「赤井」→「鹿島」→「五十嵐」のように、縦方向に見て並べたいときは、第3引数「scan_by_column（スキャン）」を「TRUE」（列でスキャンする）に設定する。

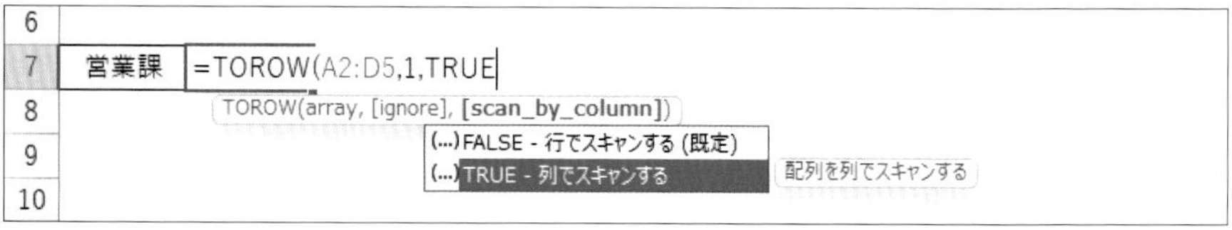

これにより、元データを縦方向にみた「赤井」→「鹿島」→「五十嵐」の順に並ぶ。

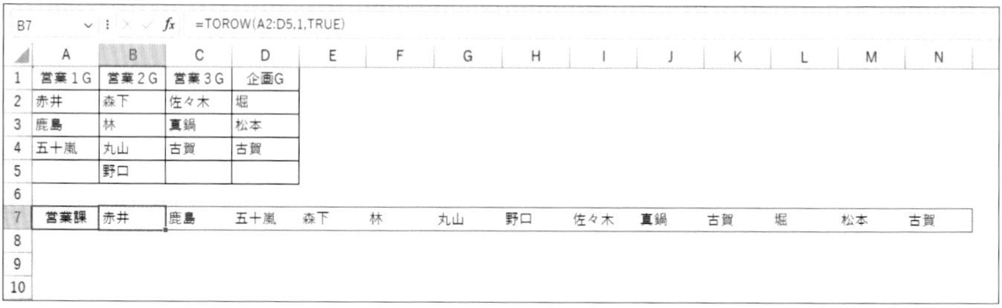

TOCOL 関数

TOCOL 関数の基本構成は TOROW 関数と同じだ。

❶TOCOL 関数を挿入し、第1引数「array（配列）」に対象のデータ範囲を参照する。

❷第2引数「ignore（無視）」で「1」（空白を無視する）を選択する。

❸第3引数「scan_by_column（スキャン）」で「TRUE」（列でスキャンする）を選択する。

これにより、前述の TOROW 関数で指示したのと同じ要件でデータが1列に並ぶ。

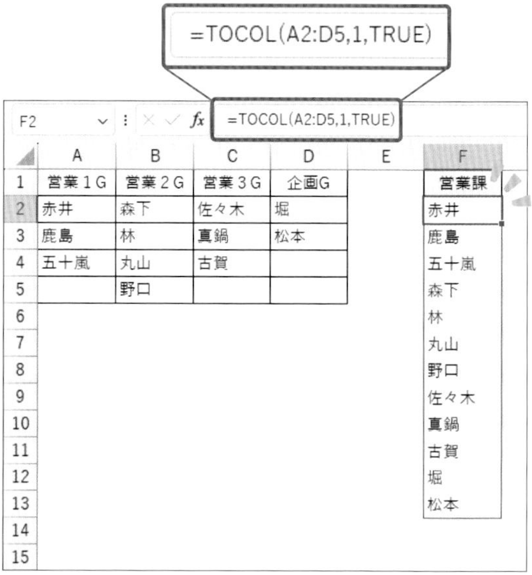

重複の削除

もし2つのグループを兼務しているなどで同じ名前が2回登場し、この重複を解消した状態で並べたいときは、TOCOL関数（TOROW関数）をUNIQUE関数でネストしよう。

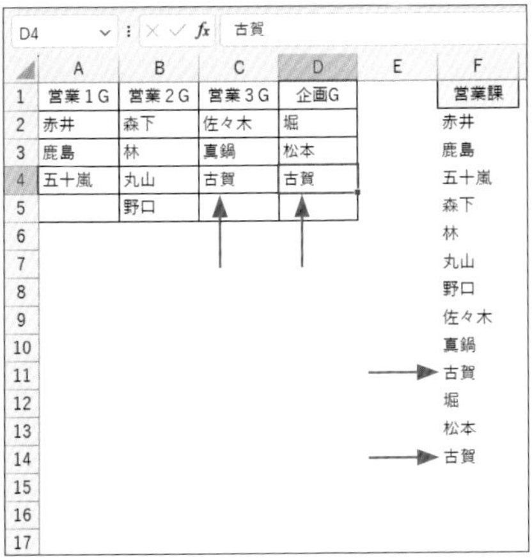

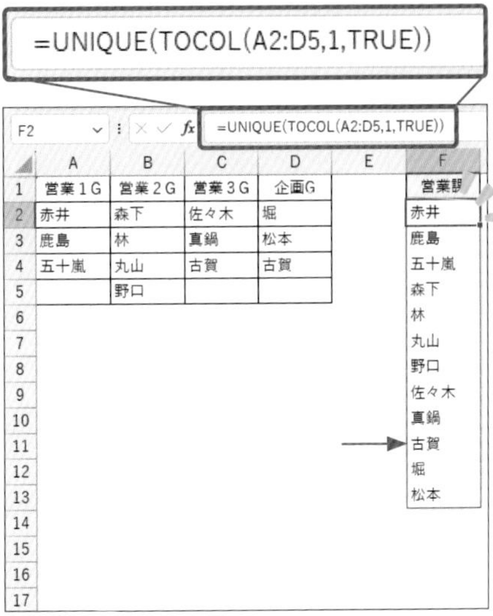

WRAPROWS関数

❶WRAPROWS関数を挿入し、第1引数「vector（1列（行））」に対象のデータ範囲を参照する。

❷第2引数「wrap_count（列数）」に、横に何件並べたら次の行へ移動するか、その列数を指示する。

今回は横に4件並べてから改行したいので、「4」列とする。

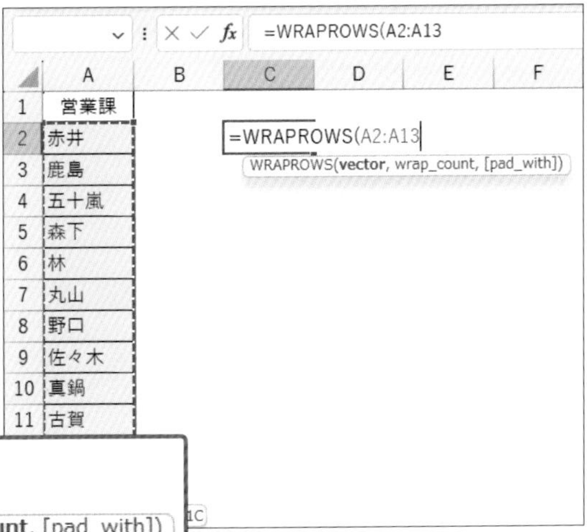

第３引数は省略可能だ。

結果、１列だったデータが横方向に並べられ、指定した「4」列目で次の行に移るように表示される。

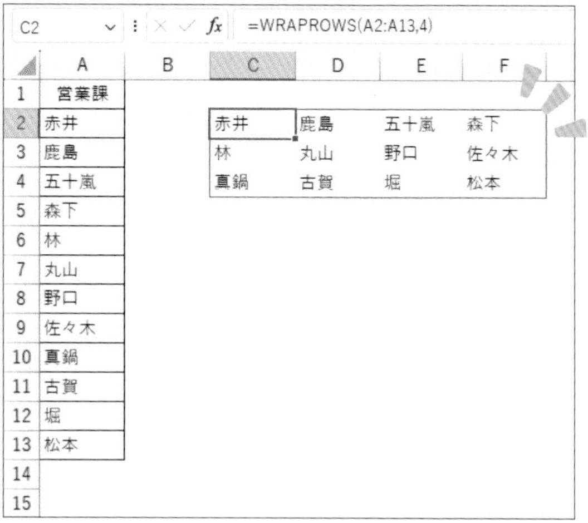

なお、たとえば第２引数「wrap_count（列数）」を「5」にすると、スピル範囲のセル数が15個となり、全12件の対象データに対し過剰な３つのセルはエラーが返る。

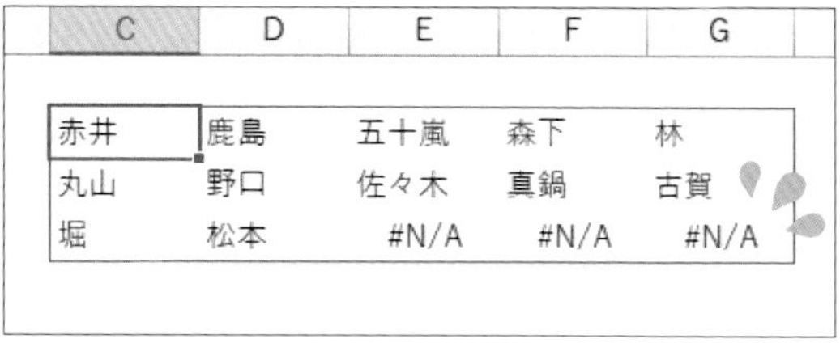

この症状を、第３引数「pad_with（埋める）」で処置する。対象のデータ以上にスピル範囲のセル数が多い場合にどの文字で埋めるかという指示ができるので、今回は「""」と入力し、何も表示しないようにする。

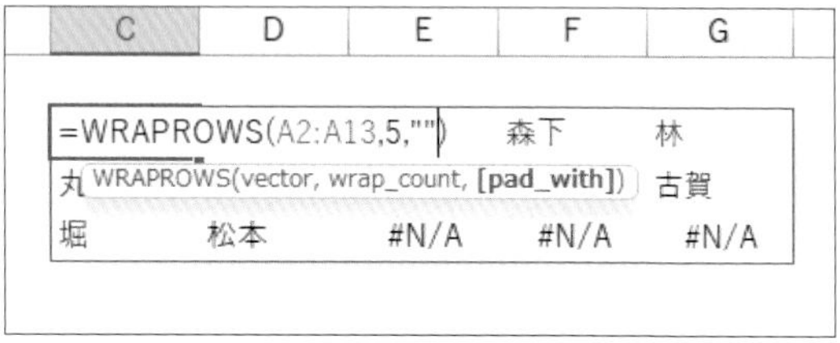

これにより、エラー表示が解消される。

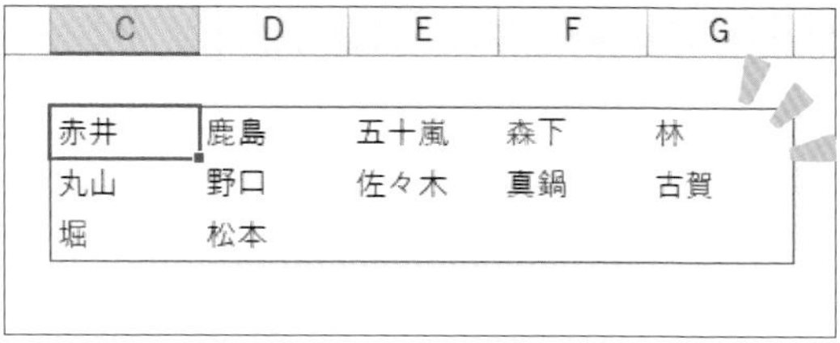

こうした二次元配列で取得するスピル範囲には往々にして余分なセルが発生するぞ。第３引数「pad_with（埋める）」の役割をおさえておこう。

WRAPCOLS関数

WRAPCOLS関数の基本構成はWRAPROWS関数と同じだ。

❶WRAPCOLS関数を挿入し、第1引数「vector（1列（行））」に対象のデータ範囲を参照する。

❷第2引数「wrap_count（行数）」に、縦に何件並べたら次の列へ移動するか、その行数を指示する。今回は縦に5件並べてから改列したいので、「5」行とする。

❸第3引数「pad_with（埋める）」に「""」を入力する。

結果、1列だったデータが縦方向に並べられ、指定した「5」行目で次の列に移るように表示される。

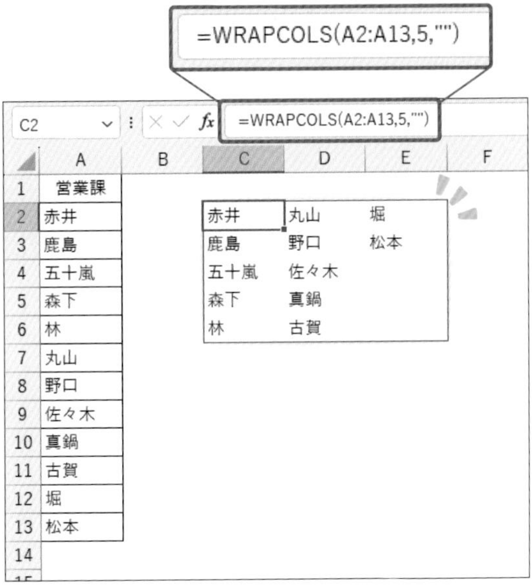

2段構造の表を1行1件の形式に整形する

これらの関数を使って、2段ずつ蓄積された名簿を1行1件のデータベース形式にしていく。（更新後の表を別のシートに生成するため、関数は別のシートに記述する）

❶TOROW関数を挿入する。

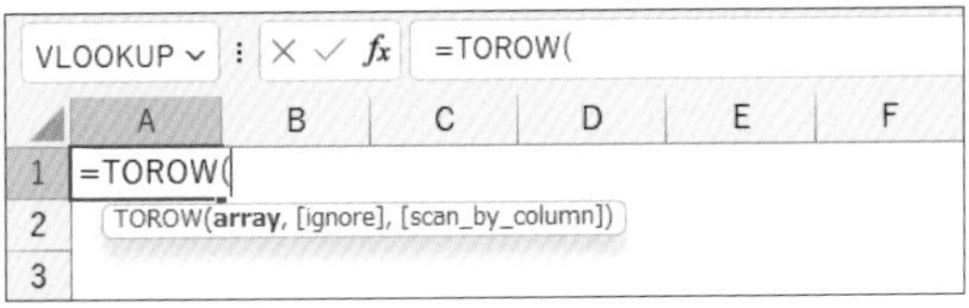

❷第1引数「array（配列）」に、「名簿」シートにある元データを見出しも含めてすべて参照する。

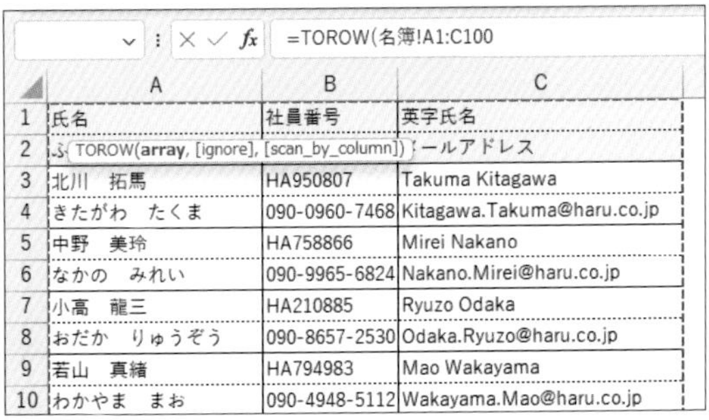

これにより、まずはすべてのデータが1行に並ぶ。

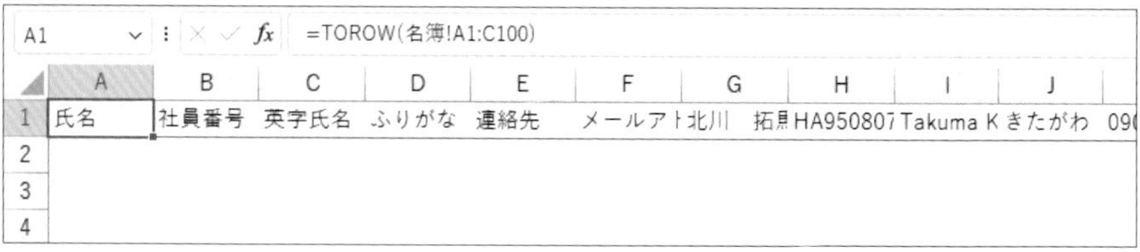

❸TOROW関数をWRAPROWS関数の第1引数「vector」としてネストし、第2引数「wrap_count」は見出し項目数である「6」を入力する。
※今回は第3引数「pad_with」の設定は不要だ。

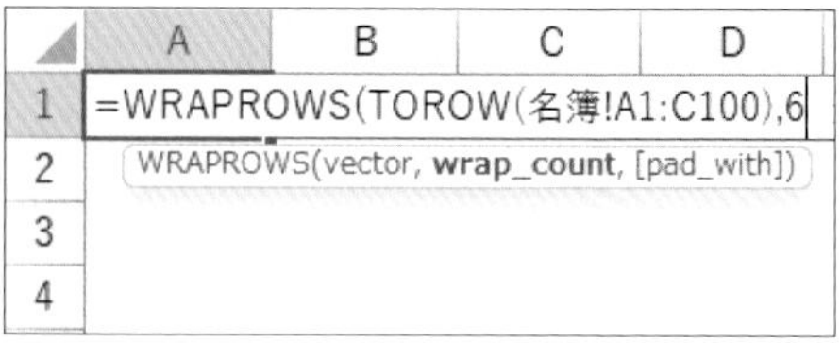

すべてが1行に収まっていたデータが、横に6件並べた段階で改行されるように表示され、結果的に1行1件のデータベース形式で名簿が生成できる。

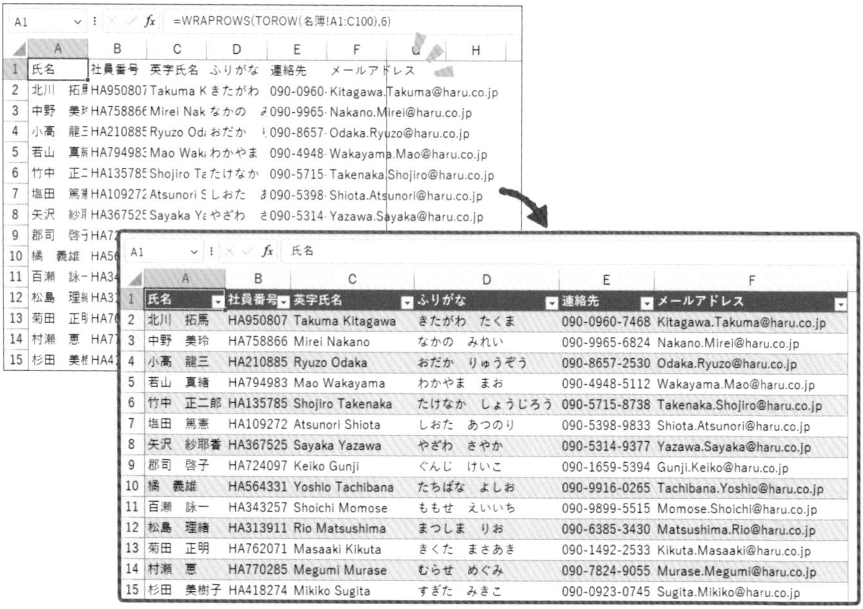

このように、簡単な数式だけで整形作業が完了するんだ。
あとは列幅を調整し、スピル範囲を値貼り付けしてからテーブルを設定すれば理想的なデータベースのできあがりだ！

索　引

- "" …… 20
- AND 関数 …… 92
- ASC 関数 …… 149
- AVERAGEIFS 関数 …… 110
- AVERAGEIF 関数 …… 108
- AVERAGE 関数 …… 52
- CELL 関数 …… 192
- CHOOSECOLS 関数 …… 318
- CHOOSE 関数 …… 182
- COLUMN 関数 …… 188
- CONCAT 関数 …… 165
- COUNTA 関数 …… 62
- COUNTBLANK 関数 …… 63
- COUNTIFS 関数 …… 106
- COUNTIF 関数 …… 104
- COUNT 関数 …… 62
- DATEDIF 関数 …… 125
- DATE 関数 …… 124, 133, 135
- DAY 関数 …… 124
- EOMONTH 関数 …… 131, 135
- FILTER 関数 …… 314
  - * …… 320
  - + …… 321
  - AND 条件 …… 322
  - CHOOSECOLS 関数 …… 318
  - FALSE …… 330
  - OR 条件 …… 322
  - TRUE …… 330
  - XLOOKUP 関数 …… 326
  - オートフィルターとの違い …… 329
  - ドロップダウンリスト …… 316
- FIND 関数 …… 153
- HLOOKUP 関数 …… 246
- IFERROR 関数 …… 72, 77
- IFS 関数 …… 85
- IF 関数 …… 81, 135
  - 速記術 …… 20
  - 単一条件 …… 81
  - 入力した数値に応じて数式の参照範囲を変更する …… 85
  - 複数条件 …… 83
- INDEX 関数 …… 230
  - 検索値の左側のデータを取得する …… 237
  - 参照形式の変更 …… 235
  - セル範囲形式の検索 …… 240
- INDIRECT 関数 …… 267
  - 1 段階ドロップダウンリスト …… 279
  - 2 段階ドロップダウンリスト …… 280
  - 3 段階ドロップダウンリスト …… 281
  - 関数の構成 …… 267
  - 検索関数と組み合わせる …… 271
  - 集計対象拠点の更新 …… 273
- JIS 関数 …… 149
- LARGE 関数 …… 59
- LEFT 関数 …… 155
- LEN 関数 …… 153
- LOWER 関数 …… 149
- MATCH 関数 …… 232
- MAX 関数 …… 54
- MEDIAN 関数 …… 53
- MID 関数 …… 155
- MIN 関数 …… 55
- MONTH 関数 …… 124
- NETWORKDAYS 関数 …… 129
- NOT 関数 …… 95
- OFFSET 関数 …… 259
- OR 関数 …… 93
- PHONETIC 関数 …… 147
- PRODUCT 関数 …… 41
- PROPER 関数 …… 150
- RANDARRAY 関数 …… 308
- RANK 関数 …… 57
  - RANK …… 57
  - RANK.AVG …… 58
  - RANK.EQ …… 58
  - 同率順位 …… 58
- REPLACE 関数 …… 177

RIGHT 関数 155
ROUNDDOWN 関数 50
ROUNDUP 関数 50
ROUND 関数 48
ROW 関数 186
SEARCH 関数 154
SEQUENCE 関数 304
SMALL 関数 59
SORTBY 関数 342
SORT 関数 340
SUBSTITUTE 関数 171
SUBTOTAL 関数 66
- 集計の種類 68
- 小計 70
- テーブルの集計行 71
- 非表示行 67
- 連番 188

SUMIFS 関数 101
SUMIF 関数 99
SUMPRODUCT 関数 42, 332
SUM 関数 32
- 一括挿入 35
- 加工のしやすさ 33
- 参照元の指定方法 32
- ショートカットキー 34
- ひき算をシンプルにする 37
- 文字列を無視 38

SWITCH 関数 181
TEXTAFTER 関数 164
TEXTBEFORE 関数 164
TEXTJOIN 関数 168
TEXTSPLIT 関数 164
TEXT 関数 137
TOCOL 関数 354
TODAY 関数 123
TOROW 関数 353
TRIM 関数 151
UNIQUE 関数 295, 334
UPPER 関数 149
VALUE 関数 156
VBA 196, 202
VBE 197
VLOOKUP 関数 204
- エラー対策 212
- 基本構成 205
- 近似一致検索 228
- 空白セル対策 212
- 検索対象範囲の自動拡張 214
- 参照形式の変更 207
- 速記術 21
- 重複データのナンバリング 224
- 別シートからの参照 221
- 文字列操作関数を活用する 219
- 余計な文字列対策 216
- 列番号の自動化 208
- ワイルドカード 217

VSTACK 関数 345
WORKDAY 関数 128
WRAPCOLS 関数 357
WRAPROWS 関数 355
XLOOKUP 関数 243
- FILTER 関数 326
- 一致モード 256
- エラー対策 256
- 関数の構成 243
- 検索モード 257
- スピル 249
- 複数条件で検索 254
- 横方向の検索 248
- 列単位でデータ抽出 252

YEAR 関数 124
エラー 72
- ####### 73
- #DIV/0! 72
- #N/A 72
- #NAME? 72
- #NULL! 73
- #NUM! 72
- #VALUE! 72
- #REF! 72
- Ctrl + Shift + @ 75
- IFERROR 77
- エラーのトレース 76
- カラーリファレンス 74
- 原因の特定 74
- 参照元のトレース 75
- 数式バー 74

エラーのトレース 76

演算子 15
- 算術演算子 15
- 参照演算子 16
- 比較演算子 15
- 文字列演算子 16

オートフィルター 329
改行コード 27
カラーリファレンス 74
関数 14
- 1つ以上のいずれかの条件を満たすか判定する 91
- 1つ以上の条件を設定し、最初にマッチした条件に対応する値を返す 85
- 1つ以上の条件を満たす値の合計を求める 99
- 1つ以上の条件を満たす値の平均を求める 108
- 1つ以上の条件を満たすデータの個数を求める 104
- 1つ以上のすべての条件を満たすか判定する 91
- 1列（行）に並んだデータを指定の行数で改列する 352
- 1列（行）に並んだデータを指定の列数で改行する 352
- 2つの日付の間の期間を求める 123
- 3つの独立した値から日付を生成する 123
- AND 91
- ASC 146
- AVERAGE 19, 52
- AVERAGEIF 108
- AVERAGEIFS 108
- CELL 192
- CHOOSE 180
- CHOOSECOLS 313
- CHOOSEROWS 313
- COLUMN 186
- CONCAT 165
- COUNT 61
- COUNTA 61
- COUNTBLANK 61
- COUNTIF 19, 104
- COUNTIFS 19, 104
- DATE 123
- DATEDIF 123
- DAY 123
- EOMONTH 127
- FILTER 313
- FIND 152
- HLOOKUP 246
- HSTACK 345
- IF 19, 80
- IFERROR 19, 72
- IFS 85
- INDEX 230
- INDIRECT 267
- JIS 146
- LARGE 56
- LEFT 152
- LEN 152
- LOWER 146
- MATCH 230
- MAX 52
- MEDIAN 52
- MID 152
- MIN 52
- MONTH 123
- NETWORKDAYS 127
- NOT 91
- n番目に大きな値を求める 56
- n番目に小さな値を求める 56
- OFFSET 259
- OR 91
- PHONETIC 146
- PRODUCT 40
- PROPER 147
- RANDARRAY 304
- RANK 56
- REPLACE 170
- RIGHT 152
- ROUND 19, 47
- ROUNDDOWN 47
- ROUNDUP 47
- ROW 186
- SEARCH 152
- SEQUENCE 304
- SMALL 56
- SORT 333

SORTBY …… 333
SUBSTITUTE …… 170
SUBTOTAL …… 65
SUM …… 19, 32
SUMIF …… 19, 99
SUMIFS …… 19, 99
SUMPRODUCT …… 19, 40
SWITCH …… 180
TEXT …… 132
TEXTAFTER …… 164
TEXTBEFORE …… 164
TEXTJOIN …… 165
TEXTSPLIT …… 164
TOCOL …… 352
TODAY …… 123
TOROW …… 352
TRIM …… 147
UNIQUE …… 333
UPPER …… 146
VALUE …… 152
VLOOKUP …… 19, 204
VSTACK …… 345
WORKDAY …… 127
WRAPCOLS …… 352
WRAPROWS …… 352
XLOOKUP …… 19, 243
YEAR …… 123
値の順位を求める …… 56
値のデータを指定の表示形式で文字列に変換する …… 132
値を指定の桁数で切り上げる …… 47
値を指定の桁数で切り捨てる …… 47
値を指定の桁数で四捨五入する …… 47
開始日から指定月数経過した月の月末日を求める …… 127
各単語の間にあるスペースを 1 つ残し、それ以外のスペースを削除する …… 147
記述 …… 19
基準となるセルから指定の行数または列数だけ移動した位置にあるセルを返す …… 259
今日の日付を求める …… 123
検索値を検索範囲もしくは配列内で探し、一致したデータに対応する結果を戻り範囲から取得する …… 243
検索値を範囲内の縦方向に探し、指定した列まで進んだ位置の情報を返す …… 204
最小値を求める …… 52
最大値を求める …… 52
参照形式 …… 19
参照セルの行番号を返す …… 186
参照セルの列番号を返す …… 186
参照元のデータを指定の形式で集計する …… 65
指示した条件に基づきデータ範囲をフィルター処理する …… 313
下準備 …… 26
指定した位置のデータで配列を並べ替える …… 333
指定した範囲（配列）の値に基づいて配列を並べ替える …… 333
指定した文字列が最初に現れる位置を返す …… 152
指定した文字列への参照結果を返す…… 267
指定の開始日と実働経過日数を考慮した終了日を求める …… 127
指定の開始日と終了日から実働日数を求める …… 127
氏名の姓と名を取り出す …… 158
住所から都道府県名を取り出す …… 161
条件に設定したインデックスの結果に対応する値を返す …… 180
条件に設定した式を評価し、各値に対応する結果を返す …… 180
条件を満たさないことを判定する …… 91
条件を満たす値の合計を求める …… 99
条件を満たす値の平均を求める …… 108
条件を満たすデータの個数を求める…… 104
条件を満たす場合と満たさない場合で処理を変える …… 80
数式がエラー評価された場合に指定した値を返す …… 72
数値が入力されたセルの数を数える …… 61
数値の合計を求める …… 32
数値を乗じる …… 40
すべての英字を大文字にする …… 146
すべての英字を小文字にする …… 146
セルの書式、位置、内容などに関する情報を返す …… 192

全角文字を半角にする …… 146
選択した参照領域において行番号と列番号で指示した位置のデータを返す …… 230
単語の先頭に英字または記号の次にくる英字を大文字にする …… 147
中央値を求める …… 52
データが入力されたセルの数を数える …… 61
データが入力されていない空白セルの数を数える …… 61
配列から指定された行を返す …… 313
配列から指定された列を返す …… 313
配列内において行番号と列番号で指示した位置のデータを返す …… 230
配列内の一意の値を返す …… 333
配列内のデータを 1 行に並べる …… 352
配列内のデータを 1 列に並べる …… 352
配列を縦方向に順番に追加する …… 345
配列を横方向に順番に追加する …… 345
範囲内における検索データの位置を返す …… 230
範囲または配列の数値を乗じて合算する …… 40
半角文字を全角にする …… 146
日付の月を返す …… 123
日付の年を返す …… 123
日付の日を返す …… 123
複数の範囲や文字列のテキストを、指定の区切り文字で結合する …… 165
複数の範囲や文字列のテキストを結合する …… 165
フラッシュフィルとの使い分け …… 163
平均値を求める …… 52
編集 …… 23
文字数を数える …… 152
文字列からふりがなを取り出す …… 146
文字列データを数値に変換する …… 152
文字列内の指定のテキストを置き換える …… 170
文字列内の指定文字数分のテキストを置き換える …… 170
文字列の指定の位置から指定の文字数を取り出す …… 152
文字列の左側から指定の文字数を取り出す …… 152
文字列の右側から指定の文字数を取り出す …… 152
ランダムな数値の一覧を生成する …… 304
連続した数値の一覧を生成する …… 304
論理関数の使い分け …… 183

ゴースト …… 289
固定値 …… 15
参照形式 …… 23
　F4 キー …… 24
　絶対参照 …… 23
　相対参照 …… 23
　複合参照 …… 23
参照先 …… 17
［参照］モード …… 18
参照元 …… 17
参照元のトレース …… 75
条件付き書式 …… 138
　COUNTIF 関数 …… 141
　新しいルール …… 138, 199
　書式 …… 139
　数式を使用して、書式設定するセルを決定 …… 138, 199
ショートカットキー
　Alt + F11 …… 197
　Alt + Shift + = …… 34
　Alt + Shift + ↑ …… 148
　Alt → D → L …… 316
　Alt → H → 0 …… 117
　Alt → H → 9 …… 117
　Alt → J → T → G …… 29
　Alt → J → T → S …… 28
　Ctrl + 1 …… 118
　Ctrl + Enter …… 97, 157
　Ctrl + Shift + @ …… 75
　Ctrl + Shift + 1 …… 116, 315
　Ctrl + Shift + 3 …… 116
　Ctrl + Shift + 4 …… 117
　Ctrl + Shift + 5 …… 117
　Ctrl + T …… 28, 276
　F2 …… 17
書式 …… 113
シリアル値 …… 119
数式 …… 14
　"" …… 20

　+ 16
　= 16
　エラー 17
　演算子 15
　関数 14
　構成 14
　固定値 15
　参照先 17
　参照し直す 18
　［参照］モード 18
　参照元 17
　しくみ 14
　修正方法 17
　セル参照 15
　入力方法 16
　［編集］モード 17
　文字列 20
ステータスバー 64
スピル 249, 288
　UNIQUE 関数 295
　解除 300
　挙動 288
　ゴースト 289
　コピー 292
　参照のしくみ 292
　スピル機能実装後にリリースされた関数 303
　スピル範囲演算子 290
　スピル範囲内の移動 301
　絶対参照 293
　動的配列数式 288
　ドロップダウンリスト 299
　複合参照 297
　メリット 303
絶対参照 23, 24
セル参照 15
相対参照 23
中央値 54
データベース 26
テーブル 28
　1 段階ドロップダウンリスト 279
　2 段階ドロップダウンリスト 280
　3 段階ドロップダウンリスト 281
　解除 29
　構造化参照 286
　参照元 30
　集計行 31
　集計方法 31
　書式 29
　設定 28
　先頭行をテーブルの見出しとして使用する 28
　テーブルスタイルのオプション 31
　［テーブルデザイン］タブ 31
　テーブルデザインの変更 28
　テーブルの作成 28
　名前の定義 277
　範囲に変換 29
　メリット 29
動的配列数式 288
ドロップダウンリスト 267
　2 段階 280
　3 段階 281
　FILTER 関数 316
　スピル 299
名前の定義 269
パス 192
表示形式 113
　確認 113
　ショートカットキー 116, 118
　通貨（円記号） 117
　通貨（桁区切り） 116
　パーセンテージ 117
　日付（短い日付形式） 116
　変更 114
　ユーザー定義 118
複合参照 23, 25
フラッシュフィル 163
ふりがなの表示 147
［編集］モード 17
マクロ 196
マクロ有効ブック 197
マトリックス構造 26
ワイルドカード 217

あとがき

本書を読み込み、様々なメソッドを繰り返し実践された皆さんは、最近なんだか仕事の進み具合が速くなったな、Excelって意外と面白いものだなと、ご自身の変化を少しずつ感じられているのではないでしょうか。

もちろん数式のしくみや関数の挙動に慣れるまでに一定の期間を要しますので、最初のうちは目の前のタスクを処理し得る関数をすぐに引き出せなかったり、提供されたブックに散在する難解な数式を読み解けなかったりすることもあるでしょう。

しかし、何事も初期の基礎演習や反復実践が肝要です。パソコンスキルに限らず、勉強、スポーツ、芸術の世界でも、基盤となる知識や体力が身体に染み込んでいないと、次のステップやさらなる高みを目指すことはできません。せっかく踏み出した時短・効率化への第一歩を無駄にしないよう、学びを継続し、本書が「こんなケースでは、あの関数とあの関数を組み合わせれば一発だ！」という発想力を磨くきっかけになれたら嬉しいです。

さて私は今、梅雨の終わりが近づく2023年7月の某日、未明のリビングでこのあとがきを執筆しています。スライドドアを挟んだ隣の部屋では、もうすぐ1歳を迎える長男がスヤスヤと眠っています。静寂を保つことに全神経の半分ほどを注ぎながら、読者や視聴者の皆様へのメッセージをつづっています。

昨夏に2児の父親となって以来、これまで以上に家族との時間を創りたい、大切にしたいという想いが強くなっています。それと同時に、はたして今の自分は子供たちに誇れる仕事をしているのか、将来子供たちに継承できるスキルを得られる環境にいるのか、と深く考えるようになりました。

今後の人生設計を見据えても、また真に役立つスキルコンテンツの配信や執筆活動を続けることを考慮しても、そしてなにより自分自身が学びの歩みを止めないためにも、よりよいフィールドでキャリアを積む決心をしました。近いうち、各所に掲載している「上場企業の事業企画職」という私のプロフィールの先頭に、“元”がつくことになるでしょう。

このように、人生で優先すべきものや働くことに対する価値観は人それぞれですが、仕事に忙殺される現代人には共通して、圧倒的に時間が不足しています。身体がヘトヘトになるほど激務な環境に身を置かれている方はもちろん、たとえ業務は定時で切り上げられても、家事、育児、副業、パート・アルバイト、親戚・友人との付き合い、その他コミュニティの交友関係、習い事、スキルアップ、趣味の活動など、やりたいことややらなくてはならないことがたくさんあります。

就業中の可処分時間創出という観点ではもちろん、所属する会社において全社をあげた生産性向上の取り組みが成されることが理想です。一方で、本質的かつ実質的な業務改善策が伴わない限り、所定時間外労働の上限値を設定したり、ノー残業 Day のスローガンを掲げたりするだけでは、結局どこかに (もしくは誰かに) 作業のしわ寄せがきます。ワークフローの抜本的な改革が進みにくい企業組織であればなおさら、自部門や個々人の業務範疇から見直していくしかありません。

世の中にはデータ処理の自動化ツール、集計情報の自動解析ソフト、Microsoft社が提供する「Power Platform」のような業務効率化サービスが数多く存在します。膨大な量のデータを蓄積・集計・分析するという領域はそのようなアイテムを存分に活かし、部分的な定型業務は VBA を活用するのもいいでしょう。また、AI 技術の急速な進化により、Excel など学ばなくても人工知能が勝手にデータ分析をしてくれる、タスクを処理してくれる時代がくるとも揶揄されています。

IT ツール各々の役割やそこに AI が融合することによって実現できることは、今後確実にキャッチアップしていくべき重要なテーマです。しかし、ビジネスの現場は形式的かつ規則的な下準備が整ったデータベース型の仕事ばかりではありません。毎回アウトプットの目的が異なるため、TPO に沿った手段でシェアしなくてはならない実務が多く発生します。また、現段階では人工知能に蓄積されていなかったり、不正確にインプットされていたりする情報もたくさんあります。

Excel×IT ツール、Excel×AI といった相乗効果を最大化するには、いずれか片方のみを習得するのではなく、シーンに応じて使い分ける力が求められます。Excel だけで片付くこと、他のツールと連携した方が良いこと、AI という強力なアシスタントに処理してもらうこと ... など、その判断や指示は双方の知識を持ち合わせて初めて行えるのです。

こうした選択肢のうち、まずは手を動かすだけの Excel 作業など極限まで短時間で終わらせてしまいましょう。特に「スピル」が伴う新しい関数群は、Excel だけで完結できる機会をどんどん増幅させていきます。本書を手に取っていただいた皆さんが、少しずつワークタイムに余白を生み、重要度の高いタスクに割ける時間、ご自身の好きなこと、ご家族と過ごす時間を創出できることを心から願っています。

最後に、このような書籍出版のご提案をいただき、企画から原稿執筆、校正まできめ細やかなアドバイスをくださいました、株式会社日経 BP の進藤さんに心からの感謝を申し上げ、本書のあとがきとさせていただきます。

2023 年 7 月　Office HARU

HARU

Excelの実践的なチュートリアルを解説するYouTubeメディア「Office HARU」のプロデューサー兼ナレーター。平日は東証上場企業の事業企画・マーケティング職に従事。社内政治に追われる日々とスローガンだけの残業抑制活動に嫌気がさし、「真に日本の働き方改革に貢献できる」ことを理念としたメディアを開設。「ブラック企業ランキングの常連会社に勤めながら残業ゼロを実現するPCスキル」の配信を始動し、たった1年で10万人のチャンネル登録者を獲得。ビジネスの現場で即効性が高いコンテンツを量産し、視聴者から絶大な支持を集める。たゆまぬスキルアップで創出した余暇はすべてパートナーと過ごす時間に充てたい愛妻家。

カリスマYouTuberが教えるExcel関数最速メソッド

2023年8月14日　第1版第1刷発行

著者	Office HARU
発行者	中川ヒロミ
編集	進藤 寛
発行	株式会社日経BP
発売	株式会社日経BPマーケティング
	〒105-8308　東京都港区虎ノ門4-3-12
装丁	小口翔平＋嵩あかり（tobufune）
本文デザイン・制作	クニメディア株式会社
イラスト	うてのての
印刷・製本	図書印刷株式会社

ISBN978-4-296-07067-1